KB090398

영어·일어·중국어

관광통역안내사

면접시험
필기시험
총정리

면접 / 국사 / 관광자원해설 / 관광법규 / 관광학개론

문준호 외 5인 공저

ⓑ (주)백산출판사

불법복사·불법제본
타인의 재산을 훔치는 범법행위입니다.
그래도 하시겠습니까?

▌머리말

관광산업은 외화획득, 고용창출, 소득향상, 투자유치 등의 경제적인 효과와 국제친선, 교양·위락향상, 고유문화의 전파 등 사회·문화적인 효과가 크기 때문에 거의 모든 국가들이 21세기의 주요 전략산업으로 집중 육성하고 있다. 더구나 여가시간이 확대되고 소득이 증가함으로써 많은 대중이 관광여행에 참여하게 되었고, 우리나라의 외국인 관광객 입국자 수가 연간 1,000만 명을 돌파하였다. 이러한 많은 외국인 관광객에게 편리하고 즐거운 관광안내서비스를 제공하는「관광통역안내사」는 그 역할이 매우 중요하기 때문에 유망직종으로서 각광받고 있으며 특히 여행업에서는 2010년부터 규정상 자격증 소지자를 의무적으로 채용하게 함으로써 수요도 급증하고 있다.

특히「관광통역안내사」자격증은 단순히 관광안내를 위한 자격증만이 아니라 국가가 능력을 인정하는 외국어자격증이라고도 할 수 있으며 여행사뿐만 아니라 무역관련 회사, 국제관련 기업, 항공사, 외국어학원, 외국어개인교수 등 다양한 분야에서 선호하는 외국어능력 인증서라고 할 수 있다.

이 책 한 권으로「관광통역안내사」자격시험 준비가 완성될 수 있으며, 단일의 책으로는 가장 많은 내용을 담고 있다. 이 책에 담긴 문제의 내용과 수준은「호텔경영사」,「호텔관리사」,「호텔서비스사」,「국내여행안내사」자격시험 준비에도 충분할 것이라 생각한다.

수험생 여러분의 합격을 기원합니다.

저자 일동

█ 차 례

PART 1

관광통역안내사
시험안내

관광통역안내사 시험안내

1. 응시자격

다음의 각호의 어느 하나에 해당하는 자는 관광종사원이 될 수 없다.

(1) 피성년후견인·피한정후견인

(2) 파산선고를 받고 복권되지 아니한 자

(3) 관광진흥법을 위반하여 징역이상의 실형을 선고받고 그 집행이 끝난 후 또는 집행을 받지 아니하기로 확정된 후 2년이 지나지 아니한 자 또는 형의 집행유예기간 중에 있는 자

(4) 관광진흥법을 위반하여 자격이 취소된 자

2. 시험방법

(1) 관광통역안내사 시험은 1차 필기시험 및 외국어시험(아래참조)을 실시하고, 그 합격자에 한하여 2차 면접시험을 시행한다.

(2) 필기시험 과목과 합격결정기준은 아래와 같다.

과 목	배점 비율
국사	40%
관광자원해설	20%
관광법규	20%
관광학개론	20%
외국어	면접시험 접수시 제출(아래 참조)
계	100%

① 필기시험은 각 과목점수가 40% 이상, 전과목 60% 이상이어야 한다.

② 외국어시험은 TOEIC 760점 이상, TEPS 677점 이상, TOEFL(CBT) 217점 이상, TOEFL(IBT) 81점 이상, PELT(main) 345점 이상, G-TELP(Level 2) 74점 이상, JPT 740점 이상, NIKKEN 750점 이상, HSK 5급 이상, FLEX는 모든 외국어 공통으로서 776점 이상이어야 한다.

3. 시험의 일부 면제

(1) 전문대학 이상의 학교에서 관광분야의 학과를 졸업한 자 및 졸업예정자와

(2) 관광분야의 과목을 이수하여 전문대학 이상의 학력을 취득한 자는 필기시험 중 관광법규, 관광학개론은 면제된다.

4. 면접시험의 내용

(1) 평가내용

① 국가관, 사명감 등 정신자세

② 전문지식과 응용능력

③ 예의, 품행 및 성실성

④ 의사발표의 정확성과 논리성

(2) 평가방법

① 해당 외국어구사 능력평가(50%)

② 전문지식 및 상식에 관한 면접평가(50%)

(3) 합격기준

면접시험 총점의 60% 이상 취득해야 합격이 된다.

(4) 질문내용

질문의 내용은 면접관에 따라서 또는 응시자에 따라 상황이 다르므로 단정적으로 말할 수 없으나, 다음과 같이 두 종류로 나눌 수 있다.

① 일반적인 질문 : 가족관계, 학교와 전공, 취미, 성격과 본인의 장단점, 응시동기, 직업관, 병역관계, 경력관계 등

② 전문적인 질문 : 관광의 필요성, 관광의 종류, 가이드의 역할, 전문과목(국사, 관광자원해설·관광학개론·관광법규)에 관한 질문 및 관광에 관한 시사문제, 외국어 구사능력 등(위와 같은 것을 외국어 면접관이 외국어로 질문하는 경우도 있다). 수험생 개인사정에 맞게 국가관, 사명감을 뚜렷이 하고, 적극적인 의욕과 정확한 표현 그리고 직업에 대한 자긍심을 갖고 민간 외교관으로서 국가의 이익을 초래할 수 있는 가이드가 될 수 있다는 확신을 면접관에게 심어줄 수 있도록 해야 한다.

5. 면접시험의 성격

면접시험이란 일반적으로 필기시험 후에 최종적으로 수험자를 만나보고 면접을 실시하는 측의 일정한 가치척도에 의거하여 그 사람의 됨됨이나 앞으로의 가능성 등을 짧은 시간 내에 가름하는 시험의 방식을 말한다. 관광종사원 시험의 경우에 있어서는 면접시험 평가내용도 국가관, 사명감, 전문지식, 성실성, 예의, 품행 등 수험자의 인간적인 자질은 물론 관광종사원으로서의 다양한 전문지식을 평가한다.

6. 면접시험 준비요령

면접시험은 수험자의 인품·언행 등을 통하여 그 사람의 평소 생활상태와 가치관 또는 앞으로의 맡겨진 일에 대한 적합성 유무를 판정하는 것이라면 수험자의 입장에서는 자기가 이 일에 과연 적합한가 또는 자기를 필요로 하는 곳에 대한 분위기 등을 면접관과의 짧은 대화를 통해서 판단을 내릴 수 있는 기회이기도 한 것이다.

관광종사원의 자격시험, 특히 관광통역안내사의 경우에 있어서 면접시험은 개인면접의 방식을 취하고 있다는 점을 수험자가 미리 인지하고 이에 알맞은 적절한 준비를 하는 것이 좋다. 면접시험에서 어려움을 겪지 않았던 사람은 그리 많지 않다. 그 어려움이란 첫째, 면접시험의 중요성을 미처 인식하지 못하고 하나의 형식으로서 당락에 관계없이 치르는 것으로 오인하는 것이었고, 둘째, 어떤 것을 물어오는가에 대한 준비도 없이 막연하게 응해야 된다는 것이었고, 셋째, 면접관의 질문에 대한 답이 궁색해졌을 때 어떻게 답을 하여야 하는가 등을 전혀 모르는 것이었다.

면접시험을 대비하여 수험자가 준비해야 할 일은 필기시험을 합격한 후에야 면접시험을 공부하겠다는 안일한 생각을 하지 말아야 한다.

면접시험은 보통 2명의 면접관이 관여하게 된다. 이 중 한 명은 해당 외국어로, 다른 한 사람은 우리말로 실시하는데, 면접시험의 배점을 100점으로 볼 때 면접관 당 각각 50점으로 하여 예의·태도를 20점, 의사발표력·관광지식을 30점으로 하고 외국어 구사력을 50점으로 하여 두 사람의 합한 성적이 60% 이상이 되어야만 면접이라는 관문을 통과하게 된다.

(1) 면접시험 전일의 준비사항

① 충분한 수면으로 안정감과 자신감으로 시험에 응시토록 해야 한다.

② 복장의 손질을 해두어야 한다. 남자의 경우에는 정장을 함이 원칙이나 사정이 여의치 못하면 단정한 옷차림을 하면 된다(실제 면접시 있었던 일이다. 수험자가 정장을 하지 못하고 시험에 응했을 때 면접관이 "당신은 왜 남들처럼 정장을 하지 않았습니까?" 하고 물었다. 이에 수험자는 "학생이기 때문에 정장을 할 만한 능력도 없고, 단정한 옷차림이면 될 것이라는 생각을 해서입니다"라는 답을 하였다고 한다. 물론 결과는 합격이었다). 여성의 경우에는 화려한 옷을 피하고 개인의 성격과 모습에 조화를 이룰 수 있는 단정한 옷차림이 좋다. 진한 화장은 피해야 한다.

(2) 면접시험 당일의 준비사항

① 관광종사원 자격시험의 면접은 일반적으로 한국관광공사 훈련원의 강당에서 치러지고 있다. 시간에 조급하지 않도록 일찍 도착하여 면접관이 질문하는 경향에 대하여 알아두는 것이 좋다.

② 면접장에 들어가기 전 대기실에서 대기할 때, 면접관이 어떤 것을 물어올 것인가를 한 번쯤 생각하고, 자신의 용모나 머리손질, 구두손질 등의 이상 유무를 확인해야 한다.

(3) 면접시험 보는 요령

① 면접시험의 모의연습을 여러 번 하여, 침착하게 대답할 수 있도록 해둔다. 그때 반드시 인사하는 것부터 자리에서 일어나서 돌아오는 것까지 세심하게 주의한다.

② 특히 중요한 질문사항은 외국어로 작문을 하여 선생님의 도움을 받아 잘못된 곳을 정정받아 암기해 둔다.

③ 전문적인 지식습득에 힘쓰고, 중요사항은 한국어, 외국어로 대답할 수 있도록 해둔다.

④ 평소부터 외국어 회화능력을 길러, 이야기를 조리 있고 유창하게 대답하는 훈련을 해 둔다.

⑤ 자신의 자세, 표정을 체크하고 항상 밝고 뚜렷한 태도, 건전하고 성실한 인상을 줄 수 있도록 한다.

⑥ 복장, 머리모양, 차림새는 청결감을 느끼게 한다.

⑦ 면접을 시작할 때는 '잘 부탁드립니다'라고 공손히 인사를 한다.

⑧ 면접관이 '앉으세요'라고 하면 '예, 감사합니다'라고 하고 앉는다.

⑨ 의자에 기대거나 너무 의자 안쪽으로 앉지 말고 허리를 쭉 펴고 앞으로 상반신을 약간 구부린 듯이 앉는다.

⑩ 다리를 꼬고 앉거나 벌리지 말고, 남성은 손을 좌우 다리 위에 여성은 손을 가볍게 모아 다리 위에 두 손을 올려놓는다. 머리를 손으로 만지거나 쓰다듬지 않는다.

⑪ 외국어 담당, 한국어 담당 두 명의 면접관이 있기 때문에, 외국어로 질문 받으면 외국어로, 한국어로 질문 받으면 한국어로 대답한다.

⑫ 질문 모두를 완벽하게 답할 수 없다. 예의 바른 태도, 첫인상이 중요하다.

⑬ 딱딱하고 굳은 표정으로는 면접시험에 합격하지 못한다. 거울을 보면서 미소 짓는 얼굴을 몇 번이고 연습한다.

⑭ 작은 소리는 자신 없게 보일 뿐만 아니라, 면접관을 답답하게 만들기 때문에 씩씩하고 또렷하게 대답한다.

⑮ 짧은 시간에 외국어 회화실력을 능숙하게 보이기 위해서는 외국인의 흉내를 내는 것이다. 외국어 면접관의 맞장구를 치는 것이 중요하다.

⑯ 눈의 시선은 상대방의 눈 또는 코 주위에 두도록 한다. 눈의 시선을 내리면 자신이 없게 느껴진다.

⑰ 질문을 모를 때에는 결코 당황해서는 안 된다. 여기에서도 가이드의 적성을 볼 수 있는 것이다. 오히려 웃음을 지으며 침착하게 타개해 나간다.

예) 죄송합니다만, 기억이 잘 나지 않습니다.

예) ○○에 대해서 말씀드리면 안 될까요?

⑱ 면접관의 태도를 신경 쓰지 말도록! 면접관 중에는 일부러 기분을 상하게 하여 수험생의 반응을 보는 분도 있다.

⑲ 만약 이 시험에 떨어지면 어떻게 하실 것인가 라고 질문받을 경우가 있다. 그때 가이드의 길을 단념하겠다거나 비관적인 태도는 바람직하지 않다. 용기 있게 다시 도전한다는 의지를 보여야 한다.

⑳ 당신이 면접관이라면 어떤 사람을 합격시킬 것인가. 잘 생각해 보도록! 이야기하고 있으면 기분이 좋은 사람, 명랑 쾌활하고 성실하게 보이는 사람, 가이드 직업에 대해서 긍지를 갖고 그 일을 하고 싶다고 간절히 바라고 있는 사람, 재치가 있고 남을 잘 보살펴 주는 사람 등이다.

㉑ 면접이 끝나더라도 대기실로 돌아올 때까지 긴장을 풀어서는 안 된다. 면접이 끝나면 반드시 '고맙습니다. 수고하셨습니다'라고 인사를 하고 자리로 돌아온다. 면접관은 돌아가는 뒷모습도 보고 있기 때문에 걸음걸이와 자세에 주의한다.

다음은 수험자가 면접시험에 임하는 과정을 나타낸 것이다.

- 대체로 면접관은 2인 1조로 구성되어 있다.
- 입구의 안내자로부터 면접관 (1)을 지정받으면 걸어 들어간다.
- 보행 시에는 소리가 나지 않도록 주의하며 바른 걸음으로 걷는다.
- 면접관 앞(약 1m 이내)에 선다.
- 똑바로 선 후 약 45° 각도로 면접관 (1)을 향해 인사한다.
- 반드시 양팔을 몸에 붙이도록 한다.
- 일단 면접관 앞에 이르면 밝고 침착한 표정을 갖도록 한다.
- 면접관의 지시에 따라 의자에 앉은 후 질의에 응답한다.
- 시험당일의 상황에 따라 다소의 차이가 있을 수도 있으므로 먼저 면접을 치른 수험자에게 면접장 내의 분위기를 알아보는 것이 좋다.
- 면접이 끝나면 앞과 동일한 행동을 취한다.
- 면접관(2)을 향하여 걸어간다.
- 앞과 동일한 행동을 취한다.
- 출구를 향하여 걸어 나간다.
- 출구로 완전히 나갈 때까지는 면접 중에 있는 것이므로 끝까지 예의바른 자세를 갖는다.

PART 2

신상에 관한
면접시험

신상에 관한 면접시험

1. 수험번호를 말해주세요.
저의 수험번호는 123번입니다.

Tell me your number please.
My number is 123.

受験番号を言ってください。
はい、私の受験番号は123(ひゃくにじゅうさん)です。

你的应考证号码是多少?
我的考号是123。

2. 성명을 말해주세요.
저는 홍길자입니다.

May I have your name?
I am Hong Gil Ja.

お名前を言ってください。
はい、私の名前はホンキルザと申します。

你叫什么名字?
我叫洪吉子。

3. 자기소개를 해보세요.
저의 성명은 홍길자이고, 1981년 부산에서 태어나서 현재 23세입니다. 저는 부산여자대학교를 졸업하였고 전공은 관광영어(일어, 중국어) 통역입니다. 가족은 아버지와 어머니, 여동생, 남동생 그리고 저 모두 5명입니다. 저의 취미는 테니스를 치는 것이고 여행도 좋아합니다. 이상입니다.

Introduce yourself.
Let me introduce myself. My name is Hong Gil Ja. I was born in Busan in 1981. I graduated from Busan Women's College. My major is English Interpretation. There are five members in my family. They are, my father, mother, one sister, one brother

and myself. My hobby is playing tennis and I am an extrovert and active person.

自己紹介してください。

私はホンキルザと申します。1981年釜山で生まれて現在23才です。私は釜山女子大学を卒業しました。専攻は観光日本語通訳です。家族は父と母、妹、弟、そして私を入れて5(ゴ)人です。私の趣味はテニスです。私の性格は外向的で活動的です。以上です。

请做一下自我介绍.

我叫洪吉子，1981年出生于釜山，今年23岁，毕业于釜山女子大学，主攻是观光汉语翻译。我的家庭有5名成员，爸爸，妈妈，妹妹，弟弟和我。我的爱好是打网球，我的性格是外向形的，即开朗又活泼。

4. 주소를 말해 주세요.

저의 현재 주소는 부산시 진구 양정1동 현대아파트 113동 2406호입니다.

Your address please.

My present address is Hyeondae Apartment Room 2406, Building 113, Yangjeong 1-dong, Jin-ku, Busan.

住所を言ってください。

私の住所は 釜山市 釜山鎮区 楊停一洞 現代アパート113棟 2406号です(でございます)。

请问你的住址。

我的现在住址是 釜山市 釜山镇区 杨停 1洞 现代公寓113栋 2406号。

5. 관광통역안내사 시험에 응시하게 된 동기를 말해 보세요.

관광통역안내사는 우리의 문화유산을 외국인에게 많이 알려서 국위를 선양할 수 있고, 외화수입에도 이바지할 수 있으며, 본인으로서도 여행을 좋아하고 다양한 사람을 접하는 것이 저의 적성에 맞습니다.

Why are you applying for the Tourist Guide?

Well, I think a Tourist Guide can enhance the prestige of a nation by showing the cultural assets to those visitors from other countries. Also she/he can contribute to the gaining of the foreign money. As for me, I love to travel and meet various people there.

観光通訳ガイド試験を受ける切っ掛けは何ですか。

観光通訳ガイドはわが国の文化遺産を外国に広め、国威を宣揚して、外貨収入にも協力でき、いろんな人と会うのが私の適性に合います。

请讲一下，您参加观光翻译导游考试的动机是什么?

作为一名观光导游者，可以更多更好的让外国人知道我们的文化遗产，使他们回国后可以很好的宣扬我们的文化遗产。同时也可以对引进外汇作出贡献，而我本人也很喜欢旅游，同时我也很喜欢结交各种朋友。

6. 자신의 성격의 장단점을 말해보세요.

저의 성격은 붙임성이 있어 처음 만난 사람이라도 바로 친해지는 것이 장점입니다. 또 평소부터 인생에 있어서 최대의 보물은 친구라고 생각하고 있기 때문에 인간관계를 소중히 하는 성격입니다. 단점이라면 좀 덜렁거리며 지레 짐작하는 일이 많습니다. 나이를 먹음에 따라 조금씩 침착해지고 있습니다.

Tell me about your good and bad characters.

I am sociable, so I can easily make friends even with the person I meet first. I think the most precious thing in life is friends, so I cherish human relationships. As for my bad points, I sometimes create confusion by being impatient. I am working on becoming more patient.

あなたの長所と短所を言ってください。

私の長所は愛想の良いところで、はじめて会う人でもすぐ親しくなれます。また、日ごろから人生における最大の宝物は人間関係だと考え、人との付き合いを大事にする性格です。私の短所なら少し落ち着かなくて、ものごとを勝手に判断することです。しかし、年を取ることによって徐々に変わってきています。

请介绍一下您自己的性格和自己的优缺点。

我的性格是结交朋友，初次见面就可以很热情的待人，这是我的优点。在我的一生中因为我认为最大的宝物就是朋友，所以最看中和最宝贵的是人际关系也是我的性格。

7. 영어(일어, 중국어)는 어디서 얼마나 공부했습니까?

원래 어학에 흥미가 있는 편이어서 대학생활에 틈틈이 외국어 학원에 나가서 영어(일어, 중국어) 공부를 하였고, 근래에는 통역가이드 전문학원에서 시험 준비를 하였습니다.

Where and how long did you study English?

I am very interested in languages, and I have been learning English at Hakweon (a private teaching institute) and at school for the last two years. Also in preparing for the tourist guide test, I took some classes in English for tourism at a special Tourist Guide Hakweon.

日本語はどこでどのくらい勉強しましたか。

以前から語学に興味があって、大学生の時、語学学院で日本語を勉強しました。今は通訳ガイド専門学院で勉強しています。

您的汉语在哪里学习了多长时间？

我本来就有学习语言的兴趣，在大学学习的时候。一有空我就去外国语学院学习汉语，近来正在准备翻译导游专门学院的考试。

8. 통역안내사의 마음가짐을 설명해 보세요.

자신을 민간외교관이라고 생각하고, 우리의 문화(유산)에 대한 넓은 지식, 외국인에 대한 진실하고 친절한 서비스 정신, 조국을 사랑하고 아끼는 마음을 갖고 있어야 합니다.

What kind of attitude or image should a tourist guide have?
A Tourist Guide should regard herself/himself a private diplomat. So, one should be equipped with a broad knowledge of our cultural assets, a true and kind service ship for the foreigners. One also has to possess the mind of love and cherish one's own country.

観光通訳ガイドとしての心構えを言ってください。
自分を民間外交官だと思い、わが国の文化遺産に関する幅広い知識と外国人に対するサービス精神、母国を愛する心が必要だと思います。

请说明一下，翻译导游者应具有的胸心和思想。
要具备民间外交官的自信，和掌握关于我们的文化(遗产)的广博的知识，以及对外国人真诚，亲切的服务精神，也一定要有一颗爱国的心。

9. 관광종사원을 민간외교관이라고 하는 이유를 말해 보세요.
가장 먼저, 최일선에서 직접적으로 외국인을 상대하기 때문에 관광종사원의 접객태도는 외국인이 한국(인)을 평가하는 기준이 되기 때문입니다.

Do you know the reason why they call a Tourist Guide as a private diplomat?
Yes, first of all, a Tourist Guide deals foreigners directly in the utmost front. The attitude of a Tourist Guide toward the visitors becomes the measures by which the foreigners to evaluate Koreans and Korea.

観光従事員を民間外交官という理由を言ってください。
現場で直接外国人に接することで観光従事員の接客態度が外国人が韓国を評価する基準になると思うからです。

请说一下，旅游公司的职员被称为民间外交官的理由。
因为，最先，也是在第一线直接面对面接触外国人的是做旅游的职员，所以做旅游工作的职员的接待态度是外国人评价韩国(人)的基准。

10. 어떤 종교를 갖고 있습니까?
저는 종교를 갖고 있지 않습니다.

What's your religion?
I don't have any religions.(I am a Christian/Buddhist/Catholic, etc.)

宗教は何ですか。
私は宗教を持っていません。

你的宗教信仰是什么?
我没有宗教信仰。

11. 학생시절 성적은 어떠했습니까?

전과목 평균 B 이상이었고, 특히 어학과목은 우수한 편이었습니다.

How did you do in school?/What kind of grades did you get in school?

I was especially good in languages and had a B$^+$ average.

学生の時、成績はどうでしたか。

全科目 平均B以上で、特に語学の科目が得意でした。

学生时代的成绩怎么样?

整体课程的平均分是B以上, 特别是语学科目是最好的。

12. 건강은 어떻습니까?

거의 병은 앓아 본 적이 없고, 감기몸살 정도는 앓아 본 적이 있습니다. 건강은 자신이 있습니다.

How's your health condition?

I am seldom ill and like most people, I sometimes catch a cold. I try to maintain good health.

健康はどうですか。

大きな病気にかかったことはほとんどありません。時々風邪を引くことはありますが健康には自信があります。

健康状况怎么样?

没有得过别的什么病, 只是得过感冒。我对我的健康很有自信。

13. 당신이 가이드가 되는 것을 가족은 어떻게 생각합니까?

저의 가족은 저의 적성에 맞는 직업이라고 끝까지 해보라고 하시고 응원해 주십니다.

What's your family opinion about your becoming a Tourist Guide?

My family supports my choice and encourages me to do my best.

あなたが観光通訳ガイドになることを家族はどう思いますか。

家族は私に合う仕事だと思って応援してくれています。

你做导游的事家人是怎么认为的?

我的家人认为这是很适合我的职业, 希望我可以一直做下去。

14. 존경하는 사람은 누구입니까?

아버님을 존경합니다. 아버님께서는 어려운 가정을 일으켜 세우시고, 저희들에게 희망과 용기를 갖도록 해주십니다.

Who do you respect?

I respect my father. He is a good provider and gives our family hope and encouragement.

尊敬している人は誰ですか。

父を尊敬しております。父は厳しい環境の中で私達に希望と勇気を与えてくれます。

你尊敬的人是谁?

尊敬父亲，父亲操劳困难的家庭事物，对我们给予了希望和勇气。

15. 휴일에는 주로 어떤 일을 합니까?

저는 친구가 많기 때문에 친구를 만나서 등산을 하기도 하고, 차나 술을 마시면서 잡담을 하기도 합니다.

What do you do in your leisure time?

I have lots of friends and we often go mountain climbing. Also I meet my friends for dinner and coffee. We enjoy talking about our lives and future plans.

休みの時はどんなことをしますか。

私は友だちが大勢いますので友だちに会って、山登りをしたりお茶を飲みながら話をしたりします。

在公休日里主要做什么事?

因为我有很多朋友，所以一般是和朋友见面登山，或是喝茶或喝酒的同时和朋友闲谈沟通。

16. 영어(일어, 중국어) 공부를 하게 된 동기는 무엇입니까?

저는 원래 어학에 관심이 많은데다가 대학시절에 친구들과 함께 영어(일어, 중국어)학원에 다녔던 것이 계기가 되어 지금까지 공부하고 있습니다.

What motivated you to study English?

I have always been interested in languages. In the beginning, I studied English at a Hakweon with my friends. Then I continued studying alone at the Hakweon through my college days. I am still studying English and think it is a life time project. There is so much to learn.

日本語を習った切っ掛けは何ですか。

大学生の時、友だちといっしょに語学学院に通ったことが日本語を習い始めた切っ掛けです。

你学习汉语的动机是什么?

我原来对语学就很感兴趣，大学时代和朋友们一起在汉语学院里学习，到现在为止还在学习。

17. 자신의 영어(일어, 중국어) 실력은 어느 정도라고 생각합니까?

아주 어려운 전문적인 표현은 할 수 없지만 외국인과 대화하는 데는 거의 불편이 없습니다.

How do you evaluate your English?

I feel very comfortable with meeting, talking to and explaining things to foreign visitors, however, sometimes I find that things are hard to express.

自分の日本語の実力はどのくらいだと思いますか。

専門的な表現はまだ無理ですが外国人と会話するには問題ないと思います。

你觉得你的汉语实力是什么程度?
虽然对于很深的专业表达困难，但是和外国人对话很得心应手。

18. 한국인의 장단점에 대해서 말해보세요.
가족 및 친지관계를 중시하고 인정이 많은 것이 장점이라면, 허세나 허영심이 많은 것이 단점이라고
할 수 있습니다.

Tell me about the merits and defects of the Korean people.
I think the merits of Koreans are that they feel that family relationships are very important. Also they feel deeply for the plight of others and come together to support each other and their country in times of crisis. However, on the negative side, Koreans often put on a false show of power and influence. Also we tend to be vain.

韓国人の長所と短所を言ってください。
家族及び親戚を大事にし、人情があるのが長所で、虚勢を張って、虚栄心があるのが短所です。

请分析一下韩国人的优缺点。
对家人和亲戚很重视是优点，但是虚张声势或虚容心是缺点。

19. 지금 어디에 살고 있습니까?
저는 부산에서 태어나 현재까지 부산에서 살고 있습니다.

Where do you live now?
I was born in Busan and have lived here all my life.

今どこに住んでいますか。
私は釜山で生まれてずっと釜山に住んでおります。

现在在那里生活?
我在釜山住，从出生到现在一直在釜山生活。

20. 기혼입니까? 미혼입니까?
저는 아직 미혼입니다.

Are you married or single?
I am not married yet.

既婚ですか。未婚ですか。
私はまだ未婚です。

结婚了吗? 还是没结婚呢?
我还没有结婚。

21. 언제쯤 결혼할 예정입니까?

관광통역안내사시험에 합격한 후 30세 이전에 결혼할 예정입니다.

When are you going to marry?/Do you plan to get married?

My plan is to pass my tourist guide exam, establish my career and then marry before 30 and continue to work.

いつ結婚をするつもりですか。

観光通訳ガイド試験に合格して、30才までには結婚するつもりです。

打算什么时候结婚?

我打算在旅游翻译导游考试合格后，30岁以前结婚。

22. 당신의 삶의 철학은 무엇입니까?

저는 항상 나 자신을 사랑해야 한다고 생각하고 있습니다. 자기를 사랑하는 사람이라야 자기의 사회와 자기의 일을 사랑할 수 있기 때문입니다.

What is your philosophy of life?

I have been always thinking that I should love myself. Only the person who loves oneself can love one's society and work.

あなたの座右の銘は何ですか。

「いつも自分自身を愛さなければいけない」です。自分を愛せる人は社会と仕事を愛せると思うからです。

您的人生哲学是什么?

我通常想一定要有自信，只有相信自己爱自己，才能爱我所爱的人和爱我的社会以及爱我的工作。

23. 통역안내사가 되기 위한 필수적인 자질이 무엇이라고 생각합니까?

훌륭한 통역가이드가 되기 위해서는 먼저 외국인과의 언어소통을 위해서 외국어에 능통해야 하고, 다음은 친절한 서비스를 위해서 사람 상대하는 것을 좋아해야 합니다. 거기에 조국을 사랑하는 마음과 조국에 대한 지식이 많으면 더욱 좋은 일이라고 생각합니다.

What do you think are the important qualifications for a Tourist Guide?

First of all, one should be fluent in English and enjoy talking with foreigners. Second, one should be passionate about providing service to visitors. Lastly, one should be knowledgable about one's country and enjoy telling others about it.

観光通訳ガイドになるための必須的な条件は何だと思いますか。

いい観光通訳ガイドになるためには、まず外国人と話ができるように外国語が上手にならなければなりません。そして親切なサービスできるように人が好きにならなければなりません。国を愛して国に関する知識が多ければ多いほどいいです。

你认为作为一个翻译导游职员所需要的资质是什么？
要做一个优秀的翻译导游者首先和外国人沟通，外国语要精通，其次，要热情的为人服务，就要喜欢和人面对面大交道。而且要有热爱祖国的心，对祖国的知识更多的掌握就会更好的工作。

24. 외국에 여행해 본 경험이 있으면 말해보세요.
대학 재학 중에 캐나다에 어학연수를 갔었는데 새로운 것에 대한 여러 가지 좋은 경험을 했고, 우리나라와 부모에 대해서 고마움을 크게 깨닫게 되었습니다.

Have you ever traveled to another countries?
When I was in college, I went to Canada and studied English. It was a good experience and I learned many new things. Also I am very grateful that my parents provided me with this wonderful opportunity.

外国に旅行した経験があれば言ってください。
大学生の時、日本に語学研修に行き、新しい経験をしました。そして国と両親に感謝する切っ掛けとなりました。

如果有出国旅行的经历请讲一下。
在大学学习期间。去过加拿大做语学研修，在各种各样的新鲜事物中，得到了很多好的经验，更加感谢和理解我们的国家和我的父母。

25. 당신의 장래의 희망은 무엇입니까?
저는 우선 관광통역가이드가 되고 싶고 통역가이드로서 경험과 능력을 충분히 쌓은 후, 여행업에 투자하여 경영에 참여해 보고 싶습니다.

What is your hope for the future?
First I hope to become an excellent Tourist Guide. Next I hope to gain experience, develop my skills and gain an excellent reputation as a guide. Then once I understand the tourist business, I would like to move into a management position.

あなたの将来の夢は何ですか。
まず、観光通訳ガイドになりたいです。そして経験と実務能力を積んでから旅行会社を経営したいです。

你将来的愿望是什么？
我首先想成为一名翻译导游者，在充分掌握了翻译导游的经验和能力后，在旅游也上投资，也参与经营这一行业。

26. 당신의 친구관계에 대해서 말해 보세요.
저는 친구 사귀는 것을 좋아합니다. 그래서 친구가 많은 편인데, 좋은 친구는 우리의 삶을 윤택하게 해준다고 생각합니다.

Tell me about your friends.
I make friends easily and have many good friends. We try to encourage each other and support each other. My friends are very dear to me.

あなたの交友関係はどうですか。
私は人と付き合うことが好きです。それで友だちが多いです。良い友だちは私たちの生活に潤滑油になると思います。

请说一下你和朋友的关系。
我喜欢交朋友。所以有很多朋友，也想使我的好朋友开心滋润的生活。

27. 당신의 행복을 위해서(인생에서) 가장 중요한 것은 무엇이라고 생각합니까?
저는 우리가 행복하게 살아가기 위해서 제일 중요한 것은 사랑이라고 생각합니다. 가족 간의 사랑, 친구 간의 사랑, 동료 간의 사랑, 이런 것들이 우리의 인간관계를 원만하고 행복하게 한다고 생각합니다.

What is the most important thing that brings happiness to your life?
I think love is the most important thing. The love among family members, friends, and co-workers can make our relationships positive and happy.

あなたの幸せのために一番重要なものは何ですか。
私は幸せに生きていくために一番重要なものは愛だと思います。家族との愛、友だちとの愛、同僚との愛、これらが人間関係をスムーズにします。

你认为为了幸福(人生中)最重要的是什么?
我认为我们幸福的生活最重要的是爱。家族间的爱，朋友的爱，同事的爱，这些就是我说的人间关系的圆满和幸福。

28. 전에 통역안내사 시험에 응시해 본 적이 있습니까?
작년에 응시했었지만, 관광자원해설 성적이 좋지 않아서 실패했습니다. 그동안 더 많은 준비를 했습니다.

Have you ever applied for the Tourist Guide test before?
Yes. The results wasn't good and I failed because my grade in Korean geography was low.

以前に、観光通訳ガイド試験を受けたことがありますか。
去年受けましたが観光資源解説の成績が悪く、落ちました。今日まで一所懸命に準備してきました。

以前，有过翻译导游职位的考试经历吗?
去年，应试过，但是，观光资源的说明成绩不好，失败了。那个时候也做了很多的准备。

29. 시험장엔 어떻게 오셨습니까?
저는 부산에 살고 있기 때문에, 어제 오후에 기차로 와서 이 근처에 숙소를 정하고 아침에는 숙소에서 택시로 여기에 왔습니다.

How did you get here?
I live in Busan and yesterday I came by the train. I checked into a nearby hotel and this morning I took a taxi.

試験場までどうやってきましたか。
私は釜山に住んでいますのできのうの午後汽車で来てこの近くで泊りました。宿からはタクシーで来ました。

您是怎样来考场的？
因为我一直生活在釜山，所以昨天下午坐火车来到的，在这附近找的住所，今天早上从住所打出租车来的。

30. 학교생활은 재미있습니까? 어떤 과목을 좋아합니까?
재미있습니다. 특히 동아리활동과 외국인 교수들과 대화하거나 수강하는 것이 재미가 있습니다.

How was your school life? What subject did you like best?
I enjoyed my college days and liked the students club activities. Also I loved taking classes where I could talk and study with foreign professors.

学校の生活は楽しいですか。どんな科目が好きですか。
楽しいです。特にサークル活動が楽しいです。外国人の先生と話をしたり外国人の先生の授業に参加するのが楽しいです。

学校的生活有意思吗？喜欢什么科目？
有意思，特别是社团活动和与外国教授们对话上课很有意思。

31. 당신의 고향에는 어떤 것이 유명합니까?
저의 고향인 부산에는 해운대 해수욕장, 자갈치시장, 광안대교와 불꽃축제 등이 유명합니다.

What are some famous places in your hometown?
Well, my hometown is Busan, so there is Haeundae Beach, Jagalchi Fish Market Diamond Bridge with firework and Beomosa Temple. These are all good examples of places tourists enjoy visiting.

あなたのふるさとの有名なところはどこですか。
私のふるさとである釜山には海雲台海水浴場、チャカルチ市場、広安大橋(Diamond Bridge)などがあります。

您的家乡什么很有名？
我的家乡--釜山，海云台，还水游泳场，鱼市场，光安大桥(Diamond Bridge)等很有名。

32. 당신이 원하는 결혼 상대자는 어떤 타입입니까?
저는 활발하고 외향적이며, 자부심이 있고 자신의 일을 사랑하는 남성(여성)을 좋아합니다.

What type of person would you like to marry?

I'd like to marry a man/a woman who is active, open hearted, proud and loves his/her work.

あなたはどんなタイプの人と結婚したいですか。

活潑的で外向的、自尊心が強く、自分の好きな仕事をしている男性がいいです。

您希望的结婚对象是什么风格的?

我喜欢活泼，外向形的，有自信心，爱自己事业的男性(女性)。

33. 근래에 읽었던 책 중에서 감명 깊었던 책은 무엇입니까?

나다니엘 브랜든(Nathaniel Blanden)의 『자부심 키우기(How to raise your esteem?)』라는 책을 읽었는데, 자기를 사랑하는 것이 왜 중요한 것인지, 자기를 사랑하기 위해서는 어떻게 해야 하는지를 말해 주었습니다.

What kind of books you read recently that have touched you or influenced you?

Recently I read a book titled "How to Raise Your Esteem" by Nathaniel Blanden. The book told me why it was important to love one's own self and what to do to love oneself.

最近読んだ本の中で感銘を受けた本は何ですか。

ナタニエル・ブランデンの"自尊心を向上すること"という本です。この本は自分を愛することがなぜ大事なことか、また自分を愛するためには何をすべきかなどを教えてくれました。

你近来读的书中，感受深的书是什么?

纳塔颣颢 布蓝登(Nathaniel blanden)的叫 "怎么拾起你的自信(How to raise your esteem?)" 的书读过，告诉我了自信为什么是重要的，要怎么才能做到自信。

34. 근래에 보았던 영화중에 감명 깊었던 것은 무엇입니까?

'오아시스'라는 영화를 보았는데, 전과자인 남자주인공과 심한 신체 및 언어장애인인 여자주인공의 애절한 사랑이 감명 깊었습니다.

What kind of movie have you seen recently that impressed you?

Recently I saw "Oasis", a Korean movie. It is about an older man with criminal record and a disabled woman and their love and struggles in life. I was deeply touched.

最近見た映画の中で感銘を受けた映画は何ですか。

"オアシス"という映画です。前科者である男性主人公と身体及び言語障碍者である女性主人公との愛の物語です。

最近看过的电影中，感受最深的是什么?

"Oasis"看过了，男主人公的身残和语言障碍以及女主人公哀痛欲绝的爱给我感受很深。

35. 통역가이드라는 직업에 대해서 어떻게 생각합니까?

다양한 사람을 다양한 언어로 친절하게 접대하는 것이 어렵고 피곤하기도 하겠지만, 다양한 사람을 만난다는 그것이 한편으로는 재미있고 유익한 경험이 될 수도 있다고 생각합니다.

What do you think about the job of a Tourist Guide?
It might be hard to deal with a lot of people and their needs. However I think it would be fun and interesting to meet a lot of people and show them around Korea. I think this would be a very satisfying and worthwhile experience for me.

観光通訳ガイドと言う職業についてどう思いますか。
いろんな人をいろんな言語で接待することが難しく、疲れることもありますが、いろんな人と会うことが一方では楽しくて有益な経験になることもあると思います。

你是怎么看安逸导游的职业的?
我认为对不同的人用不同的语言热情地招待是很难也很辛苦的，但是和不同的人认识，那是一种很有意思而且也是很有益的经验。

36. 본인의 학교에 대해서 소개해보세요.

저희 부산여자대학교는 영호남지역에서는 유일한 여자대학으로서, 한때는 우수 전문대학으로 지정받은 바 있고, 부산의 중심에 자리하고 있어 우수한 학생이 많이 재학하고 있는 전통 있고 평판 좋은 학교입니다.

Introduce your college.
Busan Women's College is a unique school for women in Yeonghonam (Gyeongsangdo province and Jeollado province) districts. It was designated as an excellent college by the Ministry of Education. It has good reputation and is known as being a school of excellent students and tradition.

本人が通っている学校について話してください。
私は釜山女子大学に通っています。釜山女子大学は嶺、湖南地域では唯一の女子大学で優秀な短期大学に選ばれたこともあります。釜山の中心に位置していて優秀な学生が大勢いて伝統もある学校です。

请介绍一下自己的学校。
我的釜山女子大学，在岭湖南地区唯一的女子大学，一段时期最好的专门大学，在釜山中心的位置，有很多优秀的学生，是传统的受到好评的学校。

37. 자신을 P.R(자랑)해 보세요.

저는 먼저 건강한 체력과 건전한 사고방식을 갖고 있습니다. 매사에 적극적이고 긍정적이며, 저 자신과 저의 일을 사랑하기 때문에 어떠한 업무에도 잘 적응하고 능력을 발휘할 수 있다고 생각합니다.

Please tell us about yourself.
First, I am a positive and "can do" person. Also, I am outgoing and enthusiastic. I

like to work hard and I know I would love working in tourism where I can use my abilities and skills to help people enjoy Korea and its wonderful culture. Lastly, my health is good and I am very energetic.

自分をP.Rしてください。
私は健康な体力と健全な考えを持っています。性格は積極的で肯定的です。私は自分自身を愛し、自身の仕事を愛していますのでどんな仕事でも適応して能力を発揮する自信があります。

说说自己的特长。
我的体能很好，很健康的生活方式，每件事都积极向上，因为我的自信心和我对工作的热爱，所以什么样的业务我都可以有很好的适应能力和很好的发挥。

38. 어떤 스포츠를 좋아합니까?
저는 주말에 친구들과 함께 테니스를 치는 것을 좋아하고 가끔 수영도 즐깁니다.

What kind of sports do you like?
I like to play tennis with my friends on the weekends. Sometimes, I love to go swimming at the beach.

どんなスポーツが好きですか。
私は週末には友だちといっしょにテニスをします。たまに水泳もします。

喜欢什么运动?
周末的时候，我和朋友一起喜欢打网球，有时候，也喜欢游泳。

39. 통역가이드 공부는 어떻게 준비했습니까?
학교 재학 중에 같은 학과의 친구들과 함께 그룹 스터디를 짬짬이 하다가 근래에는 관광통역학원에서 집중적으로 공부하고 있습니다.

How did you prepare for this exam?
When I was in the college, I studied with a group of my friends. Recently, I have put all my attention on preparing for the exam by studying at a private Tourist Guide teaching institute.

観光通訳ガイドの勉強はどのように準備しましたか。
在学中は同じ学科の友だちといっしょにスタディーグループをつくって勉強しました。今は観光通訳学院で勉強しています。

翻译导游的学习是怎么准备的?
在学校学习期间和同系的朋友一起小组学习，最近正在观光翻译导游学院集中学习。

40. 한국인으로서 어떤 긍지를 가지고 있습니까?
우리 한국인은 많은 외침에도 불구하고 우리의 전통문화를 지키고 있으며, 짧은 기간에도 기적과 같은 경제성장을 이루어 올림픽과 월드컵을 성공적으로 수행하였습니다. 이런 점에 대해서 긍지를 가지고 있습니다.

Why are you proud to be a Korean?
I am proud that our country has been able to preserve its language and traditional culture in spite of frequent attacks by other countries. Also we have miraculously grown our economy in a short period of time and raised our standard of living. Another thing I am proud of is that we successfully held the Olympics and the World Cup Games.

韓国人としてどんな矜持を持っていますか。
多くの外侵にも関わらず伝統文化を守り、短い時間に奇跡のような経済成長を果たしました。そしてオリンピックとワールドカップという行事を成功させました。このようなところに矜持を持っています。

作为韩国人什么是你觉得骄傲和自豪的?
不管许多的变化，我们保留传统文化，短时间内奇迹和经济上涨都可以完成，奥运会和世界杯都成功的举行，这是我的骄傲和自豪。

41. 학비는 누가 마련합니까?
저의 아버지께서 저의 학비를 부담해 주시고, 대학 재학 때는 레스토랑에서 서빙하면서 아르바이트를 해본 적도 있습니다.

Who pays for your educational expenses?
My parents paid for most of my educational expenses. However I also earned part of my school expenses by working as a part time waitress at a restaurant when I was in the college.

学費は誰が準備しましたか。
学費は親が準備してくれましたが、大学の在学中にはレストランでアルバイトもしたことがあります。

学费是谁支付的?
我的父亲负担我的学费，大学在校期间我在饭店里做过打工。

42. 방학 중에는 주로 무엇을 합니까?
방학 중에는 현장실습도 하고, 어학원에서 외국어공부도 하고, 친구들과 여행도 합니다.

What did you do during your vacation?
During the vacation, I did an internship at _____. I also studied English which is necessary for the Tourist Guide exams at a language institute and went on a trip with my friends.

休みの時は主に何をしましたか。
休みの時は現場実習もしたり、語学学院で観光通訳ガイドの試験に必要な外国語を勉強したり友だちと旅行したりしました。

放假期间主要做什么?

放假期间做现场实习还有在语学院里学习必要的翻译导游考试的外语, 也和朋友们旅行。

43. 여행한 곳 중에서 가장 기억에 남는 곳은 어디입니까?

역시 제주도입니다. 제주도는 천혜의 아름다운 경관과 바다, 아열대성의 기후와 동식물, 잔존하는 우리의 토속문화 등이 매우 인상적입니다.

Where is the most memorable place you have visited?

It's Jeju Island. Jeju is famous for its incredibly beautiful scenery, sea, subtropical weather, animals, plants, and native culture. It is a Korean paradise.

旅行したところの中で一番印象に残っているところはどこですか。

済州道です。済州道は天恵の綺麗な景観と海、亜熱帯の気候と動物、植物、伝統文化などが印象的です。

在旅行中记忆最深的地方是哪里?

还是济洲道, 天骇的美丽景馆和海, 亚热带性的气候和动植物, 以及暂存的我们的土俗文化等很有印象。

44. 여가시간에는 주로 어떤 일을 합니까?

재충전을 위해서 잠을 자거나 휴식을 취하기도 하고, 산책을 하거나 좋아하는 운동을 하기도 합니다.

What do you do in your free time?

I like to relax by taking a nap, strolling, or participating in my favorite sports and visiting with my friends.

暇な時は主に何をしますか。

再充電のために寝たり休憩を取ったりします。散歩したり好きな運動をしたりします。

余暇时间主要做什么?

如果有余暇时间, 首先是学习累了, 就锻炼身体加强体力, 为了再补充, 也好好的休息和睡眠, 喜欢散步和运动。

45. 통역가이드의 장래성에 대해서 어떻게 생각합니까?

앞으로 모든 사람이 의식주가 해결되면 여가생활을 즐길 것으로 예상됩니다. 따라서 관광산업은 더욱 발전하게 되고, 외국인 관광객도 크게 증가할 것이므로 통역가이드의 전망은 매우 희망적이라고 생각됩니다.

What do you think about the future of the Tourist Guide?

I think the future of the Tourist Guide is very bright. Of course it will have its ups and downs as the field develops. Now, more and more Koreans are enjoying their leisure time and traveling as their economic situation improves and their work time has reduced to 40 hours a week. Also the Korean government is encouraging and supporting the development of tourism for foreign visitors. There is a lot of money to be made in this field.

観光通訳ガイドの将来性についてどう思いますか。
これから経済的余裕ができると余暇を楽しもうと思います。したがって観光産業はますます発展して、外国人の観光客も増えると思います。それで観光通訳ガイドの将来性は希望があると思います。

你认为翻译导游的将来是怎样的?
以后，所有人的衣食住都解决了，余暇生活会丰富多采，所以观光产业会飞速发展，外国观光客大量增加，所以我认为展望翻译导游是非常有希望的。

46. 본인의 직업관에 대해서 말해보세요.
직업은 단순히 경제적인 도움이 되거나 생계를 유지하기 위해서만 필요한 것이 아니고, 자기의 꿈을 실현하고 거기서 의미와 보람을 찾을 수 있는 삶의 중요한 일부라고 생각합니다.

Tell me about your view of developing a career or occupation.
These days a career or occupation is not only necessary for earning a living but it is also a very important part of one's life. It is here where one can make his/her dreams come true and find meaning and value in life.

本人の職業観について話してください。
職業は単に経済的な理由、生計の維持のためだけに必要なのではなく、自分の夢を実現し、そこから意味と遣り甲斐を持つ人生の大事な一部だと思います。

请讲一下自己的职业观。
职业单纯地为了经济性发展和仅仅为了维持生计是不行的，我认为实现自己的梦想和找到人生的意义及价值是很重要的一部分。

47. 여성으로서 직업을 갖는 것을 어떻게 생각합니까?
여성도 사회의 구성원으로서 자기의 소질과 능력을 발휘하여 국가와 사회에 기여하고, 자기의 생활을 풍요하게 하는 것은 바람직한 일이라고 생각됩니다.

What is your opinion on women having jobs?
I think it's very desirable for women to have jobs. Women are important members of our society, and by having a job a woman can make her life and that of her family richer by sharing her talents with others.

女性として職業を持つことをどう思いますか。
女性も社会の構成員として自分の素質と能力を発揮し、国と社会に寄与して、自分の生活を豊かにすることはのぞましいことだと思います。

关于女性求职的看法?
女性也是社会的构成元素，自己的素质和能力发挥的同时为国家和社会作出贡献，我想自

己有充实丰富的生活和工作。

48. 좋아하는 음식은 어떤 것입니까?
저는 김치찌개를 좋아합니다. 특히 돼지고기와 잘 익은 배추김치를 섞은 찌개를 좋아합니다.

What's your favorite food?
I like Kimchijigae (soup made of Kimchi). My favorite type of Kimchijigae is made with slices of pork meat and well fermented cabbage kimchi.

好きな食べ物は何ですか。
私はキムチチゲが好きです。特に豚肉とキムチを入れたチゲが好きです。

喜欢什么食品?
我喜欢辣白菜汤，特别是猪肉和研制尚佳的泡菜一起做的辣白菜汤。

49. 가이드 공부를 하는데 가장 어려운 점은 무엇입니까?
역시 외국어 공부인데요, 보다 많은 어휘를 암기하고, 정확한 발음을 하는 것이 어렵고도 중요하다고 생각합니다.

Which part was difficult for you in preparing for this exam?
The language of course. I think it is important for me to continue to learn more vocabulary and to continue to work on my pronunciation.

観光通訳ガイドの勉強の中で一番難しいところは何ですか。
勿論外国語です。たくさんの語彙の暗記と正確な発音が難しいです。

学习导游的时候最困难的是什么?
还是学习外国语，与大量的词汇记忆相比，正确的发音是最难也是最重要的。

50. 부산의 여대생 취업현황은 어떻습니까?
부산에서도 역시 여대생의 취업문이 좁은 편입니다만, 관광관계분야나 아동관계분야는 아직도 취업이 많이 되는 편입니다.

Is it easy for women to find jobs in Busan, Korea?
The gate to get a job in Busan are still limited. However jobs in tourism and child care provide good opportunities for women. I am hopeful that the jobs will continue to increase in this area as the Korean economy improves.

釜山の女子大生の就業率はどうですか。
釜山でも女子大生の就職は難しいですが観光関係分野と児童関係分野はまだいい方です。

你认为釜山的女大学生的就业状况怎么?
在釜山还是女大学生的就业问题困难，但是在与观光和儿童有关的项目上还是有很多择业机会的。

51. 관광안내 중 고객이 다치거나 사고가 발생하면 어떻게 해야 합니까?

먼저 응급조치를 하면서 즉시 119에 전화하여 도움을 요청하고, 경우에 따라서는 112에 전화하여 경찰의 도움을 받고, 신속히 본사(본부)에 연락을 취해야 합니다.

What would you do if your customers get hurt or if there was an accident while you are guiding them?

First, I would practice emergency first aid and immediately call 119 for help. Then depending on the case, I would call 112 for the police and call the head office as soon as possible.

観光案内中お客さんがけがをしたり事故が発生したらどうしますか。

まず、応急措置をし、119に電話をして助けを求めます。場合によって112に電話をして警察にも助けを求めます。そして本社にも連絡します。

在观光导游中，个人受伤或是发生事故的时候必须怎么处理?

首先，应急救治的同时立即向119审告，后面的情况发生时打112向警察寻求救助，并迅速联系本部告之。

52. 참다운(진정한) 친절은 어떤 것이라고 생각합니까?

친절은 진심에서 우러나는, 진실로 사람을 좋아하고 반가워하는 마음의 발로입니다. 따라서 진정한 친절은 고객의 입장에서 생각하고 환대(歡待)하는 것입니다.

What is a true kindness?

Kindness is the expression of the heartfelt love and the welcoming of people. Therefore, I think a true kindness comes from standing in the customer's shoes and helping them with a smile.

本当の親切はどんなことですか。

親切は心から人を愛し、助けになることをうれしく思うことです。したがって本当の親切はお客さんの立場から考えて歓待することです。

你是怎么认为忍耐(镇静)热情的?

热情要发子内心，真实的喜欢人，用以热情和喜悦的心情，然后镇静的热情思考客人的入场和款待。

53. 자신의 용모에 대해서 어떻게 생각합니까?

저는 아주 미인은 아니지만, 다른 사람에게 친근감을 줄 수 있고, 거부감이 없는 용모를 갖고 있다고 생각합니다.

What's your opinion on your looks?

I am not a beauty, but I think I have likable looks. Also I think it is important to dress in a neat and professional manner.

自分の外見についてどう思いますか。

私は美人ではないですが、他人に親近感を与えて、拒否感のない容貌をしていると思います。

你是怎么看你的容貌的?
我不是非常漂亮，但是，是对别人有亲近感，没有距离感的容貌。

54. 주민등록번호를 말해보세요.
저의 주민등록번호는 800213-1691820입니다.

Tell me your ID number please.
My ID number is 800213-1691820.

住民登録番号を言ってください。
私の住民登録番号は800213－1691820です。

请说一下你的身份证号码。
我的身份证号码是800213-1691820。

55. 어떤 음식을 좋아합니까?
저는 어릴 때부터 부산에서 살아왔기 때문에 해산물을 좋아하는데, 특히 생선회를 좋아합니다.

What kind of food do you like?
Since I was born and raised in Busan, I like seafoods such as sliced raw fish.

どんな食べ物が好きですか。
私は幼い時から釜山に住んでいるので海産物が好きです。特にさしみが好きです。

喜欢什么样的食物?
我从小就在釜山生活，所以对海产品比较喜欢，特别是喜欢生鱼片。

56. 결혼하였습니까? 기혼이라면 남편이 가이드라는 직업에 대해서 어떻게 생각합니까?
결혼한 지 5년 정도 되는데 아들이 하나 있습니다. 남편도 관광관련 업계에 종사하고 있기 때문에 저를 이해하고 믿습니다.

Are you married? If you are married, what does your husband think of the job of a Tourist Guide?
We've been married for 5 years and we have a son. My husband also works for a tourism business and he has encouraged me to work in the tourist industry.

結婚していますか。既婚だったらだんなさんは観光通訳ガイドという職業についてどう思いますか。
結婚して5年目になります。男の子が一人います。夫は観光関連の仕事をしていますので私をサポートしてくれます。

结婚了吗?如果结婚了，丈夫是怎样认为你的翻译导游职业的?
我结婚5年了，有一个儿子。因为我的丈夫也在和观光有关系的行业工作，他对我即理解又相信。

57. 부모님은 계십니까? 아버님의 직업은 무엇입니까?

두 분 다 아직 건강하십니다. 아버님은 오래 교직에 계시다가 최근에 퇴직하셔서 여가생활을 즐기고 계십니다.

Are your parents alive? What does your father do?

Both of my parents are in good health. My father was a teacher for a long time. He retired from his job recently and is enjoying his leisure time.

ご両親はいますか。お父さんの仕事は何ですか。

はい、二人ともまだ元気です。父は先生でしたが最近退職しました。

父母还见在吗?父亲的职业是什么?

两位全都很健康，以前是做教职工作的，最近退休了在家里过着幸福的晚年。

58. 관광학원에서는 주로 어떤 공부를 합니까?

주로 관광통역안내사 시험에 필요한 외국어, 전문지식, 면접시험 연습 등을 공부합니다.

What did you study at the Tourism institute?

I studied languages, specific tourism knowledge and job interview practice. All these things are necessary for the Tourist Guide Test.

観光通訳ガイド学院では主にどんな勉強をしましたか。

観光通訳ガイドの試験に必要な外国語と、専門知識の勉強、そして面接試験練習などをしました。

在观光学院里主要学习什么?

主要学习观光翻译导游者考试所必须的外国语，还有专门知识以及面试练习等。

59. 대학 졸업논문의 주제는 무엇이었습니까?

저는 관광영어(일어, 중국어)를 전공하여 「우리의 문화와 전통을 영어(일어, 중국어)로 설명하기」에 관한 논문을 썼습니다.

What was the topic of your thesis for college graduation?

I majored in Tourism English Interpretation, so the topic of my thesis was "Explanation of Korean Culture and Tradition in English."

大学の卒論のテーマは何でしたか。

私は観光日本語通訳を専攻して、「わが国の文化と伝統を日本語で説明すること」に関する卒論を書きました。

大学毕业论文的主题是什么?

我的主攻专业是观光汉语翻译。我的论文是<用汉语说明我们的文化和传统>。

60. 동아리활동은 어떤 것에 참여하고 있습니까?
대학재학 중에 민속공연을 주제로 하는 「비나리」라는 동아리에 2년간 활동한 적이 있습니다.

What kind of group activities did you take part in?
In the college, I was a member of the "Binari" group for 2 years. The "Binari" is a group which performs Korean folk arts.

サークル活動は何をしましたか。
大学生の時は民俗公演を中心にする「ビナリ」というサークルで2年間活動しました。

参加了什么社团活动?
大学在校期间,在"陛纳理"社团里以民俗公演为主体的活动参加了2年时间。

61. 대학시절에 아르바이트를 해 본 경험이 있습니까?
방학 중에 백화점에서 배달서비스 하는 일에 근무해 본 적이 있습니다.

Did you ever have a part-time job when you were in your college?
Yes, I did. I worked for the delivery service at a department store during my vacation.

大学生の時アルバイトをしたことがありますか。
休みの時、デパートで配達サービスをしたことがあります。

在大学时代有打工的经验吗?
放假期间,在百货商店里做送外卖的工作。

62. 당신 가정의 가훈은 무엇입니까?
우리 집의 가훈은 "자기를 사랑하자"입니다. 남에 대한 사랑, 국가와 직장에 대한 사랑도 자기를 사랑하는 사람만이 가능하다고 생각합니다.

What's your family motto?
My family motto is, "Love yourself". Only the person who loves oneself can love others, one's country and one's job.

あなたの家の家訓は何ですか。
我が家の家訓は"自分を愛しましょう"です。他人に対する愛、国と職場に対する愛も自分を愛せる人だけができると思います。

你家庭的家训是什么?
我们家的家训是"相信自我"爱南方,爱国家,爱工作单位,才可以做一个爱自己有自信的人。

63. 당신의 좌우명은 무엇입니까?
저의 좌우명은 "남이 나에게 해주기를 바라는 것처럼 남에게 해주라"는 것입니다. 이 말은 성서에 있는 말인데, 인간관계를 아름답게 할 수 있는 최선의 처세술이라고 생각합니다. 그래서 많은 사람들이 이

말을 황금률(Golden Rule)이라고 부릅니다.

What is your motto?

My motto is, "Do to others as you want to be done by". Many people call this the Golden Rule. I think this is the best way to live and it makes relationships with others strong and positive.

あなたの座右の銘は何ですか。

私の座右の銘は"他人に願っていることを他人にやりなさい"です。この言葉は聖書に出てくる言葉ですが人間関係をスムーズにすると思います。それで大勢の人がこの言葉を黄金ルールだと言っています。

你的座右铭是什么?

我的座右铭是"想南方给予我的一样给予南方"这是圣经里的一句话,有完美人际关系的最新的处事哲学。所以很多人称它为黄金格言。

64. 다른 자격증이나 특기 같은 것이 있으면 말해주세요.

저는 운전면허증과 Word Process 2급 자격증이 있고, 외국어는 TOEIC(JPT, HSK 등) 800점을 취득했습니다.

Do you have any other qualifications or specialties?

I have a driver's license, a Word Process (2nd grade) certificate and a TOEIC score of 800 points.

資格証や特技などがありますか。

私は運転免許証とワープロ2級の資格証があり、外国語は日本語能力試験2級があります。

请介绍一下你的别的资格证或是你的特别之处。

我有驾驶证,Word process 2极证书,还有汉语水平考试(HSK)400的取得分数。

PART 3

자질 · 자세에 관한
면접시험

자질·자세에 관한 면접시험
(국가관, 사명감, 성실성, 예의, 품행 등)

1. 국가관(國家觀)이라 함은?

자기의 국가에 대해서 갖는 견해, 즉 ① 국가의 의미는 무엇인가? ② 국가와 나는 어떤 관계가 있는가? 이 두 가지에 대한 견해가 국가관이다. "국가는 문화와 질서를 갖는 인간사회의 최고의 형태이다. 우리는 국가를 가짐으로써 사회질서가 생기고 생명과 재산을 지킬 수가 있다. 나는 모든 의무를 다하여 국가를 사랑하고 국가를 지키고 국가에 기여할 것이다. 나는 나의 국가를 사랑함은 물론 그 구성원인 국민을 사랑하고 국민에게도 봉사할 것이다."

2. 사명감이라 함은?

주어진 임무를 수행하려는 용기나 책임감. 관광종사원의 사명감은 ① 나라와 국민을 사랑하는 애국심이 있어야 한다. ② 민간외교관이라는 책임감과 자긍심을 가져야 한다. ③ 관광객을 즐겁고 안전하게 안내·인솔하여야 한다. ④ 우리의 문화와 전통을 널리 자랑해야 한다. ⑤ 국가경제와 국제친선에 기여해야 한다.

3. 새마을 운동의 목표는?

① 정신개발 ② 사회개발 ③ 경제개발을 통해서 지역사회의 발전을 극대화하고 조국의 근대화와 평화통일을 성취하는 것이다.

4. 3대 부정심리는?

① 부패심리 ② 인플레심리 ③ 무질서심리

5. 향약(鄕約)이란?

조선조에 지방자치단체의 덕화(德化) 및 상호협조 등을 위해서 만든 권선징악(勸善懲惡)을 취지로 한 자치규약(自治規約)으로서 그 기본강령은 ① 덕업상권(德業相勸) ② 과실상규(過失相規) ③ 예속상교(禮俗相交) ④ 환난상휼(患難相恤)이다.

6. 우리나라 농촌의 문제점을 설명하라.
① 농촌인력의 도시로 이동 ② 비과학적인 영농 ③ 농업의 국제경쟁력 취약

7. 우리나라의 자연재해 중 가장 피해가 큰 것은?
여름, 특히 7, 8월에 집중되는 태풍으로 인한 피해가 가장 크다.

8. 국민의 「바른생활자세확립」을 위한 의식개혁 실천방안은?
① 정직 · 질서의식 ② 미풍양속의 창조적 계승 · 발전 ③ 주인의식 함양 ④ 공직관 확립 ⑤ 자기본분에 충실 ⑥ 분수에 맞는 생활자세 ⑦ 국민 화합 도모 ⑧ 가정교육

9. 관광종사원의 주요 기본정신은 무엇인가?
① 주체적 국가관과 애국심 ② 자신의 업무에 대한 사명감 ③ 성실성과 환대정신 ④ 올바른 예의와 품행 등이다.

10. 관광환대(觀光歡待)란?
환대란 관광객에게 적절하고도 올바른 배려(care)와 대우(treatment)를 해 줌으로써 만족을 느끼게 하는 것이다.

11. Service의 절차를 3단계로 나눈다면?
Pre-service → In-service → After-service. Pre-service는 정확하고 친절한 예약, 안내, 정보제공 등을 뜻하고, After-service는 적절한 후속조처, 고정처리 등을 말한다.

12. 관광접대에 관한 경영이념은?
① Service 정신 ② Etiquette ③ 친절과 환대(歡待) ④ 정확한 의사소통 등이다.

13. 관광서비스의 질적 수준을 좌우하는 요소는?
① 국민성 ② 민족성 ③ 종사원의 접객태도 ④ 물적 요소 등이다.

14. 통역안내사가 갖추어야 할 인성적 자질은?
① 품위 있는 인격 ② 높은 교양 ③ 넓은 식견 ④ 원만한 인간관계

15. Tip의 성격은?
① 손님의 자유의사, 자유재량이다. ② 원래의 뜻은 '신속성'에 대한 보수이다. ③ 현재 호텔요금에 10%의 팁을 가산하여 받고 있다. ④ 종사원이 팁을 강요하는 것은 환대정신에 어긋나고 경영자가 이것을

보충해 주어야 한다.

16. 국민의 국가에 대한 3대 의무는?
① 납세의 의무 ② 병역의 의무 ③ 교육의 의무 ④ 근로의 의무

17. 태극기에 대해서 설명하라.
1882년(고종19)에 박영효가 만들어 1883년에 전국에 반포하였고, 1949년 문교부의 심사를 거쳐 결정되었다. 태극기의 5대 정신은 ① 평화의 정신 ② 단일의 정신 ③ 창조의 정신 ④ 광명의 정신 ⑤ 무궁의 정신이다.

18. 예절(禮節)과 품행(品行)은 어떻게 다른가?
① 예절은 동작, 말씨, 복장, 표정 등이 복합적으로 표출되는 가시적, 총체적인 표현이다. ② 품행은 성품(性品)과 행실(行實)을 뜻하는 말로써 인격적인 심성과 행동을 뜻한다.

19. Service는 어떤 뜻을 갖고 있는가?
① 봉사 ② 시중 ③ 접대(환대) ④ 근무 ⑤ 용역(用役) ⑥ 편익 ⑦ 무료(덤) ⑧ 이바지

20. Service의 사전적 의미는?
① 환대산업에서의 근무, 접대, 정성 ② 경제학적으로 제3차 산업에 해당하는 업무 ③ 상품 = 제품＋서비스(편익, 만족제공) ④ 덤으로 이익을 베푸는 것(한국, 일본에서만 사용)

21. 관광종사원의 업무적 자질은?
① 인내심 ② 다양한 관광소재의 암기 ③ 정보 활용 능력 ④ 일관성과 공평무사 ⑤ 호기심과 자발성
⑥ 외국어 소통능력

22. 관광안내의 3대 기본 원칙은?
① 정확한 정보 ② 적절한 정보 ③ 적시적인 정보

23. 관광안내의 기능은?
① 안내기능 ② 보호기능 ③ 해설기능 ④ 예약기능

24. 관광안내란 무엇인가?
관광객에게 관광자원과 그 매력을 소개하고 정보를 제공하며 편의 및 시설을 안내함으로써 여행자에게 편의를 제공하고 심리적 불안이나 위축감을 해소하여 편안하고 쉽게 관광행위를 할 수 있도록 돕는

인적 서비스이다.

25. 관광안내의 효과(관광안내사의 임무)는?
① 관광대상과 문화에 대한 이해 도모 ② 문화적 갈등요인의 해소 ③ 시설이용 확대 및 판매증진 ④ 체재기간 연장 ⑤ 외래 관광객 유치증진

26. 애국심이란 어떻게 하는 것을 말하는가?
① 국가에는 헌신하고 충성하는 것 ② 국민에게는 정직하고 봉사하는 것 ③ 직무에서는 창의와 책임을 다하는 것

27. 충(忠)이란 무슨 뜻인가?
원래 충이란 진기지위충(盡己之謂忠)이라는 뜻이다. 즉 '자신의 정성을 다하는 것'을 말한다. 국가에 대한 충성심이 곧 애국심이다.

28. 애국심(충성심)은 어디서 생겨나는 것일까?
① 우리 국민 모두는 한 민족으로 이루어져 있다. ② 우리는 민족공동체요, 운명공동체이다.
③ 따라서 우리는 모두 한 형제와 같다고 생각하는 데서 자발적으로 나온다.

29. 애국심을 위한 실천조목을 말하라.
① 우리나라에 대한 긍지와 자부심을 갖는다. ② 공동체의식을 갖는다. ③ 주인의식을 갖는다.
④ 국가의 기본질서를 준수한다.

30. 우리민족의 전통적인 민족성을 말해 보라.
① 홍익인간의 봉사정신 ② 화랑정신의 용맹성 ③ 선비정신의 청렴성 ④ 제1공화국의 단결심
⑤ 새마을운동의 근면성 등

31. 예의(禮義)와 예절(禮節)은 어떻게 다른가?
인간관계에서 상대방을 존중한다는 뜻의 말과 행동을 예의라 하고, 이러한 예의를 실천하는 행동방법, 즉 예의범절이 곧 예절이다. 예의와 예절의 근본정신은 '인간존중', '인격존중'이다.

32. 인성(人性)이란 무엇인가?
사람의 성격과 품행. 인간관계에서 나타나는 한 개인의 지(知), 정(情), 의(意), 행(行)의 종합적 특성, 인격과 유사한 말이다.

33. 관광통역안내사의 마음가짐은 어떠해야 하는가?

① 국민의 대표자라는 사실을 자각해야 한다. ② 성실하고 성의 있게 행동해야 한다. ③ 세심하고 치밀해야 한다. ④ 애교와 친절을 잊지 말아야 한다.

34. 관광통역안내사의 복장과 태도는 어떠해야 하는가?

① 몸은 자주 목욕하여 깨끗해야 하고, ② 복장은 사치할 필요는 없으나 잘 세탁하여 청결해야 한다. ③ 담배나 식사 후에는 양치질을 해야 한다. ④ 머리는 늘 빗질을 하고 비듬을 없게 해야 한다. ⑤ 손톱과 수염은 매일 깎아야 한다. ⑥ 화장은 검소하고 세련되게 해야 하며 요란한 색상, 향수, 장신구는 삼가야 한다.

35. 관광통역안내사의 언행과 태도는 어떠해야 하는가?

① 쾌활한 웃음을 잃지 않아야 한다. ② 친절하고 협조적이어야 한다. ③ 신속하고 인내심 있게 대해야 한다. ④ 성실하고 예의바르게 대해야 한다. ⑤ 신뢰성이 있고 능률적으로 일해야 한다.

36. 외국인을 안내할 때 유의할 점은?

① 민족적 긍지와 국민감정을 자극하는 설명은 피해야 한다. ② 이미 결정된 일정은 꼭 지키는 것을 원칙으로 해야 한다. ③ 한국의 지리, 역사, 기후, 풍속, 문화, 예술 등 모든 분야에 대한 연구를 게을리하지 말고 외국인에게 알맞게 정리해서 설명해야 한다. ④ 손님에 대해 고정관념을 가져서는 안 된다. 즉 관광객마다 개성, 취미 기타 모든 것을 잘 고려하여 손님에게 적당한 안내를 해야 한다. ⑤ 쓸데없는 답변은 삼가야 하나 그렇다고 해서 설명을 게을리 해서 손님이 지루한 느낌을 갖게 해서는 안 된다. ⑥ 역사적 내용을 설명할 때는 상대국의 연대와 비교해서 손님의 이해를 도와야 한다. ⑦ 안내 시 타이밍에 주의해야 한다. 설명하고자 하는 곳을 지나쳐버리지 말아야 한다. ⑧ 고객으로부터 의뢰받은 것은 틀림없이 그 결과를 고객에게 알려 주어야 한다.

37. 외국인 관광객을 안내하기 위한 사전 준비사항은?

① 숙박(객실수, 객실의 종류, 구내식사 여부 등) ② 교통(수배차량의 회사명, 차종, 배차시간, 항공편의 편명 및 도착시간 등) ③ 하물(고객의 짐을 운반하는 차량 수배) ④ 식당(식당의 위치, 교통, 식사의 종류) ⑤ 야간관광의 예약 및 확인

38. 외국인 관광객이 도착하는 당일의 준비사항은?

① 개인에게 나눠줄 일정표를 준비한다. ② 안내에 필요한 책자 및 지도 등을 준비한다. ③ 충분한 경비는 준비되어 있는지 다시 확인한다. ④ 해당 항공사 카운터에 문의해서 도착시간을 확인해 둔다. ⑤ 버스 및 트럭운전사와 시간 및 주차장소 등을 약속해 놓는다. ⑥ 항공기가 도착하면 절대로 입국자 대합실을 떠나지 말아야 한다.

39. 외국인 관광객의 입국시 대처사항은?

① 단체가 나오면 우선 투어리더를 그전부터 잘 알고 있는 것처럼 친숙하게 대할 것이며, 손님에게 투어리더가 한국에 처음 온다고 하는 이야기를 해서는 안 된다. ② 투어리더에게 손님수와 화물의 개수를 물어서 확인한다. ③ 운전사에게 손님들이 기다리는 장소로 차를 가져오게 한다. ④ 버스 탈 곳으로 손님들을 인도한다. ⑤ 문 옆에 서서 손님이 차타는 것을 도와주고 손님수를 센다. ⑥ 투어리더에게 마이크를 주면서 먼저 인사할 기회를 주고, 그가 인사말을 하지 않으면 안내원이 먼저 하도록 한다.

40. Tour Leader와의 관계는 어떻게 하여야 하는가?

① 투어리더의 입장을 항상 도와야 하며, 또 우리가 그를 중요시하고 있다는 것을 인식시켜야 한다. ② 관광객에게 그가 한국 사정에 대해 잘 알고 있고 관광객이 고국에 돌아갈 때까지 안전하고 유쾌한 여행을 안내할 수 있는 유능한 투어리더임을 소개(칭찬)한다. ③ 일정에 대한 수배가 완료되었다는 것과 기타 필요사항을 잘 설명해주어 그를 안심시키고 그의 의견에 협조함으로써 그와 가까워져야 한다. ④ 안내원은 손님의 의견이 있다 해도 임의대로 정해진 일정이나 수배사항을 변경해서는 안 된다. 손님의 요청이 있을 시는 우선 투어리더에게 알려 그의 지시를 따라 행동해야만 한다. ⑤ 투어리더가 옳지 못한 일을 했다고 해서 손님 앞에서는 절대 의견충돌을 해서는 안 되며, 그런 일이 발생할 경우는 단둘이 있을 때 그의 기분이 상하지 않게 충분히 설명하여 납득시켜야만 한다. ⑥ 일정 중 자유시간일지라도 안내원은 투어리더의 양해를 받아 임의관광(Optional tour)을 판매해야 한다. 대개 이상에 주의하면 투어리더도 안내원에게 적극 협조하게 되고 결과적으로 손님들에게도 칭찬을 받게 되어 원만한 안내가 이루어질 것이다.

41. 관광안내의 요령을 간략하게 설명하라.

① 먼저 자기가 담당한 단원의 명단을 빨리 기억하고 고객의 유형을 분별해야 한다. 침착한 사람인지 급한 사람인지, 사치한 여행자인지 아닌지, 직업은 무엇인지 등 고객의 구성 요소를 파악해야 한다. ② 모든 고객에게 공평을 기하고 기분에 맞는 고객이라고 해서 특별대우를 해서는 안 된다. 단지 그런 경우 다른 고객의 기분을 상하지 않게 주의해야 한다. ③ 쇼핑, 식사 등을 위하여 하차 해산 시에는 자기 시계와 고객의 시계를 확인하여 몇 시 몇 분에 발차한다는 것과 주차장의 위치도 확실히 알려주어야 한다. ④ 만일 특정관광사항에 대한 설명이 없고 긴 침묵시간이 생길 때에는 적당한 화제를 준비하여 손님이 지루함을 느끼지 않게 하여야 한다. ⑤ 식사시간에 대해서는 호텔이나 식당의 책임자와 사전에 식사기간 및 고객의 인원과 좌석배정 등을 타협해 두어야 한다. ⑥ 호텔의 객실 할당은 투어리더와 상의하여 고객들의 불평이 없도록 한다. ⑦ 운전사와 긴밀한 협조가 필요하나 운전사와의 대화는 될 수 있는 한 삼가야 한다. ⑧ 관광안내 설명은 전반적인 내용을 미리 준비하여 철저하게 행한다. ⑨ 자동차로 역을 향하여 가는 경우 운전사에게 미리 기차의 발차시각을 알려주고 충분한 시간을 가져야 하나 너무 많은 시간이 남아돌아가게 해서는 안 된다. ⑩ 짐이 대단히 많은 경우 도착역에 용달차의 수배 등을 미리 연락해야 한다. ⑪ 쇼핑을 할 경우 고객이 구매한 물건에는 미리 꼬리표를 준비하여 처음부터 이름을 써 붙이는 것이 좋다.

42. Optional Tour의 판매요령을 설명하라.

① 일정을 체크하여 자유시간이 얼마나 있는가 알아본다. ② 투어리더에게 임의관광상품의 판매를 제의, 양해를 구한다. ③ 관광객 전원이 안내원의 말을 듣고 있는 버스 안에서 판매하는 것이 제일 좋으며 고객에게 임의관광상품을 제안할 때는 고객이 흥미를 느낄 수 있게 간단한 내용을 소개한다. ④ 임의관

광상품의 가격, 소요시간, 교통편 등에 대한 의문이 없도록 상세히 설명한다. ⑤ 참가하고 싶어하는 고객에게는 지불할 요금을 준비하도록 조언하고 참가인원을 확정지어 곧 수배를 시작한다.

43. 관광객에게 쇼핑을 안내할 때의 유의사항은?

① 상품의 품질과 가격을 신용할 수 있는 공신력 있는 점포에 안내해야 한다. ② 관광객의 쇼핑을 도와 줄 때는 어디까지나 그들의 의사에 좇아야 한다. ③ 관광객이 자기가 필요로 하지 않는 한 물품의 상담에 관여해서는 안 된다. ④ 관광객이 자기가 사고자 하는 물품에 대해 의견을 물어왔을 때도 관광객의 기분을 돋구어주도록 해야 하며, 절대로 좋다 나쁘다 등의 비판을 해서는 안 된다.

44. 관광객의 출국 및 출국 후의 처리사항은?

① 2회 이상 출국항공편의 시간을 체크해야 한다. ② 출국시간 최소 3시간 전에는 호텔을 출발하여 2시간 전에는 공항에 도착해야만 한다. ③ 투어리더로부터 Voucher Service Order를 받고 기타 사항이 없는지 상의하여야 한다. ④ 손님에게 각자의 짐을 재확인시킨다. ⑤ 공항세가 포함되어 있지 않은 경우 공항세를 징수한다. ⑥ 원화가 남은 고객은 공항의 은행에서 교환할 수 있게 조치한다. ⑦ 출국순서를 자세히 설명할 것이며 출국카드를 확인한다. ⑧ 항공사 카운터에 투어리더와 함께 가서 수속을 마친 후 손님들에게 탑승권 및 수하물 영수증을 나누어 준다. ⑨ 손님들에게 관광중 손님의 협조에 대해 감사를 표하고 손님들과의 관광이 아주 유쾌하고 영광된 것이었다고 하는 인사를 해야 한다. 이상으로 고객이 출국하게 되면 안내원은 즉시 안내보고서를 작성하여 안내경비를 청산해야 한다. 안내보고서에는 여정 및 여행조건의 변경사항 등 실제 안내한 모든 사항이 빠짐없이 기록되어야 한다.

45. 항공기의 지연 출발시 대처사항은?

① 투어리더에게 즉시 알리고 이에 대처할 다른 수배를 관광객에게 어떻게 전할 것인가를 협의하여야 한다. ② 투어리더에게 다음 도착국의 호텔이나 여행사에 이 연발에 관한 소식을 전하기를 원하는가, 다음 나라 방문 시에 수배사항을 변경할 것인가를 물어본다. ③ 연발하는 시간 동안 호텔이나 식사 혹은 다른 관광을 할 때 항공사가 이를 부담하는지 알아본다. ④ 출발이 곧 가능하다면 확정 출발시간을 확인한다. ⑤ 손님에게 연발한다는 보고를 할 때는 과장해서 설명하지 말고 진지한 태도로 항공사에서 전해들은 사실 그대로를 전한다. ⑥ 만일 손님이 호텔이나 가족에게 이 연발에 메시지를 전하라고 부탁하면 이를 정확히 전해주어야 한다. 항공사는 이런 전보나 연락을 즉시 서비스하여 준다. ⑦ 모든 일이 완전히 해결될 때까지 투어리더와 함께 있어야 한다.

46. 관광서비스요원의 삼가야 할 자세는?

① 의자에 기댄 채 몸을 흔든다. ② 기지개나 하품을 한다. ③ 의자에 다리를 꼬고 앉았거나 신발을 반만 걸친다. ④ 이쑤시개를 입에 꽂은 채 행동한다. ⑤ 근무 중에 귀를 후비거나 손톱을 깎는다. ⑥ 사적인 전화를 자주한다. ⑦ 남의 자리에서 장시간 잡담을 한다.

47. 관광서비스요원의 기본정신을 말해보라.

① 봉사성 ② 청결성 ③ 능률성 ④ 경제성 ⑤ 정직성 ⑥ 환대성

48. 서비스가치에 대한 잘못된 편견은 어떤 것이 있는가?
① 인적서비스를 주종관계의 시중으로 인식한다. ② 서비스는 산업의 부수적인 부문 또는 공짜나 덤으로 주는 것으로 인식한다.

49. 미래지향적 서비스 마인드란 어떤 것인가?
고객에게 감동을 줄 수 있는 서비스 마인드는 심리적인 우위에 있어야 한다. 즉 ① 가진 자의 여유 ② 아는 자의 아량 ③ 앞선 자의 관용 ④ 윗사람의 배려 정신으로 고객을 접대해야 한다.

50. 미래지향적 서비스 요원의 마음가짐은?
① 감사하는 마음 ② 봉사하는 마음 ③ 솔직한 마음 ④ 겸허한 마음

51. 미래지향적 서비스를 위한 고객에 대한 태도는?
① 고객의 욕구를 정확히 파악하고 충족시켜 주려는 태도를 갖는다. ② 고객에게 진정으로 만족을 주려는 태도를 갖는다. ③ 고객의 입장에서 이해하고 도와주려는 태도를 갖는다. ④ 지속적으로 고객에게 유익한 정보를 제공하고, 친해지려고 노력하는 태도를 갖는다. ⑤ 고객을 존중하고 자존심을 손상시키지 않으려는 태도를 갖는다.

52. 미래지향적 이미지 창출을 위해서는?
① 첫인상을 소중히 한다. ② 용모 · 복장을 단정히 한다. ③ 밝은 표정과 얼굴 전체의 미소를 잊지 않는다. ④ 눈으로 말하고 가슴으로 경청한다. ⑤ 눈으로 웃고 손으로 일한다. ⑥ 인간미 · 도덕성 · 예절을 갖춘다. ⑦ 눈높이를 같이 하고 민첩하게 행동한다. ⑧ 오는 사람 반갑게, 가는 사람 인상 깊게 대한다. ⑨ 관심과 칭찬을 습관화한다. ⑩ 매순간 최우수 주연상을 받을 수 있는 이미지를 창조한다.

53. 바람직한 직업관을 말하라.
우리가 직업관을 말할 때 많이 쓰는 표현은 천직의식(天職意識)과 소명의식(召命意識)이다. ① 천직의식이란 자신의 직업을 타고난 직분으로 생각하고 열과 성을 다해 일하는 마음자세를 말하고 ② 소명의식이란 자신의 직무는 하늘이 나에게 준 본분이니 자신의 몸과 마음을 다 바쳐 일해야 한다는 것을 말한다. ③ 우리는 직업을 통해서 경제적인 소득을 얻을 수 있고, 자신의 삶을 실현할 수 있으며, 사회에 기여할 수도 있다.

54. 올바른 직업의식이란 어떤 것인가?
① 공동운명체 의식 ② 삶을 실천하는 장소 ③ 자기가 선택한 직장과 일에 대한 애정과 열성 ④ 동료들에 대한 파트너십과 협동정신

55. 일에 임하는 바람직한 자세는?

① 최선을 다한다. ② 자기분야에서 최고가 된다. ③ 창조하고 개척한다. ④ 혁신하고 개선한다. ⑤ 신념과 패기를 갖는다.

56. 관광서비스 요원(남성)의 바람직한 용모는?

(1) 머리
　① 헤어스타일은 보편적·전통적인 형이 좋다.
　② 앞머리는 이마를 가리지 않도록 한다.
　③ 옆머리는 귀를 덮지 않도록 한다.
　④ 뒷머리는 와이셔츠 깃을 덮지 않도록 한다.
　⑤ 자주 이발하고 빗질하여 단정한 머리 모양을 유지한다.

(2) 얼굴
　① 매일 면도한다.
　② 코털이 빠져나오지 않도록 신경 쓴다.
　③ 치아를 깨끗이 잘 관리하며, 입 냄새를 주의한다.
　④ 입술이 거칠어져 있지 않도록 한다.
　⑤ 미소 띤 밝은 얼굴을 유지하도록 한다.
　⑥ 귀는 더럽지 않도록 자주 청소한다.

(3) 기타
　① 손은 항상 깨끗이 하며, 짧고 청결한 손톱을 유지한다.
　② 눈은 충혈되거나 눈곱이 끼지 않도록 주의한다.
　③ 목욕을 자주 하여 땀 냄새가 나지 않도록 한다.

57. 관광서비스 요원(여성)의 바람직한 용모는?

(1) 얼굴
　① 건강하고 미소 띤 밝은 얼굴을 잊지 않는다.
　② 화장은 자연스럽고 밝으며 청결한 느낌을 주도록 한다. 너무 진하거나 야한 화장은 고객에게 거부감을 주게 된다.
　③ 립스틱은 내추럴 컬러에 가깝도록 옅게 바르고, 너무 요란하거나 짙은 색은 피하되, 얼굴피부보다는 화색이 더 도는 빛깔이 좋다.
　④ 눈곱이 낀 상태로 고객을 대하지 않도록 조심한다.
　⑤ 귀속이 더럽지 않도록 청소한다.

(2) 머리
　① 앞머리가 눈을 가리지 않도록 한다.
　② 윤기 있는 아름다운 머리카락을 유지한다.
　③ 복장과 어울리면서 단정하고 산뜻한 헤어스타일을 한다.
　④ 리본 등 화려한 머리장식은 피한다.
　⑤ 핀이나 액세서리는 화려하거나 너무 크지 않은 것으로 선택하며, 색상은 검정색이나 갈색계통으로 한다.

⑥ 머리모양은 너무 유행을 따르지 않도록 하며, 파마를 할 경우 웨이브는 지나치게 굵지 않게 한다. 또한 서구인식의 머리염색은 곤란하다.

⑦ 긴 머리는 묶어서 활동하기 편하게 한다.

(3) 화장

① 기초화장은 개성에 맞고 건강하게 보일 수 있도록 가볍게 하되, 직장여성답지 않게 눈 주위와 입술부분을 강하게 해서는 안 된다.

② 화장은 출근 전에 끝내며, 사무실에서는 하지 않는다.

③ 향수는 사용하지 않는 것이 원칙이며, 사용할 경우에는 향이 연한 것을 사용한다.

(4) 손톱

① 손톱은 길지 않게 하고, 항상 깨끗하게 손질한다.

② 매니큐어는 은은하면서도 엷은 핑크색이나 투명하게 윤택이 나는 계통을 사용한다.

③ 매니큐어는 벗겨지지 않도록 주의한다.

58. Image란 무엇인가?

이미지란 인간의 마음속에 그려지는 사람이나 사물의 영상 또는 인상을 말하는 것으로, "특정인의 생김새, 성격, 태도, 말씨, 교양, 사고방식 등으로부터 받게 되는 느낌"을 그 사람의 이미지라고 한다.

59. 어떻게 Image를 개발할 수가 있는가?

① 자신에게 맞는 이미지를 개발한다. ② 남의 이미지를 모방하지 않는다. ③ 상황에 따라 이미지를 조정한다. ④ 특정한 이미지를 전문화한다. ⑤ 효과적인 자기 PR을 한다. ⑥ 부지런하다는 이미지를 심는다. ⑦ 이미지에 알맞은 용모와 복장을 갖춘다.

60. 자기 PR의 유형은?

① 자기기만형 ② 자기과장형 ③ 요령부득형 ④ 정직형

61. 관광서비스요원의 바람직한 표정관리는?

① 얼굴 전체를 부드럽고 온화하게 갖는다. 명랑한 얼굴표정은 상대방에게 즐거움과 행복감을 준다. ② 얼굴의 근육을 긴장시키거나 찡그리지 않는다. 딱딱한 얼굴은 상대가 겁을 먹고 찡그리면 추하게 보인다. ③ 턱을 자연스럽고 반듯하게 갖는다. 일부러 턱을 끌어들이면 의도적인 표정이 되어 꾸밈이 있어 보인다. ④ 조작된 억지표정을 짓지 않는다. 마음에 있는 대로 표정을 지어야 억지표정을 지으면 가식적으로 보인다. ⑤ 경우에 맞는 표정을 짓는다. 슬플 때는 슬픈 표정, 기쁠 때는 기쁜 표정이 정직한 것이다. ⑥ 갑작스럽게 표정을 바꾸면 안 된다. 온건하고 담담한 표정은 진중함을 나타낸다.

62. 바람직한 접객화법을 설명하라.

① 명령형을 피하고 의뢰형을 사용한다.

명령형은 듣는 사람의 의지를 전혀 무시한 일방적인 강요인 것에 비해 의뢰형은 상대의 의지를 존중한 뒤에 부탁을 하고 있는 것이다.
- 명령형 : "죄송합니다만, 좌석을 당겨 앉아 주십시오."
- 의뢰형 : "죄송합니다만, 좌석을 당겨 주시지 않으시겠습니까?"

② 부정형은 피하고 긍정형을 사용한다.
서비스화법에서 부정형은 사용하지 않겠다는 마음가짐을 가져야 된다. 될 수 있으면 '예' 하는 마음 가짐이 바른 접객서비스 자세이다.

③ 거절할 때는 의뢰형을 사용한다.
"요금을 깎지 않아 주시면 감사하겠습니다"처럼 거절할 때는 의뢰형을 사용한다. 고객의 반감을 줄이면서 거절할 수 있기 때문이다.

④ 고객의 반응을 보면서 응대한다.
서비스요원이 말하고 있는 사항이 고객에게 어떻게 이해되고 있는가를 확인하면서 대화를 이어 가야 한다. 물론 고객의 입장에서 고객을 위해 대화한다는 자세가 중요하다.

⑤ 마이너스 · 플러스법을 사용한다.
고객에게 자사의 상품을 인지시킬 때는 마이너스 · 플러스법이 보다 효과적이다. 반대로 플러스 · 마이너스법은 경쟁사의 상품을 격하시킬 때 사용하면 좋다.
마이너스 · 플러스법 : "조금 비싸기는 하지만 제값을 할 정도로 견고하고 기능이 좋습니다."
플러스 · 마이너스법 : "튼튼하긴 하지만 가격이 너무 비쌉니다."

⑥ 'My proposal~'보다 'Your requirement~'이 더 적합하다.
고객에게 제안을 할 때는 'My proposal is~'보다는 'Your requirement is~'의 방법으로 한다. 즉 고객의 입장에서 고객에게 어울린다는 것을 강조한다.

⑦ 바른 자세와 세련된 목소리를 훈련한다.

⑧ 서비스 정신이 반영된 경어와 호칭을 사용한다.

63. 고객의 불만처리방법을 단계별로 설명하라.

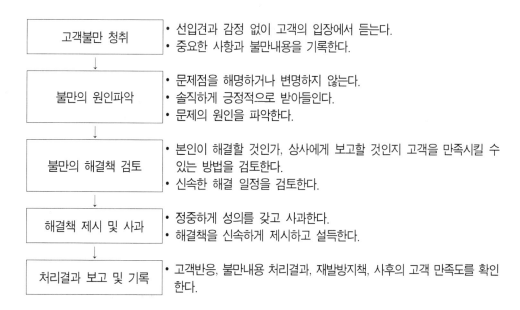

64. 고객의 불만을 처리할 때의 마음가짐은?

① 고객 불만 대응도 영업활동이다. 고객이 있고 나서 회사와 내가 존재한다.

② 고객 불만은 기업에 이익을 가져온다.

③ 신속한 대응과 성의가 생명이다.

④ 고객의 마음의 상처도 동시에 수리해서 만족시킨다.

⑤ 고객은 항상 옳다는 것을 명심한다. 고객과의 논쟁에서 이기면 고객을 잃는다.

⑥ 재거래 동기의 1위는 불만처리만족에 있다. 고객의 기대 이상을 행한다.

⑦ 같은 불만발생은 최대의 불신으로 이어진다. 절대로 재발을 방지한다.

⑧ 상품을 팔 때보다 더 친절히 대한다. 그리고 플러스 α서비스를 제공한다.

⑨ 불만고객은 서비스요원의 일하는 태도를 평가하고 교육시켜 주는 스승이다.

⑩ 불만에 대한 처리를 사전에 연구한다.

65. 고객의 불만을 처리할 때의 태도는?

① 고객을 어리석다고 보아서는 안 된다.

② '고객은 변덕스러운 법이다'라고 생각해서는 안 된다.

③ 나는 종업원이다. 나에게는 결정할 권한이 없다라는 생각을 해서는 안 된다.

④ 회사의 상품서비스에 대한 비평을 해서는 안 된다.

⑤ 사실을 확인하지 않고 조급히 결정해서는 안 된다.

⑥ '절대', '우리 회사만 그런 게 아니다', '조금씩은 어쩔 수 없다'라고 말해서는 안 된다.

⑦ 불만고객에 대한 선입관은 금물이다.

⑧ 까다로운 불만고객이라고 해서 규정 이상의 보상을 해서는 안 된다.

66. 고객(顧客)이란?

① 협의의 고객 : 우리의 상품과 서비스를 구매하거나 이용하는 손님을 뜻하고, ② 광의의 고객 : 상품을 생산하고 이용하며 서비스를 제공하는 일련의 과정에 관계된 자기 이외의 모든 사람을 뜻한다.

67. 고객의 사전적 의미는?

① Guest : 환대(접대)받는 사람, 방문자, 초대받은 손님, Host의 반대개념, ② Customer : 단골거래자, 단골고객, 단골구매자, ③ Consumer : 소비자, 구매자, Producer의 반대개념, 고객이라는 의미로는 사용하지 않는다.

68. Benchmarking이란?

창조적인 모방. 경영혁신의 한 방법으로 유사한 업종과 시장성을 갖고 있는 우량기업의 바람직한 부분을 배워서 자기 기업의 실정에 맞게 수용하는 것을 뜻한다.

69. CS란?

Customer Satisfaction. 고객의 욕구(needs)와 기대(expect)에 최대한 부응하여 그 결과로 상품과 서비스의 재구입이 이루어지고 고객의 신뢰감이 연속되는 상태를 뜻한다.

※ 피터 드럭커(P. Drucker) 교수는 "기업의 목적은 이윤추구에 있는 것이 아니라 고객창조에 있으며, 기업의 이익은 고객만족을 통해서 얻어지는 부산물이다"고 주장하여 기업의 절대적 사명이 고객만족임을 강조하였다. CS는 현대 marketing, 현대의 기업경영의 핵심이다.

70. 고객만족을 위한 10가지 포인트는?
① 고객의 욕구를 파악하고 능동적으로 대처한다.
② 고객의 심리에 민감하라.
③ 고객이 보고, 듣고, 맛보고, 냄새 맡고, 만져보게 하라.
④ 고객에게 주목받는 환경, 분위기를 만들라.
⑤ 고객에게 친절한 서비스요원이 되라.
⑥ 고객의 사후관리를 철저히 하라.
⑦ 고객에게 많은 정보를 제공하라.
⑧ 고객의 불만을 잘 들어라.
⑨ 고객이 친밀감을 느끼는 서비스기업을 만들라.
⑩ 고객으로부터 얻은 이익의 일부를 고객에게 돌려주라.

71. 고객이 친밀감을 느끼도록 하기 위해서는?
① 고객의 입장에서 불만을 보고 냉정히 대처하라.
② 잘못을 시인하되, 변명하지 마라.
③ 고객의 불만은 아무리 사소한 것이라도 확인하라.
④ 고객의 불만은 신속 · 정확하게 처리하라.
⑤ 고객의 편에서 생각하라.
⑥ 비공식적인 창구라 해도 성실하게 접수하라.
⑦ 흥분한 고객에게는 시간 · 장소 · 접수자를 변화시켜라.
⑧ 다소 손해를 보더라도 타협하라.

72. 고객 감동서비스를 위해서는?
① 고객을 위한 일을 최우선으로 한다.
② 고객과의 접점을 가장 중시한다.
③ 사내 고객 개념을 실천한다.
④ 시간단축을 위한 과정을 개선한다.
⑤ 고객만족도로써 직원을 평가한다.
⑥ 귀는 고객의 소리를 경청한다.
⑦ 머리는 고객감동을 위해 창조적으로 생각한다.
⑧ 손은 고객서비스 기회를 놓치지 않는다.
⑨ 가슴은 고객을 위한 혁신의 의지를 갖는다.
⑩ 마음은 고객에 대한 열정을 갖는다.
⑪ 발은 고객을 향해 경쟁사보다 한발 앞서간다.

⑫ 나는 항상 고객에게 감사한다.

⑬ 나의 행동과 대화는 고객입장에서 고객을 위해서 한다.

⑭ 고객의 기쁨이 나의 기쁨이요, 고객의 감동이 곧 나의 감동이다.

⑮ 나는 고객을 향한 사랑과 열정을 가지고 즐거운 마음으로 일한다.

⑯ 나는 고객과 만남을 통해 새로운 가치를 발견하며, 아름다운 서비스문화를 창조한다.

73. 친절한 서비스요원의 특징은?

① 긍정적이고 개방적이며 인내적으로 사고한다.

② 예의바르고 능동적이며 자율적으로 행동한다.

74. 불친절한 서비스요원의 특징은?

① 부정적이고 폐쇄적이며 즉흥적으로 사고한다.

② 무례하고 피동적이며 이기적 · 타율적으로 행동한다.

75. 관광안내의 목적은?

① 기업의 이미지 제고 ② 관광시설 및 자원의 홍보 ③ 한국관광 이미지 제고 ④ 외래관광객 유치증대

76. 관광안내사의 바람직한 마음가짐은?

(1) 국민의 대표자로서의 마음가짐

　① 항상 연구하는 자세를 갖는다.

　② 겸손하며 품위를 잃지 않는다.

(2) 서비스맨으로서의 마음가짐

　① 항상 관광객의 입장에서 생각한다.

　② 바른 자세로 근무한다.

　③ 항상 주변을 정리한다.

(3) 직장인으로서의 마음가짐

　① 상대방의 입장을 존중한다.

　② 약속은 반드시 지킨다.

　③ 능률을 중시한다.

　④ 주인의식을 갖는다.

　⑤ 지역사회에 봉사한다.

　⑥ 책임의식을 갖는다.

77. 양질의 응대를 위해서는?

① 응대시 모든 역량을 집중한다. ② 심신을 단련한다. ③ 어학을 훈련하여 자유로운 의사소통을 한다.

④ 기록을 습관화한다. ⑤ 인품을 배양한다.

78. 문화관습의 차이를 극복하기 위해서는?
① 지나친 웃음은 오해를 일으킨다.
② 'I am sorry'를 남용하지 않는다.
③ Lady first의 매너를 존중한다.(서양인의 경우)
④ 어린아이의 머리를 만지지 않는다.(동남아인의 경우)
⑤ 동·서양은 '오라, 가라'의 손짓이 반대이다.
⑥ Yes와 No를 분명히 한다.
⑦ 정당한 사유 없이 여성에게 나이를 묻지 않는다.
⑧ 식사 중 트림을 하지 않는다.
⑨ 결혼하지 않는 이유, 자녀를 두지 않는 이유, 수입액, 물건의 가격 등을 묻지 않는다.

79. 관광정보의 수집방법은?
(1) 문헌에 의한 방법
① 관련서적 ② 간행물 ③ 통계자료

(2) 직접조사에 의한 방법
① 구전(口傳)의 취득 ② 대상관광지의 견학 ③ 전문가와 면담

(3) 공중정보망에 의한 방법
① 여행정보 시스템 ② PC통신 ③ 관광·교통 ARS서비스

80. 관광안내의 효과는?(한국관광공사)
① 관광대상 및 지역에 대한 이해증진 ② 외래관광객의 유치증진 ③ 관광산업의 발전에 기여 ④ 관광객에게 편의 증진 ⑤ 관광지의 질서 및 문화 차이에 대한 계도효과

81. 언어권별 관광객의 특징은?
(1) 영어권 관광객
① 밝고 명랑하며 동작이 크다.
② 합리적 개인주의자들로 이치에 맞는 선택을 좋아한다.
③ 여성을 존중하는 사회습관이 지배적이다. 엘리베이터나 자동차 등에서 여성이 타고내리도록 배려한다.
④ 프라이버시를 존중하여 사적인 질문은 삼가고 여성에게 나이나 결혼 여부를 묻지 않는다.
⑤ 약속을 존중하며 시간관념이 강하다.
⑥ 신속하고 정확한 일처리를 기대한다.
⑦ 13이라는 숫자를 꺼리므로 이러한 관광객들을 위해 호텔 등에서 층이나 객실번호에 아예 숫자를 없애거나 배정하지 않을 정도이다.
⑧ 신체에 대해 일정한 거리와 공간을 유지하기를 원한다. 쾌적한 공적서비스 거리는 1.2m로 알려져 있다. 어린아이라도 머리를 만진다든지 하는 신체접촉을 삼간다.

⑨ 관광의 시작을 안내소 방문으로 시작하는 경우가 많다.

⑩ 체류기간 중 하루에 한 번씩 코스를 정하기 위해서, 교통편을 알기 위해서, 심지어는 일기예보를 보기 위해서 방문하는 경우도 있다.

⑪ 자신이 필요한 정보는 철저히 알고 간다. 예를 들면, 1시간 30분까지 안내소에 머물면서 투어버스, 택시관광, 렌터카정보를 문의한 후 결국은 렌터카로 결정하기도 한다.

⑫ 비싼 호텔보다는 민박, 유스호스텔 등 저렴한 숙박시설을 선호한다.

⑬ 투어버스나 택시를 이용하기보다는 렌터카와 대중교통수단을 선호한다. 버스노선, 요금과 배차간격 등을 숙지하고 있어야 하며, 노선번호가 없는 시외버스인 경우에는 자세한 설명이 필요하다.

⑭ 안내책자 등은 필요한 정도만 가지고 가며 불필요한 책자는 사양한다.

(2) 일어권 관광객

① 감정을 잘 드러내지 않는 것을 미덕으로 여기므로 가능한 세부질문을 하여 의견을 이끌어낸다.

② 절의 각도가 관계를 나타내므로 일본인이 했던 만큼의 맞절을 하도록 한다.

③ 이름 뒤에는 "씨"에 해당하는 "상"을 붙이나 직책 뒤에는 붙이지 않도록 한다.

④ 작게 이야기하는 것을 교양으로 여기므로 큰소리로 말하지 않도록 한다.

⑤ 흑백논리를 싫어하므로 직설적인 표현은 자제한다.

⑥ 위생관념이 철저하고 상거래가 확실하다.

⑦ 소식하는 성격으로서 음식을 남기는 것을 꺼리므로 음식점 안내시도 참고한다.

⑧ 4자를 싫어하므로 선물, 물건구입 등에 4개를 권하지 않도록 한다.

⑨ 제2차 세계대전에 대한 화제는 싫어한다.

⑩ 여행시에는 꼭 그 지역의 작은 기념품을 사고 싶어 하므로, 부담스럽지 않은 토산품 종류와 구입처를 알아두어 소개한다.

⑪ 기록을 중시하고 구전효과가 높으며 민감한 편이라 고객만족을 위해 섬세한 배려가 필요하다.

⑫ 조심스럽게 안내를 요청하며, 어떤 경우는 안내소에 들어와서도 눈을 마주치려하지 않고 안내 책자만 뒤적거리기도 한다.

⑬ 이쪽에서 응대하면 겨우 교통편, 식당 등 필요한 정보 5가지 중 1가지만 묻고 간다.

⑭ 일본어로 한국을 소개하는 관광안내 책자를 소지하고 다니며 코스를 선택하고는 교통편 정도를 묻는다. 식당도 책자에 추천된 장소를 선호한다.

⑮ 확실한 의사표현 대신 겸양의 표현으로 말끝을 흐리는 경우가 많으므로 일본인 특유의 말투에서 말하고자 하는 내용을 파악해서 응대하고 상대방이 원하는 것을 캐치한다.

(3) 중국어권 관광객

① 시간을 어기면 모욕적으로 생각한다.

② 지위에 민감하므로 가능한 직책으로 부르도록 한다.

③ 직함이 없는 경우에는 성에 선생(先生)을 붙이거나 이름에 영어호칭을 붙인다.

④ 악수는 중국인이 먼저 손을 내밀 때까지 기다리는 것이 좋다.

⑤ 종교 전도를 금기시한다.

⑥ 의리와 개인적 우정을 매우 중요하게 생각한다.

⑦ 작은 일에도 박수를 잘 친다.

⑧ 술자리에서 노래하거나 떠들지 않는다.

⑨ 단체관광으로 오는 경우가 많으며, 안내책자는 가지고 갈 수 있을 만큼 가지고 간다.

⑩ 대륙적 자존심이 강하며, 외국여행을 많이 한 관광객도 많으므로 국제적 손님 대접에 소홀하면 강

하게 불만을 나타낸다. 특히 내국인 중국어 안내자가 많지 않으므로 언어소통 부족에서 많은 오해가 일어날 소지가 있다.

⑪ 중국어 안내직원이 없을 경우라도 단체 중에 영어가 가능한 고객을 발견하여 원하고자 하는 바가 무엇인지 알아내도록 노력한다.

(4) 내국인 관광객

① 항상 마음이 급해서 다른 관광객이 안내를 받고 있는 중이라도 끼어들거나 기다리다 그냥 가버리는 경우도 있다.

② 안내소에서 정보를 얻기보다는 안내책자나 지도 습득 목적으로 방문하는 경우가 많다. 목적지를 설명해 주려해도 잘 안 듣고 지도가 있으니 찾아갈 수 있다고 생각한다.

③ 심지어는 모든 관광을 끝내고 방문하여 아쉬워하는 경우도 있다.

④ 근무자수는 적고 관광객은 많을 경우라도 절대 서두르지 말고 여유 있게 순서대로 안내한다. 국제행사 후 외국관광객 100명 이상이 방문하였는데 다른 관광객을 안내 중일 때 중간에 끼어들지 않고 차례대로 관광객들끼리 순서를 정하고 문의해 온 경우가 있다.

PART 4

시사상식에 관한
면접시험

시사상식에 관한 면접시험

1. Green Belt와 Blue Belt란?

그린벨트는 개발제한구역을 뜻한다. 도시 주변의 녹지공간을 보존하여 개발을 제한하고 자연환경을 보전하자는 지역, 이 구역 내에서는 건축물의 신·증축, 용도·형질 변경 등의 행위가 제한된다. 블루벨트는 수자원 보전지역, 연안의 수자원을 해양오염으로부터 보호하기 위해 설정한 오염제한구역을 뜻한다. 한려수도와 서해안 일부가 해당된다.

2. 경제특구란?

경제특구란 주로 외국의 자본과 기술을 받아들이기 위하여 각종 인프라 제공은 물론, 세제 및 행정적특례를 부여하는 특정지역이나 공업단지를 말한다. 경제특구에는 ① 기업소득세가 저렴하고, ② 100% 외자도 인정되며, ③ 기업 및 개인의 송금이 자유롭고, ④ 고용 등 기업의 자주권이 크고, ⑤ 합작기한이 장기적인 점 등의 특권이 있다. 우리나라는 2003년 이래 인천경제자유구역 등 8개의 경제자유구역(경제특구)이 지정되어 있고, 이를 뒷받침하는 법률로는 「자유무역지역의 지정 및 운영에 관한 법률」이 있다.

3. Boeing747이란?

미국의 Boeing사가 제작한 최신·최대의 항공기. 400명 이상의 승객이 탑승할 수 있고 "하늘의 궁전"이라고 불릴 만큼 우수한 설비를 갖추고 있어 현대과학의 정수라고 할 수 있다.

4. OECD란?

OECD(Organization for Economic Cooperation and Development: 경제협력개발기구)는 유럽경제협력기구를 모체로 하여 1961년 선진 20개국을 회원국으로 설립되었다. 회원국의 경제성장 도모, 자유무역 확대, 개발도상국 원조 등을 주된 임무로 하고 있으며, 2016년 현재 30개 회원국으로 구성되어있고, 파리에 본부를 두고 있다. 우리나라는 1996년부터 정회원으로 활동 중이며, 1998년에는 OECD 관광회의를 서울에서 개최한 바 있다.

5. Cosmopolitan이란?

세계주의자. 국가와 민족과 국경을 초월한 지반위에 서서 온 세계의 인류를 한 덩어리로 하는 세계적

결합을 이룩하려는 사람들. 이러한 사상을 세계주의, 만민주의라고 한다.

6. 외국인 관광객이 선호하는 쇼핑품목은?

의류 〉 김치 〉 김 〉 인삼, 불고기 〉 비빔밥 〉 김치, 미용 〉 겜블링 〉 문화축제

7. 외국인 관광객의 국가별 입국자 비율은?

2011년 12월 현재 일본인 33.6%, 중국인 22.7%, 미주유럽 15.4%, 동남아 16.1%이다.

※ 최근의 출·입국 통계는 Naver, www.visitkorea.or.kr → 한국관광공사 → 알림 → 한국관광통계를 검색해 볼 것

8. UNWTO(세계관광기구)의 유래

UNWTO(UN World Tourism Organization: 세계관광기구)는 세계 각국 정부기관이 회원으로 가입돼 있는 정부간 관광기구로 1975년 설립되었다. 2015년 12월 말 현재 세계 156개국 정부가 정회원으로 480개 관광유관기관이 찬조회원으로 가입돼 있으며, 우리나라는 1975년에 정회원으로 가입하였고, 한국관광공사는 1977년 찬조회원으로 가입하였다.

원래 세계관광기구(World Tourism Organization: WTO)는 1975년 설립된 이래 줄곧 WTO라는 명칭을 사용하고 있었으나, 1995년 1월 세계무역기구(World Trade Organization: WTO)가 출범함에 따라 두 기구 간에 영문 약자 명칭 WTO가 동일함으로 인한 혼란이 빈번하게 발생함으로써, 이에 유엔총회는 양기구 간에 혼란을 피하고 UN전문기구로서 세계관광기구의 위상을 높이기 위하여 2006년 1월부터 WTO라는 명칭을 UNWTO로 바꿔 사용하게 되었다.

9. Shuttle Service란?

사전 예약 없이 공항에서 직접 항공권을 구입, 탑승할 수 있는 항공편 또는 일정 구간을 정기적으로 운항하는 교통편을 뜻한다.

10. 우리나라의 해외여행 자유화는 언제부터 시작되었는가?

1989년 1월 1일부터 시행되었다.

11. UR에 대해 설명하라.

Uruguay Round. 1986년 우루과이에서 출범하여 1994년부터 시행하게 된 세계 각국의 관세장벽을 철폐하기 위한 다자 간 무역협상으로서 ① 시장개방 확대, ② 서비스, 지적재산권, 무역관련 투자 등에 대한 규범이 마련되었다.

12. Green Energy란?

석유, 석탄, 원자력과 달리 환경을 오염시키지 않는 지열, 풍열, 파력, 태양열 등 깨끗한 소프트에너지

를 뜻한다.

13. Bloc 경제란?

본국과 식민지 또는 정치적 동맹국이 협력일체가 되어 상호특혜를 주고 시장을 확보하는 배타적 경제협력체제를 뜻한다.

14. SOC란?

Social Overhead Capital의 약자. 사회간접자본. 기업과 사회발전의 토대가 되는 도로, 항만, 철도, 전기, 통신, 상하수도 등을 말하며, 기업 측에서 보면 간접적으로 필요한 자본과 같은 역할을 한다.

15. 사물놀이란?

4가지의 농악기, 즉 꽹과리, 징, 장구, 북(四物)을 치며 노는 농촌의 민속놀이, 이 사물은 각각 별, 인간, 달, 해를 상징하며 그 소리는 번개, 비, 구름, 바람에 비유된다.

16. Green Back이란?

미국 지폐의 뒷면이 녹색이기 때문에 붙여진 별칭이다.

17. 유효수요(有效需要)란?

소비자는 소득이 일정한 수준이 넘으면 소비하지 않고 저축을 하기 때문에 유효수요의 부족현상이 일어난다. 현실적인 구매력을 뜻한다.

18. 국제수지(國際收支)란?

한 국가가 일정기간(보통 1년) 외국에 지불하고(외화지출) 또 외국으로부터 받아들인(외화수입) 화폐의 총액을 뜻한다.

19. Boomerang Effect란?

선진국이 개발도상국에 경제원조나 자본투자를 한 결과 그곳의 생산이 현지수요를 초과하게 되어 선진국으로 역수출됨으로써 자국의 당해 산업과 경합하는 현상을 말한다.

20. 세계화란?

① 국가차원에서의 세계화 : 국가의 제반 정책, 법률, 규칙, 기준 등을 세계적, 국제적 수준에 맞게 개선하고 문호를 개방하여 세계 각국의 정치·경제·문화를 원만하게 교류하는 것

② 개인차원에서의 세계화 : 개인의 사고와 행동 및 능력을 세계적, 국제적 활동에 부합하고 적응하도록 하기 위해서 노력하고 역량을 기르는 것

21. 지방분권화란?

지방분권화란 지방자치의 분권화를 뜻한다. 중앙정부가 지방자치단체에 재정과 권한을 크게 이양함으로써 지방 주민을 위한 행정을 펼 수가 있고 인구의 서울 집중, 경제·문화 및 교육의 서울 편중을 막을 수가 있다.

22. 소비성향이란?

소득에 대한 소비의 비율, 즉 $\text{소비성향} = \dfrac{\text{소 비}}{\text{소 득}} \times 100\%$

23. 가처분소득(DI, Disposable Income)이란?

개인의 소득에서 여러 가지 이자, 세금, 공과금을 제외한 나머지 금액, 자유롭게 소비나 저축을 할 수 있는 소득을 말한다.

24. 경제원칙, 경제주의란?

가장 적은 비용으로 가장 큰 수익을 얻으려는 경제상의 원칙을 경제원칙이라 하고, 그것을 추구하는 사상을 경제주의라고 한다.

25. 거품경제란?

실체 이상으로 부푼 경제현상, 소득수준을 초과하는 소비활동과 떨어진 저축성향 등이 포함된다.

26. World Cup에 대해서 소감을 말하라.

우리나라에서 월드컵을 준비하고 무사히 완료할 수 있는 것만으로도 우리의 국력과 국민의식에 대해 큰 자긍심과 자신감을 갖게 되었고, 더구나 우리가 4강에 진입할 수 있었던 것은 온 국민의 마음을 황홀하게 하고 일치단결하게 하는 민족의 쾌거요, 경사라고 할 수 있다.

27. EEZ란?

Exclusive Economic Zone. 배타적 경제수역. 자국의 연안으로부터 200해리(370.4km)까지의 모든 자원에 대한 독점권을 인정하는 국제해양법상의 개념, 한국과 일본 사이에는 400해리 이상이 되는 수역이 없이 중복·마찰이 발생하고 있다.

28. 「제3의 물결」이란?

앨빈 토플러의 저서. 미래 생활의 변화에 대한 예측서, 농업혁명이 제1의 물결, 산업혁명이 제2의 물결, 1960년대 이후의 정보화사회를 제3의 물결이라고 나눈다.

29. 북한 사람이 외국으로 망명하는 이유는?

많은 북한 주민들이 생활이 궁핍하거나 식량이 부족하여 기아를 해결하기 위해서 망명하는 경우와 폐쇄적인 독재사회에서 자유와 민주적인 사회를 찾기 위해서 망명하는 경우 등이다. 폐쇄로 인한 경제의 몰락이 공산주의의 대표적인 현실이다.

30. 제4차 산업이란?

일부의 경제학자들은 정보, 교육, 의료, 서비스 등과 같은 지식 집약형 산업을 제4차 산업이라고 부르기도 한다.

31. HR이란?

Human Relation. 조직 내에서의 인간의 심리적 관계. 이것은 동료관계나 노사관계를 연구하여 생산성을 향상하고 인화단결을 도모하는데 중요한 요인이 된다. Human Resources의 약자로도 씀.

32. 흑자도산이란?

장부상으로는 흑자로 나타나 경영이 건전한 것처럼 보이지만, 자금의 회전(유동성)이 어려워 부도, 도산하는 것을 말한다.

33. 금년은 서울 정도(定都) 몇 년이 되는가?

1392년 이성계가 정도한 이래 2017년 현재 625년째가 된다.

34. 해태란?

① 시비·선악을 판단하여 안다는 상상의 동물, 사자와 비슷하지만 머리 가운데 뿔이 하나 있다.
② 김을 뜻하기도 한다.

35. 유네스코에 등재된 우리나라의 세계유산은?

(1) 세계문화유산
① 석굴암, ② 불국사, ③ 팔만대장경판전, ④ 종묘, ⑤ 창덕궁, ⑥ 수원화성, ⑦ 경주역사유적지구, ⑧ 고인돌유적(고창·화순·강화), ⑨ 조선왕릉 40기, ⑩ 하회마을과 양동마을, ⑪ 남한산성 ⑫ 백제역사유적지구(공주·부여·익산)

(2) 세계기록유산
① 훈민정음, ② 조선왕조실록, ③ 직지심체요절, ④ 승정원일기, ⑤ 조선왕조의궤, ⑥ 동의보감, ⑦ 고려대장경판과 제경판, ⑧ 일성록, ⑨ 5·18기록물, ⑩ 난중일기, ⑪ 새마을운동기록물 ⑫ 한국의 유교책판, ⑬ KBS '이산가족을 찾습니다' 기록물

(3) 세계무형유산
① 종묘제례 및 종묘제례악, ② 판소리, ③ 강릉단오제, ④ 강강술래, ⑤ 남사당놀이, ⑥ 영산재, ⑦ 제주 칠머리 당영등굿, ⑧ 처용무, ⑨ 가곡, ⑩ 대목장, ⑪ 매사냥, ⑫ 택견, ⑬ 줄타기, ⑭ 한산모시 짜기, ⑮ 아리랑, ⑯ 김장문화, ⑰ 농악 ⑱ 줄다리기

(4) 세계자연유산
① 제주화산섬 및 용암동굴(만장굴, 용천굴, 김녕굴 등), ② 운곡습지(전남 고창)

36. 일본이 독도를 일본의 영토라고 주장하는 근거는?

조선 말 개항 초기에 조선국교재시말 탐사서와 태정관지령에서 조선의 영토임을 확인하고도 군사 전략적 가치를 보아 외국영해수산조합법을 만들어 울릉도를 점령하고 독도를 영토에 편입시켰다.

37. 전통혼례시의 기러기의 의미는?

기러기는 원래 짝이 한 번 정해지면 평생 변하지 않고 정절과 신의를 지키며, 먼 거리의 여행에도 건강하고 수명이 길며 부부가 끝까지 동반하는 것을 의미한다.

38. ASEM을 설명하라.

ASEM은 Asia Europe Meeting의 줄인 말로 아시아·유럽정상회의를 말하는데, 한국을 포함한 아시아 10개국과 EU(유럽연합)에 속한 15개 회원국의 국가원수 또는 정부수반과 EU집행위원장 등이 모여 2년마다 아시아와 유럽 사이의 협력관계를 구축하기 위한 회의를 개최한다.

39. 손익분기점이란?

매출액과 그 매출을 위해 소요된 모든 비용이 일치되는 점으로서, 투입된 비용을 완전히 회수할 수 있는 판매량이 얼마인가를 나타내준다. 손익분기점 이상의 매출을 올리면 이익이 발생하게 되며, 판매량이 그 이하이면 손실이 발생한다.

40. Asian Dollar란?

싱가포르의 은행에 예금되어 있는 미국의 달러를 뜻한다.

41. Euro Dollar란?

미국 이외의 은행에 예금되어 있는 미국의 달러를 뜻한다.

42. 경화와 연화란?

자기나라의 돈을 금이나 타국의 지폐로 쉽게 바꿀 수 있으면 연화, 쉽게 바꿀 수 없으면 경화라고 한다. 대체로 선진국의 화폐는 연화, 후진국의 화폐는 경화이다.

43. 한국의 전통주에 대해서 설명하라.

한국의 전통주는 탁주(막걸리), 약주(동동주), 소주가 있는데, 술을 담아서 숙성이 되면 윗부분에 맑고 주도가 높은 동동주가 생기는데, 이것을 소줏고리에 넣고 불로 달이면 소주가 된다. 동동주를 따르고 나머지 탁한 부분을 물과 섞어서 짜면 막걸리가 된다.

44. 월드컵의 파급효과를 설명하라.

2002년 6월에 개최된 제17회 한·일 월드컵 축구대회는 ① 정신적으로는 한국이 4강에 올라 국가의 위신과 국민의 자긍심을 높이게 되었고, 젊은이들에게는 우리 국민이 무엇이든지 해낼 수 있다는 자신감과 도전정신을 심어주게 되었다. ② 경제적으로는 우리나라의 위상과 국가신인도 그리고 국력의 수준을 세계에 널리 홍보함으로써 직·간접적으로 천문학적인 경제적인 파급효과를 기대할 수 있다. 그리고 ③ 사회·문화적으로는 우리의 전통과 자연, 인심, 문화유산 등을 외국인에게 널리 알리고 친화함으로써 국제 간의 친교, 관광, 교류 등에 좋은 영향을 크게 미쳤다.

45. 외화가득률이란?

수출가격으로부터 수입원자재가격(또는 수출에 소요된 모든 외화경비)을 뺀 나머지 금액을 수출가격으로 나눈 것. 즉 실제로 외화를 획득한 비율이다.

$$\text{외화가득률} = \frac{\text{수출가격-소요된 외화경비}}{\text{수출가격}} \times 100$$

46. 동짓날의 의미는?

낮의 길이가 가장 짧은 동짓날에는 팥죽을 쑤어 나이만큼 새알을 먹고, 대문과 장독대에 뿌리기도 한다. 이것은 붉은색의 팥죽이 귀신을 쫓고 재앙을 막는다고 한다.

47. 인삼의 효능을 말해보라.

① 피로회복 ② 체력증진 ③ 심장강화 ④ 당뇨예방 ⑤ 자율신경 강화 ⑥ 결핵·천식의 예방과 치료 ⑦ 위장·소화력 강화 ⑧ 피부병 예방·치료

48. 불교에서 연꽃의 의미는?

연꽃은 불교의 꽃으로 상징되어 왔다.

① 속된 마음이 아름다운 마음으로 변화된 것 ② 중생이 석가모니에게 봉헌하던 꽃 ③ 진흙(속세)에서 피는 고결한 꽃으로 자신은 오염되지 않고 주변(중생)을 정화함. ④ 몸의 모든 부분이 인간에게 유용 ⑤ 씨앗이 1,000년을 가는 강한 생명력 등

49. 무역 외 수지란?

상품의 수출이나 수입에 따르는 무역수지 이외의 국제수지. 즉 노동, 서비스, 관광, 금융, 이민송금, 증여 등에 의해서 발생하는 국제수지를 뜻한다.

50. 내국무역이란?

국내의 외국인(외국 군인, 외국인 주재원, 외국인 관광객 등)에게 물자나 서비스를 판매하는 것이다.

51. 탈공업화란?

앞으로는 산업의 주역이 물질, 에너지 중심의 공업에서 정보지식에 의한 정보산업으로 옮겨간다는 뜻이다.

52. 특화(特化)란?

특화란 각자 잘할 수 있는 것에 전념하는 것을 말한다. 사람들이 각자 잘할 수 있는 것에 집중해서 특화하면 더 좋고 더 많은 것을 생산할 수 있다.

53. 녹색혁명이란?

농업분야의 기술혁신을 통해 20세기 후반에 이루어진 획기적인 식량증산 현상을 말한다. 품종개량, 화학비료, 살충제와 제초제 따위의 과학기술을 농업에 적극 적용함으로써 식량생산의 획기적 증가가 이루어졌는데, 이를 미국의 국제개발청 총재 가우드(William Gaud)가 녹색혁명이라는 이름을 붙였다고 한다.

54. Task Force란?

군대용어인 기동부대에서 온 말. 문제 해결팀, 프로젝트팀을 말함. 대책위원회, 대책반, 대책팀의 표현을 쓴다.

55. Business Center란?

도시에서 사무소, 기업체, 은행 등이 밀집한 지역 또는 호텔에서 고객의 사무업무, 서류업무, 영업업무를 지원해 주는 부서를 뜻한다.

56. Think Tank란?

다양한 학문분야의 전문가의 두뇌를 조직적으로 결집해서 조사 · 분석 및 연구 · 개발을 행하고 그 성과를 제공하는 것을 목적으로 하는 조직을 말하는데, 두뇌집단이라고도 한다.

57. 주5일제 근무에 대해서 말해보라.

경영자의 입장에서는 인건비가 증대되고 생산성이 하락할 수 있는 우려가 생길 수도 있지만, 근로자나 사회 전반적으로 여가생활, 가정생활이 확대되어 삶의 질이 높아지게 되고 서비스산업에서는 고용이 증대되는 긍정적인 효과가 크다.

58. 신토불이(身土不二)란?

사람 몸과 그가 태어난 땅은 하나이다. 따라서 같은 땅에서 산출된 것이라야 체질에 맞고 건강에 좋다는 뜻. 최근에는 국산품 애용의 뜻으로 사용되고 있다.

59. 선불카드란?

고객이 일정한 금액을 미리 카드회사에 지불하고, 지불된 금액이 기록된 카드를 발급받아 그 범위 내에서 수시로 구입할 수 있는 신용이 안전한 카드를 뜻한다.

60. 우리나라의 10대 상징물은?

① World Cup ② 한국전쟁 ③ 사찰 ④ 부채 ⑤ 김치 ⑥ 태권도 ⑦ 아리랑 ⑧ 보신탕 ⑨ 삼성전자 ⑩ 고려인삼

61. 서해안 고속도로에 대해서 말해보라.

목포에서 인천까지의 고속도로가 2002년에 개통되었다. 경기, 서울지방에서 충남, 전북을 거쳐 전남에 이르는 서해안 지방의 발전과 동북아시아시대의 중요한 교통망이 되도록 건설된 고속도로이다.

62. PR이란?

Public Relation. 공중(대중)관계라는 뜻. 어떤 조직이나 개인이 일반대중의 이해와 신용을 얻기 위해서 벌이는 여러 가지 활동. 예컨대 강연회, 시사회, 설명회, 답사회, 초청회, 후원회, 사내잡지, 기념품 증정 등이다.

63. 반도체란?

전기가 잘 통하는 물질과 잘 통하지 않는 물질 사이의 중간에 있는 물질로서 고온이 됨에 따라 전기전도가 커진다. 이러한 반도체는 첨단과학에 많이 이용된다.

64. Z기류란?

중위도 부근에서 서쪽으로 부는 빠르고 강력한 바람. 약 10km의 높이에서 시속 100km 속도로 분다. 항공기 사고가 발생할 수도 있다.

65. Air Pocket란?

대기 중에는 국부적인 하강기류가 있는데, 비행기가 이 속에 들어가면 갑자기 떨어지게 되어 기내에서는 심한 교란이 일어난다.

66. 서해대교에 대해서 설명하라.

서해안고속도로 구간 중 경기도 평택시 포승과 충남 당진군 신평 사이를 연결하는 국내 최장의 교량이다.

67. 강원도가 영동지방이면 충청도와 전라도는 무슨 지방인가?

충청도−기호지방, 전라도−호남지방

68. 푄현상이란?

높새바람, 습한 공기가 산을 넘어 내려갈 때 단열승온되어 건조열풍이 된다. 산지에서 불어내리는 이러한 돌풍적인 건조한 열풍을 뜻한다.

69. 우리나라의 4대 극지는?

① 극동 : 경상북도 독도 동단 ② 극서 : 평안북도 마안도 서단 ③ 극남 : 제주도 마라도 남단
④ 극북 : 함경북도 온성군 유포진 북단

70. EXPO는 무엇의 약자인가?

International Exposition의 약자. 만국박람회. 산업의 발달을 촉진시키기 위해서 각국의 생산품을 합동 전시하는 국제박람회. 1862년 최초로 런던에서, 우리나라에서는 1993년 대전광역시에서, 2012년 전남 여수에서 개최되었다.

71. 우리나라 사람이 가장 많이 찾는 나라는?

2015년 12월 말 기준으로 중국 방문객이 전년대비 6.3% 증가한 약 444만명으로 가장 많았으며, 이어 일본 방문객이 약 400만명으로 전년대비 45.2%의 성장률을 보이며 크게 증가하였다. 다음으로 태국은 약 138만명, 필리핀은 약 134만명, 홍콩은 약 124만명이 방문하였다.

※ 최근의 출·입국 통계는 한국관광공사 한국관광통계를 검색해 볼 것

72. 서양문화와 한국문화의 차이는?

① 서양문화 : 과학적, 분석적, 개인존중, 기독교적, 진보적이다.
② 동양문화 : 정신적, 총체적, 집단존중, 불교 또는 유교적, 보수적이다.

73. 님비현상이란?

Not in my backyard. 지역이기주의 현상. 범죄자, AIDS환자, 산업폐기물, 핵폐기물 등을 수용, 처리하는 시설을 자기의 주변에는 설치하지 못하게 하는 자기중심적 공공성 결핍증을 뜻한다.

74. FTA란?

Free Trade Agreement, 자유무역협정, 국가 간의 제반 무역장벽을 완화하거나 철폐하여 무역자유화를 실현하기 위한 특혜무역협정, 회원국 간에는 상품의 수출이 자유롭게 이루어지는 반면, 비회원국의 상품에 대해서는 수출입을 제한한다.

75. 교양과 지식의 차이는?

① 교양 : 문화에 관한 지식을 쌓아서 길러지는 마음의 윤택함.
② 지식 : 어떤 사물에 관한 명료한 의식, 알고 있는 내용

76. 세계 7대 불가사의는?

① 이집트의 피라미드 ② 로마의 콜로세움 ③ 알렉산드리아의 영굴(瑩窟) ④ 중국의 만리장성
⑤ 영국의 스톤헨지 ⑥ 이탈리아의 피사의 사탑 ⑦ 콘스탄티노플의 성소피아사원

77. 북한의 여가활동개념은?

북한의 여가활동은 문화적으로 즐겁게 쉬는 것. 인민들의 건강과 휴식을 위한 여러 가지 문화활동을
뜻한다. 여가활동(남) = 문화휴식(북)

78. 여가공포증이란?

휴가나 휴무 중에도 자신을 즐길 수 없는 무감정 상태. 시간의 소비에 대한 불안감이 여가 자체를 부담
으로 느끼는 심리적 거부반응을 뜻한다.

79. Culture Shock란?

문화충격. 개인 또는 집단이 이질의 문화와 부딪혔을 때에 발생하는 심리적 충격을 뜻한다.

80. 여행장애란?

관광에 결정적 요소인 운임, 공항세, 출국세, 언어장벽, 사회적 · 경제적 · 정치적 불안 등과 같은 인위적
인 여행제한이나 장해를 뜻한다.

81. 시간심화란?

주어진 시간을 최대한 활용하여 가능한 한 많은 활동을 함으로써 시간의 생산성을 극대화하고자 하는
행위를 말한다.

82. 사교성(社交性)이란?

이익이나 결과보다는 오락에 치중하는 인간의 상호작용을 뜻함. 상호작용은 사회생활에 있어서의 교제
성을 높인다.

83. 문화(文化)란?

특정사회에 있어서의 생활방식의 성향. 즉 법률, 윤리, 관습, 신앙 등을 말한다. 문화와 문화 간에는
① 문화갈등 ② 문화격차 ③ 문화충격 ④ 문화융합이 일어날 수 있다.

84. 동기부여(Motivation)란?

① 인간의 행동을 일으키는 정서적인 자극 ② 개인의 행동을 일으키고 방향을 제시하며 계속하게 하는
힘 ③ 인간이 행동하도록 동기를 제공하고 행위를 촉진하는 것 등 여러 가지의 정의가 있다.

85. 관광공해란?

관광의 발전이나 개발이 대기오염, 수질오염, 소음, 물가앙등, 자연훼손 등의 물리적인 공해와 도덕의 저락, 질서의 문란 등의 윤리적 공해를 유발하게 된다.

86. 르네상스운동이란?

문예부흥. 14세기 말엽부터 16세기 초에 걸쳐 이탈리아에서 일어나 전 유럽에 파급된 예술 및 문학상의 혁신운동. 그리스도교의 속박에서 벗어나 자유롭고 풍부한 인간성의 부흥, 개인과 개성의 존중과 해방, 자연인의 발견 등을 주장하였다.

87. 덴마크의 화폐단위는?

Krone(D.Kr.)

※ 캐나다―Dollar, 일본―Yen, 태국―Baht, 필리핀―Peso, 호주―Dollar, 프랑스―Franc, 독일―Mark, 이탈리아―Lira, 영국―Pound, 네덜란드―Guilder, 스웨덴―Krona, 스위스―Franc, 스페인―Peseta, 러시아―Rouble

88. 『실락원』의 저자는?

1667년 영국의 작가인 Milton이 저작한 서사시. 12권으로 되어 있음. 하느님과 마왕(魔王)과의 싸움을 묘사하였다.

89. 「한국방문의 해」란?

Korea Visit Year. 특정한 해를 지정하여 세계 각국에 한국의 문화와 풍경을 널리 알리고, 다양한 볼거리, 놀거리, 먹거리, 살거리 등을 제작 · 전시함으로써 많은 외국인이 한국을 방문하여 저렴하고도 즐거운 관광을 할 수 있도록 하는 것. 1994년, 1998년, 2002년은 한국방문의 해로 지정된 바 있으며, 2008년 10월에는 2010년부터 2012년까지 '2010 ~ 2012 한국방문의 해'를 선포한 뒤, 2010년부터 2012년까지 민 · 관협력을 바탕으로 성공적인 캠페인을 전개하였다. 그리고 2018년에 개최예정인 평창동계올림픽을 계기로 한국관광의 질적제고의 필요성이 제기되어, 문화체육관광부는 2013년 7월 '한국방문의해위원회'를 '한국방문위원회'로 개편하고, 2019년부터는 한국관광의 질적 역량 강화부문을 담당하는 자생력을 갖춘 민간조직으로 발전해 나아갈 것이라고 한다.

90. 「대구 U대회」에 대한 소감을 말하라.

「대구 U대회」는 세계 각국의 대학생들의 스포츠행사이지만 청소년의 축제이면서 세계 여러 나라의 청소년에게 우리의 국력, 경제력, 문화를 자랑할 수 있는 좋은 기회가 되었다. 특히 북한 대학생들의 적극적인 참여와 응원, 그리고 통일에 대한 열망은 우리의 마음을 하나로 연결하는데 충분하였다.

91. TPO에 대해서 설명하라.

Tourism Promotion Organization For Asian-Pacific Cities. 아시아 · 태평양도시관광진흥기구. 2002년 창설되고 한국, 중국, 일본, 미국 등 12개국 도시가 회원으로 된 국제기구. 회장도시는 부산이고 본부도 부산시청에 있다.

92. 여피족이란?

Yuppie. 도시나 그 주변을 기반으로 지적인 전문직에 종사하는 젊은이. Young(젊음), Urban(도시형), Professional(전문직)의 머리글자인 Yup에서 생겨난 말. 전문직에 종사하며 고소득을 올리는 도시의 젊은 인텔리를 뜻한다.

93. 일본의 4대 공항은?

① 도쿄의 나리타공항 ② 도쿄의 하네다공항 ③ 오사카의 오사카공항 ④ 나고야의 나고야공항

94. PATA총회의 2004년 개최국은?

한국(제주)

95. 김치의 종류와 각각을 설명하라.

① 배추김치 : 포기배추, 마늘, 고추, 소금, 젓갈 등을 재료로 한다. ② 나박김치 : 작은 네모꼴로 썰은 무, 생강, 마늘, 파, 미나리, 설탕, 소금 등을 재료로 한다. 깍두기김치라고도 한다. ③ 동치미 : 통무, 마늘, 파, 생강, 고추, 설탕, 소금 등을 재료로 하는 물김치이다. ④ 오이김치 : 통오이, 소금, 부추, 마늘, 생강, 고춧가루, 실고추, 소금, 설탕 등을 재료로 한다.

96. 카이로선언에 대해서 설명하라.

1943년 이집트 카이로에서 미국, 영국, 중국의 정상이 모여 일본의 식민지로부터 한국의 독립을 약속하였던 카이로회담에서 발표한 선언문이다.

97. 관광장벽이란?

관광을 방해하는 요인들. 즉 자금부족, 시간부족, 신체장애, 언어장벽, 흥미부족, 지식부족 등을 말한다.

98. Welcome Center란?

정부 또는 민간기업체와 공동으로 설립된 정보센터. 방문객이 많이 출입, 통행하는 지역에 설치함. 공항이나 역, 주요 관광지에 설치된 관광안내센터 등이 이에 해당한다.

99. 유급휴가(有給休暇)란?

직장이나 소속단체 등이 구성원이 휴가를 갈 때 임금은 물론 경비지원이나 금융혜택을 주는 것. 휴가보너스, 할인쿠폰 지급 등이 이에 해당한다.

100. 환경의 잔여효과(殘餘效果)란?

외국방문 중에도 그곳의 관습이나 음식에 적응하기 어려워 자국의 음식을 먹고, 자국의 동료들과 함께 지내고자 하는 관광객의 성향을 말한다.

101. 국내총생산(GDP, Gross Domestic Product)이란?

한 나라에서 1년간 생산한 재화나 무역의 화폐가치의 합계, 외국인이나 외국기업이 한국에서 생산한 것도 포함된다.

GDP = GNP+해외로 지불되는 소득−해외에서 수취하는 소득

102. 국민총생산(GNP, Gross National Product)이란?

한 나라의 국민이 1년간 생산한 재화와 용역을 시장가격으로 평가하고 거기서 중간생산물을 뺀 최종생산물의 총액. 해외에서 내국인이 생산한 것도 포함된다.

GNP = GDP+자국민의 해외생산−외국인의 국내생산

103. 국민순생산(NNP, National Net Product)이란?

시장가치로 나타낸 한 나라의 1년간의 생산물의 총계, 순전히 새로 생산한 재화와 용역을 뜻한다.

NNP = GNP−감가상각비 = 국민소득(NI)+간접세−보조금

104. 국민후생지표(NNW, Net National Welfare)란?

후생국민소득이라고 함. GNP가 주로 경제활동의 수준을 표시하는데 비해서 NNW는 개인소비, 재정지출, 공해방지, 여가 등에 소요된 화폐가치를 뜻한다.

105. 해외여행시 소지해야 하는 것은?

① 여권(자국의 출국허가서) ② Visa(상대국의 입국허가서) ③ 항공권 ④ 예방접종증명서(전염병이 자주 발생하는 지역으로 여행하는 경우)

106. 출국절차에 대해서 설명하라.

신원조회 → 여권취득 → 비자취득 → 예방접종 → 외화환전 → 항공권구입 → 공항출국수속(항공사에 check in → 수하물 위탁 → 고가 외제품 반출신고 → 보안검사 → 세관신고 → 출국사열)

107. CI란 무엇인가?

Corporate Identity의 약자. 기업이나 단체의 상징물. 기업 심볼, 기업 이미지와 유사한 뜻이다.

108. White Color란?

정신적·지적 노동자의 속칭. 사무노동자 등이 이에 해당함. 육체노동을 하는 Blue Color에 대응되는

표현이다.

109. Gold Color란?

단순 반복되는 작업이 아니라, 창의력과 높은 감성 그리고 기업가의 개척정신, 공동체정신을 갖고 생산하는 인재를 통칭하는 말. 생산공정에서 효율화를 달성하거나 새로운 방법을 창출해 냄으로써 다른 회사로 자리를 옮겨도 계속 창조적인 능력을 발휘하는 인재. 정보통신업계나 벤처기업에 이런 사람이 많다.

110. 경제성장률이란?

한 나라의 경제가 일정기간(보통 1년간) 얼마나 성장했는가를 나타내는 지표. 실질국민총생산량의 증가율을 뜻한다.

$$경제성장률(\%) = \frac{특정연도의\ 실질국민총생산량 - 전년도의\ 실질국민총생산량}{특정연도의\ 실질국민총생산량} \times 100$$

111. 소비자 물가지수란?

전국 도시의 일반소비자 가구에서 소비생활에 필요한 비용이 물가변동에 의해 어떻게 영향을 받는가를 지수로 나타낸 것이다.

112. 전시효과란?

각자의 소비행동이 사회일반의 소비수준의 영향을 받아 남의 소비행동을 모방하려는 사회심리학적 소비성향의 변화를 말한다.

113. Zero Sum이란?

스포츠나 게임에서 승과 패를 합하면 제로가 되는 것을 뜻하는데, 결과에 있어서 공동의 승리 공동의 이익이 아니라 어느 한 쪽이 반드시 이기고 지는 결과를 뜻하기도 한다.

114. EU란?

유럽연합(EU)이란 유럽의 28개 나라로 구성된 국가들의 연합으로 1993년 11월 1일에 창립되었다. EU의 전신은 유럽공동체(EC)로서, 공식통화인 유로화를 도입하고 2016년 6월 23일 세계5위 경제대국인 영국국민들이 국민투표에서 탈퇴를 결정하면서 EU는 거센 시련에 직면하게 되었다.

115. APEC이란?

APEC(Asia Pacific Economic Cooperation: 아시아·태평양경제협력체)은 아시아·태평양지역의 경제협력을 증진시키기 위한 각 국가 대표들의 협의기구로 1989년 11월에 설립되었다. 현재 총회원국은 21개국이다.

116. 부가가치세란?

Value Added Tax. 제품이나 서비스가 유통될 때 증가된 가치(부가가치)부분에 대한 과세금액. 즉 판매금액에서 매입금액을 공제한 나머지 금액(부가가치)에다 부가가치세율(현재 10%)을 곱한 것이다.

117. Habitat운동이란?

가난한 서민들에게 자원봉사자들이 무보수의 설계와 노동으로 집을 지어주는 전세계적인 공동체운동. 토지와 장비, 비용은 양심적인 부자들이 기부한다.

118. 3F란?

Female(여성), Feeling(감성), Fiction(가상)의 약자로서, 21세기에는 여성 특유의 감성과 창의성 그리고 지식 및 문화산업의 중요성이 커지는 시대가 될 것이라고 전망한다.

119. 사회화(社會化)란?

인간이 태어나서 타인과의 상호작용을 통해서 그 사회의 규범, 가치, 신념 등을 내면화함으로써 그 사회가 바라는 인간으로 성장하는 과정을 뜻함. 사회화는 개인적 측면에서는 자아정체감과 퍼스낼리티를 형성하게 되고, 사회적 측면에서는 사회의 문화내용을 전승하는 기능을 갖게 된다.

120. Hijacking이란?

항공기, 선박 등의 납치, 강탈을 뜻하는 말로서 Skyjacking이라고도 한다. 그러한 범인을 Hijacker라고 한다.

121. N세대란?

Network Generation. N세대란 1977년부터 1997년 사이에 태어난 새대로, 디지털 기술과 함께 성장해서 디지털기기를 능숙하게 다룰 줄 아는 디지털 문명세대를 말한다.

122. X세대란?

무관심, 무정형, 기존질서의 거부 등을 특성으로 하는 1990년대의 신세대를 지칭하는 말이다.

123. Service Science란?

미국에서 새로이 태동한 학문. 기술·경영·수학·엔지니어링 등을 접목시켜 마케팅, 고객서비스, 운송, 유통, 건강관리 등 모든 서비스산업의 효율성을 높이기 위한 종합 학문이다.

124. Hub공항이란?

허브란 자전거의 바퀴살의 중심축을 뜻하는 것으로서, 허브개념공항이란 어느 지역의 중심(center)역할을 하며, 24시간 운영이 가능한 최신의 전천후 중추(中樞)공항을 말한다.

125. Workaholic이란?

Work(일)과 Alcoholic(알코올 중독자)의 합성어. 일중독자, 업무중독자, 여가나 휴식을 무가치한 것으로 보고 병적으로 일을 중요시하는 업무 제일주의자를 말한다.

126. 3D란?(① 삼디, ② 쓰리디)

① Dirty(더러운 일), Dangerous(위험한 일), Difficult(힘든 일)이라는 뜻. ② 3차원의 약자, 입체영상, 3D컴퓨터그래픽, 3D모델링, 3D인쇄, 3D디스플레이, 3D영화, 3D텔레비전이 있다.

127. 노동귀족이란?

노동단체에서 지도적 위치에 있는 사람으로서 상대적으로 높은 임금을 받고 사회적, 정치적으로 특권을 누리는 계층을 뜻한다.

128. 실업률이란?

15세 이상의 인구 중 노동을 제공할 의사와 능력이 있는 국민 가운데 일자리가 없어 실업상태에 있는 사람들의 비율, 경제 활동인구에 대한 실업자의 비율을 뜻한다.

129. 3R운동이란?

Reduce(절약), Reuse(재사용), Recycle(재활용)의 머리글자를 딴 물자절약과 환경보호운동을 뜻한다.

130. Elnino 현상이란?

해류의 수온이 난류의 유입으로 갑자기 높아지는 현상. 기상이변에 가장 큰 영향을 미친다.

131. Working Holiday란?

해외여행 중인 젊은이가 방문국에서 일할 수 있도록 허가하는 제도. 여기에 해당하는 비자가 워킹홀리데이비자이다. 6개월 체류를 원칙으로 한다.

132. 민속악이란?

조선 후기에 발생하여 발달된 서민적이며 한국적인 토속음악을 뜻함. 현재 연주되고 있는 판소리, 시나위, 무악, 농악, 민요, 잡가 등이 여기에 속한다.

133. 시나위란?

굿에 뿌리를 둔 즉흥적인 기악합주곡. 굿의 반주음악으로 연주하는 장단에 육자배기 소리로 된 가락을 연주한다.

134. 범패(梵唄)란?

석가여래의 공덕을 찬양하며 절에서 제를 올릴 때 부르는 노래. 가곡, 판소리와 함께 우리나라 3대 전통성악 중 하나이다.

135. 가곡(歌曲)이란?

시조를 노래하는 전통 성악곡의 한 갈래임. 선율구조가 복잡하고 곡목수가 많으며 전문적인 창법이 요구된다.

136. 판소리란?

한 사람의 창자(唱者)가 긴 이야기를 노래하고 한사람의 고수(鼓手)가 북을 쳐서 장단을 반주하여 흥을 돋우는 전통성악의 한 갈래. 심청가, 춘향가, 수궁가, 흥부가, 적벽가, 변강쇠타령을 판소리 6마당이라고 한다.

137. CD롬이란?

ROM은 Ready Only Memory의 머리글자. 컴퓨터 동작순서 등이 미리 기억되어 출력만을 하는 기억장치를 말함. CD롬은 콤팩트디스크를 이용한 읽기전용 기억장치를 뜻한다.

138. POS란?

Point of Sales. 판매시점 정보관리. 전자식 금전등록기, 정찰판독장치, 크래디트카드 자동판별장치 등을 컴퓨터에 연동시켜 상품데이터를 관리하는 시스템을 말한다.

139. CDMA란?

Code Division Multiple Access. 코드분할다중접속. 하나의 채널로 한 번에 여러 통화를 할 수 있는 디지털방식의 휴대폰 통신방식. 아날로그 방식보다 약 3배의 채널수를 늘리는 효과가 있다.

140. Summer Time이란?

낮 시간이 길어지는 봄부터 짧아지는 가을까지 시계 바늘을 1시간 앞당김으로써, 낮 시간을 활용할 수 있고 에너지 절약에도 도움이 된다고 봄.

141. KEDO란?

Korean Peninsula Energy Development Organization. 1994년 제네바에서 체결된 미국과 북한 간의 합의문 이행과 북한에 대한 한국표준형 경수로 지원 및 대체에너지 제공 등을 추진하기 위한 국제기구. 한국 · 미국 · 일본 3국이 참가하였다.

142. NPT란?

Treaty on Non-Proliferation of nuclear weapons(핵확산금지조약). 미국·영국·러시아 등 핵보유국들이 결성하여 1970년부터 발효된 핵무기에 관련된 장치, 시설 등의 개발금지 및 국제사찰을 인정하는 조약이다.

143. MD전략이란?

Missile Defense. 조지 부시 전 미국대통령이 추진한 「미사일방어체제」를 뜻함. 러시아, 중국, 북한, 이란 등의 대륙간 탄도미사일 및 중·단거리 탄도 미사일을 지상·해상·공중에서 요격하는 방어 전략이다.

144. 일교차란?

1일간 측정한 기온의 최대치와 최소치의 차이. 저지대, 내륙지방, 사막지방은 일교차가 크다.

145. Genome이란?

유전자(gene)와 염색체(chromosome)의 합성어. 한 생명체가 지닌 유전물질(DNA)의 집합체를 뜻하며, 유전체가 생명현상을 결정짓기 때문에 「생명의 설계도」라고 부른다.

146. 생태계란?

어떤 지역에 사는 생물과 그 생활에 영향을 주는 무기적인 환경 등을 통합한 체계. 생물부분에는 녹색 식물로 된 생산자, 동물로 구성된 소비자, 생물체를 분해하는 세균류 등이 있다.

147. Mechatronics란?

Mechanism과 Electronics를 합친 것. 기계와 전자정보기를 결합한 기계장치를 뜻함. 예컨대 카메라, 시계, 미싱, 승용차 내의 장비 등이 메카트로닉스화 되고 있다.

148. Home Automation이란?

전자기술과 마이크로컴퓨터를 가정생활의 모든 면에 보급시켜 쾌적한 생활환경을 조성하고자 하는 시스템. 에너지 절약, 영상통신, Home Banking, 재택근무 등 응용분야가 광범위하다.

149. Technopolis란?

지방에 있는 도시이지만 내부에 또는 인근에 교육, 문화, 후생복리 등 생활여건이 대도시와 같고 쾌적한 기술 중심의 도시. 일본의 쓰쿠바, 미국의 실리콘벨리, 프랑스의 소피안디폴리스, 한국의 대덕연구단지 등이 이에 속한다.

150. Mach란?

유체의 속도와 음속과의 비율. 비행기, 탄환, 미사일 등의 고속비행체나 고속기류의 속도를 음속단위로 표시한 것. 1마하는 시속 약 1,200km이다.

151. Sports for all이란?

광범한 시민대중을 위한 스포츠의 진흥을 목표로 하는 국제적인 표어. 약자로 SFA헌장이 채택되었다.

152. PGA란?

Professional Golfers' Association of America. 미국프로골프인협회. 1년에 1회 PGA 선수권대회가 개최되고, LPGA는 여자프로 골프협회를 지칭하는 말이다.

153. 근대5종경기란?

올림픽대회의 창시자인 쿠베르탱이 창안한 올림픽경기의 정식종목, 즉 승마, 펜싱, 사격, 수영, 크로스 컨트리를 말하는데, 순서에 따라 1일 1종목씩 5일간 완료한다.

154. Grandslam이란?

① 야구에서는 만루홈런, ② 골프에서는 영미의 양오픈, 전미국프로, 마스터즈의 4대 타이틀을 획득한 경우 ③ 테니스에서는 US오픈, 호주오픈, 프랑스오픈, 윔블던의 4대 토너먼트 단식을 모두 우승한 경우를 말한다.

155. 엔돌핀이란?

포유류의 뇌에 있는 펩티드(peptide). 모르핀과 같은 진통작용이 있다. 엔돌핀이란 '내인성(內因性)모르핀'이라는 뜻이다.

156. 불쾌지수란?

여름철의 무더움을 숫자로 나타낸 것. 불쾌지수 = (기온+습도+온도)×0.72+40.6으로 계산된다. 지수가 70을 넘으면 일부 사람이 불쾌감을 느끼고, 80 이상이면 모든 사람이 불쾌감을 느낀다.

157. 6 · 15 남북공동성명이란?

김대중 전대통령과 김정일 국방위원장이 남북정상회담을 갖고 난 후에 발표한 공동선언문으로 ① 자주적 통일문제 해결 ② 양측의 통일방안 인정 ③ 이산가족 교환방문 ④ 경제 · 문화교류 활성화 ⑤ 조속한 대화 개최 등을 내용으로 한다.

158. 일반석(Economy Class) 증후군이란?

좁은 일반석에서 움직이지 않고 오래 앉아서 항공여행을 할 경우 혈전이 형성되어 다리나 폐에서 혈류가 막히는 현상. 현재 세계보건기구(WHO)와 항공사 단체에서는 장거리여행과 혈전발생의 연관성을 조사하고 있다.

159. 「Hi Seoul」이란?

서울을 대표하는 슬로건. 서울의 밝고 친근한 메시지를 전달하고 서울사랑 공동체의식을 함양하기 위한 도시마케팅의 일환. 부제 슬로건으로는 「We are Seoulites」, 「I love Seoul」, 「Dreams @Seoul」 등이 있다.

160. 테크노 음악이란?

컴퓨터와 전자기기를 이용해 새로운 소리를 만들어 낸 음악, 연주 대신 사운드가 기억된 소프트웨어만으로 음악을 만든 것이다.

161. 중앙선과 태백산의 분기점은?

충청북도 제천

162. MICE 산업이란?

Meeting, Incentive, Convention, Exhibition을 일컫는 말인데 회의, 보상여행, 전시회를 포함하는 국제회의 관련 산업을 뜻한다.

163. 대구에서 내장산까지의 교통편은?

88올림픽고속도로와 호남고속도로

164. 문방사우(文房四友)란?

붓, 먹, 벼루, 종이

165. 바닷가에 있는 절의 이름은?

양양 낙산사, 부산 용궁사

166. 동해고속도로는 어디에서 어디까지인가?

강릉 ~ 동해

167. Cruising족이란?

고급차를 타고 번화가를 돌아다니면서 여자들에게 접근하여 데이트를 성사시키는 젊은이들의 무리를 말한다.

168. 사신도(四神圖)란?

좌청룡, 우백호, 남주작, 북현무 등이 그려져 있는 그림을 뜻한다.

169. TONK족이란?

Two Only No Kid. 젊은 노인층에서 자녀들과 떨어져서 부부만이 여가를 즐기면서 살아가는 사람들을 지칭한다.

170. 부산에서 열리는 문화축제를 설명하라.

① 매년 10월 5일 개최되는 부산시민의 날에는 각 구별로 민속놀이, 운동경기, 가장행렬 등이 다채롭게 진행된다.

② 동래야류(東來野遊) : 익살과 해학을 가미한 양반이나 승려들의 비도덕성을 풍자한 탈춤놀이, 국가지정 무형문화재이다.

③ 어방무(漁坊舞) : 어로작업 과정을 수군(水軍)조직에 맞추어 규율, 단결심 등을 고무시키기 위한 놀이이다.

④ 동래학춤(鶴舞) : 토속적인 민속무용으로서 다른 지방에서는 찾아볼 수 없다. 학의 생태를 표현한 것으로서 간결·소박하면서도 청초한 멋을 풍긴다.

⑤ BIFF(부산국제영화제) : 국제적인 영상문화축제. 전 세계의 영화들을 감상할 수 있고, 유명한 배우와 감독들을 만날 수 있고, hand mark도 있다.

⑥ 국제불꽃축제 : 광안대교(Diamond Bridge)와 밤바다에 펼쳐지는 멀티미디어 첨단불꽃축제. 불꽃·레이저·특수영상·조명·음악 등 다양한 장르의 이벤트이다. 외국에서도 참가한다.

171. 지니(Gini)계수란?

이탈리아의 경제학자 지니가 개발한 경제용어. 빈부격차, 즉 소득의 불평등 정도를 나타내는 지표, 한 나라의 경제에서 소득분포가 0이면 평등한 상태, 1이면 가장 높은 불평등을 나타낸다. 2002년 우리나라의 지니계수는 0.312이었다.

172. 클러스터(cluster)란?

비슷한 업종의 기업, 연구기관, 대학들이 한곳에 모여 네트워크를 형성한 산업단지. 미국 실리콘밸 리가 IT 클러스터의 대표적 사례. 집적 효과를 통해 산업 경쟁력을 높이려 각국 정부가 적극적인 클러스터 전략을 펼치고 있다.

173. 다음은 면접시험에서 출제되었던 시사·상식에 관한 질문이다. 수험생 스스로 답을 찾아보라. 그럼으로써 의사발표의 정확성과 논리성을 배양할 수 있다.

(1) 외국에 여행한 경험을 말해보라.

(2) 어떤 요리를 좋아하는가?

(3) 자기 거주지에 대한 소개를 해보라.

(4) 김치와 불고기를 설명해 보라.

(5) 서울의 주요 관광지를 말해보라.

(6) 우리나라의 표준자오선은?

(7) 우리나라의 면적은?

(8) 우리나라의 인구밀도는?

(9) 우리나라 기후의 특징은?

(10) 우리나라의 연평균 강수량은?

(11) 세계관광의 날은?

(12) Asian Game에 대해서 말해보라.

(13) 「동방견문록」의 저자는?

(14) 「로빈슨크루소」의 저자는?

(15) 「노인과 바다」의 저자는?

(16) 세계의 3대 발명은?

(17) 세계의 3대 교향곡은?

(18) 전원교향곡은 누가 작곡하였는가?

(19) 「G선상의 아리아」는 누가 작곡하였는가?

(20) 「모나리자」의 작가는?

(21) 「타이티여인들」의 작가는?

(22) 루브르박물관은 어디에 있는가?

(23) 영국의 화폐단위는?

(24) 프랑스의 화폐단위는?

(25) 친척이 방문할 경우 추천하고 싶은 관광지는?

(26) 관광산업이 왜 중요한가?

(27) 10명의 일본인 관광객을 경주에서 부산까지 가이드해 보라.

(28) 한글을 영어로 설명해 보라.

(29) 우리나라 최대의 기계공업단지는?

(30) 우리나라 환경오염의 주된 원인은?

(31) 태권도를 설명하라.

(32) 제주가 비자면제지역이 되면 어떤 좋은 점이 있는가?

(33) 서울에서 가장 좋은 호텔이라고 생각하는 곳 3개를 지명하라.

(34) 겨울에 방문(관광)하기 좋은 곳은?

(35) 부산에 대해서 설명하라.

(36) 울릉도의 3무 5다란 무엇인가?

(37) 4대 명절은?

(38) 한국의 대표적인 음식을 추천(설명)하라.

(39) 유명한 한국음식점을 추천해 보라.

(40) 자기 거주지에서 경주까지 승용차로 얼마나 걸리는가?

(41) 왜 전공과 다른 분야의 가이드가 되기를 원하는가?

(42) 한라산, 지리산, 설악산의 높이는?

(43) 관광에 관한 중앙부서는 어디인가?

(44) 항공권의 유효기간은?

(45) 단오를 설명하라.

(46) 무당이 되는 방법은?

(47) 가이드가 출국시 공항에서 체크해야 할 사항은?

(48) 남한의 인구는 몇 명인가?

(49) 서울(부산)의 인구는 몇 명인가?

(50) 세계적으로 관광객이 증가하는 이유는?

(51) 출국시 반출할 수 있는 외화 한도액은?

(52) 일본 천황의 이름은?

(53) 현재 일본의 연호는?

(54) 여행자수표를 설명하라.

(55) 서비스의 3S란?

(56) 항공여행시 Claim Tag이란?

(57) 호텔의 4가지 기능은?

(58) IMF란?

(59) IBRD란?

(60) 세계 최초로 지정된 국립공원은?

(61) 일본 황실의 조상신은?

(62) 일본 천황의 3가지 신기(神器)란?

(63) 일본 최초의 천황은?

(64) 일본의 불교는 언제, 누가 전래하였는가?

(65) 일본의 유교는 언제, 누가 전래하였는가?

(66) 임진왜란을 일본역사에서는 무엇이라고 하는가?

(67) 메이지유신이란?

(68) 일본 국토는 어떻게 구성되어 있는가?

(69) 일본의 인구는?

(70) 일본에서 온천으로 유명한 곳은?

(71) 일본에서 제일 높은 산의 명칭과 그 높이는?

(72) 일본의 삼경(三景)은?

(73) 일본의 「오본」이라는 명절에 대해서 설명하라.

(74) 일본의 항공사의 명칭과 그 약자는?

(75) 금년도의 관광객 유치목표(관광객수, 수입액)는?

(76) 우리나라의 관광객 유치에 큰 문제점이 되는 것은?

(77) 2018년 월드컵 개최 도시는?

(78) Moratorium이란?

(79) BIS비율이란?

(80) M&A(Merger and Acquisition)이란?

(81) 2016년 하계올림픽 개최지는?

(82) PCS란?

(83) 네티즌이란?

(84) Synergy 효과란?

(85) Lame Duck이란?

(86) 도우넛현상이란?

(87) 아노미현상이란?

(88) MRA운동이란?

(89) 약관(弱冠), 이립(而立), 불혹(不惑)은 몇 살을 뜻하는가?

(90) 지천명(知天命), 이순(耳順), 고희(古稀)는 몇 살을 뜻하는가?

(91) Hot Money란?

(92) Think Tank란?

(93) Lease 산업이란?

(94) 엥겔의 법칙이란?

(95) Suite Room의 면적은?

(96) 반월공단에서 생산되는 제품은?

(97) 세계 항공운임의 결정은?

(98) 우리나라에서 무연탄이 많이 생산되는 곳은?

(99) 우리나라의 조선소 3곳은?

(100) 남한의 5대 강은?

(101) 경부선의 길이는?

(102) 우리나라 지리의 인문적 구분의 기준은?

(103) 우리나라에서 간석지가 제일 큰 것은?

(104) 우리나라에서 일교차가 가장 심한 곳은?

(105) 우리나라 최고(最古)의 목조건물은?

(106) 우리나라의 기계공업단지는 어디인가?

(107) 우리나라에서 가장 많이 생산되는 과일은?

(108) 우리나라에서 사금을 채취하는 곳은?

(109) 관광안내의 3대 원칙은?

(110) 서비스산업에서 SCEECHH란?

(111) 호텔경영의 3요소는?

(112) 최초의 Youth Hostel은?

(113) Complimentary란?

(114) 일본인에 대한 생각은?

(115) 한 · 일 어업협정에 대해서 말해보라.

(116) 관광승수효과란?

(117) 양반이란?

(118) 작년도 관광객 유치실적(관광객수, 수입액)은?

(119) 작년도 관광수지의 흑자(적자)는 얼마인가?

(120) 문화관광이란?

(121) Eco Tourism이란?

(122) 항공운임 중 할인운임의 종류는?

(123) Theme Park란?

(124) 관광 불편신고 전화번호는?

(125) 외국인 관광객 통역안내서비스 전화번호는?

(126) TOPAS란?

(127) CRS란?

(128) 한국의 관광산업의 전망은?

(129) 관광복권에 대해서 설명하라.

(130) 일본인의 국민성에 대해서 말해보라.

(131) 일본인에게서 배워야 할 점이 있다면?

(132) 현재의 남·북한 관계에 대해서 말해보라.

(133) 현재 대¥, 대$의 환율은 얼마인가?

(134) 일본 수상의 이름은?

(135) 한국경제의 전망은?

(136) 한국의 도자기에 대해서 설명하라.

(137) 앞으로의 한·일 관계를 예상해보라.

(138) 앞으로의 한·미 관계를 예상해보라.

(139) 서울의 첫인상을 말해보라.

(140) 자기가 살고 있는 곳의 주요 관광지를 설명하라.

(141) 아리랑에 대해서 아는 대로 말해보라.

(142) 자기가 살고 있는 곳의 명물은 무엇인가?

(143) 주요 관광상품(특산품, 토산품)을 소개해보라.

(144) 판문점을 설명해보라.

(145) 외국인을 안내할 때 유의할 점은?

(146) '돌아와요 부산항에'를 일본어로 불러보라.

(147) 꽃샘추위란?

(148) 부산에서 일본에 취항하는 항공사와 일본지명은?

(149) 부산에 있는 5성호텔의 수는?

(150) 김치의 우수성(장점)을 말해보라.

(151) 우리나라의 위도와 경도는?

(152) 한국의 표준시는 세계표준시보다 몇 시간 빠른가?

(153) 3한 4온이 발생하는 이유는?

(154) 자연지리적으로 남북한을 구분하는 경계는?

(155) 한반도의 총면적과 총인구는?

(156) 우리나라의 부속도서는 몇 개인가?

(157) 우리나라에서 가장 아름다운 동굴은?

(158) 남·북한의 경계선이 되는 산맥은?

(159) 우리나라의 도시인구 비율은?

(160) 우리나라 제1의 중화학공업단지는?

(161) 우리나라 최대의 노동집약적 수출산업은?

(162) 환경오염의 대표적인 것은?

(163) 우리나라의 5대 광물은?

(164) 유기농업이란?

(165) 우리나라 최초의 원자력발전소는?

(166) 우리나라 남·북 간의 기온차가 가장 큰 계절은?

(167) 눈에 보이지 않는 무역이란?

(168) 서울의 주택난이 심해지는 이유는?

(169) 한국어, 일본어의 어족은?
(170) 한라산의 기생화산은 몇 개인가?
(171) 우리나라 최다우 지역은?
(172) 우리나라 기후의 특징은?
(173) 도자기의 재료인 고령토가 많이 생산되는 곳은?
(174) 남한에서 면적이 가장 큰 도(道)는?
(175) 한국과 비슷한 위도의 나라는?
(176) 한국의 5대섬은?
(177) 우리나라의 최고, 최저의 지역은?
(178) 우리나라 전 국토의 평균고도는?
(179) 봄철에 날씨의 변화가 심한 이유는?

PART 5

외국어 구사력에 관한
면접시험

외국어 구사력에 관한 면접시험

우리나라의 관광명소를 외국어로 소개하기

한글

한국(韓國)은 지리적으로는 온대지역에 위치하여 4계절이 뚜렷하고, 일년 중 최고기온과 최저기온의 차이가 심하다. 봄, 가을은 기후가 온화하지만 여름은 무덥고 겨울은 춥다. 연평균 강수량은 약 1,200mm 정도인데 여름에 집중된다. 문화적으로는 농경사회와 신라조부터의 불교, 조선조부터의 유교의 영향을 받아 불교적인 문화유산과 유교적인 관습이 많이 남아 있다. 정치적으로는 자유민주주의와 민주공화국을 표방하고 직선제로 대통령과 단원제 국회의원을 선출한다. 경제적으로는 1970년대부터 활발한 경제개발과 국제교류를 통해서 1988년 올림픽, 2002년 월드컵을 개최하면서 총인구 4,700만명, 국민소득 1만달러시대에 진입하였다. 특히 반도체, 휴대전화기, 자동차는 세계 1, 2, 3위를 겨루는 제품들이다.

영어

Korea is geographically located in the tropical zones. Also Korea has four distinctive seasons and the differences between the highest and the lowest temperatures are extreme. While the spring and autumn are warm, the summer is hot and humid and the winter is cold. The average rainfall is about 1,200mm a year and mostly comes during the summer time. Culturally, Korea is an agricultural society which was strongly influenced by the Buddhism during the Silla dynasty and then Confucianism during the Yi dynasty. Today Korea still has lots of Buddhist cultural assets and Confucianism traditions. Politically, Korea is considered to be a free democratic and republic country. The people of Korea directly elect their president and the National Assembly members. The economic growth and development of Korea since the 1970s has been very rapid. Korea has entered the $10,000-GNP era with a population of 47,000,000. Also Korea has successfully held large international events such as the Olympic Games in 1988 and the World Cup Games in 2002. In areas such as mobile phone, semiconducter and the automobiles, Korea ranks as one of the top three producers in the world.

일본어

韓国は地理的には温帯地域に位置して四季の移り変わりがはっきりしているし、一年中最高気温と最低気温の差が激しい。春と秋は暖かいが、夏は暑くて冬は寒い。年平均降雨量は約1,200mm位であるが、たいてい夏ごろに集中している。文化的には新羅時代からの仏教と朝鮮時代にはやった儒教の影響を受けて、仏教的な文化遺産と儒教的な習慣がたくさん残っている。政治的には自由民主主義で、民主共和国である。直選制として大統領と単院制の国会議員を選ぶ。経済的には1970年代から活発な経済開発とともに、国際交流を通じて1988年のオリンピック、2002年のワールドカップを開催しながら人口4,700万人、国民の所得は1万ドルの時代に入った。特に、半導体、携帯電話、自動車は世界の1、2、3位を争う製品である。

중국어

韩国地处温带地区，4季分明。一年中最高和最底气温的差异较大。春，秋气温温和，但是夏季炎热，冬季寒冷。年平均降水量约1,200mm集中于夏季。文化方面，受农耕社会和新罗朝开始的佛教，朝鲜朝开始的儒教的影响，所以，遗留了佛教的文化遗产和很多的儒教习惯。政治方面，标榜自由民主主义和民主共和国，总统直选制和国会议员团院制选出。经济方面1970年开始，灵活的经济开发和通过国际间的交流1988年奥林匹克运动大会，2002年世界杯的成功举办的同时，总人口4,700万名的国民收入1万美元的时代到来了，特别是半导体，手机，汽车的产量达到世界1，2，3位。

한글

서울은 이성계가 조선왕조를 건국하면서(1392년) 도읍으로 정한 곳으로서 600년의 역사를 가진 도시이다. 서울은 현재 한국의 수도로서 정치, 경제, 문화, 군사, 교통의 중심지이면서, 1988년에는 올림픽도시로 부상하였다. 서울은 인구 천만명이 넘는 거대도시로서 고궁, 박물관 등 역사유적이 많으며, 명동, 동대문시장 등 다양한 쇼핑장소가 있고, 근교에는 민속촌, 에버랜드 등 위락장소도 풍부하다.

영어

Seoul became the capital city of Korea when Yi Seong-Kye, established the Choseon dynasty in 1392 and has remained so for the last 600 years. As a capital city, Seoul is the center of the politics, economics, cultures, military and business of Korea. In 1988, the city was the center of the Olympic Games. This huge city has population of ten million people. Also Seoul has many historical sites such as the old palaces and museums and the city also has various shopping areas such as Myeongdong and Dongdaemun Market as well as some amusement parks like the Folk Village and Ever land.

일본어

ソウルは李成桂が朝鮮王朝を建国してから都として定めた所で、600年の歴史を持っている都市である。ソウルは今韓国の首都で、政治、経済、文化、軍事、交通の中心地でありながら1988年にはオリンピックが開かれた。ソウルは人口1,200万人を越える巨大都市として古宮、博物館など、歴史的な遺跡が多いし、明洞、東大門市場などのショッピングの所だけではなく、近郊には民俗村、エバーランドなどの慰楽施設もたくさんある。

중국어

汉城是韩国朝鲜王朝(1392年)故都，因此到处充满了600年以前的历史文物和古迹的大城市，汉城，作为现在韩国的首都可以说是政治，经济，文化，军事，交通的中心地，1988年成为奥运匹克都市。汉城是人口1000万以上的大都市，有很多古宫，博物館等遗迹。有明洞，东大门市场等，各种购物场所，在近郊也有很丰富的民俗村，ever land等的娱乐场所。

한글

경복궁(景福宮)은 조선왕조를 건국한 이성계가 건축한(1394년) 궁궐이다. 일본의 침략으로 소실되었다가, 고종조에(1868년) 재건하였다. 경복궁 내에는 웅장하고 화려한 근정전(勤政殿)이 있는데, 이곳은 군왕의 즉위식과 대례를 거행하던 곳이고, 경회루(慶會樓)는 외국의 사신을 접견하던 영빈관으로서 여러 가지 꽃이 만발하고 우아하고 아름다운 곳이다.

영어

Gyeongbokgung (Palace) was constructed in 1394 by Yi Seong Gye, who founded Joseon dynasty. A fire destroyed the palace during the Japanese invasion. It was reconstructed during the reign of King Gojong in 1868. A grand and gorgeous hall called Geunjeongjeon is in this palace where the kings' enthronement ceremonies and state ceremonies were performed. There also is a reception hall called Gyeonghwoiru where the government officials received foreign representatives. It is a beautiful and elegant place with almost every kinds of flowers bloom year round.

일본어

景福宮は朝鮮王朝を建国した李成桂が築いた宮殿である。1592年日本が侵略してきた時、消失してしまったが高宗王の時(1868年)に再建した。景福宮の中には国王の即位や公式行事が行われた場所である勤政殿と外国使臣を迎えて宴会を催したと言われる迎賓館の役割をした慶会楼は、春になれば色々の花が咲き乱れる優雅で美しい所である。

중국어

景福宮是朝鲜王朝的正宫，始建于1394年。因为日本的侵略遭到焚毁。1868年由高宗祖重建。景福宮里有雄壮，华丽的勤政殿，这里是举行君王的职和大礼的地方，庆会楼是接见外国使臣的迎宾馆，是个开满各种鲜花优雅别致的地方。

한글

창덕궁(昌德宮)은 조선조 3대왕인 태종이 건축한(1405년) 궁궐인데, 역시 일본의 침략으로 소실되었다가 1610년에 복구되었다. 궁궐 안에는 고종황제가 사용하던 마차와 우리나라 최초의 자동차가 전시되어 있고 내부의 장식도 매우 화려하다. 왕과 왕비의 산책로이면서 정원이었던 비원(秘苑)은 자연정원으로서 꽃내음과 새소리가 아름답게 어울려 그림처럼 아름답다.

영어

Changdeokgung (Palace) was constructed in Joseon's third king Taejong's reign in 1405. It was burnt down in a fire during the Japan's invasion and was reconstructed in 1610. There is a carriage and the first automobile used by king Gojong. The picturesque secret garden Biwon in the palace was once a favorite and much loved place for walks by the kings and queens. Today visitors can walk through the natural flower scented garden and enjoy its beauty.

일본어

昌德宮は朝鮮時代の3代国王である太宗が築いた宮殿である。やはり日本が侵略してきた時消失されて1610年再建した。宮殿の中には高宗皇帝が使った馬車と我が国最初の自動車が展示されているし、その内部の飾りもとても華麗である。昌德宮の北にある秘苑は代々の皇族の遊興の場として利用された韓国最大の庭園であり、あるがままの自然の美を生かし、季節ごとに違った趣きを見せている絵のように美しい所である。

중국어

昌德宮是始建于1405年，朝鮮朝第3代王，太宗的正宮，也是日本侵略是到焚毁在1610年得以重建的。宮阁里展示了高宗皇帝使用过的马车和我们家最早的汽车，内部的装饰也是非常的华丽。有王和王妃用来散步的庭院，苑是满是鲜花的自然庭院，有美丽的鲜花和清脆的鸟叫声，简直是一幅难得美丽画卷。

한글

창경궁(昌慶宮)은 조선조 4대왕인 세종이 건축(1419년)한 궁궐이다. 역시 일본의 침략으로 크게 파손되었다가 재건되었는데 불에 타지 않은 원래의 건물은 조선조 초기의 건축양식을 보여주고 있다. 1900년대 초부터 동물원, 식물원을 설치하여 서울시민의 사랑을 받아오다가 1984년 동·식물원은 서울대공원으로 이전되었다.

영어

Changgyeonggung (Palace) was built during king Sejong's reign in 1419. King Sejong was the 4th king of the Joseon dynasty. The palace was also severely damaged by the Japanese invasion and then rebuilt. The original building was constructed in the early Joseon style. In the early 1900s, a zoo and a botanical garden were built on the Changgyeonggung grounds and were enjoyed by Seoul citizens. However in 1984, the zoo and the botanical garden were moved to the Seoul Grand Park.

일본어

昌慶宮は朝鮮王朝第4代国王世宗が建てた(1419年)御所である。この宮殿もやはり豊臣秀吉の
朝鮮出兵の時に大きな被害を受け、その後再建された。その時、焼けなかった元の建物は
朝鮮時代初期の建築様式を見せている。1900年代の初めから動物園や植物園を設け、昌
慶苑と呼ばれたが、1984年にそれらの施設をソウル大公園に移し、現在の昌慶宮となった。

중국어

昌庆宫是朝鲜王朝第4代国王，世宗大王于1419年修建的一个离宫。也是在日本侵略是手到
了严重的损坏，在重建后虽然一部分被烧毁，但是原来的建筑，朝鲜朝初期的建筑样式
仍清晰可见。1900年代初开始，设置为动物园，植物园，在汉城市民的关爱下1984年，
动，植物园被建成了汉城大公圆。

한글

덕수궁(德壽宮)은 조선조 9대왕인 성종이 그의 형 월산대군을 위해 건축한 사저인데, 1593년부터
선조가 사용함으로써 궁궐이 되었다. 덕수궁은 근대역사의 중심지였기 때문에 다른 왕궁에는
없는 서양식 건축양식과 동양식 건축양식이 서로 어우러져 있으며, 자격루(물시계)와 수문장
(守門將) 교대의식이 유명하다.

영어

Deoksugung (Palace) was a private residence of the prince Weolsan's. The 9th king of Joseon dynasty
Seongjong, built it for his elder brother Weolsangun. It then became the palace in 1593 when King
Seonjo used it as his residence. Deoksugung is situated in the central part of the modern history
in Korea. The palace is a blending of the western and eastern construction styles. Deoksugung
is famous for the Jagyeokru (a water clock) and the changing of the commanders of the guards
ceremony.

일본어

德寿宮は朝鮮時代第9代国王である成宗が自分の兄である月山大君のため築いた邸宅であ
る。豊臣秀吉の侵略を受け都を離れていた宣祖王が帰郷した際(1593年)、景福宮の代わり
に使用したので宮殿となった。德寿宮は近代歴史の中心地だったので、他の宮殿にはない
西洋式の建築様式と東洋式建築様式が折衷した特異なスタイルに生まれ変わった。自撃漏
という水時計と守門将の交代式が有名である。

중국어

德寿宫是朝鲜朝第9代国王，为了成宗王的哥哥月山大君建造。1593年是朝鲜朝开始使用的
故宫，德寿宫因为是近代历史的中心，所以有别的王宫没有的西洋式建筑样式和东洋式
建筑样式，自击漏(水表)和守门将交代仪式很著名。

한글

종묘, 제례악(宗廟, 祭禮樂) : 종묘는 조선조 역대 왕과 왕비의 위패를 모시고 제사지내는 곳이며 선왕들의 유물이 전시된 기념관이 있다. 매년 5월 첫째 일요일에는 대규모의 제례를 치르는데, 장관을 이룬다. 종묘제례악은 종묘에서 제사지낼 때 조상의 문덕(文德)과 무공(武功)을 찬양하기 위해서 연주하는 전통음악으로서, 한국의 고전음악의 맥을 이어오는 귀중한 문화유산이다. 2001년에 UNESCO가 종묘제례와 제례악을 세계무형유산으로 등록하였다.

영어

Jongmyo, Jeryeak : Jongmyo is a place where the memorial tablets of the successive kings' and queens' are enshrined. Ancestral rites to commemorate the kings and queens are performed here every May. There's a memorial hall, where the relics of the preceding kings' are exhibited. Jongmyo Jeryeak is the traditional music which praises the literary and military merits of the kings'. Jeryeak is played when the ancestral rites are performed. This precious cultural asset preserves the spirit of Korean traditional music.

일본어

宗廟は朝鮮王朝の歴代の王と王妃をまつられている場所で、歴代の王様の遺物が展示された記念館がある。毎年5月の一番目の日曜日には宗廟祭礼という大規模の祭礼が開かれる。宗廟祭礼楽は宗廟で祭祀の時、先祖の文徳と武功を讃揚するため演奏される伝統音楽で、韓国の古典音楽の脈を繋ぐ貴重な文化遺産として重要無形文化財第1号に指定されている。

중국어

宗庙，祭礼乐，宗庙是供奉朝鲜王朝历代国王及王妃牌位以及太祖先祖神位的太庙。每年5月的第一个星期日，有王族后裔按儒教仪式举行宗教祭礼而修建的场馆。宗庙祭礼乐在宗庙祭祀的时候为了赞扬祖上的文德和武德演奏的传统音乐，是韩国古典音乐的一脉，是珍贵的文化遗产。

한글

청와대(靑瓦臺)는 대통령이 근무하는 곳이다. 1998년부터는 관광객의 접근과 촬영이 허용되어 많은 시민과 관광객이 구경을 한다. 청와대 안에는 대통령의 집무실, 영빈관, 경호실 등이 있으며 정원과 연못도 아름답다. 청와대는 파란 기와지붕으로 된 2층 건물이라는 데서 붙여진 이름이다.

영어

Cheongwadae(the Blue House) : is the official residence of the Korean President. Since 1998 the Blue House has been open to the public and picture taking is allowed. Lots of citizens and tourists enjoy visiting the Blue House. Cheongwadae means a blue house as the two-story building is covered with blue roof tiles. On the grounds there are beautiful gardens and a pond as well as the Presidential office, a guest house, a security guard room and visitors area.

일본어

青瓦台は大統領が勤めている所である。1998年からは観光客の接近と撮影が許されて、多くの市民と観光客が見物に行く。青瓦台の中には大統領の執務室、迎賓館、警護室等があるし、庭と池もきれいである。青瓦台は青い瓦の屋根になっている2階建てという意味で名付けられた。

중국어

青瓦台是韩国总统办公的总统府。1998年开始允许观光客到附近拍摄外观，有很多市民和观光客前来观看。青瓦台里面有总统的家务室，迎宾室，警戒室等，后庭院和荷花池也很美丽，青瓦台主楼是2层建筑，屋顶上盖好青色的瓦片，因此我们叫它青瓦台。

한글

남대문시장(南大門市場)은 남대문 옆에 있는데, 국내에서 가장 규모가 크고 상품이 다양한 시장이다. 의류·청과·식품·잡화 등 모든 것을 망라하고 있는 만물도매시장이면서 특히 국내 최대의 의류도매시장이다. 현대식 상점과 재래식 노천시장이 공존하는 남대문시장은 서울의 한복판에 위치하고 있어, 교통이 편리하고 싸며 품질이 좋은 것으로 유명하여 내·외국인이 많이 찾는다.

영어

Namdaemun Market is near the Namdaemun (south gate) which is located in the central part of Seoul. It is the largest market in Korea and has a wide variety of goods such as clothes, fruits, foods and miscellaneous goods. It is also an all things-whole sale market. Namdaemun market is Korea's number 1 whole sale market for clothes. Here, the modernized shops and the conventional outdoor markets are out lets for cheap and good quality goods. Many foreigners and Koreans enjoy frequenting this market hunting for bargains.

일본어

南大門市場は韓国の国宝1号に指定されている南大門のほとりにある韓国最大規模の市場である。衣類、果物、食品、雑貨等すべてを売っている総合卸し市場でありながら、国内最大の衣類の卸し市場である。現代式の商店と伝統式の在来市場が共存している南大門市場はソウルの中心街にあって交通が便利である。ここの製品は品質も良くて安いので有名である。

중국어

南大门市场座落于南大门旁边，是国内最大规模的有各种商品市场，衣类水果，食品杂货等包罗万象，是万物批发市场,特别，是国内最大的衣类批发市场。现代式商店和传统

式露天市场共存的南大门市场地处汉城的正中央。交通方便，物价低廉，品质优良，所以有很受国内外客商青睐。

한글

동대문시장(東大門市場)은 전국 최대의 혼수품 전문상가로 유명하다. 한 자리에서 신혼생활에 필요한 모든 것을 구입할 수 있어 신혼부부나 젊은 고객뿐만 아니라 지방상인들도 많이 이용한다.

영어

Dongdaemun Market specializes in all the things you need for a wedding or to setting up a newly wed's house hold. Young couples and local merchants enjoy one stop shopping in this famous market.

일본어

東大門市場は結婚礼物の専門商店街で有名である。ここでは新婚生活に必要なすべてを購入できるし、その規模においても韓国最大であるから新婚夫婦だけでなく多くの地方商人も訪れる。

중국어

东大门市场是以全国最大的婚饰品专门商家而闻名。在一个商家里便可以买到新婚生活所必要的全部商品，不仅仅是年轻的新婚夫妇来此购物，也有很多地方的商家来此光顾。

한글

명동(明洞)은 서울의 중심에 위치하고 있는 한국의 유행을 선도하는 문화의 중심지다. 이곳은 화려하고 다양한 상품과 상점들이 즐비하여 항상 사람이 붐비고 번화하다. 주말에는 서울의 많은 젊은이들이 이곳으로 모여들어 아름답고 활기 넘치는 거리가 된다.

영어

Myeongdong is located in the center of Seoul. It is the cultural center which leads Korean fashion. Shops with trendy and gorgeous goods are lined on the Myeongdong streets. Myeongdong is always crowded and busy. The street is vibrant with life and energy on weekends as young people gather to buy the trendy goods and enjoy themselves.

일본어

明洞はソウルの中心に位置して、韓国の流行を導く文化の中心地である。ここはきれいで多様な商品と立派な商店が立ち並んでいていつも人でいっぱいである。すべての世代の人が楽しめる繁華街で、特に週末は若者たちがたくさん集まる。

중국어

明洞地处汉城中心位置，是韩国循循善诱的旅游和文化的中心。这里华丽并多样的商品鳞次接比，经常有拥挤的人们来此，一片繁华景象。每到周末，那些汉城的年轻人拥挤到这条狭窄得连身体都难以转动的明洞。

한글

남산(南山)은 서울의 남쪽에 위치하며 높이는 285m이다. 남산에는 우거진 수목과 잘 보존된 문화시설이 있는 서울시민의 녹지·휴식공간이다. 산꼭대기에 있는 서울타워는 높이 136m로서 1980년에 완공되었는데, 여기서는 서울의 전경과 서해를 감상할 수 있으며, 특히 서울의 야경은 아름답다.

영어

Namsan (hill) with an elevation of 285 meters above sea-level, is located in the southern part of Seoul. This green recreation area with its dense trees and cultural facilities is a popular place for Seoul citizens. The 136 meter Seoul Tower on top of the hill was built in 1980. From the tower, you can see and enjoy a complete view of Seoul and the West Sea. Also the view of Seoul is very beautiful from here at night.

일본어

南山はソウルの南の方に位置しているし、高さは265メートルである。南山は緑豊かな公園でよく保存された文化施設があるソウル市民の憩いの場所である。山頂にあるソウルタワーは高さ136メートルで、1980年に完エされた。4階の展望台と5階の回転ラウンジはソウル市内の全景と西海を見渡せるし、特に夜景は美しい。

중국어

南山地处汉城南部，海拔285米。在南山非常茂盛的森林，都被完全保起来。并分布着各种文化设施。是都是的绿洲,市民非常喜欢的地方之一。山顶上的汉城塔高136米，1980年完工向市民开放。在这里可以欣赏汉城全景和西海，特别是可以看到汉城美丽的夜景。

한글

종로(鐘路)는 보신각이라는 조선조의 건축물이 있는 곳인데, 보신각은 조선조에 종을 쳐서 시간을 알려주던 곳이다. 그때에도 이곳은 유명한 상가이고 번화가였다. 현재에도 종로에는 다양한 음식점, 주점, 나이트클럽 등 화려한 유흥가를 이루고 있다.

영어

Jongno (street)：During the Joseon era the Bosingak was built to announce the time by ringing a bell on this street. The bell is gone and today Jongno is a famous and busy shopping district which has an entertainment center with various restaurants, taverns and night clubs.

일본어

鐘路は普信閣という朝鮮時代の建築物がある所であるが、普信閣は朝鮮時代に鐘をついて時刻を知らせた所である。当時にもここは有名な商店街で繁華街であった。現在にも鐘路には多様な食堂や飲み屋やナイトクラブ等が密集して遊興街になっている。

중국어

钟路是一条街，有一座叫做普信阁的古代建筑。是朝鲜朝的建筑，普信阁在朝鲜朝时期是
敲钟报时的地方。朝鲜时期，这里有很有名的商业街，是个繁华地带。现在也是，在钟
路有各种各种饭店，酒店和夜总会等华丽的娱乐场所。

한글

세종문화회관(世宗文化會館)은 1978년 완공된 유명한 공연장이다. 한국의 고대건축양식을 재현하
였음에도 현대적인 분위기가 풍기는 웅장하고 우아한 건축물이다. 고전음악, 전통춤, 대중예술,
국제회의 등 다양한 프로그램을 운영하고 무대의 장치도 국제적인 수준이다.

영어

Sejong Cultural Center is a famous performance hall which was built in 1978. Although it revived the
old Korean construction style, the cultural center is also very modern. It is a magnificent and elegant
building. Various programs of classical music, traditional dance, popular arts and international
conference are held here. The stages for performances and concerts are considered to be on an
international level.

일본어

世宗文化会館は1978年出来上がった有名な公演場である。韓国の古代建築様式を再現したに
も関わらず、現代的な雰囲気がある雄壮で優雅な建物である。古典音楽、伝統的な踊り、
大衆芸術、国際会議もできるし、多様なプログラムと共に舞台装置も国際的な水準である。

중국어

世宗文化会馆是很名的公演场地于1978年完工，再现了韩国的古代建筑式，也是带有雄伟
壮丽的现代风情的建筑物。举办古典音乐，传统舞蹈，大众艺术，国际会议等各种节
目，舞台的装饰也是国际水准的。

한글

대학로(大學路)는 원래 서울대학교가 있었던 곳이었으나, 현재는 화랑, 극장들이 집중되어 문화예
술의 거리가 되었다. 이곳에 있는 마로니에 공원에서는 무료로 연극이나 코미디를 감상할 수
있고 카페, 주점 등이 많아 낭만적인 분위기를 보여준다.

영어

Daehangno (University town) indicates the area around Seoul National University which once was here.
The university has moved to another place, but the area still keeps its name. At present, Daehangno
is a cultural art street, where art galleries, movie theaters are gathered. The Marronnier Park in
Daehangno is a hot bed of creativity where you can enjoy various kinds of plays and comedies
free of charge. It has romantic atmosphere with lots of cafes, taverns and restaurants.

일본어

大学路はソウル大学のキャンパスがあった所で、1975年キャンパスが移転され、今では劇場、画廊が密集する芸術と文化の街になった。ここにあるマロニエ公園ではたたで演劇やコメディーが鑑賞できるし、洒落たカフェ、飲み屋がたくさんあるから浪漫的な雰囲気を見せる。

중국어

大学路是原来汉城大学的所在地，现在集中了画廊，剧场的场馆，成为汉城艺术的街道。在这个地方可以看到公园里的免费话剧或者是喜剧。也可以看到充满浪漫氛围的咖啡屋，酒店等。

한글

63빌딩은 해발 364m, 지하 3층, 지상 60층의 우리나라에서 가장 높은 건물이다. 외벽이 유리로 만들어져 햇빛이 비추면 황금빛이 찬란하다. 건물 내에는 다양한 쇼핑장소와 문화공간 그리고 동양 최대의 수족관이 있고, 전망대에서는 서울시 전체를 바라볼 수 있다.

영어

63 Building is the tallest building in Korea and is a sixty-story building with a 3-story basement. It has an elevation of 364 meters above sea-level. The building covered with glasses turns a beautiful golden color when the sun shines. Inside the building, there are various shopping malls, cultural spaces and the largest aquarium in Asia. From the observation tower, you can see the complete view of Seoul.

일본어

63ビルは海抜364mで、地下3階、地上60階のわが国で一番高い建物である。外壁がガラスでできていて日射しが照りつけると、黄金色に輝く。建物の中には様々なショッピングの場所と文化空間、そして東洋最大の水族館があるし、展望台からはソウル市内の全景が眺められる。

중국어

63大厦，是海拔364米，地下有3层，地上有60层，是我们国家最高的建物。大楼的外观使用双重反射的玻璃所制，阳光照射时，黄金色绚烂夺目。建筑物里是各种购物场所和文化空间，也有东方最大的室内水族馆，在展望台上可以将汉城全景尽收眼底。

한글

문정동(文井洞)은 의류, 피혁, 신발 등 유명상표의 상품을 구입하는 젊은이들이 많이 찾는 곳이다. 관광객들에게는 50~70%의 큰 폭으로 할인해 주는 상점이 많고, 100% 반품을 보장하기 때문에 안심하고 구입할 수 있는 곳이다.

영어

Munjeong-dong is a place where young people who are looking for clothes, leather goods and shoes of renowned brand names come to shop. Many shops give tourists a 50-70% discount and 100%

returns are guaranteed here.

일본어

文井洞は衣類、革製品、靴など、有名ブランドの商品を欲しがっている若者がたくさん訪れる。観光客には50%から70%までの大幅に割引できる店が多いし、100%返品できるから安全に購買できる所である。

중국어

文井洞，有很多年轻人来这里购物，他们的目标是这里的服装，皮革，鞋帽等名牌商品。有很多对观光客50-70%折扣的打折的商家，因为有100%包换的保证，所以是可以放心的购物场所。

한글

한옥촌(韓屋村)은 가회동 일대에 옛날 기와집이 520호나 몰려 있는 곳인데, 모두 조선조의 양반들이나 사대부들의 집이었다. 그 중 가장 오래된 것은 160여년 전에 건축된 것이다. 목재는 모두 압록강에서 뗏목으로 날아온 수장목(修粧木)을 사용하였기 때문에 서까래, 대들보, 마루, 문틀 등이 아직도 갈라지지 않고 견딘다. 근래에는 「한옥체험업」으로 저정받은 곳도 있다.

영어

Hanokchon (village of Korean traditional style houses) : 520 Giwajibs (Korean tile roofed houses) are gathered around Gahwe-dong. Originally all the Giwajibs were owned by the gentry or high officials of Joseon dynasty. The oldest house was built about 160 years ago. All of the lumbers for the houses were brought down from the Amnokgang River by raft. The rafters, the cross beams, wooden floors and door frames are made of dressing timber and retain their original shape and color.

일본어

韓屋村は嘉会洞の一帯に昔の瓦家が520軒も集まっている所である。これは全部朝鮮時代の両班(上流階級)とか士大夫(官僚層)らの家であった。その中で一番古いのは160余年前に建築されたものである。すべての木材は鴨緑江から筏流しの修粧木を使ったので、垂木、梁、廊下、門などは未だもひび割れなくて丈夫である。

중국어

韩屋村在家会洞一带，有520号左右的瓦房，体现了朝鲜朝的老百姓们和士大夫们的房屋。那其中最悠久的是160年前建，造的，因为木材全部取材于鸭绿江的修桩木，所以掾木，木梁，地板，门缝等至今仍未磨损。

한글

COEX MALL은 지상에는 서울종합무역센터(COEX)가, 지하에는 상가(MALL)가 위치하고 있다. 지하에는 16개의 음식점과 각종 주점이 있고, 대형서점, 오락실, 패션상가, 극장, 영화관 그리고 500여종의 물고기가 있는 수족관 등 관광객이 즐길 수 있는 것이 많다. 교통과 숙박도 매우 편리하다.

영어

COEX MALL is a new high tech building which is the home of Seoul Comprehensive Trade Center(COEX). There are above the ground and underground shopping malls as well as 16 restaurants, various taverns, a large bookstore, game rooms, fashion arcades, theaters and an aquarium with above 500 kinds of fish. With its convenient location and hotels around the building, it is an enjoyable place for visitors.

일본어

COEX MALLは地上にはソウル総合貿易センター(COEX)、地下には商店(MALL)が位置している。地下には16個所の食堂と色々の飲み屋があるし、大きな本屋、娯楽室、商店街、劇場、映画館、そして500余種の魚がある水族館などがあって、観光客が楽しめる所である。交通と宿泊もとても便利である。

중국어

COEX MALL，位于韩国综合贸易中心地下的综合购物中心(MALL)。在地下集中了16个餐厅和各种酒店，大型书店，游乐室，时尚商家，剧场，电影馆等，也有500种以上鱼类的水族馆等，很多观光客都来此游玩，乐在其中，交通和住宿也很方便。

한글

인사동(仁寺洞)은 19세기 말에 궁궐에서 근무하는 사람들이 여러 가지 가보를 시장에 내어 팔기시 작하면서부터 현재의 인사동이 형성되었다. 인사동에는 도자기, 고미술, 골동품, 장식품, 고가구 등이 많이 거래되는데, 이런 것을 사는 것뿐만이 아니라 구경하는 것도 재미있고 인상 깊은 일이다.

영어

Insadong : In the latter 19th century, people working in the palace began to sell their family treasures in the market around Insadong. The present day Insadong market is still a place where you can find ceramics, antique arts, curios, ornaments handcrafts and antique furniture. There are also street entertainment, teahouses, and restaurants which serve a wide variety of Korean food.

일본어

仁寺洞は19世紀の末、宮中に仕える人々が生活に困ると祖先伝来の骨董品や陶磁器や古美術等を売り、その下取りの店が集まって形成された。仁寺洞の道両側には陶磁器や書道具、伝統工芸や古美術を扱う店が立ち並んでいて、このようなものを買うだけでなく見物するのも面白くて印象深いことである。

중국어

仁寺洞，该家道是从19世纪末期开始的，当时宫内服务的人们为了生活上的需要把各种传家宝在这里出卖，渐渐形成了目前的仁寺洞街道。在仁寺洞，交易很多的陶瓷，古美术，古董品，装饰品，古家具。不是为了买这些古品，仅是来看看这些古品，就很有收益，可以留下深厚的印象。

한글

한강(漢江)은 서울의 중심을 관통하는 강이다. 한강둔치에는 올림픽도로, 시민공원, 낚시터, 수상체육관 등 시민들의 휴식공간이 많다. 한강유람선과 다양한 수상레저활동은 시민들과 관광객의 즐거움을 더해 준다.

영어

Hangang (river) runs through the center of Seoul. Along the Hangang waterfront there are park like areas and other activities such as fishing, a water gymnasium, sail boarding and the Hangang River Cruise.

일본어

漢江はソウルの中心部を貫いて流れる川である。漢江の辺りにはオリンピック道路、市民公園、釣り場、水上体育館等、休憩の所がたくさんある。漢江遊覧船と多様な水上レージャー活動は市民と観光客の楽しみを加える。

중국어

汉江是贯通于汉城市中心的一条河。在汉江沿岸有很多象奥林匹克大路，市民公园，钓鱼台，水上游泳馆等，让市民们休闲娱乐的场所。并向市民们和游客们开放有趣的汉江游览线和各种水上活动。

한글

이태원(梨泰院)은 원래 미8군을 상대로 시장이 형성되었는데, 현재는 다양한 외국인 관광객이 많이 찾는 국제화된 쇼핑장소가 되었다. 2,000여 개의 상가에서 판매되는 상품은 주로 피혁, 의류, 선물용 제품 등이다. 그중에서도 특히 미국의 레이건 대통령, 브라운 국방장관 등 외국의 유명한 인사들이 옷을 맞춰 입었던 곳으로 유명하다. 이태원은 관광특구로 지정되어 밤 2시까지 영업이 가능하다.

영어

Itaeweon (market) : Originally Itaeweon was formed as a shopping area for the US Forces of Korea. Nowadays, Itaeweon is an internationalized shopping place where tourists from many other countries love to visit. The articles sold in the over 2,000 shops include clothing, leathers goods, jewelry and gift goods. Itaeweon is also renowned for its affordable tailor shops where famous people such as President Ronald Reagan, Mr. Brown, the Secretary of Defense of US and other well-known people have ordered their custom tailored suits. It was designated as a special tourism district by the Korean Government and businesses are open until 2:00 a.m.

일본어

梨泰院の市場は駐韓米軍のベースキャンプに近いということで、以前は客のほとんどがアメリカ人であったが、今では多様な外国人の観光客が訪れる国際化されたショッピング場所になった。2000余個所の商店街で衣類、革製品等を販売している。アメリカのレーガン大統領等外国の有名な方々が訪れた所としても知られている。梨泰院は観光特別区域に指定されているから夜2時まで営業できる。

중국어

梨泰院, 原来是和美第8军打交道的而形成的市场, 现在成为外国游客一定会光顾的国际化购物的场所。有2000多个商家批发, 主要是进行皮革, 衣类, 礼物等产品的交易。那其中特别是以美国里根总统, 布拉闻国防部长等外国有名人士所用过的衣物而闻名, 梨泰院因为被定为观光特区后营业时间延长到晚上2点。

한글

여의도(汝矣島)에는 국회의사당, 방송국, 63빌딩 등의 새로운 명소가 많다. 여의도에는 증권회사 등 금융가가 형성되어 서울의 맨해턴이라는 별명이 붙었다. 특히 2개의 방송국에 출연하는 한국의 유명한 연예인들을 만날 수 있어 전국의 많은 팬들이 모여드는 곳이다.

영어

Yeoido is considered the financial center of Korea and is similar to Wall Street and Mahattan New York. The National Assembly Building, broadcasting stations, the 63 building, brokerage houses, the Korean stock market and banks are all located in this area. Yeoido is home to the two biggest Korean broadcasting stations and fans often gather here to see their favorite TV or movie stars.

일본어

汝矣島には国会議事堂をはじめ、放送局、63ビル等の新しい見所が多い。汝矣島は金融や証券会社が密集してソウルのマンハッタンと名付けられた。特に、テレビ放送局2社があって韓国の有名な演芸界の人々が会えるので、全国の多くのファンが集まる所である。

중국어

汝矣島, 在汝矣岛上拥有很多如国会议事堂, 广播电台, 63大厦等新的名所。在汝矣岛还云集了证券公司等金融公司, 所以被誉为别名以汉城的曼哈顿岛。特别是有2个广播电台, 使之成为韩国有名的演员们经常出现的地方, 所以有很多星迷聚集在那里。

한글

국회의사당(國會議事堂)은 동양에서는 최대의 의사당이다. 의원용 좌석은 400석, 방청객용 좌석은 350석, 연건평 81,500m²이다. 각 의원석 및 집계판이 모두 자동전자 투표시설로 되어 있다.

영어

The National Assembly Building is the largest Assembly Building in the Orient. The total floor space reaches 81,500 square meters (20.1 acres). There are 400 seats for the Congressmen, 350 audience seats, and offices for the Congressmen in the Assembly Building. Every Congressman's seat is equipped with an auto electronic voting system.

일본어

国会議事堂は東洋では最大の議事堂である。議員席は400席、傍聴席は350席で、延建坪は 81,500m²である。各々の議員席及び集計板は自動投票システムになっている。

중국어

国会议事堂是在东方最大的议事堂。议员用坐席为400席，访客坐席350席，占地81,500m²。 各议员席和总计判，全是电子投票系统。

한글

압구정(狎鷗亭)은 조선조의 귀족사회의 유명한 휴식터였으나, 지금은 지명으로만 남아 있다. 현재 의 압구정은 한국의 패션디자인의 성지, 유행의 발원지라고 할 수 있다. 두 개의 큰 백화점과 많은 의류센터가 있어 명동에 버금가는 젊은이의 거리라고 할 수 있다.

영어

Abgujeong was a famous resort area for the aristocratic circles of the Joseon dynasty. However, its only remains are the name of a place now. Abgujeong at present is a hot bed of new trends and fashion design. It can be called a Street of the Youth and has two grand department stores and many shopping centers.

일본어

狎鷗亭は朝鮮時代の貴族社会の有名な憩いの場所であったが、今では地名だけで残ってい る。現在の狎鷗亭は韓国のファッションデザインの聖地、流行の発源地とも言える。二つの 大きなデパートと多くの衣類センターがあって、明洞と同じような若者の通りである。

중국어

押鸥亭是朝鲜朝的贵族社会，有名的休息的场所，现在用它的名字变成了这里的地名。现 在的押鸥亭可以说是韩国的时髦的服装设计师的圣地，流行时装的发源地。有两个最大 的百货商店和许多的衣类中心，明洞是年轻人最多的地方，但是现在押鸥亭才是年轻人 最喜欢去玩儿的地方。

한글

전쟁기념관(戰爭記念館)은 고대에서부터 현재까지 우리나라의 전쟁에 사용되었던 무기와 전쟁자료들을 전시한 곳이다. 1층에는 선사시대부터 현재까지의 무기, 장비, 군복 등의 군사자료가 전시되어 있고, 2층에는 1950년의 한국전쟁의 발발, 유엔군과 중공군의 개입, 정전 등의 자료가 전시되어 전쟁의 참혹함을 그대로 보여주고 있다.

영어

War Memorial Hall is an exhibition hall, where one can see all the arms and materials used in the Korean warsand battles from the ancient times to the present. Military arms, equipments and military uniforms from the prehistoric age to the present are exhibited on the first floor. The second floor houses exhibits for materials of the 1950s' out break of the Korean War, the intervention of the Red Chinese army forces, and the truce. These exhibitions clearly show the cruelty of the wars.

일본어

戦争記念館は古代から現在に至るまで戦争に使われた武器や戦争資料を展示している所である。1階には先史時代から今までの武器、装備、軍服、等の軍事資料が展示されているし、2階には1950年の韓国戦争の勃発、中国軍の介入、停戦等の資料が展示されて戦争の惨酷さをありのままに見せている。

중국어

战争纪念馆是从古代到现在我们国家的战争所使用过的武器和战争资料展示的地方。1层有史前到现在的武器，装备,军服等的军事资料展示。2层可以看到1950年来韩国战争的介绍，可以了解到联合国军和中国军队的介入，停战等的资料，还展示了战争的残酷场面。

한글

롯데월드(Lotte World)는 세계최대의 실내 테마파크(Theme Park)이다. 관광, 유통, 레저, 문화, 스포츠 등 제반시설을 갖춘 복합휴양공원이다. 롯데월드 내의 어드벤처는 모로코·아라비아의 거리, 프랑스·네덜란드의 거리, 독일·영국의 거리, 이탈리아·스페인의 거리로 이루어져 있어 각국의 특징을 실감나게 재현하였다. 또 하나의 명물인 매직아일랜드는 한국, 영국, 프랑스, 스위스, 독일거리와 석촌호수의 다양한 놀이시설과 무대, 게임시설, 기념품 상점, 음식점이 어우러진 국내최초의 호수공원이다.

영어

Lotte World is the largest indoor theme park in the world. This resort park is equipped with all the tourist facilities such as, distribution, leisure, culture and sports. The Adventure area of Lotte World is made up of streets which realistically depict different countries. There are Morocco/Arabia Street, France/Netherlands Street, Germany/England Street, and Italy/Spain Street. These streets have various amusement facilities, stages, game facilities, souvenir shops and restaurants which show case the country they represent. Another attract is Magic Island in Lake Seokchon. The Magic Island is the first lake park in Korea.

일본어

ロッテ・ワールド(Lotte World) は世界最大の室内テーマ・パークである。観光、流通、レージャー、文化、スポーツなどのすべての施設を揃っている複合休養公園である。ロッテ・ワールドの中のアドベンチャーはモロコとアラビアの通り、フランスとオランダの通り、ドイツとイギリスの通り、イタリアとスペインの通りになっていて、各国の特徴をありのままに再現している。もう一つの名物であるマジック・アイランドは韓国、イギリス、フランス、スイス、ドイツの通りと石村湖の多様な遊びの施設と舞台、ゲーム設備、記念品屋、食堂などがある国内最初の湖の公園である。

중국어

乐天世界(Lotte World)是世界上最大的室内游乐场(Theme park)，是具有观光，流通，余暇娱乐，文化，体育等各种设施的复合休养公园。乐天世界的冒险乐园是由摩洛哥，阿根廷城堡，法国，荷兰城堡，德国，英国城堡，意大利，西班牙城堡所构成，真实的再现了各国的特征。也有独一无二的特别出名的魔术天堂，韩国，英国，法国，瑞士，德国城堡和石村湖水的多种娱乐设施，舞台，游乐设施，纪念品，商品，饭店构成了国内最美丽的湖水公园。

한글

워커힐 호텔(Walker Hill Hotel)은 우리나라에서 가장 큰 카지노(Casino)가 있어 외국인이 많이 이용하는 곳이다. 또한 워커힐 호텔에서는 쇼공연으로도 유명한데, 매일 2회 진행되며, 각 회마다 러시아 캉캉춤, 매직쇼, 한국전통춤이 공연된다.

영어

Walker Hill Hotel has the largest casino in Korea. Many foreigners frequent to this hotel. Also the hotel Las Vegas type show is famous and is performed twice a day. The show features a Russian cancan dance, magic show, and Korean traditional dance performance.

일본어

ウォーカーヒルー・ホテル(Walker Hill Hotel)は韓国で一番大きいカジノがあって、外国人がよく利用する所である。また、ウォーカーヒルー・ホテルはショー公演でも有名である。毎日2回ずつロシアのカンカン・ダンスとマジック・ショー、韓国の伝統舞踊を披露している。

중국어

华克山庄(Walk Hill Hotel)，是我们国家最大的赌场，很多外国人下榻的地方。华克山庄每天有表演，每天两次每次都有俄罗斯的舞蹈，梦幻魔术和韩国传统舞，是韩国第一流的表演，非常值得一看。

한글

예술의 전당(藝術의 殿堂)은 극장, 음악당, 서예관, 미술관, 예술자료관 등이 설치된 복합문화예술공간이다. 이곳에서는 다양한 예술정보와 연극, 무용, 음악회 등의 예술활동이 사시사철 펼쳐진다. 장터, 한국정원, 상징광장 등의 옥외공간도 좋은 구경거리가 된다.

영어

The Art Hall combines a cultural art space, a fully equipped theater, music hall, calligraphy hall, art hall, and an art material hall. Here, you can view and experience various forms of art. There are year round performances of various dramas, dances and concerts. The Art Hall also houses a market place, Korean style garden, and the Symbolic Square. In addition to the entertainment it provides also an enjoyable place to explore.

일본어

芸術の殿堂は劇場、音楽堂、書道館、美術館、芸術資料館等が設置されている複合文化芸術の空間である。多様な芸術情報や演劇、舞踊、音楽会等の　芸術活動が四季折々開かれている。また、ジャント(韓国の伝統的な食べ物を売っている所)、韓国庭園、象徴広場などの屋外空間もよい見物である。

중국어

艺术的殿堂，是兼容剧场，音乐堂，书法馆，美术馆，艺术资料馆等设置的综合文化艺术空间。在这里四季展示不同的艺术信息和话剧，舞蹈，音乐会等的艺术活动。集场，韩国庭院，象征广场，等的屋外空间也是很好的观光街道。

한글

올림픽공원(Olympic Park)은 서울올림픽의 메카로서 한국의 역사와 자연 그리고 스포츠와 문화예술이 한데 어우러진 도심 속의 가족공원이면서 다목적공원이다. 88서울올림픽이 치러진 6개의 모형 경기장과 놀이마당, 산책로 등의 훌륭한 휴식공간과 함께 「세계평화의 문」, 「영광의 벽」 등 서울올림픽을 기념하는 조형물들이 멋진 조화를 이루고 있다.

영어

Olympic Park was the mecca of the 1988 Seoul Olympic Games. The Olympic Park has become a family park in downtown Seoul and a multi purpose park. Here, the history and nature of Korea, along with sports and cultural arts are brought together for the public enjoyment. One can view various models of the '88 Seoul Olympic Games such as the six stadiums and other monuments like the "Gate to World Peace" and the "Wall of Glory". Other attractions include resting spaces, recreation areas and many paths to jog or walk along.

일본어

オリンピック・パーク(Olympic Park)はソウルオリンピックのメーカーとして韓国の歴史と自然、そしてスポーツと文化芸術が同時に調和になっていて都心の家族公園でありながら多目的な公園である。88ソウルオリンピックが行われた六つの模型競技場と遊び庭、散歩道などの素敵な憩い空間と共に、「世界平和の門」「光栄の壁」等、ソウルオリンピックを記念する造形物が程よく似合っている。

중국어

奥林匹克公圆(Olympic Park)，汉城奥林匹克的麦加，兼容韩国的历史，自然和体育，文化艺术的中心家族公园，是多功能综合公园。建有美丽雄伟的汉城奥林匹克纪念模型，例如，88汉城奥林匹克的6个模型，比赛场，游乐天地，散步路等优秀的休息空间和[世界和平门]，[阳光墙]等汉城奥林匹克纪念模型。

한글

국립중앙박물관(國立中央博物館)은 우리나라의 역사와 문화와 예술을 한눈에 볼 수 있는 학습장이다. 박물관에서는 선사실, 고구려실, 백제실, 신라실, 금속공예실, 고려자기실, 조선자기실, 중앙아시아실, 중국실, 일본실 등으로 구분하여 유물을 전시하고 있고, 소장품은 현재 20만여점에 이른다.

영어

National JungAng Museum is a classroom where you can see Korean history, culture and arts at a glance. In the museum, there are prehistory room, Goguryo room, Baekje room, Silla room, Metal Craft room, Goryo porcelain room, Joseon porcelain room, Central Asia room, Chinese room, Japanese room and etc.. In each room, important relics of the era are exhibited. There are over 200,000 items in the museum collection.

일본어

国立中央博物館は韓国の歴史や文化や芸術を一目に見られる学習の場である。博物館の中には先史時代室、高句麗時代室、百済時代室、新羅時代室、金属工芸室、高麗磁器室、朝鮮磁器室、中央アジア室、中国室、日本室等に区別して遺物を展示しているし、所蔵品は現在約20万点あまりに至る。

중국어

国立中央博物馆，是我们国家首屈一指的历史和文化艺术学习的场所。在博物馆里，有史前室，高句丽室，百济室，新罗室金属工艺室，高丽瓷器室，朝鲜瓷器室，中亚室，中国室，日本室等的遗物展示，有20于万件收藏品。

한글

국립민속박물관(國立民俗博物館)은 한국의 전통적인 의식주 생활과 관습을 전시한 생활박물관이다. 박물관에는 한민족 생활사실, 생업자료실, 한국인의 일생생실로 구분하여 전시하고 있고, 소장품은 2만여점에 이른다.

영어

National Folklore Museum is a museum where Korean traditional living, food, clothing, shelter, and traditions are exhibited. About 20,000 items are exhibited in the Korean Living History room, Korean Living Material room, and the Korean Lifetime room.

일본어

国立民俗博物館は韓国の伝統的な衣食住の生活と習慣が展示された生活博物館である。この博物館には韓民族の生活史室、生業資料室、韓国人の生涯室に区分して遺物を展示しているし、所蔵品は2万点あまりである。

중국어

国立民俗博物馆是韩国传统的衣食住生活和习惯展示的生活博物馆。博物馆内，展示了韩民族史事，生活资料室，韩国人的一生成长记录的收藏品2万于件。

한글

서울, 스키리조트(Ski Resort)는 서울 근교에서 스키를 간편하게 즐길 수 있는 곳이다. 총 5면의 슬로프가 있고 가장 긴 코스는 1,800m이다. 눈썰매 전용 슬로프도 있어 핸들썰매, 바가지썰매, 스키썰매 등 3,000여명이 동시에 썰매를 즐길 수가 있다.

영어

Seoul Ski Resort is conveniently located outside of Seoul. Here, about 3,000 people can enjoy sports at the same time such as sledding, down hill skiing/snow boarding on one of the five slopes, or just playing in the snow with their family or friends. Among the 5 slopes, the longest course reaches 1,800 meters.

일본어

ソウルのスキーリゾート(Seoul Ski Resort)はソウルの近郊でスキーが気軽に楽しめる所である。総5面のスロープがあるし、一番長いコースは1800メートルである。そり専用のスロープもあって、ハンドルそり、瓢箪そり、スキーそり等3、000人あまりが同時にそりを楽しむことができる。

중국어

汉城滑雪场，在汉城近郊是可以便捷愉快滑雪的地方，一共有5个斜面坡，最长的有1.800米。有雪橇专用场地，手握雪橇海上划板，滑雪雪橇等，可以同时容纳3000多人一起尽兴的滑雪。

한글

인천(仁川)은 서울에서 서쪽으로 약 40km 거리에 위치하고 있고, 우리나라에서 두 번째로 큰 항구이면서 한국과 중국·동아시아 간의 국제무역항이다. 또한 인천국제공항은 여객주기장 60개소 등의 시설을 갖추어 동북아의 중추(Hub)공항으로 준비하고 있다. 2020년 최종단계가 완성되면 연간 53만회의 항공기 운항, 1억명의 여객처리, 700만톤의 화물을 처리할 수 있는 세계정상급 공항이 된다.

영어

Incheon is located about 40km west from Seoul. It is the second largest port in Korea. Incheon is considered to be an international trading port between Korea and other Asian countries like China or East Asian countries. Also the Incheon International Airport is fast becoming a hub airport in the North Eastern Asia with its facilities of more than 60 ramps(parking lot). This beautiful and convenient, friendly airport will be completed in 2020 making it one of the top world class airports. Now the airport operates 530,000 flights a year, handles a hundred million passengers and about seven million tons of goods are shipped yearly through the airport.

일본어

仁川はソウルから40kmぐらい西側に位置している韓国二番目の港町である。ここは韓国と中国そして東アジアを連結する国際貿易港である。また仁川国際空港は旅客駐機場が60個所で、東北アジアの中枢的な空港としての設備が揃っている。2020年に最終段階が出来上がれば、年間53万回の航空機の運航、1億人の旅客を処理できるし、700万トンの荷物が処理できる世界頂上級の空港になるべきである。

중국어

仁川在汉城西面约40公里，是我们国家第二大港口，是韩国和中国，东亚间的国际贸易港。仁川国际机场是具备60个旅客登机口，正准备建设为东北亚地区的中枢机场。2020年最终阶段竣工后可以成为，一年内完成53万次的飞机运行，1亿名旅客的运送，700万吨货物处理的世界顶极机场。

한글

한국민속촌(韓國民俗村)은 서울에서 남쪽으로 약 40km 거리에 위치하고 있는 거대한 민속촌으로서 외국인 관광객이 가장 좋아하는 명소 중의 한 곳이다. 270여동의 각 지방의 농가와 생활양식 등 조선조 선조들의 의식주와 풍습을 당시의 모습 그대로 재현하였다. 또한 전통혼례, 농악놀이, 가면극 등을 공연하는 공연장이 있어 관광객도 함께 춤추고 놀 수도 있다.

영어

Korea Folk Village is located about 40km south from Seoul. This Folk Village is one of the most favorite places for the tourists from other countries. There are about 270 different local farmhouses which have been restored and depict the living and customs of our Joseon era ancestors'. The traditional wedding ceremony, farm music/dance and masque play are all attract tourists' love. Tourists are encouraged to take part in these plays and enjoy dancing with entertainers.

일본어

韓国民俗村はソウルから南に約40kmの距離に位置する巨大な民俗村で、外国人の観光客が一番好きな名所中の一つである。270余棟の各地方の農家と生活様式など、朝鮮時代の先祖の衣食住と風習を当時と同じくありのままに再現した。また伝統婚礼、農楽あそび、仮面劇等を披露する公演場があって、観光客も一緒に踊ったり遊んだりすることもできる所である。

중국어

韩国民俗村在汉城南部约40公里的位置，是最大的民俗村，外国观光客最喜欢的名所。再现了270于洞的各地方的农家和生活样式以及朝鲜族祖先门的衣食住和风俗，和当时的样子。同时还有进行韩传统婚礼，农乐舞，假面剧等公演的公演场，观光客也可以一起尽兴的跳舞。

한글

판문점(板門店)은 1953년에 한국전쟁의 휴전협정이 이루어진 곳으로서 민족분단의 아픔을 적나라하게 보여주는 곳이다. 주변에는 한국전쟁 중의 혈전을 그대로 알려주듯 포화로 벌집이 된 기관차 전신이 버려져 있다. 아직도 긴장이 존재하고 미국 대통령이 한국을 방문할 때 들리는 이곳은 세계적으로 주목받는 곳이다.

영어

Panmunjeom is the place where the armistice of the Korean War was signed in 1953. The place plainly shows the separation of the Korean people. Around Panmunjeom, a frame of a locomotive stands riddled with bullets and deserted. It seems to remind us of the bloody battles of the Korean War. Tension still exists here and it attracts the world's attention when the presidents of America and other world leaders come here during their visits to Korea.

일본어

板門店は1953年に韓国戦争の休戦協定が結ばれた所として、民族分断の苦しみをそのまま見せてくれる所である。周りには韓国戦争当時の惨状を見せてくれる機関車が捨てられている。まだも緊張感が存在しているし、アメリカの大統領が韓国を訪問する時、立ち寄るここは世界的に注目されている所である。

중국어

板门店，1953年韩国战争的停战协定签署的地方，体现了民族分隔的赤裸裸的痛处。在周边有韩国战争的炮火硝烟的遗迹和战时被遗弃的机关枪等，可以清晰的看到血战的痕迹。现在仍然存在紧张的气氛，美国总统来韩国访问时曾说，这里是受世界瞩目的地方。

한글

에버랜드(Everland)는 한국최대의 위락공원이다. 여기에는 조림지, 동물원, 식물원, 놀이동산, 미술관, 워터파크, 연수원 등 다양한 시설이 조성되어 연간 500만명 이상의 관람객이 입장한다. 특히 튤립축제, 백합축제, 국화축제 등 계절에 따른 꽃축제와 국내 최대의 자동차경주 시설인 「에버랜드 스피드웨이」 등으로 인해서 세계 4위의 테마파크로 부상하였다.

영어

Ever Land is the largest park with leisure facilities in Korea. Ever land has a forested land, a zoo, a botanical garden, an amusement park, an art hall, an in service training hall, and a water park. More than five million tourists visit here yearly. The park is famous for its seasonal flower festivals like the Tulip Festival, Lily Festival, Chrysanthemum Festival and Rose Festival which attract Koreans as well as tourists from other countries. In addition to the park, there is the "Ever Land Speed Way". It is the biggest car race track in Korea. Ever Land has a highly trainees and courteous staff whose job is to see that visitors have an enjoyable time at Ever land. Now Ever land is ranked 4th in the world as a theme park.

일본어

エバーランド(Ever Land)は韓国最大の テーマパークである。ここには造林地、動物園、植物園、遊び広場、美術館、ウォーター・パーク、研修院など、様々な施設が作られて年間500万人以上の観覧客が入場する。特にチューリプ、百合、菊などの季節ごとの花祭りと国内最大の自動車の競走施設であるエバーランド・スピードウェイのため、世界4位のテーマ・パークに浮かび上がった。

중국어

爱保乐园(Everland)是韩国最大的游乐园。这里由造林地，动物园，植物园，游乐东山，美术馆，水公园，连水圆等各种设施构成，一年内有500万名以上的游客光临，特别是郁金香节，百合花节，国花节等由为引人注目，因为有随着不同的季节而开展不同的花节的庆典活动，和国内最大的赛车设施基地[爱保乐园时速空间]等，因此是世界第4位的主题公园。

한글

도자기축제(陶磁器祝祭)는 경기도 이천의 지역 특산물인 도자기, 쌀, 온천을 소개하기 위한 향토문화제이다. 축제기간 중에는 전통적인 도예제작과정과 이천 도예가의 작품전을 관람할 수 있다. 그 밖에 거북놀이, 농악놀이, 풍물놀이 등 흥겨운 민속놀이도 연출한다.

영어

Porcelain Festival is an annual folk cultural festival held in Icheon, Gyeonggido province. The yearly festival introduces the special products of Icheon, such as, porcelains, rice and hot springs. During the festival, tourists can see the process of ceramic art manufacture and the ceramic art works of Icheon artists'. Also, there are performances of a turtle play, folk music play and the farmers' music held to add to the enjoyment of the tourists.

일본어

陶磁器祭りは京畿道の利川地域の特産物である陶磁器，米、温泉を紹介するための郷土文化祭である。祭りの期間中には伝統的な陶芸製作過程と利川の陶芸家の作品展が開かれる。その他に亀遊び、農楽遊び、風物遊びなどの楽しい民俗遊びも披露する。

중국어

陶瓷器祝祭，在京畿道的利川地区有为了介绍特产物，陶瓷，大米，温泉的乡土文化节。在节日期间，可以观览到传统的制作陶艺的课程和利川陶艺家的作品展。此外，也有乌龟游戏，农乐游戏，风物游戏等的兴致勃勃的民俗演出。

한글

수원성(水原城)은 조선조 정조왕이 수원으로 천도하기 위해서 1796년에 완공한 성곽이다. 이 수원성은 실학자 정약용 등이 연구한 과학적인 설계를 바탕으로 정교하게 이루어졌으며, 길이가 5,525m, 높이가 7m이다. 세계문화유산으로 지정되었다.

영어

Suweonseong (citadel fortress) was constructed in 1796 by king Jeongjo of the Joseon dynasty. King Jeongjo ordered it built because he wanted to transfer the capital to Suweon. The citadel fortress is elaborately constructed and based on the scientific design drawings of Jeong-Yagyong and his school of realism. This 5,525 meter tall and 7 meter wide citadel fortress was designated as the world cultural asset by UNESCO.

일본어

水原城は朝鮮時代の正祖大王が水原に遷都するため、完工した城郭である。この水原城は実学者の鄭躍鏞らが研究した科学的な設計を土台にして精巧に作られ、長さ5、525メートル、高さ7メートルである。世界文化遺産に指定された。

중국어

水原城，为了朝鲜朝正祖王迁都水源，在1796年完成的城郭。这个水源城是实学者丁若庸精心研究而修建的设施，经过精攻巧制而形成的。长5，52米，高7米。被指定为世界文化遗产。

한글

강화도, 지석묘(支石墓) : 강화도에는 30여개의 지석묘가 산재해 있다. 중부지방에서는 드물게 보이는 거대한 북방식 지석묘로서 길이가 7m 10cm, 너비가 5m 50cm, 높이가 2m 60cm가 된다. 선사

시대에 관한 중요한 연구자료가 된다. 세계문화유산으로 지정되었다.

영어

Kanghwado Dolman Tombs : There are more than 30 dolman tombs of the huge northern district style scattered over the Kanghwado island. The tombs are 7m10cm tall, 5m50cm wide and 2m60cm high. They are important sites for the study of Korea's prehistoric era. The tombs were designated as world cultural assets.

일본어

江華島には30余個の支石墓が散在している。中部地方では珍しく見える巨大な北方式の支石墓として長さが7.1m、幅が5.5m、高さが2.6mである。これは先史時代を研究する大切な資料である。世界文化遺産に指定された。

중국어

江华岛，支石墓，在江华岛散布有30于个支石墓。在中部有罕见的巨大的北方式支石墓，长7.10米宽度为5.50米，高2.60米。是关于史前时代的重要的研究资料。被指定为世界文化遗产。

한글

통일전망대(統一展望臺)에서는 20배율의 망원경으로 북한의 산하, 주민과 군인의 활동모습, 농민들의 농사모습, 선전용 주거생활, 김일성 사적관, 공회당, 인민학교, 곡물창고, 상점, 개성의 송학산을 볼 수 있다. 그리고 이산가족이 명절을 맞아 북한에 있는 가족을 추모할 수 있는 망배단(望拜壇)과 통일기원북이 설치되어 있다.

영어

Tong-il Observation Tower : At the Tong-il Observation Tower, one can observe the various aspects of the North Korean people & their living conditions through the 20 magnification telescope. The hills and the fields, movements of the residents and soldiers, the farmers at work, housing, North Korean propaganda from the Kim Il-seong's Achievement Hall—all can easily be seen from the tower. When looking into North Korea, you will also see the Songhagsan (mountain) in the background, a town hall, the people's school, granaries and shops. At this site, there is a platform called Mangbaedan and a drum called Tong-il. It is here that people of South Korea come to bow and pray for the nation's unification.

일본어

統一展望台では20倍率の望遠鏡で北朝鮮の山河、住民と軍人の活動する姿、農民の農耕生活、広報活動のための住居生活、金日成の事蹟館、公会堂、人民学校、穀物倉庫、商店、そして開城の松鶴山が見られる。そして離散家族が節句になると北朝鮮にいる家族を追

募する望拝壇と統一祈願の太鼓が設置されている。

중국어

在统一展望台上，用20倍焦距的望远镜可以看到北韩的山河，居民和军人的生活样子，农民门的农事样子，宣传用的居住生活，金日成事迹馆，共会堂，人民学校，粮食仓库，商店，个性的松鹤山。并且在这个山里的，家人们每逢节日可以向在北韩的亲人们摇望祭拜，祈愿统一的实现。

한글

설악산(雪嶽山)은 남한의 금강산이라고 불리는 한국 제1의 비경이며 높이 1,780m로서 남한에서 세 번째로 높은 산이다. 오랜 침식작용으로 아름다운 기암괴석이 많으며 옥련폭포, 천당폭포, 비룡폭포 등 경관이 수려하고 신령스러워 우리나라의 삼신산(三神山) 중의 하나이다.

영어

Seoraksan (mountain) is considered to be Korea No. 1 scenic spot. This beautiful place is also known as the Geumgangsan (or diamond mountain) of South Korea. With the height of 1,780 meters, it is the third tallest mountain in South Korea. The erosion of the mountain over time has sculpted the rocks and stones of Seoraksan into fantastic shapes. In Korean mythology, Seoraksan is one of the three mountains where the gods live. This mountain is blessed with beautiful and picturesque places such as Okryeon Falls, Cheondang (heaven) Falls, and Biryong (flying dragon) Falls, all of which add to the beauty of the mountain.

일본어

雪嶽山は韓国の金剛山と言われる韓国第1の秘境であり、高さ1,780メートルの3番目の高い山である。長い浸蝕作用によって奇巌怪石が多いし、玉蓮滝、天堂滝、飛竜滝など、眺めもきれいで神秘なのでわが国の三神山の一つである。

중국어

雪岳山，在南韩被称之为金刚山，被称为韩国第一的神秘风景，海拔1,780米，是南韩的第三座高山。经过长时间的侵蚀有很多美丽的奇崖怪石，玉莲瀑布，天堂瀑布，飞龙瀑布等秀丽景观，是我们国家神灵的三神山中的其中之一。

한글

강릉, 단오제(端午祭)는 음력 5월 초순에 강릉에서 열리는 향토문화제이다. 신을 맞이하는 제사(영신제)에 이어서 등불행진, 가면놀이, 그네뛰기, 농악놀이, 씨름, 활쏘기 등의 민속놀이와 단오굿, 시조·민요부르기, 각종 체육행사 등이 화려하게 펼쳐진다.

영어

Gangreung Tano Festival is a folk cultural festival performed in Gangreung province in the early May.

Following the god-welcoming rites, a torch parade, masquerades, swing riding, Sijo (Korean ode) chanting, folk song contest, farm music play, Ssireum (wrestling), and archery contest are all held during the festival. The high light of the festival is the performance of the ancient Tano exorcism ritual.

일본어

江陵の端午祭は旧暦5月の上旬に江陵で開かれている郷土文化祭である。神様を迎える迎神祭に次いで灯行進、仮面遊び、農楽遊び、相撲、弓取りなどの民俗遊びと端午グッ、時調、民謡のど自慢、そして様々な体育行事行なわれる。

중국어

江陵，端午祭，阴历5月上旬在江陵举行乡土文化节。在信神的祭祀中展现华丽的，灯火游行，假面戏，秋千戏，农乐戏,摔交，射箭等的民俗游戏和端午跳神，唱始祖民谣，各种体育活动等。

한글

용평, 리조트(Resort)는 한국 최초의, 최대의, 국제수준의 스키장이 있고, 그 외에 골프장, 숙박시설, 기타 레저·스포츠시설을 갖춘 4계절용 레저타운으로 많은 외국인 관광객이 찾는 곳이다. 해발 1,458m의 산기슭에 위치하고 있어 주위에 경관도 무공해지역이면서 아름답다. 주변에는 설악산, 경포대, 오대산, 소금강, 월정사, 오죽헌 등 강원도의 명승이 1시간 이내의 거리에 있다.

영어

Yongpyeong Resort is the site of Korea's first, largest, and the world standard skiing area. It is an all-year-round leisure town which includes golf courses, overnight accommodations, and other leisure sports facilities. Lots of foreign tourists visit this resort. Yongpyeong Resort is located 1,458m above the sea level, at the foot of a mountain. The scenery around the resort is very beautiful and free from environmental pollution. Other scenic spots in the Gangweondo district such as, Seoraksan mountain, Gyeongpodae beach, Odaesan mountain, Sogeumgang river, Weoljeongsa temple, Ojukheon summer house, and etc. are all within an-hour drive.

일본어

竜平リゾート(Resort)は韓国最初、最大の国際水準のスキー場があるし、宿泊施設とスポーツ、レージャー施設を備えている四季用のレージャータウンで大勢の外国人の観光客が訪れる所である。海抜1,458mの山のふもとに位置していて、周りの景観も美しいし、無公害地域である。周りには雪嶽山、鏡浦台、五台山、小金剛、月精寺、烏竹軒、など江原道の見所が１時間以内の距離にある。

중국어

龙平，修养地，有韩国最初的，最大的，国际水准的滑雪场，此外还有高尔夫场，食宿设

施，其他余暇娱乐，体育设施，是很多外国观光客常来光顾的4季娱乐城，位置在海拔1,458米的山脚下，在周围也有美丽的无公害观光地。在周边有江原道的名胜，雪乐山，净铺台，五大山，萧金江，乐正寺，五竹县等，距离在一个小时以内的车程。

한글

법주사(法住寺)는 신라조 진흥왕(553년) 때에 건축하였는데, 불교사적이 많고 주변의 경관도 뛰어나다. 조선조 인조(1624년) 때에 건조된 팔상전은 국내에서 유일한 5층목탑으로 1층은 한 변의 길이가 11m이고, 높이는 65m가 된다. 쌍사자석등은 신라조 성덕왕(720년) 때에 조성된 것이며, 1964년 완공된 동양최대의 미륵불상은 높이 33m, 둘레 17m의 철근 콘크리트 불상이다.

영어

Beopjusa (temple) was constructed in the Silla king Jinheung's reign in 553. Along with lots of historical Buddhist relics, the temple enjoys beautiful scenery. The Palsangjeon (hall) constructed in Joseon king Injo's reign in 1624 is a 5-story wooden pagoda which is unique in Korea. The first story has a square shape of 11-meters on each side, and the height is 65 meters. The twin lion shaped stone lantern in the temple was completed during the Silla king Seongdeok's reign in 720. The stone image of Maitreya is the biggest Buddha statue in Orient. The 11-meter tall and 17-meter girth statue is made of reinforced concrete and was completed in 1964.

일본어

法住寺は新羅時代の真興王の時(553年)に建築された。ここには仏教の史跡も多いし、周りの景観も綺麗である。朝鮮時代の仁祖王の時(1624年)、建造された捌相殿(国宝第55号)は国内で唯一な5階の木塔で高さは65mである。籛獅子石灯は新羅時代の聖徳王の時(720年)に造成された物であり、1964年完工された東洋最大の弥勒仏像は高さ33m、回りが17mの鉄筋コンクリートの仏像である。

중국어

法住寺，在新罗朝真鸿王(553年)时建造的，有很多佛教史迹，周边的景观也首屈一指。在朝鲜朝仁菹时期(1624年)建造的八尚殿是国内唯一的5层墓塔，1层单边长11米，整体高为65米。双狮子石等建造于新罗朝成德王(720年)，1964年完成的东亚最大的弥勒佛像是高33米，周长17米的钢筋混凝土佛像。

한글

대전(大田)은 경부선과 호남선 철도가 만나는 한국의 중부에 위치한 교통의 요충지이자 경제의 중심지이다. 우리나라의 6대도시 중의 하나이며, 1993년에는 EXPO가 개최되었던 곳이다. 근교에는 명승고적이 많고 과학단지, 유성온천, 대청댐 등 관광자원이 풍부하다.

영어

Daejeon is located in the middle part of Korea and is the main economic center for this area. Also Daejeon is a key transportatin spot because the Gyeongbuseon (Seoul-Busan railway) and Honamseon (Daejeon-Mokpo railway) meet here. As one of the six metropolitan cities of Korea, the Daejeon hosted the 1993 EXPO. With lots of scenic spots and places of historic interest, Daejeon offers visitors many interesting tourist attractions along with Yuseong spa and Daecheong dam.

일본어

大田は京釜線と湖南線の鉄道が会っている韓国の中部に位置する交通の中心地でありながら経済の中心地である。我が国の6大都市中の一つであり、1993年にはエキスポが開催された所である。近郊には名勝古蹟が多いし、科学団地、儒城温泉など観光資源が豊かである。

중국어

大田，是京釜线和湖南线铁路交叉口，在韩国的中部位置是交通的中枢，经济的中心。是我国家6大都市中的其中之一。是1993年EXPO召开的地方。在近郊有很多名胜古迹，科学院地，儒城温泉，大厅台等丰富的观光资源。

한글

엑스포 과학공원(科學公園)은 1993년 EXPO가 개최되었던 곳인데, 과학에 대한 꿈과 하이테크 요소가 곁들여진 과학적 놀이공원이다. 이곳의 대표적인 이벤트는 「빛의 축제」와 「Water Show」인데, 이것은 빛과 물과 영상이 어우러진 최첨단 Illumination Show이며 종합예술이다. 이외에도 테크노 뮤직페스티벌, 불꽃축제, 사물놀이, 마임 등 다양한 볼거리가 있다.

영어

EXPO Science Park is the place where the '93 EXPO was held. It is a scientific amusement park beings together with the dreams of science and the high-tech elements. The 'Light Festival' and the 'Water Show' are the typical events. This highly developed illumination show blends the synthetic art show of lights with water and other images. There is also a techno music festival, the fire works, the samulnori (an ensemble of the four farmers' percussion instruments) and maims which are also a must see.

일본어

エキスポ科学公園は1993年エキスポが開催された所で科学についての夢とハイテクな要素が添えられた科学的なテーマパークである。ここの代表的なイベントは光の祭りとウォーター・ショーである。これは光と水と映像が相まって最尖端のイルミネーション(Illumination　Show)で総合芸術である。このほかにもテクノミュージックフェスティバル、花火祭り、サムルノリ、パントマイムなど様々な見どころがある。

중국어

EXPO科学公园，是1993年EXPO开会地点，关于科学的梦想和高技术要素搭配的科学游艺公园。这个地方有代表性的事件是[光的节日]和[水的表演]，这是光和水和影象的最尖端的结合Illuminatioan Show，是综合艺术。这之外也有音乐技术节，火花节，四物游戏，哑剧等各种项目。

한글

독립기념관(獨立記念館)은 우리민족의 국난과 그 극복사 및 국가발전사에 관한 자료를 전시한 곳이다. 19세기 중반부터 일본에게 국권을 빼앗길 때까지의 민족운동, 계몽운동, 의병전쟁 그리고 일본이 침략 이후 우리민족을 탄압하던 사건들, 거기에 항거하던 독립운동에 관한 사건들이 자료와 함께 모형, 영상, 음향을 사용하여 실감나게 재현된다. 이밖에도 한국의 강산, 문화유산, 민속놀이, 조국의 발전상을 소개하는 영상이 방영된다.

영어

Independence Hall contains the historic artifacts from the time when Korea was occupied by Japan and the development of Korea after it was liberated. One can find realistic exhibits covering the national and enlightenment movement, the battle of the patriotic army, Japan's attempts to colonize Korea and the resistance movement for the nation's independence, etc. here in the Independence Hall. Also films showing the nation's development, geography, cultural assets and folklores are televised.

일본어

独立記念館は韓民族の国難とその克復史および国家発展史に関しての資料を展示した所である。19世紀半ばから日本に国権を奪われるまでの民族運動、啓蒙運動、義兵戦争そして日本が侵略した以後のわが民族を弾圧した事件、それに抗した独立運動に関する事件が資料と共に模型、映像、音響を使ってそのままに再現している。この以外にも韓国の江山、文化遺産、民俗遊び、わが国の発展ぶりを紹介する映像が放映される。

중국어

独立纪念馆，是展示关于我们民族的国难和在那个时期克服和发展史的资料的地方。再现了关于从19世纪中半开始到从日本那里争夺国权的时候为止的民族运动，启蒙运动，义兵战争，以及记录了日本侵略以后，对我们民族的镇压事件，和真实的再现了我们抵抗的独立运动的事件资料和模型，影相，影响等。除此以外，还放映了韩国的江山，文化遗产，民族游戏和介绍祖国的发展的影相。

한글

온양, 온천(溫陽, 溫泉)은 한국에서 가장 오래된 온천이다. 경부선 철도의 개통으로 최초로 온천관광지로서 주목을 받게 되었다. 약 50℃를 나타내는 알칼리성 온천으로서 지하 150m에서 분출되는 이 온천수는 피부병, 위장병, 신경통, 부인병, 빈혈에 특효한 것으로 전해지고 있다.

영어

Onyang Hot Spring is one of the oldest hot springs in Korea. When the Gyeongbuseon (Seoul-Busan railroad) opened, Onyang became a popular hot springs for tourists to visit. The alkali spa is 50 degrees Celsius and is soaring from 150 meters underground. It is known to have special effects on skin diseases, gastro enteric disorder, neuralgia, women's diseases and anemia.

일본어

温陽温泉は韓国でもっとも長い歴史を持つ温泉地である。京釜線鉄道の開通によって最初の温泉観光地として注目されることになった。約50度のアルカリ性温泉で地下150メートルから噴出されるこの温泉水は皮膚病、胃腸病、神経痛、婦人病、貧血に効果があると言われる。

중국어

温阳，温泉，是在韩国最古老的温泉。京釜线铁路的开通，最初也是因为温泉观光地。属碱性温泉，燃烧时约50摄氏度，在地下150米喷出，这个温泉水对皮肤病，胃肠病，神经性疾病，妇科病，贫血病等有特殊的疗效。

한글

대구(大邱)는 사과생산이 많은 곳 그리고 국제적인 섬유공업도시로 널리 알려져 있다. 우리나라에서 세 번째로 큰 도시인 대구는 주변에 한국의 명산인 대구 팔공산과 그 안에 천년고찰의 동화사, 기도의 영험이 크다는 갓바위 부처가 있다. 또한 대구에는 조선조부터 국내는 물론 외국에도 이름난 약재시장인 약령시장(藥令市場)이 있다. 2003년 하계Universiad대회가 개최되었던 곳이다. 2011년에는 대구에서 세계육상선수권대회가 개최되었다.

영어

Daegu is the third largest city in Korea. It is famous for its abundant apple production and is also widely known as an international textile manufacturing center. The Daegu area is home to Palgongsan Mountain, the ancient temple of Donghwasa, and a Buddha statue called Gatbawi (a hat shaped rock) which is known to give good results for one's prayers. Since Joseon times the Daegu medicinal herb market is renowned for its wide variety and quality medical herbs in both Korea and abroad. Summer Universiad Game of 2003 was held in Daegu and IAAF World Championship was held in Daegu in 2011.

일본어

大邱はりんごの生産地として有名であり、国際的な繊維工業都市で知られている。韓国で3番目の大きい都市である大邱は周りに韓国の名山の大邱八空山とその山にある1000年古刹の桐

華寺,所願成就のききめがあると言われる冠峰(ガッバウィ)仏像がある。また大邱には朝鮮時代から国内はもちろん外国にもよく知られている有名な薬材市場の薬令市場がある。2003年に夏季ユニバシアド(Universiad)大会が行われた所である。2011年韓国のデグで世界陸上選手権大会が開催された。

중국어

大邱是盛产苹果的地方，也是众所周知的国际的纤维工业都市。是我们国家的第三大都市，大邱的周边有韩国的名山，大邱跋攻山和在那个里面千年古庙的桐华寺，还有祈祷的很灵验的岩石佛。大邱从朝鲜朝开始在国内外就是很有名的药材市场，有药令市场。2003年夏季Universiad大会召开过的地方。2011年，在大邱举办了世界田径赛。

한글

안동, 하회민속촌(河回民俗村)은 영국의 엘리자베스 여왕이 한국을 방문했을 때에 가장 한국적인 곳을 찾아 방문한 곳이다. 이곳에는 300~500년 된 130호의 전통고가들이 잘 보존되어 있고, 이곳에서 만들어지는 「하회탈」과 한국에서 가장 오래된 탈춤굿의 하나인 「하회별신(別神)굿놀이」 등 전통적 경관과 정신문화의 보존이 잘 어우러져 있어 마을 전체가 중요민속자료로 지정되었다. 그리고 2010년 하회민속촌과 경주 양동민속촌을 묶어서 세계문화유산으로 지정 받았다.

영어

Andong, Hahwae Folk Village ; At the Hahwae Folk Village there are about 130 well preserved traditional houses and some are 300-500 years old. The whole village is designated as an important center for Korean folklore crafts and culture. The village craftsmen still make the Hahwaetal dance masks. The 'Hahwae byeolsin gudnori' is one of the oldest mask dances of the exorcism dance and is exhibited in the folk museum. The Andong Hahwae Folk Village maintains the traditional Korean architecture, living style and customs. Andong is considered a piece of Korean living history and Queen Elizabeth of England asked to visit this wonderful folk village when she visited Korea. At the village one can see the traditional dances and once a year in the fall there is a Mask Dance Festival. Hawae Folk Village and Yangdong Folk Village was designated as a World Cultural Heritage in 2010.

일본어

安東の河回民俗村はイギリスのエリザベス女王が韓国を訪問した時、一番韓国的なところを探して訪問した所である。ここには300ないし500年になった130軒の伝統古家が保存されていて、ここで作られた河回仮面と韓国で一番古い仮面踊りグッの一つである河回別神踊りなど伝統的景観と精神文化の保存が相まって村全体が重要民俗資料に指定されている。そして、2010年に安東の河回民俗村と慶州の良洞民俗村がも一つの世界文化遺産とし指定された。

중국어

河回民俗村是英国伊利纱白女王在访问韩国期间，访问的最具韩国代表性的地方。在这个地方完好的保存着300-500年间130号的传统古屋。在这里制作的[河回面具]和在韩国历史最悠久的假面跳神的第一人[别神跳神]等传统的景观和精神文化的保存，是整体民族农村的重要见证资料。还有在2010年安东河回民俗村和庆州良洞民俗村合并在一起被指定为世界文化遗产。

한글

경주(慶州)는 신라조 1,000년의 도읍지로서 찬란한 문화를 꽃피운 곳이며 한국의 대표적인 고도관광(古都觀光)지역이다. 많은 사적과 유물이 한 곳에 집중적으로 잘 보존되고, 세계적으로 가치 있는 문화재도 많이 있기 때문에 경주는 도시 전체가 하나의 박물관이라고 할 수 있으며, 유네스코에서는 경주를 세계 10대 문화유적도시로서 지정하였다. 또한 정부에서는 경주에 보문관광단지를 조성하고 관광특구를 지정하여 관광객에게 다양하고 편리한 서비스를 제공하고 있다.

영어

Gyeongju was the one thousand year old capital of the Silla Dyanisty. Here, the brilliant Silla culture was in full bloom. Numerous historic relics are preserved in the old Silla capital city. The whole city of Gyeongju is called a 'Museum without walls because the city owns lots of valuable relics and has developed the city to show case these valuable and interesting relics. Gyeongju was designated as one of the World 10 Cultural Relics by the UNESCO. The Korean government constructed a sightseeing area called Bomun in Gyeongju city. Korean government provides tourists with various and convenient services so that they can get around the area easily and enjoy the sights and exhibits there.

일본어

慶州は新羅時代1,000年の都で、燦爛たる文化を咲かせた韓国の代表的な古都観光の地域である。多い史蹟と遺物が集中的に保存されて世界的に価値がある文化財もたくさんあるから慶州は都市全体がひとつの博物館だと言えるし、ユネスコでは慶州を世界10大文化遺跡都市として指定した。また政府は慶州に普門観光団地を造成して観光特区に指定した。ここは観光客に多様で便利なサービスを提供している。

중국어

庆州作为新罗朝1,000年的首都，散发着灿烂文化的芳香。是具韩国代表性的古都观光地区。集中保存了许多的史迹和遗物的一个地方，因为有很多文化财富，作为世界文化的旗帜，庆州整体被誉为一个博物馆，国际联合教育科学文化组织称庆州为第10大文化遗产都市。并且，政府也将庆州建设为保护观光地，指定其为观光特区，为观光客提供各种多样的便利的观光汽车。

한글

경주, 세계문화엑스포(世界文化博覽會)는 신라천년의 고도(古都) 경주에서 세계최초로 개최되는 세계문화박람회로서 한국을 포함한 세계 각국의 유물, 유적, 풍물, 풍속 등의 문화를 한 자리에 모아서 전시, 영상, 공연, 행사로 세계문화의 잔치를 펼친다.

영어

Gyeongju, World Cultural EXPO; Every year in the fall Gyeoungju holds a World Cultural Exposition. The festival of the world cultures collects and exhibits various historic relics, vestiges, everyday life, environment and customs from different countries around the world. Also, various exhibitions, films, performances and events are held in the city.

일본어

慶州の世界文化エキスポは新羅千年の古都の慶州で世界最初に行われている世界文化博覧会である。韓国を含めて世界各国の遺物、遺跡、風物、風俗などの文化を一場所に集めて展示したり、映像、公演などの行事で世界文化の饗宴が開かれる。

중국어

庆州，世界文化博览会，作为新罗千年的古都，在庆州召开了世界第一届世界文化博览会。在一个地方聚集在一起以展示，影相，公演，活动的形式召开了世界文化的大宴会，其中包括了韩国在内的世界各国的遗产物，遗迹，民族物品，民族风俗等的文化。

한글

불국사(佛國寺)는 한국의 사적 및 명승 제1호이며 세계문화유산으로 지정된(1995년) 곳이다. 신라조의 법흥왕(535년) 때 국태민안을 위해 창건하였다가, 경덕왕(750년대) 때에 김대성이 중건하였다. 경내에는 불국사의 사상과 예술의 정수라고 할 수 있는 석가탑과 다보탑이 있고 신라시대 금동불상 중 가장 크고 훌륭한 「아미타여래불상」이 있다.

영어

Bulguksa (temple) is Korea's number one historic and picturesque relic. The Bulguksa temple was designated as a World Cultural Heritage in 1995. The temple was first built during the Silla king Beopheung's reign in 535 in prayer for the prosperity and welfare of the nation. It was reconstructed by Kim Daeseong in Silla king Gyeongdeok's reign in 750. Within the temple, there are Seokgatap and Dabotap pagodas. These two pagodas could be thought of as the essence of the thoughts and arts of the Bulguksa temples. There also is the Amitayeorae (Amitabha Tathagata) Buddha image, which is the largest and greatest among the guilt bronze Buddha images of Silla era.

일본어

仏国寺は韓国の史跡および景勝の第1号であり、世界文化遺産として指定された(1995年)所で

ある。新羅時代の法興王の時(535年)、国泰民安のため創建されたが、景徳王の時(751年)、金大成によって重建された。境内には仏国寺の思想と芸術の精髄だと言われる釈迦塔と多宝塔があるし、新羅時代の金銅仏像の中で一番大きくて素晴らしい阿弥陀如来仏像がある。

중국어

佛国寺, 有韩国的史迹和圣经,(1995年)被指定为第一号世界文化遗产。它是在法兴王时代(535年)为了国泰民安而创建, 在景德王时代(735年)由金大成重建。里面可以说是佛国寺的思想和艺术的精髓, 寺内存有释迦塔和多宝塔, 新罗时代金铜佛像中最大的是阿陀如来坐像。

한글

다보탑, 석가탑(多寶塔, 釋迦塔)은 대웅전 앞에 동서로 쌍탑(雙塔)을 건립하는 것은 불경(佛經)에 이른바 다보여래(多寶如來)와 석가여래(釋迦如來)가 동서로 병좌(並坐)하여 석가여래가 설법(說法)하고 다보여래가 증명(證明)한다는 데서 온 것이다. 이 두 탑은 석조이면서도 마치 목조인 듯 자유자재로 구사한 조각기법의 정교함은 동서양에서 그 유례를 찾아볼 수 없을 만큼 우수하다. 특히 석가탑에서는 1966년 이 탑을 보수할 때 세계에서 가장 오래된 목판인쇄의 다라니경문(陀羅尼經文)이 발견되었다.

영어

Dabotap & Seokgatap (pagodas); The juxtaposition style of the two pagodas on the both sides and a little forwarded of the main hall comes from the sutra. According to the Buddhist scriptures, Daboyeorae (Buddha of many treasures) and Seokgayeorae (Buddha of Truth) sit in the east and west facing each other. The Seokgayeorae preaches and the Daboyeorae verifies what the Seokgayeorae preached. The free use of elaborate carving technique over the two pagodas, as if the material were wood instead of stone, is unparallel in the world. The block book of the Dharani Sutra is the oldest one in the world. It was found in the Seokgatap when it was repaired in 1966.

일본어

多宝塔と釈迦塔を大雄殿の前に東西に双塔を建てたのは仏経による、いわゆる多宝如来と釈迦如来が東西に並坐して釈迦如来が説法して多宝如来が証明するということから由来した。この二つの塔は石造でありながらも、まるで木造みたいに自由自在に駆使した彫刻技法の精巧さは東西洋でその類例を見られないほど優れている。特に釈迦塔では1966年この塔を補う時世界で一番古い木版印刷の陀羅尼経文が発見された。

중국어

多宝塔, 释迦塔, 传说在大雄殿前面共栖的双塔建立了佛经, 所谓多宝如来和释迦如来, 共栖并坐, 多宝如来设法, 释迦如来来证明。这两个塔是用石头建造, 看似木材, 经过

自由发挥想象和精湛的雕刻技法而制成，在东西洋是独一无二的伟大的遗迹。特别是，在1966年保修这座塔的同时发现了世界上时间最久的木版印刷的陀罗尼经文。

한글

석굴암(石窟庵)은 우리나라 최고(最高)의 문화재로서 신라조 경덕왕(751년) 때 불국사를 중건한 김대성이 건조한 것으로 1995년에 세계문화유산으로 등록되었다. 석굴암은 통일신라의 문화와 과학의 힘, 종교적 열정을 보여주는 걸작이다. 석굴 돔의 조성, 전체의 설계, 불상의 안배 등 기하학적, 미학적 기법과 과학적 처리는 인도, 중국에서도 찾아볼 수 없을 만큼 신기(神技)를 보여주고 한국불교조각의 정수라고도 할 수 있다.

영어

Seokguram (grotto) is one of the greatest cultural assets in Korea. During King Gyeongdeok's reign in the Silla dynasty in 751, Kim Daeseong constructed the grotto. Seokguram was registered as a World Cultural Heritage in 1995. The grotto is a master piece which shows the brilliant culture, the power of science, and the religious passion of the unified Silla dynasty. The formation of the stone dome, the whole design, the arrangement of the Buddha images, etc. shows the outstanding artistic sense of Silla people's. Their techniques and use of geometric, artistic and scientific treatment in building the Seokguram can hardly be found even in countries such as India or China from which Korea inherited its Buddhist culture. It could be called the essence of Korean Buddhist sculpture, which is beyond the human power.

일본어

石窟庵は韓国で最高の文化財として新羅時代の景徳王の時(751年)、仏国寺を重建した金大城が建造したもので1995年に世界文化遺産に登録された。石窟庵は統一新羅の文化と科学の力、宗教的な熱情が見られる傑作である。石窟のドームの造成と　全体の設計、仏像の按排などの幾何学的でありながら美学的な技法と科学的な処理はインド、中国でも見られないほど、神秘な韓国仏教の彫刻の精髄だと言える。

중국어

石窟庵是我们国家最高的文化财富，新罗朝景德王时期(751年)由金大成重建，在1995年为记录为世界文化遗产。石窟庵统一了新罗的文化和科学力量，是可以感受到对宗教热情的杰作。石窟圆顶的组成，整体的设计，佛像的安排等几何学的，美学的技法和科学的处理是印度，中国无法找到的神技，被看为是韩国佛教的精髓。

한글

첨성대(瞻星臺)는 천문관측대로서 동양에서 가장 오래되고 유일한 석조유구(石造遺構)이다. 이 첨성대는 신라조 선덕여왕(646년경) 때 건립한 것으로 지진이나 일식, 월식, 별의 이동을 관찰하여 길흉을 판단하고 농사에 도움이 되는 농업기상관측을 했던 곳이다.

영어

Cheomseongdae is one of the oldest astronomical observatories in Asia. The stone construction is unique and it was built during Queen Seondeok's reign of the Silla dynasty in 646. The tower was an observatory, where astronomers observed eclipses of the sun, the moon, the movements of the stars, and predicted earthquakes in advance. Astronomers of this time practiced astrology and used the tower to gather information which would help them predict good and ill fortunes and the weather for farming by observing the natural conditions.

일본어

瞻星台は天文観測台として東洋で一番古くて唯一な石造遺構である。この瞻星台は新羅時代の善徳女王の時(646年)建てたもので、地震とか日蝕、月蝕、星の移動を観察して吉凶を占って、農事に役にたつ農業気象観測をした所である。

중국어

瞻星台，是天文观台，在东方是历史最悠久的唯一的石造遗构。这个瞻星台建立于新罗朝嫌德女王时期(646年间)，依据日时，月时，星象的移动的观察判断吉凶，在农事上也有帮助，成为农业气象观测站。

한글

성덕대왕신종(聖德大王神鐘, 에밀레鐘)은 신라조 경덕왕이 아버지인 성덕왕의 명복을 빌기 위해서 제작하기 시작, 경덕왕의 아들인 혜공왕이 완성하였다(771년). 종의 무게는 약 19톤, 높이는 3.3m, 구경이 2.27m로서 우리나라 最大, 最美, 最高의 범종(梵鐘)이다. 화려한 무늬와 섬세한 조각, 독특한 양식은 불교국가의 어느 곳에서도 찾아볼 수 없는 조형미의 극치를 보여주는 8세기 금속예술의 걸작품이다. 종을 만들 때 훌륭한 음향을 위해서 한 여인이 자기의 무남독녀를 쇳물 속에 넣도록 하여 종소리가 그 소녀의 울음소리같이 '에밀레' 하고 들린다는 전설이 있다.

영어

Divine Bell of Seongdeok, the Great (Emile bell); The production of the bell was started during the Silla King Gyeongdeok's reign and completed in his son, King Hyegong's reign in 771. King Gyeongdeok ordered that a bell made to pray for the repose of the soul of his father, King Seongdeok, the Great. The bell weighs about 19 tons with a height of 3.3 meters and a caliber of 2.27 meters. The divine bell is the biggest bell ever to be cast in Korea and is considered to be the most beautiful temple bell in Korea. This masterpiece of 8th century metal arts shows the advanced state of Korean Bronze casting and metal work. The bell is decorated with gorgeous patterns and delicate and elaborate engravings. These characteristic features are rarely found in the bells of other Buddhist countries.

The legend of the bell says that in order to make the bell sound great, a woman offered her only daughter as a sacrifice. When the bell rings, one can hear the sound of the child calling 'emile'(mommy). The bell's other name Emile comes from this legend. Because of the unique sound of the bell, it has been extensively studied by the scientists who want to understand what produces this unusual sound.

일본어

聖德大王の神鐘(エミレー鐘)は新羅時代の景徳王が父親の聖徳王の冥福を祈るために作りはじめ、景徳王の息子の恵恭王が完成した(771年)。鐘の重さは約19トン、高さは3.3m、幅が2.27mとして韓国最大、最美、最高の梵鐘である。派手な模様と細かな彫刻、独特な様式は仏教国家のどこにも見つけられない造形美の極致を見せてくれる8世紀の金属芸術の傑作品である。鐘を作る時、立派な音響のためにある女性が自分の一人娘を鐘の中に入れるようにして鐘の音がその少女の泣き声のように"エミレー"と聞こえると言う伝説がある。

중국어

圣德王神钟，新罗朝景德王为了父亲成德王的冥福祈祷开始建造，完成于景德王的儿子胲恭王(771年)。钟重约19顿，高3.3米，口径2.27米，是我们国家最大，最美，最高的梵钟。华丽的花纹和细腻的雕刻，独特的样式是在任何佛教国家无法找的，被看做是8世纪金属艺术制造品的造型美的极致。有一个在造钟的过程中为了得到很好的声音效果，一个女子把她的独生女放进金属水里面，所以钟的声音和那个女子的哭声一样的传说。

한글

남원, 춘향제(春香祭)는 춘향의 높은 정절을 기리고 그 정신을 계승·발전시키기 위한 남원의 민속축제이다. 축제 중에는 춘향제사, 전야제, 무용, 창악, 기악 등 국악의 밤과 가장행렬, 농악, 씨름, 그네뛰기, 시조경연대회, 궁도대회, 국악경연대회, 춘향선발대회 등 다양한 행사가 실시된다.

영어

Namweon, Chunhyangje is a kind of folk festival held in Namweon, Cholla province. It is a rite for Chunhyang to praise for her fidelity and to inherit and promote her spirit. The rite for Chunhyang, includes an evening festival, dance, ChangAk (Korean classical opera), and performance of Korean instrumental music. There are other various events such as the masquerade, farmer's music, Ssireum (Korean wrestling); swing ride, Sijo (three verse Korean Ode) contest, Korean archery contest, Korean classical music play, and Miss Chunhyang beauty contest which are also held during this time.

일본어

南原の春香祭りは春香の高い貞節に仕え奉りながら、その精神を継承、発展させるための南原

の民俗祭りである。祭りの期間中には春香の祭祀、前夜祭、舞踊、器楽など国楽の夜と仮装行列、農楽、相撲、ブランコのり、詩調競演大会、弓道大会、国楽競演大会、春香選抜大会など様々な行事が行われる。

중국어

南原，春香祭，南原的民俗祝祭是为了高度赞扬春香的崇高的贞节，和继承和发展她的精神。在祝祭中进行，春香的祭祀，前夜祭，舞踊，唱乐，器乐等国乐的活动，假装行猎，农乐，摔交，打秋千，时调庆演大会，弓道大会，国乐庆演大会，春香选拔大会等活动。

한글

내장산(內藏山)은 전국 팔경(八景)의 하나로서 기암절벽과 계곡, 30여종의 단풍나무가 절경을 이룬다. 내장산에 있는 내장사(內藏寺)는 백제조(636년)에 창건, 고려조(1098년)에 중건, 조선조(1567년)에 삼건된 것인데, 임진왜란 때 소실되고 1938년 재건한 것이다.

영어

Naejangsan (mountain) is one of Korea's eight spectacles. This beautiful mountain has picturesque scenery which includes bluffs with fantastic rocks and stones and the canyons covered with more than 30 species of maple trees. Naejangsa (temple) was first constructed during the Baekje dynasty in 636 and then reconstructed in Goryeo dynasty in 1098. The temple was reconstructed for the third time during the Joseon era in 1567. During the Japanese invasion in 1592, the temple was burned and was again reconstructed in 1938.

일본어

内蔵山は全国八景の一つとして奇巖絶壁と谷、30余種の楓が絶景を成している。内臓山にある内臓寺は百済時代(636年)に創建して、高麗時代(1098年)に重建、朝鮮時代(1567年)に三建したが、壬辰倭乱(文禄慶長の乱)の時、消失されて1938年に再建したのである。

중국어

内藏山是全国8景之一的奇崖峭壁和溪谷，有30多种的枫树形成了绝景。在内藏山里的内藏寺是在百哉朝(636年)创建，高丽朝(1098年)再建，朝鲜朝(1567年)三建的住所，消失以后又于1983年得以再建而来的。

한글

무주, 리조트(茂朱, Resort)는 1990년에 개장된 스키장으로 1997년에는 동계유니버시아드가 개최된 곳이다. 스키장, 골프장, 실내수영장, 야외온천탕 등 다양한 레저시설, 숙박시설이 있고, 인근에는 아름다운 동굴, 폭포, 계곡, 수림을 즐길 수 있는 덕유산국립공원이 있어 무주리조트는 세계적인 휴양지로 평가받고 있다.

영어

Muju Resort was opened as a ski resort in 1990. In 1997, the winter Universiad Games were held at Muju resort. Muju's leisure facilities include ski slopes, golf courses, an indoor swimming pool, outdoor spa and lots of hotels and other accommodations. Additional attractions in this area include Mt. Deogyu National Park which offers tourists beautiful sights such as beautiful caves, water falls, valleys and forests. Muju resort certainly deserves its reputation as a world class resort.

일본어

茂朱リゾートは1990年に開場したスキー場で、1997年には冬季ユニバシアドが開かれた所である。スキー場、ゴルフ場、室内プール、露天風呂など多様なレジャー施設、宿泊施設があるし、近くには美しい洞窟、滝、谷、林を楽しむことができる徳有山国立公園があって茂朱リゾートは世界的な静養先として評価されている。

중국어

茂朱园地，是1990年被用做滑雪场对外开放，1997年冬季奥林匹克运动会和冬季大学生运动会在这里召开。有滑雪场，高尔夫球场，室内游泳场，野外温泉塘等各种空闲设施，食住设施，在邻近可以欣赏美丽的洞窟，瀑布，溪谷，水利等，也有德裕山国立公园，茂园地被评价为世界性的修养胜地。

한글

광주(光州)는 우리나라 6대도시 중의 하나로서, 서남부지역의 교통, 경제의 중심지이다. 특히 경부선, 호남고속도로, 올림픽고속도로, 서남고속도로, 서해안고속도로의 개통으로 전라권과 충청권·경상권을 잇는 교통의 요충지이다. 그리고 1980년 5월에 있었던 광주시민들의 민주화항쟁은 많은 시민의 희생을 가져왔고, 세계의 주목을 받았다. 그것을 기념하기 위해서 광주민주공원을 설립하였다.

영어

Gwangju is one of the six metropolitan cities of Korea. The city is the traffic and economic center of the south-western area. The Gyeongbu(Seoul-Busan) railroad, Honam (Gwangju- Daejeon) highway, the Olympic highway, and the south-west highway made Gwangju the key spot which links Jeolla-do, chungcheong-do, Gyeongsang-do provinces. The democratic resistant movement of the Gwangju citizens' in May 1980 caused lots of sacrifice of the citizens' lives which attracted the world attention. In memory of the event, a park named 'Gwangju Democracy' was buit in Gwangju.

일본어

光州は我が国の6大都市の一つとして、西南部地域の交通と経済の中心地である。特に京釜線、湖南高速道路、オリンピック高速道路、西南高速道路の開通によって全羅圏と忠清

圏、慶尚圏を繋ぐ交通の要衝地である。そして1980年5月にあった光州市民の民主化抗争は多くの市民の犠牲をもたらして世界の注目を引いた。それを記念するために光州民主公園を設立した。

중국어

光州，我们国家6大都市其中之一，是西南部地区的交通，经济中心。特别是开通了京釜，湖南线高速公路，奥林匹克高速公路，西南高速公路，使之成为全罗关，忠清关，庆尚关交通的咽喉重地。在1980年5月，光州市民在民主化抗争中，许多市民为此而牺牲，受到世界的注目。为了纪念这一事件，成立了光州民主公园。

한글

광주, 비엔날레(光州, Biennale)는 1995년 제1회를 시작으로 국제적인 주목을 받고 있는 현대미술 전시회이다. 관람객도 연간 100만 명에 달하고 사상과 인종을 초월하는 세계적인 예술축제이다. 여기에는 한국의 대표작뿐만 아니라 피카소, 칸딘스키 등의 세계적인 작가들의 작품도 관람할 수 있다.

영어

Gwangju Biennale was held in 1995 for the first time. It is a modern art exhibition which attracts world interest. Every year, more than one million people come to see the exhibition. It is a world art festival that rises above ideologies and races. Visitors can see and appreciate the works of world famous artists like Pablo Picasso, Kandinsky, etc. as well as Korean representative art works.

일본어

光州のビエンナレー(Biennale)は　1995年第1回を始めとして国際的に注目されている現代美術の展示会である。観覧客も年間100万名に達しているし、思想と人種を超越する世界的な芸術の祭りである。ここには韓国の代表作だけではなくピカソ、カンディンスキーなどの世界的な作家の作品も観覧することができる。

중국어

光州，Biennale，1995年开始的第一届现代美术展示会受到世界性的注目。观览客达到100万名以上，是超越人种和思想的艺术节。在这里不仅可以观赏到韩国的代表作，必加索，卡订撕基等的世界性的作品也可以观赏到。

한글

순천, 음식축제(飮食祝祭)는 10월에 순천에서 개최되는 향토별미축제인데, 전라남도의 음식을 한자리에서 맛볼 수 있다. 100여 명의 요리사가 펼치는 향토음식 조리경연대회 뿐만 아니라 풍물놀이, 국악놀이, 사물놀이, 전통혼례, 마당극 등이 화려하게 펼쳐진다.

영어

Suncheon Food Festival is a local food festival where you can try the various foods from Jeollanamdo province. Each Korean province has its own special taste. There is a local food cooking contest where about 100 cooks participate, Pungmulnori (playing farmers' musical instruments), Gugaknori (Korean classical music play), Samulnori (an ensemble of four farmers' percussion instruments), Madangnori (court play), and a traditional wedding ceremony are performed during the festival.

일본어

順天の飲食祭りは10月に順天で開催される郷土別味祭りである。すべての全羅南道の食べ物がここで味わえる。100人余りの板前が披露する郷土の飲食を作る料理競演大会と共に風物遊び、国楽遊び、サムルノリ、伝統婚礼、マダン劇などが綺麗に開かれる。

중국어

順川，飲食祝祭，是10月份在順川召开的乡土別味祝节，全罗南道的饮食集中在一起，可以品尝到。100多　名厨师展现了乡土饮食，不仅仅是一场橱艺表演赛，还展现了华丽的风俗小玩意，国乐，传统婚礼，庭院剧等。

한글

부산(釜山)은 우리나라에서 두 번째로 큰 도시이며, 제1의 해양·관광도시이고 우리나라의 관문이다. 한국전쟁 중에는 임시수도의 역할을 하였으며 현재는 인구 400만 명의 국제적인 도시로서 물동량(物動量)이 세계 3위를 자랑하는 동북아시아의 허브(Hub)항구로서 자리잡아가고 있다.

영어

Busan is the second largest city in Korea. This vibrant port city is a gateway to Korea and during the Korean War in the 50s, it was the temporary capital of Korea. With the population of 4 millions, Busan is considered a major hub port of the North-Eastern Asia areas. Busan ranks the third place in the world with its huge quantity of goods transported.

일본어

釜山はわが国で2番目の大きい都市であり、第1の海洋·観光都市でもある。わが国の関門である釜山は韓国戦争中には臨時首都の役割をしたし、現在は人口400万人の国際的な都市として世界三位の貨物量を誇る東北アジアのハブ(Hub)港として定着して行く。

중국어

釜山是我们国家的第二大都市，第一大的海洋，观光都市，也是我们国家的关口门户。在韩国战争中起到临时首都的作用，所以现在是人口400万名以上的国际性都市，物动量世界第三位，被誉为东北亚的中心港口。

한글

부산, 국제영화제(釜山國際映畵際)는 국제적인 영상문화축제이다. 전 세계의 우수한 영화들을 감상할 수 있고, 유명한 영화배우, 영화감독, 제작자들이 참석하여 관객들과 함께 감상하고 토론하며 평가하기도 하고 영화의 발전을 위한 비전을 제시하기도 한다. 그리고 이러한 유명인사들의 hand mark도 전시되어 있다.

영어

Busan International Film Festival(BIFF) is an annual fall international film festival where people enjoy outstanding films from all over the world. The festival hosts discussions between the audience and famous movie stars, directors and producers so that ideas and opinions can be exchanged for the development of film industry. hand makes of celebrities are exhibited here.

일본어

釜山国際映画祭は国際的な映像文化の祭りである。全世界の優秀な映画を鑑賞することができるし、有名な映画俳優、映画監督、制作者が参席して観客と共に鑑賞したり、討論したりする。そして評価後、映画の発展のためのビジョンを提示したりする。それからこのような有名人士のハンドマークも展示されている。

중국어

釜山、国际电影节、是国际化的电影文化节。可以欣赏到全世界的优秀的电影、有名的电影演员、电影导演、制作者们参加和观众们一起欣赏并讨论、评价、为了电影的发展提出意见。还展示这些有名人士的杰作。

한글

누리마루 APEC HOUSE는 동백나무와 송림이 우거진, 빼어난 자연경관을 자랑하는 동백섬에 위치하고 있다. BEXCO와는 1km 거리에 있으며, 해운대해수욕장과 인접하여 해운대 절경을 감상할 수 있을 뿐 아니라 자연미와 현대미를 고루 갖춘 고품격 국제회의장으로서의 면모를 갖추고 있다. 2006년에 APEC 정상회의가 여기서 개최되었다.

영어

The Nurimaru APEC House is located on a picturesque Dongbaek Island thick with the camellias and pine trees. It is located one kilometer away from the BEXCO, and people can appreciate the exquisite scenery of Haeundae thanks to its proximity to the Haeundae Beach and it is a high quality international conference hall full with the natural beauty and the modern beauty as well. APEC SUMMIT was held here in 2006.

일본어

ヌリマルAPECハウスは椿と松林に囲まれた秀でた自然景観を誇る冬柏島にあります。BEXCOとは1km程の距離にあって、海雲台海水浴場と隣接しており、海雲台の絶景を鑑賞できるばか

りではなく、自然美と現代美を斑なく揃えた高品格国際会議場としての風格を具えています。2006年、ここでAPEC頂上会談が開催された。

중국어

Nurimaru APEC楼(世蜂楼)位于景色秀丽、冬柏树茂密的冬柏岛上。离BEXCO仅有1km路程、并监近海云台海水浴场。这个建筑作为国际会议场所、兼有自然美和现代美、而且、在这理还可以观赏海云台海边的绝妙美景。2006年、在这儿召开了亚太经济合作组织首脑会议。

한글

해상불꽃축제는 불꽃, 레이저, 특수영상, 조명, 음악과 IT기술이 어우러진 다양한 장르의 이벤트 공연, 이야기식으로 진행되며, 아름다운 광안대교와 밤바다를 배경으로 멋진 경관을 기대할 수 있다. 매년 11월에 개최된다.

영어

The event performances of a variety of genres combined with fireworks, laser, special multimedia, lighting, music and IT technology are progressed in a form of talk type, and the scenic scenery with the Diamond Bridge and the sea at night in the background is majestic. Mid~November, every year (November 10, 2006)

일본어

花火、しげー、特殊映像、照明、音楽とIT技術が織り成す多様なヅャソルのイベソト公演が進行し、華麗な Diamond Bridgeと夜の海を背景にした素晴らしい景観を期待することが出来ます。毎年11月中(2006. 11. 10)

중국어

海上焰火节被焰火、激光、特殊映像、照明、音乐和IT技术交结了多种多样种类的公演活动、以谈话式进行、能基特把美丽的广安大桥(Diamond Bridge)和夜晚的海做办背景极好的景观。海年11月被召开。

한글

부산, 자갈치시장(共同魚市場)은 세계 최대의 어시장으로 동해와 남해에서 잡아온 생선을 경매하는 곳이며, 손님들이 직접 생선을 사거나 생선회를 사먹을 수도 있다. 이곳의 거래량은 우리나라의 수산물 위탁판매량의 약 30%에 해당한다. 여기서 매년 10월에 축제가 열리는데, 용왕제, 풍어제, 회치기, 매운탕 끓이기 등 다양한 볼거리가 펼쳐지고, 자갈치아지매(전쟁미망인이 많았음)의 억척스럽고 활기 넘치는 생활모습을 볼 수도 있다.

영어

Busan Jagalchi Market is one of the largest fish markets in the world. Fish are caught in the East and

South Seas and then sold at auction here. If you like raw fish, Jagalchi market is the place to come. You can pick your own fresh fish out and have it sliced and served with lettuce leaves, green peppers and various sauces. About 30% of consignment sale of the country's sea products are carried out here. Every year in October there is a festival called the Jagalchi Festival and various events, such as Yongwangje (rites to the king dragon), PungEoje (rites to pray for an abundant fish harvest), Hwoichigi (the raw fish slicing) contest and boiling Maeuntang (fish soup with red pepper sauce), etc. are held. Also, there is the selection of the Jagalchi Ajimae (woman). The Jalgalcshi Ajimae is considered to be the most unyielding woman who is full of vitality. Usually she is a widow of a Korean War veteran.

일본어

釜山のチャガルチ市場は世界最大の魚市場で東海と南海からの魚を競買する所で、お客さんが直接魚を買ったり刺身を買って食べたりすることができる。ここの取引量はわが国の水産物の委託販売量の約30%に当たる。ここでは毎年10月に祭りが開かれ、竜神祭、豊魚祭、メウンタン煮作りなどの多様な風景が広げられる。また、チャガルチおばさんのすごい活気ある生活相も見られる。

중국어

釜山，共同鱼市场，是世界最大的鱼市场，在东海和南海捕捉到的鱼类在这里交易。客人们可以直接买鱼或和也可以买生鱼片直接在这里吃。这里的交易量相当于我们国家水产物委托贩卖量的30%，在这里每年10月举行祝节，龙王节，丰鱼节，生鱼会翠，熬辣鱼汤等各种活动展示于此，可以看到鱼贝市场老人(战争是的未亡人)充满活力的顽强的生活样子。

한글

부산, 국제시장(國際市場)은 부산에서 가장 대표적이고 전통적인 시장이다. 여기에서는 가정용품, 가죽제품, 관광기념품 등 다양한 상품들이 거래되고, 의류나 신발, 모조귀금속, 특산품 등을 다른 시장에서보다 더 싸게 구입하기 위해서 많은 내국인과 외국인이 쇼핑하러 여기에 온다.

영어

Busan Gukjesijang (International Market) is one of the most representative and traditional market in Busan. Here, various goods like household articles, leather products and souvenirs are sold. Many people from home and abroad come to this market to purchase goods like clothes, shoes, imitation jewelry and other special products at cheaper prices.

일본어

釜山の国際市場は釜山で一番代表的で伝統的な市場である。ここでは家電製品、革製品、観光記念品など様々な商品が取り引きされて、衣類とか靴、偽物貴金属、特産品などをほ

かの市場よりもっと安く買うために多くの内国人と外国人がここにショッピングにくる。

중국어

釜山，国际市场，是在釜山最具代表性的传统的市场。在这里交易的各种家庭用品，皮革制品，观光纪念品的商品，服装，皮鞋，仿制品金属妆饰品，特产品等比别的市场的价格更便宜，所以很多国内外的顾客来此购物。

한글

해운대(海雲臺)는 해수욕장, 온천, 바다낚시, 수상스포츠, 유람선, 드라이브코스, 풍부한 해산물 등을 갖추어 우리나라에서 제일가는 관광휴양지로 인정받고 있으며, 많은 세계수준의 호텔과 카지노, 나이트클럽 등이 있어 외국인 관광객을 수용하는데 손색이 없다. 해수욕장의 최대 인파는 1일 100만 명을 넘는다. 1994년에 관광특구로 지정되었다.

영어

Haeundae is considered one of Korea's top resort areas. Haeundae is an ideal spot with its fantastic swimming beach, hot springs, ocean fishing, water sports, cruises, aquarium and the abundant marine products. The accommodations at Haeundae include world class hotels, casinos, night clubs and hot springs. During the peak season, Haeundae is crowded with more than one million people a day. Haeundae was designated as the special tourism area by the Korean government in 1994.

일본어

海雲台は海水浴場、温泉、海釣り、水上スポーツ、遊覧船、ドライブコース、豊かな海産物などを備えて、わが国で第一の観光リゾートと認められている。世界水準の多くのホテルとカジノ、ナイトクラブなどがあって、外国人観光客を受け入れるのに良いところである。海水浴場の最大の人出は1日に100万人を越える。1994年から観光特区に指定されている。

중국어

海云台具有海水浴场，温泉，海上钓鱼，水上运动，游览船，水上摩托，丰富的海产品等，在我们国家被认为是第一家观光修养地，有很多世界水准的宾馆和俱乐部，夜总会等也不逊色，外国游客来此游泳的同时也可以感受到别的乐趣。海上浴场最火爆时1天有100万多名游客来此游玩。1994年被指定为观光特区。

한글

UN기념공원은 한국전쟁에서 전사한 유엔 22개국의 전몰장병 2,274명의 유해가 안장된 곳인데, 세계에서 유일한 UN공동묘지이다. 여기에는 기념탑, 예배당, 전시장, 사무실을 함께 갖추고 조경도 엄숙하면서도 아늑하고 정다운 느낌을 준다.

영어

UN Memorial Park honors the young soldiers from the different UN countries who fought in the Korean

War and helped secure peace. The remains of 2,274 soldiers from 22 UN countries are buried here. There is a memorial tower, a chapel, an exhibition hall and a reception office on this solemn site. The surroundings of the cemetery give a friendly and solemn feelings to those who visit this site.

일본어

UN記念公園は韓国戦争で戦死したUN22ヶ国の戦没将兵2,274人の遺骸がある所で、世界で唯一のUN軍の共同墓地である。ここには記念タワー、礼拝堂、展示場、オフィスを一緒に備えていて、景観も厳粛ながらもこぢんまりで睦まじい感じを与える。

중국어

UN紀念公园，是安葬在韩国战争期间战死的联合国22个国家的2,274名阵亡者的地方，是世界唯一的联合国共同墓地。这里设有纪念塔，礼拜堂，展示场，办公室等，建造景观给人的感觉是严肃，安静清闲的圣地。

한글

동래, 온천(東萊, 溫泉)의 온천수는 알칼리성 식염수로서 무색청정하며 약 55℃의 수온으로서 신경통, 피부병, 위장병, 부인병 등에 효험이 있다고 알려져 있다. 국내에서 가장 이용객이 많고 외국인 관광객도 많이 이용하고 있다.

영어

Dongnae Spa is a favorite of both Koreans and foreign visitors. The spa's clear, alkali saline water of 55 degrees centigrade are known to have effects on neuralgia, skin diseases, gastro disorders, and female diseases.

일본어

東萊温泉の温泉水はアルカリ性の食塩水として無色清浄で、約55℃の水温として神経痛、皮膚病、胃腸病、婦人病などに効き目があると知られている。国内で一番利用客が多くて外国人もたくさん利用している。

중국어

东莱，温泉的温泉水属碱性，无色清醇的石岩水，约55摄适度的水温对神经性疾病，皮肤病，胃肠病，妇科病等有很好的疗效。在国内有很多游客来这里，外国游客也有很多人来此一游。

한글

범어사(梵魚寺)는 부산시내에서 약 10km 북쪽으로 위치한 사찰로서 신라조 문무왕(678년) 때에 창건되었고, 원효대사를 비롯한 많은 고승(高僧)들이 수도한 곳이며, 임진왜란 때에는 의병(義兵)의 사령부로 정하고 많은 의병을 모았던 곳이다. 일주문, 대웅전, 3층석탑, 원효대사의 법인(法

印), 목조미륵불상 등은 미학적, 기하학적으로 우수한 작품이다.

영어

Beomeosa (temple) is located about 10km north from Busan. It is easy to get to Beomeosa by the subway. The temple was constructed during King Munmu's reign of the Silla dynasty in 678. Many high priests including Weonhyodaesa (bishop) led their monastic life here. Also Beomeosa was the head quarters of the loyal Korean troops during the Japanese invasion in 1592. The temple called on the loyal soldiers to fight the Japanese. The front gate, the main hall, the 3-story pagoda, the Buddhist seal of Bishop Weonhyo's and the wooden Maitreya image are all excellent examples of Buddhist aesthetic and geometric point of views in temple architecture.

일본어

梵魚寺は釜山市内から約10km北側に位置している寺刹で、新羅時代の文武王の時(678年)創建されて、元暁大師を初め多くの高僧たちが修道した所で、壬辰倭乱(文禄慶長の乱)の時には義兵の司令部と決めて多くの義兵を募集した所である。一柱門、大雄殿、三層石塔、元暁大師の法印、木彫弥勒仏像などは美学的で幾何学的な優秀な作品である。

중국어

梵鱼寺位置在釜山市内北部约10公里处，作为寺庙创建于新罗朝文武王(678年)时期，是以圆休大师为首的高僧们做修道的地方，同时也被定为义兵的司令部，很多义兵聚集在此，有一柱门，大雄殿，3层石塔，圆休大师的法印，木制弥勒佛像等美学和几何学的优秀作品。

한글

울산, 공업지역(工業地域)은 1966년 특정 공업지역으로 지정되었으며, 자동차공장, 정유공장, 조선공장 등이 있어 우리나라에서는 가장 크고 대표적인 공업도시이다. 그중에서도 특히 현대자동차는 거의 세계 모든 나라에 수출하는 세계 4대 자동차제조회사로 손꼽힌다.

영어

Ulsan Industrial Area was designated as a special industrial area in 1966. It is the largest manufacturing city in Korea. The city has an oil refinery, manufactures automobiles, and is home to a major shipbuilding yard. Hyundai automobiles are made here and are ranked as the 4th largest car maker in the world. Hyundai exports its automobiles to almost all the countries in the world.

일본어

蔚山の工業地域は1966年、特定の工業地域に指定された。自動車工場、精油工場、造船工場などがあって、我が国では一番大きくて代表的な工業都市である。その中でも特に現代自動車はほとんど世界すべての国に輸出する世界四番目の自動車製造会社である。

중국어

蔚山, 工业地域, 1966年被特定为工业地区, 有汽车工厂, 精油工厂, 造船工厂等, 是我们国家 最大的具有代表性的工业城市。那其中特别是现代汽车向全世界各国出口, 是世界首屈一指的第4大汽车制造公司。

한글

진해, 벚꽃축제(櫻化祝祭)는 진해시가 벚꽃이 가장 많이, 아름답게 피는 4월 초에 개최하는 군항제(軍港祭)이다. 약 4.2km의 국도변에 30~40년생 벚나무 3,000여 그루가 개화를 시작하면 마치 눈꽃이 내리는 느낌, 별천지에 온 것 같은 느낌을 준다. 축제기간 중에는 해군사관학교가 개방되어 여러 가지 군사유물과 군함을 관람할 수 있고 벚꽃사진대회, 벚꽃미인대회, 시조경창대회 등 다양한 문화체육행사가 펼쳐진다.

영어

Jinhae, Cherry Blossom Festival; Jinhae is a naval port city in the southern part of Korea. Every year in April more than 3,000 trees, many of which are 30 to 40 years old, begin to bloom. The city looks like a paradise covered with beautiful snow flakes of cherry blossoms. Also the Jinhae Naval Academy is open to the public during the festival. Visitors can see various military relics and warships there. Moreover, various events like cherry blossom photo contest, cherry blossom beauty contest, Sijo (Korean verse) recite and various cultural and athletic meets are held.

일본어

鎮海の桜の祭りは世界で桜の花が一番多くて綺麗に咲くと言われる鎮海市が四月の初めに開催する祭りである。桜の木22万本がそろって桜色の華麗で優雅な花を咲き始めると、軍港祭が催される。祭りの期間には海軍士官学校が開放され、いろんな軍事遺物と軍艦の観覧ができるし、桜の写真大会、桜の美人大会、時調競唱大会など多彩な行事が開かれる。

중국어

镇海, 櫻花祝祭, 镇海市有很多櫻花, 在4月初美丽的崭放, 所以在那里举行军港祭。约4。2公里的国道边栽慢了櫻花树, 开花时花瓣的感觉好象雪花一样下落, 就象天地间的星星一样。在祝祭期间, 海军士官学校对外开放, 可以观览到各种军事用品, 并在此期间也开展櫻花摄影大会, 櫻花美人大会, 时令大会等各种文化体育活动。

한글

해인사(海印寺)는 1995년 세계문화유산으로 지정된 팔만대장경과 장경각을 보관하고 있는 세계적인 사찰이다. 팔만대장경은 고려조 고종(1251년) 때에 만들어진 것인데, 한 장의 크기는 세로 약 24cm, 가로 약 69cm, 두께 평균 3.3cm이며 남해와 거제지방에서 나는 후박(厚朴)나무를 수년간 바닷물에 담가 놓았다가 그늘에 말려 글씨를 철각(凸刻)했기 때문에 아직도 완전무결하게 보존되어 있다. 또한 팔만대장경을 보관하는 장경각도 온도, 통풍, 습도 등이 과학적으로 조절되도록 만들어져서 우리 조상들의 우수한 두뇌와 기술을 말해주고 있다. 한편, 해인사를 품고 있는 가야산은 산세가 아름답고 빼어나 옛 선인들이 풍류를 즐겼던 곳이 많다.

영어

Haeinsa (temple) is the world famous temple which has the Tripitaka Koreana and Janggyeonggak tower. Both the Tripitaka Koreana and Janggyeonggak were designated as World Cultural Assets by the UN in 1995. The Tripitaka Koreana was made during King Gojong's rule in the Goryeo era in 1215. It is a Buddha sutra made of 80,000 wooden plates sizes of 24cm×92cm with 3.3cm thick. The wooden plates were made by putting silver magnolia trees in the sea water for many years and then slowly drying them. Embossed carving was used to engrave the characters on the plates. Thus, the sutras have been preserved in absolute perfection over the centuries.

The Janggyeonggak is the building where the sutras were made and also housed. It is a unique building which was scientifically constructed so as to adjust the temperatures, the ventilations, and the humidity and thus preserve the sutras. The manufacture of the sutra and the construction of Janggyeonggak shows us the wisdom and high level of building techniques of our ancestors. Gayasan (mountain) which holds Haeinsa temple in its bosom has many beautiful and scenic spots. Here the visitors, like our ancestors used to do, can relax and enjoy the beautiful and peaceful surroundings.

일본어

海印寺は、1995年世界文化遺産に指定された八万大蔵経と蔵経閣を保管している世界的な寺刹である。八万大蔵経は高麗時代の高宗の時(1251年)に作られたもので、一枚の大きさは縦は約24cm、横は約69cm、厚さの平均は3.3cmで南海と巨済島地方で生産したホオノキを数年間かかって海水につけておいたあと、陰干しして文字を凸刻したから今も完璧に保存されていた。また、八万大蔵経を保管する蔵経閣も温度、通風、湿度などが科学的に調節されるよう作られて先祖たちの優秀な頭脳と技術を物語っている。一方、ヘインサを抱いているガヤ山は山勢がきれいで昔の人たちが風流を嗜しんだ所が多い。

중국어

海印寺，1995年被指定为世界文化遗产，尤其以八万大藏经和藏经阁而成为闻名的世界性的寺庙。八万大藏经是在高丽朝高宗(1251年)时期编注而成，一张的大小为，宽约24厘米，长约69厘米，厚度平均3.3厘米，它上面的字是由南海和巨济地方的厚朴树木，经过数年的海水浸泡，在树阴下凉干后，雕刻出来的，至今依然完整无损的保存着。而且，保管八万大藏经的藏经阁的温度，通风，湿度等科学化的设置，展现了我们祖先们智慧的头脑及精湛的技术。同时，围绕海印寺的伽倻山的突出美丽的山势是以前先人们享受风雅的地方。

한글

제주도(濟州道)는 총인구 약 52만명, 연평균기온이 16℃인 우리나라에서 가장 큰 섬이면서 3개의 골프장, 5개소의 해수욕장이 있는 국제적인 휴양관광지이다. 제주도에는 국제수준의 숙박시설과 민속적인 관광자원이 풍부하고, 목축과 감귤재배장이 많고, 아직도 전통과 토속이 남아있는 곳이다. 고르바초프, 클린턴 등의 세계정상이 회담을 가졌던 곳이기도 하다. 2011년에 뉴세븐원더스재단이 제주도를 '세계7대 자연경관'으로 선정하였다.

영어

Jeju Island is the biggest island in Korea and has a population of 520,000 people. There are three golf courses, five swimming beaches, water sports, hiking and etc. on Jeju Island. There are numerous international standard hotels, excellent restaurants and the abundant folk tour resources. The island also has many stock-farming pastures and tangerine orchards. Abundant traditions and local customs are well preserved in Jeju Island. With its average temperature of 16 degrees centigrade, Jeju is an ideal spot for vacationing and relaxing. Jeju was selected as one of new 7 wonders of nature by New 7 Wonders Foundation in 2011. This site was chosen for a summit conference between prominent figures like Mr. Gorvachov, the President of Russia and Mr. Clinton, the President of USA and has hosted numerous other international conferences and meetings.

일본어

済州道は総人口が約52万名、年平均気温が16℃で、我が国では一番大きい島でありながら三つのゴルフ場、五個所の海水浴場がある国際的な休養観光地である。済州道には国際水準の宿泊施設と民俗的な観光資源が豊かであるし、牧畜とミカンの栽培場が多いし、今も伝統と土俗が残っている所である。2011年に「ニューセブンウインダーズ財団」がチェジュ島を'世界七代'自然景観として選定した。ゴルバチョフとクルリントン大統領などの世界頂上が会談をした所である。

중국어

济州道，总人口约52万名，年平均气温是16度，是我们国家最大的岛，在岛上有3个高尔夫球场，5个海水浴场，是一个国际性的修养观光地。济州道里国际水准的住宿设施和民俗的观光资源丰富，也有很多牧蓄和密枯栽培场，而且还遗留着传统和土俗风情。2011年，「新七大奇观基金会」将济州道列为世界7大自然景观。同时，这里也是高尔巴乔夫，克林顿等世界首脑进行过会谈的地方。

한글

제주, 민속촌(濟州, 民俗村)은 옛 제주 주민들의 생활상을 그대로 재현한 곳이다. 여기에는 산촌, 어촌, 장터, 관아, 서당, 대장간, 한약방, 방앗간 등이 재현되어 있고, 민속공연장에서는 해녀춤, 비바리춤 등이 매일 2회씩 공연되어 제주의 과거생활을 실감할 수 있다. 성읍 민속마을은 실제로 과거 주거생활을 보존하여 실천하는 곳이다.

영어

Jeju Folk Village reproduces the life style of the old Jeju people. Here the mountain and fishing villages, a market place, a provincial government office, Seodang (a village school house), a smithy, an herb shop, a mill, and etc. are all revived. In the folk performance yard, the dances of the women divers' and the fisher girls' are performed twice everyday. One can realistically feel the past of Jeju through these performances. The folk village in the castle town preserves the housing life of the old days and continues to practice the old ways.

일본어

済州の民俗村はむかしの済州住民たちの生活相をそのまま再現したところである。ここには山村、漁村、市場、役所、書党、鍛冶屋、漢薬房、精米所などが再現されていて、民俗公演場では海女踊りのビバリ踊りなどが毎日二回ずつの公演があって、済州の過去の生活を実感することができる。城邑民俗村は実際に過去の住居生活を保存して実践するところである。

중국어

济州，民俗村，是再现以前济州居民们生活的地方，这里有山村，渔村，集场，关衙，书堂，铁匠铺，韩药房，磨房等的再现。在民俗公演场内，每天有2次海女舞，姑娘舞的公演，可以真实的感受到济州的过去的生活。城邑民俗村保存和展示了真实的过去居民生活。

한글

제주, 중문관광단지(中文觀光團地)가 관광단지로 개발하게 된 입지조건은 온화한 날씨와 해변절벽의 경관, 고운 모래로 이루어진 해수욕장, 검푸른 바다 등이다. 중문단지 안에는 다수의 특급호텔, 수렵장, 식물원, 수족관, 돌고래쇼장 등 관광객을 위한 다양한 위락시설, 편의시설이 구비되어 있다.

영어

Jeju Jungmundanji (complex); The mild climate, the scenic cliffs along the seashore, the swimming beaches made of fine sands, and the dark blue color of the sea provides an excellent back drop for the construction of the Jungmun complex. Jungmundanji is made up of many super class hotels, a botanical garden, and an aquarium with the dolphin-show pool, and etc..

일본어

済州の中文観光団地が観光団地に開発されることになった立地条件は、温和な天気と海辺の絶壁の景観、きれいな砂になっている海水浴場、紺碧の海などである。中文団地の中には多数の特急ホテル、狩猟場、植物園、水族館、イルカショー場などの観光客のための多様な尉楽施設、便宜施設が揃っている。

중국어

济州，中文观光团地，是以观光团地开发的，布局是温和的天气和海边峭壁的景观。这里有光滑细沙的海水浴场，蓝蓝的大海等。中文团地里有为观光客准备的数量众多的饭店，狩猎场，植物园，水族馆，海豚表演场等，多样的娱乐设施，便利设施。

한글

제주, 만장굴(萬丈窟)은 용암굴(熔岩窟)로서는 아프리카의 케냐에 있는 11km의 동굴 다음으로 세계에서 두 번째로 긴 동굴인데 폭이 13m, 높이 15m, 총연장 10.7km이다. 이 동굴 내에는 희귀한 동·식물이 많아서 국내외 학자들의 관심을 받고 있으며, 주변의 용천굴, 김녕굴 등을 함께 묶어서 세계자연유산으로 등록되었다.

영어

Jeju Manjang-gul (cave) is the second longest lava cave in the world and is 13m wide, 15m high and 10.7km long Its length come close to the Cave in Kenya, Africa which is 11-kilometer long making it the longest lava cave in the world. This cave provides a home for rare animals, birds and plants and it attracts interests of the scholars from both at home and abroad. Along with Yongcheon-gul(cave) and Gimnyeong-gul etc. around it, the caves are registered in the World Natural Heritage.

일본어

済州の万丈窟は熔岩窟としてはアフリカのケニヤにある11kmの洞窟に次ぐ世界で二番目の長い洞窟で幅が13m、高さ15m、長さは10.7kmである。この洞窟の中には珍しい動·植物が多くて国内外の学者関心を受けているし、周りの龍泉窟、金寧窟等を一緒にし世界自然遺産として登録された。

중국어

济州，万丈窟，作为熔岩窟，是在非洲肯尼亚的11千米的洞窟之后，位于世第二位的长洞窟，长为15米，高为15米，总延长为10.7千米。在这个洞窟内，因为有很多的稀贵的动，植物，受到国内学者很大的关注。周边的龙泉窟、金宁窟等合并在一起被申请为世界文化遗产。

한글

제주, 식물원(濟州, 植物園) : 제주 중문에 있는 여미지(如美地)는 우리나라 최대의 식물원으로서 여러 나라의 정원의 모형과 식물을 볼 수 있는 곳이다. 희귀식물을 포함한 2,000여종의 식물을 갖추고 있고, 온실 밖에는 제주도 자생수목을 포함한 1,700여종의 우리나라의 나무와 화초를 정원에 심어 놓았다. 온실과 실외 정원 사이에는 순환열차가 운행되고 있다.

영어

Jeju Botanical Garden, Yeomiji, is the largest botanical garden in Korea. The gardens are made up of beautiful model gardens from many different countries. There are more than 2,000 different kinds of plants some including some very rare plants growing in the different green houses. Outside the green houses, there are some 1,700 kinds of trees and flowers including the wild trees from Jeju Island. For the convenience of the visitors there is a circular train which runs between the green houses and the outdoor gardens and offers a beautiful view of the grounds.

일본어

済州の中文にある如美地はわが国の最大の植物園として各国の庭園の模型と植物が見られる所である。珍しい植物を含めて2,000余種の植物を揃えているし、温室の外には済州島の自生樹木を含めて1,700余種のわが国の木と草花を庭園に植えて置いた。温室と室外庭園の間には循環列車を運行している。

중국어

济州，植物园，位于济州中文的如美地植物园是我国最大的植物园，在那里可以欣赏到很多国家的庭园的模型和植物。那里具有包括稀贵的植物共2000多种的植物。包括在温室外面济州道自生的树木，庭园栽种了1700多种的我们国家的树木和花草。同时在温室和室外之间有循环列车在运行。

한글

제주, 돌하루방은 제주도의 옛 고을의 수호신으로서 고을 입구에 세워졌는데, 약 210년 전에 만들어진 것으로 추정된다. 돌하루방의 강인한 인상과 오랜 세월 풍상에 시달린 자태는 바로 제주도민의 기상을 나타내는 대표적인 조형미술품이다. 요즈음은 관광지 곳곳에서 돌하루방의 모조품을 살 수가 있어 제주도를 대표하는 관광기념품이 되고 있다.

영어

Jeju Dolharubang is a stone statue of an old man. It is presumed to have been constructed about 210 years ago and was placed at the entrance of the village as a guardian deity. The strong and tough face of Dolharubang and the hardships it has suffered over time have come to represent the disposition of Jeju people's and their ability to endure many things. Visitors can get a model of the Dolharubangs just about everywhere on the island.

일본어

済州のドルハルバンは済州島のむかしの村の守護神として村の入り口に立てられたもので、約210年前に作られたものと推定されている。ドルハルバンの強い印象と長い間風霜に耐えた姿態は済州島民の気質を表わす代表的な造形美術品である。この頃は観光地のあちこちで偽物のドルハルバンが買えるので、済州島を代表する観光記念品になっている。

중국어

济州, 石人像是在济州道的过去, 是作为县城的守护神而建在县城入口, 据推断大约在210年前。石人像的强硬的像貌和受苦的姿态, 正是表现出济州道人的气魄的代表性的造型美术品。最近, 在观光地, 处处可以买到石人像的仿造品, 并且, 石人像已经成为了济州道的代表性观光纪念品。

우리의 문화와 전통을 외국어로 설명하기

한글

김치는 우리의 음식물 중에서 가장 중요한 부식요리(副食料理)로서 외국인도 즐겨 먹는 대표적인 한국음식이다. 김치의 종류에는 배추김치, 깍두기, 동치미 등 여러 가지가 있으며, 주재료는 무, 배추이고 맛을 내는 보조재료에는 고추, 마늘, 생강, 젓갈, 소금 등이 쓰인다. 주재료를 적당한 크기로 자르고 보조재료를 빻아서 함께 혼합하여 큰 질그릇 속에 저장하였다가 먹는다. 김치 속에는 우리 몸에 유익한 유산균, 항균물질이 많아 여러 가지 질병을 예방하는데 효험이 있다고 과학적으로 입증되었다. 미국의 「Health」誌는 한국의 김치를 세계 5대 건강식품으로 선정했다. UNESCO 세계무형유산에 등재되었다.

영어

Kimchi is a typical Korean food. As the most important side dish among Korean foods, even foreigners enjoy eating Kimchi these days. There are various kinds of Kimchi, such as, Baechu (Korean cabbage) Kimchi, Ggagdugi (white radish pickles), and Dongchimi (turnips pickled in salt water), and etc.. To make Kimchi, the main ingredients (cabbage, radish & turnip) are cut into proper sizes. They are pickled in salt water for a few hours and then mixed with seasonings like red peppers, garlics, gingers and pickled fish (anchovy, shrimp, etc.), all ground. Then Kimchi is preserved in a pottery. Kimchi contains lactic acid and antibacterial substances which are good for the body. It is scientifically proved that Kimchi is effective in preventing various diseases including cancer. Monthly 「Health」 of America chose kimch as one of the best five foods of the world. Registered in the World Intangible Heritage of UNESCO.

일본어

キムチは、我が国の食べ物のなかで最も大切な副食料理で、外国人も好きんで食べている。キムチの種類には白菜キムチ、カットウギ、ドンチミなどたくさんのしゅるいがあるが、主な材料は大根と白菜で、味つけの材料には唐辛子、ニンニク、ショウガ、塩辛、塩などがある。白菜を適当な大きさに切って、上述の調味料といっしょに混ぜて大きな瓶の中に入れてお

く。しばらく日にちがたってある程度発効してきたら食べられる。キムチの中には人間の体に有益な乳酸や抗菌物質が多く含まれていて、さまざまな病気の予防に効果があるということが科学的に証明されている。アメリカの月刊誌の「健剛」は 韓国の キム千を 世界五大 健康食品に 選びました。 UNESCO世界無形遺産 に登録されたもの。

중국어

泡菜是我们的食品中最重要的副食料理，也是外国人很喜欢的代表性的韩国食品。泡菜的种类有辣白菜，泡萝卜块，萝卜泡菜等很多种。主材料是箩卜，白菜。调味的辅助材料是辣椒，蒜，生姜，酱，盐等。主材料被切成适当的大小，和辅助调料捣碎混合后放到陶器里储藏着吃。泡菜中有对我们身体有益的乳酸菌，抗菌物质，对各种的疾病的预防效果已经得到了科学上的认证。美国的月刊「健康」把韩国的泡菜洗定丸世界5代健康食品（之一）。UNESCO 在世界无形遗产中登录的有。

한글

한정식(韓定食)은 한국의 정식(定食)으로서, 주식요리(主食料理는 주로 밥)와 다양한 부식요리를 하나의 큰 상에 차려놓고 동시에 먹을 수 있도록 한 것이다. 한국의 대표적인 음식차림이며 한국의 음식 맛을 골고루 맛볼 수가 있다.

영어

Hanjeongsik is a table d'hote of Korea. With the main dish (usually rice)and soup, various kinds of side dishes are set on a table. You can enjoy the main and side dishes together at the same time. Hanjeongsik is a typical table setting in Korea.

일본어

韓定食は、主食のご飯とおかずの野菜やお汁、肉と魚など料理をすべてを一つのお膳に並べておいて同時に味わうことができるようにしたものである。韓国の代表的なメニューの一つであって、いろいろな料理を堪態することができる。

중국어

韩定食，作为韩国的正食，主食料理主要是饭和多样的副食料理摆在一个大的桌子上同时吃。像韩国的代表食物一样韩国的食物味道均可以品尝得到。

한글

비빔밥은 한국의 대표적인 음식이고 외국인에게도 인기가 높다. 주재료는 밥이고 보조재료는 콩나물, 미나리, 부추, 시금치, 오이 등 다양한 야채와 계란프라이, 쇠고기다짐 등이며 맛을 내는 양념재료는 고추장, 참기름 등이 쓰인다. 주재료와 보조재료 및 양념재료를 혼합하여 국물 및 다른 부식과 함께 먹는다. 전주의 비빔밥은 예부터 향토음식으로서 인기가 높다. 그래서 전주시가 유네스코 창의도시 네트워크 음식분야 회원도시로 지정되었다.

영어

Bibimbab is also one of the typical Korean foods. Bibimbab, which is served with various seasoned vegetables and minced meat over rice, is also favored by the foreigners. Vegetables like drop warts, leeks, spinaches and cucumbers are parboiled and seasoned. Minced beef is also fried and marinated. Over the rice, colorful vegetables are put around the minced beef, and then a fried egg is put on top. According to the taste, red pepper paste and sesame oil are added. Since old days, Jeonju (local city) Bibimbab has enjoyed fame and popularity as a native dish. Jeonju city was chosen to be a member of UNESCO Creative Cities of Gastronomy in 2012.

일본어

ビビンパー, 外国人にも人気のあるビビンパーはご飯に、もやし、せり、にら、ほうれん草、きゅうりなどの野菜と卵焼きと牛肉、そしてたれの唐辛子みそ(コチュウザン)とごま油を入れていっしょにかき混ぜてお汁と共に食べるものである。全州のビビンパーは古くから郷土料理として広く知られている。2012年にジョンジュ市がユネスコ創意都市ネットリーグの飲食分野の会員都市に指定された。

중국어

拌饭是韩国代表性的食物，对韩国人来说也是很受欢迎的食物。主材料是饭，副材料是黄豆芽，芹菜，韭菜，菠菜，黄瓜等多样的蔬菜和煎鸡蛋，剁碎的牛肉等，调味的副材料是辣椒酱，香油等。主材料和副材料混合和汤及其他的副食一起吃。全州的拌饭从很久以前开始作为地方食品，很受大家的欢迎。2012年，全州市被联合国教科文组织指定为创意城市网络的饮食领域之一城市。

한글

불고기는 대표적인 한국의 음식이고 외국인에게도 인기가 높다. 주재료는 쇠고기의 안심이나 등심 또는 갈빗살을 먹기 좋게 자른 것이고, 맛을 내는 양념재료는 간장, 참기름, 마늘, 파 등이다. 주재료와 양념재료를 혼합하여 잠시 두었다가, 철판이나 석쇠에 올려서 적당히 익혀 먹는다.

영어

Bulgogi (broiled beef) is one of typical Korean food which is also favored by the foreigners. The main ingredients are lean beef ribs, sirloins or meat around the ribs. The meat is cut into a mouth size and then marinated in the seasonings of soysauce, sesame oil, minced garlic and onions, Welsh onions, etc., for a few hours. When serving, the marinated beef slices are put on the grill and roasted.

일본어

焼肉(プルゴギ), 韓国の代表的な食べ物で外国人にも人気がある。材料は牛肉で、ばら肉とひ

れ肉、そして肋肉などの部分に分けられるが、たれの材料は醬油、ごま油、ニンニク、ねぎ、砂糖などを用いてつくる。できあがったたれの中に肉をしばらく付けておいてから焼き網を利用して焼いてたべる。

중국어

烤牛肉也是韩国的代表性食品，也很受外国人的欢迎。主材料是牛肉的里脊肉，里脊，或者为了吃着方便而切好的排骨肉，调味的材料是酱油，香油，蒜，葱等。把主材料和调味料混合后放一会儿，然后，放到铁板上，烤到适当的程度来吃。

한글

삼계탕(蔘鷄湯) : 더운 여름에 삼계탕을 먹으면 원기가 생기고 질병에 걸리지 않는다고 하여 우리 조상들은 즐겨 먹었다. 젊은 닭을 잡아서 털과 내장을 빼내고 그 속에 인삼, 찹쌀, 대추를 넣어서 푹 고아 먹는다. 영양이 풍부한 음식이다.

영어

Samgyetang (chicken soup) was one of our ancestors' favorite soups. During the hot summer season, Samgyetang invigorates and thus prevents diseases. For Samgyetang, young chickens are selected. After eliminating feathers and the internal organs from the chicken, stuffings like Ginseng, sticky rice and dates are put in. Then the stuffed chicken is stewed for a few hours.

일본어

蔘鷄湯(サンゲタン)，昔から夏ばて防止やその他病気の予防のために熱い夏にサンゲタンを好きんで食べる習慣がある。若鳥の内臓を取り除いてその中に人参、もちごめ、なつめなどを入れてじつくりと煮込む。栄養満点のスタミナ食である。

중국어

参鸡汤，在夏天吃的话会有元气，还不会得疾病，我们的祖先很喜欢吃。参鸡汤是用小鸡去掉毛后，再除去内脏，在里面放入人参，粘米，大枣，炖熟后吃。参鸡汤含有很丰富的营养的食品。

한글

생선회(生鮮膾) 는 바다에서 잡은 활어(活魚)를 비늘과 뼈를 제거하고 살코기만을 적당히 얇게 잘라서 각종 양념을 섞은 고추장이나 간장에 날것으로 찍어 먹는다. 5월 초순부터 10월 말까지 기온이 높은 계절에는 오염될 우려가 있으므로 생선회를 먹지 않는 것이 좋다.

영어

Sushi (sliced raw fish) : The fish caught alive from the sea are used. After eliminating the shards and bones from the fish, the leans are taken to be sliced. When served, people dip the slices in the spice sauce. In the red pepper paste, various spices like vinegar, sugar, minced garlic, etc. are added to make the spice sauce. It is not recommended to eat Sashimi from early May to late October when the sea water might be contaminated.

일본어

生鮮膾(センソンフエー)，日本のおさしみにあたる食べ物である。うろこと骨を取り除いた魚を薄く切ってコチュウザンやワサビ醤油につけて生のまま食べる。5月の初旬から10月の末にかけて気温の高い季節には汚染のおそれがあるのでおさしみは食べない方がよいとされている。

중국어

生鲜脍是在海里抓到的活鱼去掉鱼鳞和刺，把瘦肉适当的薄薄的切好，蘸着与各种调料混合的辣椒酱或者酱油生着吃。从5月上旬开始到10月末气温高的季节里，由于污染的顾虑，最好不要吃生鲜脍。

한글

동래, 파전(東萊煎)은 밀가루와 길쭉길쭉하게 썬 파를 주재료로 하고, 고기, 조갯살, 굴, 미나리, 소금 등을 보조재료로 하여 서로 혼합한 것을 널찍한 철판 위에서 적당히 구워먹는다. 부산의 동래파전은 100년의 맥을 이어온 대표적인 고유음식이다.

영어

Dongnae Pajeon(pan cake) is made of green onions in chief, chopped meat, shell mussels, oysters and drop wart. The ingredients are admixed in the wheat flour dough and pan-fried on a large pan. The Pajeon of Dongnae, Busan is a typical Korean dish which maintains its fame for a hundred years.

일본어

トンレパジョン(わけぎチヂミ)，小麦粉とわけぎ、肉、貝、かき、せり、卵、塩などが、主な材料である。水に溶いた小麦粉を鉄板の上に薄く敷いてその上にわけぎを敷いてまたその上に肉や貝類、卵などをのせて裏返しながら焼く。釜山のトンレパジョンは100年の伝統を受け継いできた郷土料理である。

중국어

东莱葱饼 用面粉和长的葱作为主材料，肉，蛤蚌肉，牡蛎，芹菜，盐等作为辅助材料混合搅拌适当的煎炒食用。釜山的东莱葱饼是有100年历史的传统代表食物。

한글

인삼(人蔘)은 예부터 만병에 효험이 있는 고귀한 영약으로서 왕조(王朝) 간에 수교선물로 쓰였으며, 왕족이나 귀족사회에서만 복용해 온 약재이었다. 인삼은 우리나라의 인삼이 가장 품질이 우수하고, 그 중에서도 금산의 인삼이 유명하여 외국인 관광객이 선호하는 인기있는 특산품이다. 금산에서는 「인삼축제」가 열린다.

영어

Ginseng is known as a miraculous medicine effective in almost every disease. As a medicine noble and expensive, Ginseng was treated as gifts for diplomatic relationship among dynasties of each country. Only the royal families or the nobles could afford to purchase Ginseng in the old days. The Ginseng cultivated In Korea is renowned to be the best quality. And among the Korean Ginseng, the Geumsan Ginseng is the best of the best. Korean Ginseng is much favored by foreigners, too. Every year, "Ginseng Festival" is held in Geumsan.

일본어

人蔘は古くから万病にききめがあるとされ王朝間の土産品として使われてきた王族や貴族の間だけで服用されていた薬材である。人蔘は韓国のものが最も品質がよく、そのなかでの錦山の人参は有名で、外国の観光客に好まれる特産品である。錦山では毎年「人参まつり」が行われている。

중국어

人蔘，很早以前可以医治百病的高贵的作为灵药的王朝间修交所用的物品。是只有王朝和贵族服用的药材。我们国家的人蔘是品质最优秀的，那其中以金山的人蔘最为有名，是外国观光客喜欢的最有人气的特产品。在金山也举行[人蔘节]。

한글

녹차와 다도(綠茶, 茶道) : 우리나라의 녹차 중에서 가장 대표적인 것이 전남 보성군에서 생산되는 보성녹차인데, 전국 차의 70%가 보성에서 생산된다. 한국의 녹차는 품질이 우수한데, 특히 4월 초순에 수확하는 것이 최상급의 녹차라고 알려져 있다. 한국의 녹차에는 카페인, 탄닌, 아미노산, 비타민, 엽록소, 무기성분 등 인체에 유익한 성분이 많아 고급음료로 인정받고 있다. 또한 우리의 선조들은 녹차를 마시면서 명상(참선)을 하고, 학문을 하고, 시를 짓고, 서도를 하고, 그림을 그리는 등 수준 높은 풍류생활을 즐기기도 하였는데, 이러한 녹차와 함께하는 풍류생활, 여가생활 또는 승려들의 수도생활을 다도라고 한다.

영어

Green Tea & Tea Ceremony; Boseong tea comes from Boseong is most famous and about 70% of Korean green teas. Korean green teas enjoy its fame as teas of excellent quality and among the green teas, the green teas harvested in early April is best. The green teas have useful ingredients like caffeine, tannin, amino acid, vitamin, chlorophyl, minerals, etc. Our ancestors used to enjoy their leisure time by meditation, studying, writing poems, drawing pictures or doing caligraphy and then the green teas were their favorite drinks. The tea ceremony means the tea party performed by the scholars or monks of the monastery.

일본어

緑茶と茶道, 我が国の緑茶のうち最の代表的なのは全羅南道(ゾンラナムド)の宝城(ボソン)で栽培される宝城緑茶であり、全国のお茶の生産高のおよそ70％を占めている。なかでも最上級のお茶は4月初旬に収穫するものである。優れた品質の韓国の緑茶にはカフエイン、タンニン、アミノ酸、ビタミン、葉緑素、無機質など体に有益な成分が多く含まれていて、高級飲料として多くの人に愛用されている。昔の人はお茶を飲みながら 目冥想をしたり、勉洗をしたり、詩を作ったり、書道や絵を描くなど知的な風流生活を楽しんでいた。また余暇をたしなむ悠悠自適な生活、僧侶の修道生活は茶道と共に営まれてきたのである。

중국어

绿茶，茶道，我们国家的绿茶中最有代表性的是全南宝城君生产的宝城绿茶，全国茶的70%是由宝城生产的。在全国绿茶中品质是最优秀的，特别是4月上旬收获的叫做上级绿茶众所周知。含咖啡因，Tannin，氨基酸，维他命，叶绿素，无机成分等对人体有益的许多成分，被认为是一种高级饮品。并且我们国家先祖们在喝茶的时候讲究学问，吟诗做画等高水准的风流生活，象这样和绿茶关联的风流生活，余暇生活，以及僧侣的修道生活合并称为茶道。

한글

전통술(傳統酒) : 한국의 전통적인 주류에는 탁주(막걸리), 약주(동동주), 소주가 있다. 발효시킨 밀기울과 김에 찐 쌀밥을 물과 혼합하고, 옹기에 넣어서 따뜻한 방에서 다시 3,4일간 발효시킨다. 술이 숙성되어 윗부분에 약간 맑으면서 주도가 높은 부분의 술을 「동동주」라 하고, 밑에 가라앉은 약간 탁한 부분의 술을 물을 섞어서 짜면 「막걸리」가 된다. 앞에서 말한 숙성된 술을 소줏고리에 넣어서 불로 달이면 맑고 주도가 높은 증류주, 즉 「소주(燒酒)」가 흘러내린다.

영어

Typical Beverages; There are Takju (or Maggeoli), Yakju (or Dongdongju) and Soju among Korean typical beverages. The fermented wheat brans and steamed rice are mixed. After pouring water in the mix, the materials are put into a pottery. It is once more fermented in room temperature for about 3 or 4 days. The clear, high-proof liquid on the surface of the ripe liquer is called Yakju (or Dongdongju). The thick liquid sunk in the lower part of the liquer is called Takju (or Maggoeli). If the ripen liquer is boiled in a container, clear and high-proof alcoholic distilled water flows. This is what we call Soju.

일본어

伝統酒, 韓国の伝統的な酒には濁酒(マッコリ)、薬酒(ドンドンジュ)、焼酎がある。発効させたミルギウル(麩・ふすま)と蒸したご飯を水に混ぜて容器に入れ、暖かい部屋の中で3、4日間発効させる。熟成してきた酒の上の部分のやや清くてアルコール度の高いところが「ドンドンジュ

」となり、下に沈んでいる若干濁った部分の酒に水を交ぜると「マッコリ」になる。焼酎の作り方は、ドンドンジュを作る前の段階の熟成した酒を火にかけてじっくりと沸かすと、アルコール度の高い蒸溜酒すなわち「焼酎」ができあがる。

중국어

传统酒，包括韩国传统的浊酒，清酒，烧酒。由麦子发孝技术和在热气的米和水混合，放进容器内，在干净的房间内发孝3，4天制成。发孝成酒的属性后上层的清纯部分为清酒，下面浑浊部分的酒水就是浊酒。上面所提的熟性酒再放进烧炉里，加火烧制，高酒精度的蒸馏酒就立即流了出来。

한글

한복(韓服)은 한국인의 고유한 전통의상을 말하는데, 결혼, 축제, 장례, 제사, 명절 등 특별한 시기에는 한복을 즐겨 입는다. 남자한복은 두루마기, 저고리, 바지, 마고자, 버선 등으로 구성되고, 여자한복은 두루마기, 저고리, 치마, 마고자, 버선 등으로 구성된다. 여자한복은 저고리가 짧고 몸에 붙으며 치마는 긴 것이 특징이다.

영어

Hanbok is a traditional Korean dress. Koreans love to dress up in Hanbok in special events like wedding ceremony, festivals, funerals, rites, holidays, etc.. The men's Hanbok is composed of Durumag(a coat), Jeogori(jacket), Baji(pants), Magoja(vest), and Beoseon(socks). The women's Hanbok is composed of Durumagi(coat), Jeogori(jacket), Chima(skirt), Magoja(vest), and Beoseon(socks). The women's dress is specific in colors and shapes. The jacket is short and clung to the body and the skirt is long. The colors of Hanbok are various and splendid.

일본어

韓服、　チマチョゴリすなわち韓服は韓国の伝統的な衣服のことである。結婚、祭、葬式、祭司、お正月やお盆など、特別な日に韓国人は韓服を着る。男性用はドウルマッ(外套のようなもの)、バジ(ズボン)、チョゴリ(ウワギ)、マゴジャ(ウワギのそとに着る)、ボソン(タビ)で構成されていて、女性用はドウルマッ(外套のようなもの)、チマ(スカート)、チョゴリ(ウワギ)、マゴジャ(ウワギのそとに着る)、ボソン(タビ)で構成されている。女性用の韓服は上衣のチョゴリの方は短く、胸幅も狭いがチマの方は身幅が長いのが特徴である。

중국어

韩服，就是韩国人的固有的传统衣裳，在结婚，祝节，葬礼，祭祀，节日等特别的时期，喜悦的穿上韩服。男性的韩服由长袍，褂子，裤子，马褂，布袜等组成，女性韩服由长袍，上衣，裙子，马褂，布袜等构成。女性韩服有上衣短，紧身，而裙子长的特点。

한글

한옥(韓屋)에는 기와집과 초가집이 있는데, 기와집은 잘 부순 찰흙으로 가로, 세로 약 20~30cm, 두께 약 2~3cm의 모양으로 만들어, 그늘에 말려서 불에 구운 기와로 지붕을 이은 것이고, 초가집(草家)은 볏짚이나 밀짚, 갈대 등을 엮어서 지붕을 이은 것이다. 한옥의 구조는 주인마님이나 여성들이 사용하는 안채, 남성들이나 응접용으로 사용하는 사랑채, 곡식을 저장하는 곳간 그리고 부엌, 마루 등으로 구성되어 있다. 한옥은 여름에는 시원하고 겨울에는 따뜻한 것이 장점이다.

영어

Hanok means the Korean style house. The roofs are generally made of the tiles or straws. The tile-roofed house is called a Giwajib. Giwa(tile) is made of clay, well-smashed. The clay is made into a 20-30cm square panel with 2-3 cm thick shapes and then dried in the shades. Then, the panels are baked in the fire and Giwa is completed.

The straw-roofed house is called Chogajib. Chogajib is made of the rice straws, wheat straws, or reeds. Hanok is composed of Anchae (for the house wife or the female members of the family), Sarangchae (for the master of the house and for the guests) and Gotgan (storage for grains). Besides, there are the kitchen and Maru (corridor made of wood planks). By using natural materials like the soil, dry plants and wood, Hanok is cool in summer and warm in winter.

일본어

韓屋には瓦の屋根のと藁屋根の二種類があるがその構造は、奥方や女性の利用するアンチェ（母屋）、客間に用いる主人のサランチェ（居間）、穀物を貯蔵する倉、そして台所や縁側などになっている。韓屋は夏は涼しく、冬は暖かいという特徴がある。

중국어

韩屋分瓦家和草家，瓦家是用和好的黏土做横量，纵长20-30厘米，厚2-3厘米的模样做成，在阴凉处晒干，然后在火里烤灼成瓦片作为屋顶，草家是由冠子或麦子的叶子，芦苇等打编成屋顶。韩屋的构造是由主妇或女性们使用的内屋，或是男性迎接用的外屋，还有贮藏谷物的空间以及厨房，地板所构成。韩屋有冬暖夏凉的特点。

한글

한실(韓室)은 한국인의 침실을 뜻하는데, 침실바닥에 난방장치를 하고 그 위에 흙을 발라서 냉기와 열기의 변화가 적도록 하고, 흙 위에는 다시 기름에 절인 두꺼운 종이를 발라서 위생적이고 촉감이 좋게 한다. 벽에도 흙을 발라서 천연재료에 의한 보온, 방열 기능을 하도록 한다. 전통적으로는 한실 내에서는 침대를 사용하지 않고 바닥에서 잔다.

영어

Hansil indicates the Korean bedroom. The soil is pasted over the heating facilities so as to prevent the changes of the heat and coldness. Oil soaked papers are covered over the soil. This makes the room clean and smooth. In order to keep the room warm and help it difuse the heat, the walls are also covered with the soil. Traditionally, Korean people don't use beds but lie on the floor when they sleep in Hansil.

일본어

韓屋の寝室のことだが床の下に暖房の装置をして、その上をつちを塗って冷気と熱気の変化が少ないようにしてある。つちの上には油につけた厚い紙を張って、衛生的でかつ感触も良い。壁にもつちを塗って天然材料による保温と放熱の機能を生かしている。伝統的に韓室ではベッドは使わないで床に蒲団を敷いて寝る。

중국어

韩室是韩国人温暖的卧室，韩室的地面装有暖房装置，剥开上面的泥土有冷热气的装置，再在泥土上面铺上触感很好的干净的用油膏浸泡过的厚厚的纸。墙里也放天然材料起到保温防热的作用。传统的韩室里没有床，是在地上睡的。

한글

제례(祭禮)는 유교관습의 하나인데, 사람이 죽으면 그 자손이나 친지가 슬픔 속에서 장사를 지내고, 매년 돌아가신 날이나 명절에 조상의 은덕을 추모하고 조상에 대한 존경과 애모의 뜻을 기념하는 것이 제사이다. 제사를 지낼 때에는 형편에 따라, 특히 고인이 생전에 좋아하던 음식 등 여러 가지 음식을 마련하여 제사상에 올린다.

영어

Jaerye (ritual ceremony) is one of the Confucian customs. When a member of a family passes away, the bereaved family performs a funeral in deep grief. Once every year of the same day, or on gala days like Chuseok or the New Year's day, the bereaved family and their relatives make a sacrificial rite in memory of the deceased. According to their living conditions, the family prepares foods, mainly favored by the deceased when he/she was alive. On the ritual day, the family members and their relatives dress up in Korean dresses and perform a rite in front of the table set up with the food prepared.

일본어

祭礼, 儒教慣習の一つである祭礼は人が亡くなるとその子孫や親戚は悲しみのなかで葬儀を終え、毎年亡くなられた日とか節句に祖先の恩徳を追慕し称えるのが祭礼すなわち祭司である。祭司は各家庭のそれぞれの都合に合わせて行なうが特に故人に生前好まれていた食べ物などを丹念に用意する。

중국어

祭礼，是儒教习惯的一种，人们去世后，他的子孙或是亲戚寄托哀悼的葬事。是在每年祖

先去世的日子里或者在节日里追慕祖上的恩德和表达对祖上的尊敬和爱慕的祭祀。祭祀的时候形式多种多样，特别是准备故人生前喜欢的食品等，在祭祀上全部供奉。

한글

예절(禮節) (1) 한국인은 유교의 영향을 많이 받아서 지위나 서열, 나이를 중시한다. 젊은이는 나이든 사람에게, 후배는 선배에게, 지위가 낮은 사람은 지위가 높은 사람에게 공손해야 하고, 존댓말을 써야 하고, 먼저 인사를 해야 한다. 한국인은 인정이 많아서 손님대접을 좋아하고 귀한 음식을 대접한다. 술을 마실 때에는 서로 술을 권하며 함께 노래 부르는 것을 즐긴다. 상대방의 술이 남아 있을 때에는 첨잔하지 않는다. 한국인은 거실이나 침실에 들어갈 때 신발을 벗는다. 나이든 사람들은 침대보다는 한실을 더 좋아한다. (2) 한국인은 자기보다 나이가 훨씬 많은 사람이나 부모님 앞에서는 담배를 피우지 않는다. 또한 공공장소에서 담배를 피우면 벌금을 물게 된다. 식사 때에는 부모님이나 직장의 상급자, 나이가 훨씬 많은 사람보다 먼저 시작하지 않는다. 여자들이 술을 많이 마시거나 담배를 피우면 좋은 인상을 주지 못한다. 부모님이나 직장의 상급자, 나이가 훨씬 많은 사람에게 음식이나 물건을 드릴 때에는 두 손으로 한다.

영어

Yejeol (Etiquette) (1) The Confucian influence has been very strong in Korea for quite a long time. Korean people regard the rank, order and age very important. Young people should be polite in speech and behavior before their seniors. Koreans are friendly and affectionate, so they like to treat each other. When they have guests, they love to serve good foods. When drinking, they ask each other to drink and then they love to sing together. If there still remain some liquer in the glass, they don't add liquer to fill the glass. Koreans usually take off their shoes when they go into the house. (2) Koreans don't smoke in front of the seniors; it is regarded impolite. They are fined if they smoke in the public spots. At table, young people don't start eating before their seniors start. If a woman drinks or smokes too much, she cannot get favor of others. When one gives things to one's seniors, one should do it with both hands politely.

일본어

礼節, (1) 韓国の人々は儒教の影響を受けて地位や序列、年などを重視する。若い人は年寄りに、後輩は先輩に、地位の低い人は地位の高い人に穏やかな態度で接する。言葉づかいも丁寧に、目下のほうが先に挨拶をしなければならない。また、韓国人は情け深くてもてなしを好む。酒と歌が好きな民族だがお酒を飲むときは酒の入っている杯に酒を注ぎ加えることはしない。寝室や居間に入るときは靴を脱ぐことになっている。年よりはベッドより韓室を好む。(2) 韓国人は自分より目上の人や両親の前では煙草を吸わない。また公の場所での喫煙が罰金に処される。食事の際は両親や職場の上司、または目上の人より先に箸を取ってはならないし、物を渡す時も両手で丁寧に渡す。女性の飲酒、喫煙はよくないとされている。

중국어

礼节, (1) 韩国人深受儒教的影响，很重视地位，排序，年龄。年轻人对年长者，后辈对前辈，底地位的人对地位高的人必须要恭敬，一定要使用尊敬语，首先问候。韩国人的人情很厚，用最好的食物来招待客人。喝酒的时候也彼此敬酒，一起愉快的唱歌。对方杯中有酒的时候不向其添酒。进入韩国人的客房或是卧室的时候要拖鞋。年长者比起床来更喜欢韩室。(2) 韩国人在比自己年龄大的人或是父母面前不抽烟。并且在公共场所吸烟会被罚款。吃饭的时候不能在父母，公司的上级，和比自己年龄的人先用餐。女性们喝很多酒或是吸烟会给人以不好的印象。在向父母，公司的上级，比自己年龄大的人递食物或是东西的时候要用两只手送上。

한글

설날은 새해 첫날을 뜻하는데, 한국인은 이날 아침부터 각 가정에서는 조상을 경모하기 위한 제사를 지낸다. 이러한 제사와 제사에 참석하는 가족과 친척을 위해서 여러 가지 음식을 준비한다. 또한 설날에는 모든 가족이 한복을 차려입고 조부모님, 부모님, 이웃에 있는 부모님 이상의 세대(어른)에게 건강장수를 기원하는 세배를 드린다. 준비한 여러 가지 음식은 가족과 친척이 마음껏 먹고 이웃집과도 서로 나누어 먹는다.

영어

Seol (New Year's Day) is the first day of the year by the lunar calender. People perform rites for their ancestors. Many kinds of foods are prepared for the rite and shared after the ritual ceremony. All the people attending in the ceremony usually dress up in Hanbok and perform a New Year's bow to the seniors in prayers for their long life as well as their good health. The prepared food are shared among the people attend and then shared around the neighbors.

일본어

ソルナル （お正月），元旦の朝は家族が集まって祖先敬慕のために数多くの料理を備えて祭司を行なう。またこの日は家族みんな韓服を着て祖父母や父母にセベ(新年の挨拶) をし、親戚、近所の目上の人に年始廻りをする。元旦の料理は隣近所といっしょに交換して楽しく味わう。

중국어

春节是新年的第一天，韩国人这天早上开始各个家庭为了敬慕祖上而进行祭祀。为了这样的祭祀和来参加祭祀的家族人，亲戚而准备各种食物。并且所有家人身穿韩服，给祖父母，父母和邻居中比父母年长的人拜年祈祷健康长寿。并和家人一起高兴的享用各种食物，也和邻居家彼此交换食物享用。

한글

추석(秋夕)은 '한가위'라고도 하는 한국인의 고유한 명절이다. 서양에서의 '추수감사제'와 유사한 우리의 추석에는 한복을 차려입고 여러 가지 맛있는 음식을 마련하여 가족과 친척이 모여서 조상을 경배하는 제사를 지내고, 조상의 산소를 찾아가서 잡초를 베고 성묘를 한다.

영어

Chuseok; Hangawi is another name of Chuseok. A traditional gala day for Koreans, Chuseok day is similar to the Thanks Giving Day. People dress up in Hanbok and perform ancestral rites with the foods prepared in advance. After the rites, they visit their ancestors' graveyards and cut the grass around the graveyards.

일본어

秋夕 (チュソク), 「ハンガウィ」ともいうが日本のお盆にあたる日である。西洋の秋収感謝際と類似しているが新しい穀類でモチ」をつき、韓服(ハンボク)を着て先祖を敬う祭司を行ない、先祖のお墓参りをする。

중국어

秋夕，也被叫做中秋，是韩国人的固有的节日。和西洋的[秋收感谢节]类似，在我们的秋夕，身穿韩服筹备各种丰盛可口的食物，和家人，亲戚聚集一堂举行祭祀敬拜祖上。并且去祖上的墓前祭拜锄草扫墓。

한글

연날리기(鳶) : 정월 초순에 남성들이 즐기는 민속놀이의 하나이다. 연을 날림으로서 액운을 보내고 복운을 가져온다는 전설이 있어 여러 가지 색깔, 여러 가지 모양으로 연을 만들어 주위에 장애물이 없고 약간 지대가 높은 곳에서 연을 날리는데, 누가 더 높이 나는가, 더 멀리 나는가, 누구의 연이 더 튼튼한가를 경쟁한다.

영어

Flying Kites : One of folk spree enjoyed by men. People believe that they can chase away the misfortunes and get good fortunes by flying the kites. They make various colors and shapes of kites and fly them. People usually go up heights or beaches to fly the kites where there are no obstacles. People compete to fly their kites higher and further, and see whose kites are more stronger.

일본어

ヨン ナルリギ (凧飛ばし), 正月の初旬に楽しむ伝統的な男性の遊びである。凧を飛ばすことで厄払いをして福を呼び寄せるという言い伝えがあって、いろいろな形や華やかな色合いの凧を作って凧飛ばしの 競争をする。

중국어

放风筝在正月上旬，男人们进行的民俗游戏的一种。放飞风筝把恶运放走，招来好运，有

一个传说，制作各种颜色，样式的风筝，周围就没有邪魔，还进行比赛，站在较高的地方放风筝，看谁的风筝飞的更高，更远，谁的风筝更结实。

한글

소싸움 : 5월(단옷날)에 경상도 각 지방에서는 사나운 황소들을 데려와 싸움을 시키고 이를 즐기는데, 두 소가 서로 다투다가 한 쪽이 도망가거나 넘어지면 그 소가 지는 것으로 되어 있다. 이런 경우 돈을 걸고 내기를 하는 사람도 있고, 싸움 그 자체를 즐기는 사람도 있다. 청도, 밀양, 진주, 함안 등지의 소싸움이 유명하다.

영어

Bull Fight is performed in Tano festival in May. People from each district in Gyeongsangdo province bring their fierce bulls to a place. The owners of the bulls and spectators enjoy watching the bull fights. If one of the two fighting bulls runs away or falls down, the bull is regarded to lose the game. As most of the cases do, some people bet and the others just enjoy watching the game. Cheongdo, Miryang, Chinju, and Haman areas are renowned for bull fights.

일본어

ソ サウム(闘牛)、ソ サウムは5月に(端午の節句)、慶尚道の各地方で行なわれる。猛々しい雄牛同士をわざと喧嘩させて 観客はこれを楽しむ。必死に戦っている雄牛のどちらかが逃げるか倒れるとその競技は終わることになる。観客の中には優勝する牛を予想してお金を賭けたりする光景も見られる。清道、密陽、晋州、成案などの牛合わせが有名である。

중국어

斗牛在5月(初5)，庆尚道各地方的公黄牛被代到一起进行精彩的斗牛比赛，两头牛彼此进行争斗，哪一方跑开或摔到就输掉比赛，只有一头牛才能最后胜出。这样的情况可以赢得钱，为此打赌的人也大有人在，也有些人喜欢这种争斗的方式。在清道，弥梁，镇州，合安等地的斗牛最为有名。

한글

농악(農樂)은 한국의 농부들이 대표적인 악기인 꽹과리, 징, 북, 장고, 피리, 날라리 등을 연주하는 것인데, 각 마을마다 농민들이 스스로 조직한 농악대원이 있어 설이나 추석 등의 명절에, 동네에 경사가 있을 때, 서로의 협동정신을 북돋우고 일의 능률을 올리고자 할 때 치고, 두드리고, 불고, 춤추고 하면서 온몸을 활동하는 역동적인 연주를 함으로써 구경하는 사람들도 춤추고 싶은 충동으로 동참하게 된다. UNESCO 세계무형유산으로 등재되었다.

영어

Farm Music : Typical music instruments of the Korean farmers' are used. There are small and large gongs, pipes, drums, shawm, and Janggo (an hour glass shape drum). Each village has their own farm bands. On gala days like the New Year's Day and Chuseok day, and on merry events, the farmers play the farm music. They show dynamic gestures as they hit, strike and blow their instruments and dance. Farm music is usually played to encourage cooperation and to develop efficiency of farm work. When they play the farm music, the spectators also feel an impulse to join in the dance. Registered in the World Intangible Heritage of UNESCO.

일본어

農楽, 韓国の代表的な楽器であるクェンガリ、ジン、ブック、ジャング、ピリ、ナルナリからなる激しく力動的な演奏が農楽である。各町ごとに農民たちで組織された農楽団があってお正月やお盆、村にめでたいことや祭りが開かれる度に村びと全員が集まって演奏をし、踊りを楽しむ。UNESCO世界無形遺産に登録されたもの。

중국어

农乐是用韩国的农夫们的代表性的乐器，小锣，钲，鼓，长鼓，笛子，胡笛等演奏的乐曲 有各个农村农民们自己组织的乐团，在春节，中秋的节日里在农村举行庆事时，彼此的鼓励协同精神和工作效率提高时，奏乐，敲击，唱歌，跳舞，并伴随着全身舞动活跃的演奏，在一旁观看的人们也感觉有想跟着一起跳舞的冲动。UNESCO在世界无形遗产中登录的有。

한글

씨름대회 : 5월(단옷날)이나 8월(추석날)에 전국 각 지방에서는 씨름대회를 하는데, 우승자에게는 황소, 준우승자에게는 재봉틀이나 포목 등을 상으로 준다. 경기방법은 두 사람이 각각 샅바를 한쪽 다리에 끼고, 반대편 어깨를 서로 맞대고, 두 손으로 상대방의 샅바를 잡고, 들어서 또는 다리를 걸어서 상대방을 먼저 땅에 넘어뜨리거나 꿇어앉게 하면 이긴다. 힘과 다양한 기술이 겸비되어야 하는 씨름은 아주 역동적인 우리의 민속경기이다. 경기 중에는 농악이 연주되어 재미를 더해준다. 오늘날에는 직업적인 씨름선수단이 만들어져서 자주 경기를 직접 또는 방송으로 관람할 수가 있다.

영어

Ssireum (Korean wrestling) : All the villages in the whole country hold Ssireum contests in May (on Tano day), or in August (on Chuseok day) every year. The first winner gets a bull as a prize. The second best gets a sewing machine or linen and cotton. In the match, the two people wear thigh bands in one leg and put their right shoulders together. By lifting or hook his opponent's leg, the one who makes the other tumble down or kneel down wins the game. Ssireum is a very dynamic folk match that requires both power and technique. The farm music played during the match adds fun to the spectators. Nowadays, professional Ssireum groups are formed. People can enjoy the game on the spot or through TV.

일본어

シルムデフェ(すもう大会), 5月の端午の節句や8月のお盆に全国の各地方ではすもう大会が行なわれるのだが優勝者には雄牛が与えられる。競技の方法は片足にさっばを掛けた二人がおのおのの肩を突き合わせて両手で相手のさっばを 掴み、持ち上げるかまたは足をかけて相手を倒すと勝ち。力と多様な技術の要るパワーフルな民俗競技シルムが行なわれる時はリズミカルな農楽も演奏され楽しさを増してくれる。現在はプロのすもう団が設けられていて競技を直接またはテレビで頻繁に観覧することができる。

중국어

摔交大会5月(初5)或是8月(中秋)，在全国各地举行摔交大会，给冠军发给黄牛，亚军给缝纫机或是布木等奖品。比赛方式是两个人都在一边的腿上系上腿绳，反方向扎在腰间，两只手抓住对方的腿绳，抬起，并且腿也站起，如果首先将对方摔到或是摔坐到地上，即为获胜。必须兼有力量和各种技术的摔交是我们的民俗比赛。比赛中也有农乐演奏更是精彩有趣。现在，成立了职业的摔交选手团，经常进行比赛并且直接在电视中观看到。

한글

태권도(跆拳道)는 한국의 전통적인 무술이다. 태권도는 일종의 격투기로서 주로 다리를 이용하지만 손발을 병용하는 경우도 있다. 경기장의 크기는 가로, 세로 각각 8m, 정방형이다. 현재 태권도를 배우는 사람은 180여개국, 50만명 정도나 된다. 2000년 시드니 올림픽 대회에서 정식 경기 종목으로 채택되었다.

영어

Taekwondo is a traditional martial art in Korea. It's a kind of competing sports. In Taekwondo, they use their legs mainly. At times, they can also use their hands and legs jointly. The match ground is an 8-meter square. About 500,000 people from 180 countries of the world enjoy learning Taekwondo these days. Taekwondo was accepted as a formal sporting entry in the 2000 Sydney Olympic Games.

일본어

テクォンド(跆拳道), 韓国の伝統的な武術であるテクォンドは一種の格闘技で主に足を用いるのだが手足を併用する場合もある。競技場の大きさは縦、横が各8メートルで、正方形のかたちをしている。現在、テクォンドを習っている人口は180余ヶ国、50万人に達している。2000年のシドニーオリンピック大会から正式な競技種目として採択されるようになった。

중국어

跆拳道是韩国的传统的武术。跆拳道是一种格斗技术，主要是用两条腿，但是手脚并用的情况也有。比赛场地大小为，长，宽各8米的正方形现在已经有180多个国家，50万名程

度的人学习跆拳道。在2000年的悉尼奥运会上被正式定为体育比赛项目。

한글

월드컵(World Cup) : 2002년 월드컵 대회는 한국과 일본에서 동시에 개최되었다. 한국에서는 9개 도시에 월드컵 경기장을 준비하여 경기를 치룬 결과 4강의 훌륭한 성과를 거두었다. 이것은 전 국민의 혼연일체가 된 성원과 히딩크 감독의 훌륭한 리더십 그리고 선수들의 강한 집념과 의지의 덕분이다.

영어

The World Cup : The 2002 World Cup Games were held simultaneously in Korea and Japan. In Korea, nine cities constructed playgrounds for this big event. By achieving the myth of ranking among the world four strong teams, Korea won a marvelous victory last year. The united cheers of the whole country, the great leadership of Gus Hiddink's, and the deep attachment and strong wills of our soccer players' were highly evaluated as the cause of the victory.

일본어

ワールドカップ(World Cup), 2002年のワルドカップ大会は韓国と日本で同時に開催された。韓国では九つの都市に競技場が設けられて大会を行なった結果、4位という立派な成績を納めることができた。これは全国民の渾然一体とたった熱い声援とヒディック監督の素晴らしいリーダシップ、そして選手達の強い信念と意志のもたらした結果であると言えるだろう。

중국어

世界杯(World Cup), 2002年世界杯是韩国，日本同时承办的。韩国在9个都市准备了比赛场地，举办赛事的收获是得到了进入4强的伟大的成果。这是归功于全国国民的浑然一体的声援和稀仃克教练的教导和选手们很强的信念和意志而得到的。

한글

도자기(陶瓷器) 는 우리나라의 대표적인 공예품으로서, 태토(胎土)를 재료로 하여 일정한 모양(식기, 다구, 화병, 향로 등)을 만들어 유약을 입히고 1,300℃ 이상의 고온에서 구운 것이다. 태토는 도자기의 원료가 되는 미세한 입자의 점토이고, 유약은 도자기의 표면에 덧씌운 얇은 유리질 막을 말하는데 흡수성을 없앤다. 도자기의 종류는 크게 두 가지로 구분되는데, 고려조 시대에는 주로 푸른색의 도자기(靑瓷)가 많이 생산, 이용되었고, 조선조시대에는 주로 흰색의 도자기(白瓷)가 많이 생산, 이용되었다. 청자는 전남 강진에서, 백자는 경기 이천에서 많이 생산된다.

영어

Ceramics are one of our typical craft works. With the Taeto (mother soil), certain shapes like cooking utensils, tea sets, vases, and incense burners are made. After covering the shapes with lacquer, they are put in a kiln and baked in over 1,300 degrees Celsius heat. Taeto is fine particles of clay and the lacquer is a thin glass ceramic material. The lacquer is put over the surface to prevent absorptiveness. The ceramic porcelains are largely divided into two kinds - Cheongja (blue porcelain) and Baekja (white porcelain). The light blue porcelains were mainly produced in Goryeo era, while the white porcelains were mainly produced in Joseon era. Cheongja was made in Gangjin, Jeolla province and Baekja was made in Icheon, Gyeonggi province.

일본어

陶磁器(やきもの)はわが国の代表的な工芸品で、胎土を材料にして茶碗、茶具、花瓶、香炉などを作り、うわぐすりを塗って1300℃以上の高温で焼いたものである。胎土は陶磁器の原料になる細微な粒子の粘土であり、うわぐすりは陶磁器の表面に塗る薄いガラス質の膜のことをいうが吸収性を防ぐ。陶磁器の種類は大きく二つに分けることができる。高麗の時代は主に青色のものが、朝鮮の時代は白いのが作られた。青磁は全羅南道の康津、白磁は京畿道の利川が有名な生産地である。

중국어

陶瓷器是我们国家的代表性的工艺品，用胎土做材料，制作成食器，茶具，花瓶，香炉等的日常摸样，镀上釉药在1300摄适度以上的高温中烤制而成。胎土作为陶瓷器的原料是微小粒子黏土，釉药作为陶瓷器的表面，是薄薄的罩在外表的玻璃性质的薄摸，没有吸附性。陶瓷器的种类大方面有2种区分，在高丽朝时代主要生产和使用很多的绿色的青瓷，在朝鲜朝时代主要生产和使用白色的白瓷。青瓷在全南江镇生产很多，而在京畿道利川生产很多白瓷。

한글

나전칠기(螺鈿漆器)도 우리나라의 대표적인 공예품이다. 나전은 '자개'라는 뜻이고, 나전칠기는 나전 위에 옻칠을 해서 만든 공예품(화장대, 교자상, 여성들의 생활용품 등)을 말한다. 나무로 만든 기본 틀에 여러 가지 문양의 나전을 조각해 붙이고, 그 위에 옻칠을 연마하여 광기를 냄으로써 아름답고 부식을 막을 수 있다. 경남 통영에서 많이 생산된다.

영어

Najeon Chilgi is also a representative handicraft of Korea. Najeon means the mother-of- pearl, and Chilgi means the lacquer handicrafts. Various kinds of female goods like a dresser, a dining table and household articles were made by putting the lacquer over the Najeon attached utensils. To make the handicrafts, Najeon in various patterns are engraved and glued over the surface of the wooden frame. Next, the lacquer is painted over the Najeon and then polished. The lacquer makes the articles look beautiful and prevents decay. The Najeon Chilgi made in Tongnyeong, Gyeongnam province, are renowned.

일본어

螺鈿漆器(ナジョンチルギ)、これもわが国の代表的な工芸品である。ナジョンチルギはナジョンの上にうるしを塗って作られた工芸品（鏡台、鏡盤、女性の生活用品）のことをいう。木材で作られた原形にさまざまな模様のナジョンの彫刻を付け、その上にうるしを塗って美しい光を出し腐蝕も防ぐ。慶尚南道の統営で、主に作られている。

중국어

螺钿漆器是我们国家代表性的工艺品。螺钿是[珍珠贝]的意思，螺钿漆器是指在螺钿上面上漆所成的(化妆台，四方形的大饭桌，女性的生活用品等)的工艺木品。在用木材制作的底座上粘贴各种摸样的雕刻螺钿，在那上面研磨漆面形成美丽的表面，外模。在庆南统营大量生产。

한글

세계유산(世界遺産) : 1995년 유네스코 본부에서 세계유산위원회 회의가 개최되었는데, 이 회의의 목적은 유산지역에 전문가를 파견하여 유산현황을 파악하고, 보고서를 작성하여 제출하면 유산위원회가 이것을 심의하여 총회에 세계유산등록을 권고한다. 다음은 세계유산위원회가 인정한 한국의 문화재이다. 내용은 앞에서 소개되었다.

(1) 세계문화유산에 등록된 것 : 석굴암, 불국사, 팔만대장경판전, 종묘, 창덕궁, 수원성, 경주역사유적지(남산, 대능원 등), 고인돌유적지(강화, 고창, 화순), 조선왕릉 40기, 하회마을(안동)과 양동마을(경주)

(2) 세계기록유산에 등록된 것 : 팔만대장경, 훈민정음, 조선왕조실록, 조선왕조의궤, 직지심체요절, 승정원일기, 동의보감, 일성록, 5·18 기록물

(3) 세계무형유산에 등록된 것 : 종묘제례악, 판소리, 강릉단오제, 강강술래

(4) 세계자연유산에 등록된 것 : 제주화산섬과 용암동굴

영어

The World Heritage; A committee of the world heritage was held in 1995 in the head quarters of the UNESCO. The committee decided to dispatch a group of spe- cialists to the areas where heritage are preserved. The group investigates the heritage and then makes reports to the committee. After deliberations of the reports, the committee recommend the heritage to be registered as the world heritage, in the general meeting. The followings are the Korean heritage approved by the Committee of the World heritage. Detailed descriptions of each item are already mentioned and explained in previous pages.

(1) Cultural heritage registered in the World Cultural heritage are : Seokguram grotto, Bulguksa temple, the Tripitaka Koreana (called Palmandaejanggyeong) sutra, Panjeon (Sutra) hall, Jongmyo shrine, Changdeokgung palace, Suwonseong fortress, the historic relics in Gyeongju (Namsan hills and

Daeneungwon tomb park, etc.) and the dolman relics in Kanghwa island, Gochang, and Hwasun. 40tombs of the Kings of Josun Dynasty, Hahwae Folk Village and Yangdong Folk Village

(2) Cultural heritage registered in the World Record heritage are : Hunminjeongeum (Korean alphabet), the True Record of the Joseon Dynasty, Jigjisimcheyojeol (one of the Buddhist scriptures which was printed in the metal type for the first time in the world), and the Seungjeongwoen (the office of Royal Secretary) Diary, Principle and Practice of Eastern medicine, Ilsungnok, 5·18 record

(3) Cultural heritage registered in the World Intangible heritage : Jongmyo Jeryeak (ritual music), Pansori(Korean Traditional Vocal Music), Gang reung Dano Festival. Gang-gang-sullae

(4) Natural heritage registered in the World Natural heritage : Jeju volcanic island and lavatubes.

일본어

世界遺産, 1995年、ユネスコ本部で世界遺産委員会の会議が開かれた。この会義の目的は、遺産地域に専門家を派遣して遺産の現況を把握し報告書を出させ、遺産委員会がこれを審議したうえ総会に世界遺産登録を勧告するようにすることである。次は世界遺産委員会が認めた韓国の文化財である。

(1) 世界文化遺産に登録されたもの：石窟庵、仏国寺、八万大蔵経板殿、宗廟、昌徳宮、水原城、慶州歴史遺跡地（南山、大陵苑など）支石墓遺跡地、（江華、高敞、和順）、朝鮮王陵40基、河回民俗村과 良洞民俗村

(2) 世界記録遺産に登録されたもの：訓民正音、朝鮮王朝実録、直旨 心体要節、承政院日記, 日星録, 5·18 記録物

(3) 世界無形遺産に登録されたもの：宗廟祭禮楽, パソソリ, 江陵端年祭

(4) 世界自然遺産に登録されたもの：済州火山島と溶岩洞窟

중국어

世界遗产, 1995年在国际联合教育科学文化组织本部召开了世界遗产委员会会议, 这次会议的目的是在遗产地区, 派遣专家对遗产现况勘察, 并作成和提出了报告书, 通过遗产委员会的商议, 建议在总会里记录为世界遗产。接下来世界遗产委员会认证为韩国的文化财富。下面介绍一下内容。

(1) 以被记录的世界文化遗产：石窟崖, 佛国寺, 八万大藏经板殿, 宗庙, 昌徳宫, 水原城, 庆州历史遗迹地(南山, 大陵园等), 古人石遗迹地(江华, 高敞, 和顺), 朝鲜王陵40基, 河回民俗村과 良洞民俗村

(2) 在世界记录遗产中登录的有：训民正音, 朝鲜王朝实录, 直指心体要节, 承政院日记, 日星录, 5·18 记录物

(3) 在世界无形遗产中登录的有：宗庙祭礼乐, 韩国统声乐, 江陵端年祭。

(4) 在世界自然遗产中登录的有：济州火山岛和济州道熔岩洞窟

한글

한국의 국기(國旗)는 조선조 말(1882년)에 박영효가 제작하였는데, 이것은 동양철학에 근거하여 고안되었다. 흰색의 바탕은 우리민족의 동질성, 순수함, 평화, 백의민족을 상징하고, 청색과 홍색으로 이루어진 태극은 음과 양, 하늘과 땅, 인간과 자연의 조화를 나타내고, 모서리에 있는 4괘는 우주만물의 발전을 뜻한다.

영어

Korean National Flag (Taegeukgi) was devised on the basis of the Oriental philosophy, by Bak Yeong-hyo in the last Joseon era in 1882. The white background symbolizes equality, purity, peace and the white-clad Korean people. The Taegeuk pattern in the center of the flag expresses the harmony of the cosmic dual forces-Yin and Yang, Heaven and Earth, and human and nature. The 4 gwaes (divination sign) in each corner mean the development of the whole creation.

일본어

韓国の国旗は朝鮮王朝の末期(1882年)、朴泳孝によって作られたものだが、これは東洋哲学に基づいて考案されたのである。白地はわが民族の同質性、純粋さ、平和、白衣の民族を象徴しており、青と赤色の太極は陰と陽、天と地、人間と自然の調和を表わし、4卦は宇宙万物の発展のことを意味するのである。

중국어

韩国的国旗, 在朝鲜朝末(1882年)朴泳孝制作的, 这是根据和考察东方哲学而的来的。白色的底色表示我们民族的同质性, 纯粹性, 和平, 上进的白的民族, 用兰色和红色构成的太极是代表阴和阳, 天和地, 人间和自然的组合, 4个边角的意思是宇宙万物的发展。

한글

한국의 국화(國花) : 한국의 국화는 무궁화이다. 외국의 관광객들은 우리나라의 곳곳에서 무궁화 꽃, 무궁화 그림, 무궁화 문양을 볼 수 있다. 무궁화의 특징은 생명력이 강하고 끈질기며 오랜시간 꽃을 피우고 꽃의 색깔과 모양도 우리민족이 좋아하는 것이다.

영어

The National Flower of Korea is the rose of Sharon. People can see the flowers, the pictures or photos of the flowers' and the flower patterns everywhere in Korea. As the rose of Sharon has strong vitality, persistence and long life, Korean people love such traits of the flower. The shapes and the colors of the flowers' are also favored by Korean people.

일본어

韓国の国花, 韓国の国花はムグンファ(むくげ)である。外国の観光客は我が国の至る所でムグンファの花や絵、文様を見ることができる。この花の特徴は根気強い生命力と長い間花を咲かせることにある。

중국어

韩国的国花，韩国的国花是无穷花，外国的观光客在我们国家的每个地方都可以看到无穷花的花，无穷花的画，无穷花的纹样。无穷花的特征是生命力强，折段它也可以长时间盛开，花的颜色和模样也是我们民族所喜欢的。

한글

한국의 언어(言語) : 한글(훈민정음)은 알타이어 계통이다. 10개의 모음과 14개의 자음으로 구성되어 있다. 조선조 4대왕인 세종(1443년)이 학자들로 하여금 창제한 것인데, 그동안 많이 다듬어지고 발전하여 외국의 학자들로부터 매우 과학적이며 표현이 쉽고 다양하다는 평을 받고 있다.

영어

Language : Hangul (or Hunminjeongeum; Korean letters) is the Ural Altaic language group. Hangul is composed of 10 vowels and 14 consonants. King Sejong, the 4th king of Joseon dynasty, ordered a group of scholars to invent Hangul in 1443. In the meantime, Hangul has been polished and developed. Scholars of the world evaluate Hangul a very scientific language which is easy and diverse in expression.

일본어

韓国の言語，ハングル（訓民正音）はアルタイ語系統である。10の母音と14の子音で構成されている。朝鮮王朝の4代目の大王である世宗(1443年)が学者たちに創製させたもので、現代に至るまですこしずつ整えられ、発展してきた。今やハングルは外国の学者に最も科学的で習いやすい言語であるという評価を得ている。

중국어

韩国的语言，韩文(训民正音)，属阿尔泰语系。由10个母音和14子音构成。是朝鲜朝第4代王世宗王(1443年)和学者们一起创建的。那个时候经过反复推敲，后经发展，从外国的学者那里学到了很多科学的简单的表示法，也得到了各种多样的评价。

한글

한국의 위인(偉人) : 한국인으로부터 존경을 받고 있는 역사적인 인물은 수없이 많지만, 그중에서 특히 '세종대왕'과 '이순신장군'은 모든 국민이 기억하고 존경한다. 세종대왕(1397~1450)은 조선조 제4대왕으로서 고유한 우리의 언어인 한글의 창제, 인쇄활자의 개발, 과학적인 영농, 천문기상 연구 등 훌륭한 업적을 많이 남겼으며, 개인적으로도 부지런하고 청렴하며 인정이 많은 분이었다. 이순신장군(1545~1598)은 조선조 중기의 훌륭한 해군장군이다. 고려조 이후 일본이 우리나라를 자주 침입해 많은 인명과 경제적인 피해를 보자 이순신장군은 거북선(세계 최초의 거북모양의 철갑선)을 만들고 화포를 제작하여 일본군과의 전쟁에서 크게 승리하였으며, 개인적으로도 청렴하고 정의로운 분이었다.

영어

Great People : Although we have many people to respect and love, King Sejong the Great and Admiral Lee Sun-shin are the most respected and beloved. King Sejong the Great (from 1397 to 1450) was the 4th king of Joseon era. He left behind him many achievements, such as the invention of Hangul, the development of the typography, study of scientific farming and the astronomical meteorology, etc.. Personally, he was very diligent, warm-hearted and a person of integrity.

Admiral Lee Sun-shin (from 1545 to 1598) was a great navy general in the mid-Joseon era. The frequent invasion of the Japanese since Goryeo era had caused a lot of damages in human lives and economy. Admiral Lee built Geobukseon (an ironclad warship in the shape of a turtle) for the first time in the world. He also made the firearms and could win a big victory over the Japanese troops. Admiral Lee was also a man of integrity and righteous in person.

일본어

韓国の偉人、我が国の国民から尊ばれている歴史的な人物の中に特に「世宗大王」と「李舜臣将軍」がいる。世宗大王(1397～1450)は朝鮮王朝4代目の王としてわが民族固有の言語であるハングルの創製、印刷活字の開発、科学的な営農、天文気象の研究など多大な業績を残した。李舜臣将軍(1545-1598)は朝鮮王朝中期の優れた海軍の将軍である。高麗時代以来日本側が我が国を頻繁に侵略してきて、多くの人命と経済的な被害を与えた時李舜臣将軍はコブッソン(世界初の亀の形をした鉄甲船)を作り、火砲も用いて日本軍との戦いで大いなる勝利を納めた。

중국어

韓国的伟人，从韩国人开始的倍受尊敬和历史性的人物数不胜数，那其中特别是<世宗大王>和<李舜臣将军>受到所有国民的记忆和尊敬。<世宗大王>(1397～1450)是朝鲜朝第4代大王，是专有的我们的语言创造着，活字印刷的开发，科学性的营农，天文气象的研究等伟大的业绩留传百世，其本人也是勤奋，清廉，深受爱戴的大王。<李舜臣将军>(1545～1598)是一位朝鲜朝中期的伟大的海军将军。高丽朝以后，日本经常侵入我们国家残害百姓，破坏经济，营农<李舜臣将军>建造了龟船(世界最早的龟摸样的铁甲船)制作画布，和日本军的战争中取得了巨大的胜利，本人也有清廉，正义的本质。

한글

한국의 교통(交通) : 한국은 자동차산업이 매우 발달해 있고 품질도 우수하여 거의 모든 가정에 차가 있다. 도로는 항상 붐비고 출퇴근시간에는 교통체증이 발생한다. 시내의 버스는 전용차선이 있어 다소 쉽게 소통이 되고 요금은 1,000~1,200원이다. 시내의 택시는 일반택시와 모범택시가 있는데, 요금은 모두 시간·거리 병산제를 사용한다. 일반택시는 기본요금(2km) 2,500~3,000원에다가 일정거리마다 200원씩 가산된다. 모범택시는 기본요금(2km) 4,000~5,000원에다가 일정거리마다 300원씩 가산된다. 전국 주요 도시에는 지하철 노선이 다양하게 짜여져 있는데, 가장 편리한 교통수단의 하나다. 지하철을 타는 방법은 ① 매표창구에서 표를 산다. ② 검표기를 통과한다. ③ 대부분의 경우 지하 1, 2층에서 탑승을 한다. ④ 하차할 때에도 검표기를 통과한다. 요금은 최대 1,500원을 넘지 않는다.

영어

Transportation : Korea is renowned for its automobile industry. In Korea, almost every family has cars. The roads are crowded with cars all the time and it's often to see traffic jams in rush hours. The city buses have their own lanes, so it makes them pass the roads comparatively easily. The fare is ₩1,000~1,200 in general. The general taxis adopt ₩2,500~3,000 for starting fare. Per certain distance, ₩200 is added to the basic fare. The model taxis adopt ₩4,000~5,000 for starting fare and ₩300 is added per certain distance.

Big cities in Korea have various lines of the subway. It is one of the most convenient way of commute. To use the subway; first, purchase a ticket from the ticket window. Second, pass through the ticket examine machine and get on the subway train, usually on the 1st or 2nd basement. Last, pass through the ticket examine machine again after getting off the train. The subway fare doesn't exceed ₩1,500 at the most.

일본어

韓国の交通,　韓国は自動車産業が非常に発達しており、ほとんど全ての家庭に車がある。道路はいつも込んでいてラッシュアワには渋滞になるが市内を走るバスに専用の車線があって多少渋滞は緩む。バスの料金は1,000~1,200ウォンである。タクシーは一般のと模範の二種類があり、料金は両方とも時間、距離の並算制を取っている。一般のタクシーは基本料金(2キロ)2,500~3,000ウォンに一定の距離毎に200ウォンずつ加算される。模範タクシーは基本料金(2キロ)4,000~5,000ウォンに300ウォンずつ加算される。全国の主要都市には地下鉄の路線があり、最も便利な交通手段の一つになっている。地下鉄に乗る方法は ① 切符売場で切符を買う ② 入口の機械に切符を入れて通過する ③ 地下の1、2階で塔乗する ④ 降りる時も同じく切符を機械に入れる。料金は最大1,500ウォンを越えない。

중국어

韓国的交通，韓国汽车产业非常发达，品质优秀，家家都有车。道路经常是热闹拥挤的，上下班时间会有交通堵塞，市内的公共汽车有专用车线，可以很方便的疏通，票价是1,000~1,200元。市内的出租车有一般出租车和模范出租车，费用全是使用时间，距离评算器。一般出租车基础费用为(2公里)2,500~3,000元，每一段里程加算200元。模范

出租车基本费用为(2公里)4,000～5,000元，每一段里程加算300元。在全国主要都市有多样交错的地铁路线，是最方便的交通手段之一。乘坐地铁的方法 1. 在卖票处买票，2. 通过检票机，3. 大多数的情况是在地下1，2层搭乘，4. 在下车的时候也要通过检票机。费用最多不会超过1,500元。

한글

야간관광(夜間觀光) : 서울, 부산, 대구, 광주, 경주 등 대도시나 관광도시에서는 나이트클럽이나 극장식식당, 쇼 공연장, 바 등을 이용하면서 분위기를 즐길 수 있다. 또한 청소년들을 위한 노래방이나 디스코텍이 많아서 젊은이들이 활기찬 밤을 구가할 수 있다. 한국의 밤은 안전하여 여성들도 안심하고 함께 즐길 수 있다. 그러나 한국에서는 홍등가에 가는 것은 법으로 금지되어 있고 위생적으로도 위험하다. 한국인은 목욕과 함께 사우나도 좋아한다. 한국에는 대중목욕탕이 많고 그 안에 사우나 시설을 갖추고 있다. 땀을 흘리고 싶은 사람은 추가비용 없이 쉽게 이용할 수 있다. 때를 밀어(씻어)주는 사람도 있는데, 30~60분 정도 걸리고, 가격은 10,000~30,000원 정도이다.

영어

Night Life : You can enjoy night life in the big cities or tourist cities like Seoul, Busan, Daegu, Gwangju, Gyeongju, etc.. You can go to the night clubs, theatre style restaurants show performances, or bars. Young people can enjoy brisk night life in the Noraebang (Karaoke) or the discotheque. Nights in Korea are safe, so women can also enjoy night life as well as men. However, going to the red-light districts is prohibited by law in Korea.

Korean people love to go to the public bath house where they can enjoy sauna. There are lots of public bath houses in Korea and almost all the bath houses are facilitated with saunas. If you want to shed sweat, you can enjoy sauna without paying extra charge. The public bath houses employ people who help customers scrub and massage. It takes about 30～60 minutes and costs ₩10,000～30,000.

일본어

夜間観光, ソウル、釜山、大邱、光州、慶州などの大都市や観光都市にはナイトクラブ、ディナーショウのレストラン、バーなどが数多くある。また若者のためのカラオケボックスやディスコティックがあり、若者は活気に溢れる夜を謳歌することができる。韓国の治安は非常に安全なので女性も安心して夜の文化を楽しめる。しかし、遊郭への出入りは法的に禁じられている。また韓国人はサウナを大変好んでいるが、市内の至る所に銭湯やチムジルバン(韓国式の大型サウナ)が設けられている。テミリ(あかすり)や全身マッサージもやってもらって時間は30～90分くらいかかり、値段は10,000～30,000ウォン程度である。

중국어

夜间观光，汉城，釜山，大邱，光州，庆州等都市或者在观光都市里的夜总会，剧场式饭店，表演的公演场，酒吧等地方使用游玩时，会有喜悦的气氛。并有为青少年门准备的很多的练歌房，迪士高，年轻人可以歌唱在活力四射的夜晚。韩国的夜晚非常安全，所以女性们也可以一起安心和尽情娱乐。但是，在韩国的红灯街里，去那边的话在法律上是不允许的，在卫生方面也是危险的。韩国人也很喜欢沐浴和桑那。在韩国大众沐浴场有很多，在那里也有桑那的设施。想尽情享受大汗淋漓快乐的人们不必多加费用就可以很方便的使用桑那。还有搓背的人，30~60分钟程度，价格大约是10,000~30,000元。

한글

면세점(免税店) : 여행하는 즐거움 중의 하나가 쇼핑하는 것이다. 쇼핑을 할 때에는 그 나라, 그 지방의 고유하고 전통적인 특산품을 사는 경우도 많지만, 세계적으로 유명한 브랜드의 상품을 구입하는 경우도 많다. 한국에서는 국가가 허가하는 면세점이 있고, 여기에서는 외국의 유명상품을 수입하여 세금을 붙이지 않고 재판매하는데, 외국에서 구입하는 것보다 훨씬 더 저렴하고 운반하는 불편함도 없다. 대도시, 관광도시에는 반드시 면세점이 있다.

영어

Duty Free Shops : While traveling, shopping can be another pleasure. same people like to buy specific and traditional goods while others like to purchase world renowned brand goods. Duty free shops are approved by the Korean government. Big cities or tourist cities have duty free shops and you can get world famous brands in cheaper prices.

일본어

免税店，旅行の楽しみの一つにショッピングは欠かせないものである。ショッピングの際にはその国の伝統的かつ固有の特産品を買う場合が多いが世界的に知られている有名ブランド品を購入することが多い。大都市、観光都市には国の許可を得て運営される大規模の免税店があり、ここでは世界一のブランド品を輸入して税金抜きで再販売をしている。したがって、現地で購入するよりずっと安い値段でショッピングが楽しめる。

중국어

免税店，旅行中一种快乐就是购物。购物的时候，那个国家，那个地方固有的传统的特产品想买的情况尽管很多，想买世界性的有名品牌的产品的情况也很多。在韩国，有国家允许的免税店，在这里，外国的名牌产品购买时不含税金，比起在外国购买或许更合适，也不会有搬运的不便，在大城市，观光都市里，就一定会有免税店。

한글

관광안내소(觀光案內所) : 우리나라의 관광지 전체를 한눈에 조감할 수 있는 곳이 「한국관광공사」

의 여행정보홈페이지(http://www.knto.or.kr)이다.

(1) Travel Within Korea를 선택하면 교통수단의 시간, 간격, 전화번호, 렌터카의 가격, 조건, 전화번호 등을 알 수 있고,

(2) Accommodation을 선택하면 지역별 각급 호텔, 여관 등의 요금, 전화번호 등을 알 수 있고,

(3) Planning a Trip에서 Travel Agent를 선택하면 지역별 여행사들의 주소, 전화번호가 정리되어 있다.

영어

Information Center : Through the Tour Information home page of the Korean Tourism Corporation (http://www.knto.or.kr), you can get informations of all the scenic resorts in Korea.

(1) To know about the hours, intervals, telephone numbers of the transportations, you can choose the 'Travel Within Korea'. You can also get the informations on the price, condition and telephone number of rent-a-car.

(2) If you click Accommodation, you can know about the charges and telephone numbers of each hotels or motels in Korea.

(3) If you pick up 'Planning a Trip' and then click the 'Travel Agent', you can find the list of tour agencies of each area with their addresses and telephone numbers.

일본어

観光案内所, 韓国観光公社の旅行情報ホームページ(http://www.knto.or.kr)に入ると、わが国の観光地全体を一目に見ることができる。

(1) Travel with in Koreaでは交通手段のダイや、電話番号、レンターカーについての全てのことが調べられる。

(2) Accommodationでは地域別のホテル、旅館の値段や電話番号が調べられ、

(3) Planning a trip travel agentでは各地域別旅行代理店の住所や電話番号などが乗っている。

중국어

观光案内所, 一眼可以看到全部我们国家的观光地的地方是<韩国观光公司>的旅游信息网页(http://www.knto.or.kr).

(1) 如果选择Travel Within Korea的话, 可以清楚的知道交通手段的时间, 间隔, 电话号码, 租车的价格, 条件, 电话号码等。

(2) 如果选择Accommodation便可以掌握不同区域各级宾馆, 旅店等的价格, 电话号码。

(3) 在Planning a Trip选择Travel Agent就可以整理不同区域旅行社的地址和电话号码。

PART 6

전문지식에 관한
필기시험

전문지식에 관한 필기시험

1. 국사

1. 선사시대

1) 구석기시대

한반도와 만주 일대에서 인류의 활동이 시작된 시기는 대략 70만년 전인 구석시시대로 확인되고 있다. 그러나 이들이 곧 우리 민족의 직접 조상이라고는 할 수 없다. 왜냐하면 당시는 현재와 같은 자연환경이나 지리적 조건이 아니었으며 당시의 인류는 이동생활을 하였기 때문이다.

2) 우리 민족의 형성

실제 우리 민족의 조상으로 되는 인류는 이른민무늬토기나 빗살무늬토기를 사용했던 BC 6천년 전의 신석기인으로 생각된다. 이들은 정착생활로 농경·어로·목축생활과 원시신앙을 가졌었고 혈연 중심의 공동체사회를 이루고 살았다. 인종상으로는 몽고계의 퉁구스족, 언어학상으로는 알타이어족에 속하고 있다.

3) 민족의 이동경로

우리 민족의 이동경로는 우선 요동반도에서 한국 서해안지역으로 들어와 남해안지역까지 퍼져 내려왔고, 또 한 갈래는 동만주에서 동해안으로 하여 부산 동삼동까지 내려왔으며, 일부는 중국 산동반도로부터 서해안 일대로 들어온 것으로 알려지고 있다.

4) 신석기시대의 사회와 문화

이 시대를 대표하는 즐문토기인은 많은 간석기·골각기(뼈바늘, 뼈낚시)로 된 도구의 제작과 민족공동체 생활을 영위하였다. 또한 이들은 자연과의 밀접한 관련 아래 애니미즘·샤머니즘·토테미즘 등의 원시신앙생활을 하였으며, 생활용구를 부장한 것은 태양신·조상신과 계세사상을 가

겼던 이들의 정신문화를 알려주는 예가 된다.

2. 부족국가의 성립과 그 문화

1) 청동문화의 전래와 부족국가의 형성

BC 1000년경에 우리나라는 요령지방 청동기를 통해서 화북 오르도스, 그리고 다시 시베리아의 미누신스크, 스키토 청동기문화의 요소를 받아들여 청동기문화를 형성하였다.

2) 고조선의 성립

단군신화에서 비롯되는 이 부족국가는 환웅의 신화와 웅녀의 토템신앙이 결합된 고대국가 건설의 일면을 잘 보여주고 있다.

3) 철기문화의 전래와 고조선사회 변천

고조선 사회는 이후 철기를 소유한 한민족과의 부단한 투쟁을 거쳐 변질되어 갔다. 즉 철기문화의 전래와 한족 특히 전국시대의 연·제 등과의 충돌에서 많은 변천을 하게 되었던 것이다.

3. 부족국가의 발전

1) 철기문화의 확대

BC 4세기 이후 철기문화의 기반 위에 더욱 발전해 나갔던 고조선은 한과의 부단한 충돌 속에서 결국 BC 108년에 멸망하였고, 한4군이 설치되었다.

2) 부족국가의 성립

철기문화의 확대는 우리나라 각지에 여러 부족국가를 성립케 하였으니, 북쪽에는 부여·고구려·옥저가 성립되었으며, 남쪽에는 삼한 등의 많은 부족국가가 일어나게 되었다.

4. 삼국의 성립과 발전

1) 고대국가의 성격

고대국가란 부족연맹체국가가 점차 해체되면서 왕을 중심으로 각 부족장세력을 통합한 중앙집권적 국가를 말한다. 이러한 국가는 이미 고조선 말기부터 각 지방의 부족국가들이 한과 싸우면서 강력한 정치적 사회를 형성한 데서 비롯되며, 고구려·백제·신라가 대표적이다. 이들 고대국가는 그 성립시기가 각기 다르긴 하나 일반적으로,

① 왕권의 전제화를 위한 행정체제의 정비, 율령의 반포, 부자상속제의 확립을 보이며,

② 군사력의 강화와 정복사업의 적극화로 피정복민을 노예화하였으며,

③ 사상적으로는 불교를 수용하여 그 통일을 내세웠음이 특징이며 공통점이다.

2) 고구려

부족연맹국가인 고구려는 2세기경 태조왕 이후 고대국가로 발전하였다. 즉 한과의 오랜 투쟁 후 삼국시대(위·촉·오)에는 오와 통교하여 위에 대항하였고, 진이 건국되자 낙랑·대방군을 점령하여(313~4년) 대동강 유역을 확보하였다.

3) 백제

고조선이 망할 무렵 북방유이민 일파가 위례지방에 세운 백제는 고이왕(234~286년) 때 한강유역의 여러 부족을 통합하였고, 대방군과 충돌하였다. 그 후 근초고왕은 대방군을 점령하고 고구려 고국원왕을 전사시켰으며, 남의 마한을 점령하는 한편 동진·왜와 통교하였다.

4) 신라

고조선 멸망 후 소백산맥 너머 경주에 세워진(BC 57년) 나라가 신라이다.

초기엔 삼성교립(박·석·김)과 6부족 연맹체를 이루다가 제17대 내물왕부터 김씨 세습이 확립되었다.

5. 삼국의 정치와 사회

1) 고구려의 정치와 사회

① 태조왕 이후 계루부의 고씨가 세습한 후 부자상속은 확립되었다.

② 관료제도로는 대로·대대로·막리지 등이 있었으며, 그 아래 사자·선인 등 14등급을 두었다.

③ 지방은 5부와 그 밑에 성의 처려근지 및 삼경을 두었으며, 그 밑에 성이 딸려 있었다. 각 부의장을 욕살, 성의 장을 처려근지 또는 도사(道使)라 불렀다. 특수행정구역으로 삼경을 두었다.

④ 삼국은 모두 지방행정단위에 행정과 군사의 목적을 겸행케 하였다.

⑤ 사회법속도 엄하여 1책 12법 등이 시행되었고, 특히 모반자·패전자·살인자는 사형에 처하였다.

⑥ 토지제도는 왕토사상의 관념 속에서 귀족에는 사전·식읍이 지급되었고,

⑦ 조세는 매호마다 조를 3등호로 하여 곡식으로 받는 한편, 세는 인두세로 마나 곡식으로 거두어들였다.

2) 백제의 정치와 사회

① 부여씨를 왕족으로 한 백제는 북방 유이민 집단과 비옥한 한강유역을 바탕으로 조기에 고대 국가를 형성하였다.

② 관료제도는 상좌평·6좌평, 관문은 16관등으로 하였고, 자·비·청의 복색을 마련하고 율령을 반포하였다. 사비천도 후에는 22부의 관서를 새로 두었다.

③ 지방제도는 5방으로 나누어 방령을 두며 700~1,200명의 군인을 두었고, 그 밑에 군장을 두었다. 정남은 개병제 원칙으로 군역에 종사케 했으며, 그 외 22담로를 설치하였다.

④ 고구려와 같이 법속이 엄하였고, 절도자에게는 그 3배를 배상하게 하였다.

⑤ 조세제도로는 조로 쌀을 받고, 세로 쌀·명주·베 등을 받았다.

3) 신라의 정치와 사회

① 가장 씨족적이고 폐쇄적이었던 신라는 각 지방의 부족세력을 통합·편제하는 방법으로 골품제도를 마련하였다.

② 중앙정치제도는 법흥왕 때 병부·상대등밖에 없었으나, 진덕여왕 때 집사부·창부(재정업무 담당) 등이 설치되어 그 정비를 보게 되었다.

③ 지방제도는 5주를 나누고 이에 군주를, 소경에는 사신을 두었으며 주에는 6정이 설치되었다.

④ 경제제도는 결부법·조용과세법 및 동시전을 행했으며, 수공업의 발달이 현저하였다.

⑤ 그 외 진골귀족인 대등으로 구성되는 화백제도와 원화에서 비롯된 화랑제도를 통하여 통일역군이 될 인재를 배출하였다.

6. 신라의 삼국통일

6세기 말부터 지방에서 고구려가 수·당과 충돌하고 있을 때 남부에서는 백제가 신라를 자주 침략하였다. 그러나 그 안에 신라는 김춘추, 김유신 등의 활약으로 국력을 신장시켜 통일의 기반을 구축하여 갔다.

① 최초의 민족적 통일이었으며,

② 민족문화의 기틀을 확립한 계기가 되었고,

③ 당세력을 역이용한 신라의 반도통일은 민족의 독립성을 표현한 징표가 되었다.

④ 그러나 이는 겨우 대동강~원산만을 연결했던 불완전한 통일로서 고구려의 옛 땅은 상실한 바 되고 말았다.

7. 통일신라의 정치와 사회

1) 중앙관제의 정비

① 제도의 정비 : 법흥~진덕여왕 때 일단 정비된 제도는 통일 후 더욱 확대·정비되어 집사부를 정점으로 14개 관청이 설치되었다.

② 관료체제의 개혁 : 귀족의 대표격인 상대등의 기능이 약화된 반면, 집사부의 중시가 실질적 수상이 되어 집권적인 관료체제가 정비되었다.

③ 지방제도의 개혁

④ 경제제도의 개편

⑤ 군사제도

2) 통일신라의 문화

통일신라의 문화는 확대된 경제적, 사회적 기반위에 삼국문화가 통합되어 당 문화를 중심으로 한 국제문화 조류에 직접 참여함으로써 성립된 민족문화였다. 문화의 중심은 불교였으며 귀족중심의 문화였다.

3) 통일신라의 붕괴 과정

(1) 통일신라의 대외관계

① 통일기의 당과의 관계는,

- 진평왕 43년 처음으로 조공관계가 성립된 후,
- 나·당 연합군에 의해 제·여를 멸망시켰으나,
- 신라의 당세력 구축 후 단교상태였다가 선덕여왕 때 재개되었다.

② 통일 후 당과의 관계는,

- 초기의 대당 관계가 정치·군사적이었다면 후에는 문화·경제적이었다.
- 빈번한 조공무역으로 구법승, 유학생, 상인의 내왕이 많았고,
- 비단, 의복, 서적, 문방구, 차 등이 수입되었다.

8. 고려의 성립

1) 고려의 건국(918년)

궁예의 휘하에서 자립한 송악의 호족, 왕건은 고려를 건국하여 연호를 천수라 하고 민족의 재통일을 이룩하였다.

2) 후삼국의 통일(936년)

쇠퇴한 신라는 마침내 경순왕 8년(935년)에 고려에 투항하고, 이듬해 후백제도 고려에 토벌되어 민족 재통일이 이루어졌다.

9. 고려의 정치와 사회

1) 중앙관계

국초에는 태봉의 광평성과 9관등(후에 16관등)을 바탕으로 신라제도를 절충한 후 경종~문종 때에 이르러 당제를 모방하여 정비하였다.

2) 지방관제

성종 때 12목에 지방관을 파견한 후 현종 때 5도 양계로 하였다. 초기에는 개경 · 서경 · 동경의 삼경을 두었다가 후에 동경 대신 남경을 두었다. 통일신라 이후 존속된 천민집단으로 향 · 소 · 부곡이 있었고, 사심관 · 기인제도가 있었다.

3) 과거제도

광종 때 쌍기의 건의로 문관중심의 관료체제 정비를 위해 실시하였다. 과거시험은 제술과 · 명경과 · 잡과 · 승과로 구분되었고, 응시절차는 상공 · 향공의 1차 예비시험과 2차시험을 거쳐 3차시험인 동당감시로 나누어진다.

10. 고려의 문화

1) 불교의 변천과 발달

① 여초의 숭불정책 : 태조의 훈요10조와 사찰건립, 광종의 양반제도, 현종~문종대의 대장경 조판 등으로 불교는 크게 장려되었다. 통일신라의 5교와 천태종 및 조계종이 성립되어 5교 양종이 성립되었다. 정치 · 경제적으로 강력한 세력을 가졌던 불교는 점차 타락 세속화되었고, 무신집권 이후 그 사상적 지주로서의 자리를 점차 상실하여 갔다.

2) 유학의 발달

치국의 도로서 유학은 성종의 문치주의와 국자감 등 교육기관의 정비로 발전되어갔다.

종래까지의 훈고학에서 송대 주자학이 충렬왕(13C 말) 때 안양에 의해 최초로 전래되면서 불교에 대신하여 그 사상적 지도이념을 제시하게 되었다. 우주와 인간의 근원을 형이상학적 · 사변적으로 설명하려던 주자학은 하나의 정치철학으로 조선사회에 끼친 바 영향이 컸다.

11. 귀족정치의 붕괴와 무신집권

1) 문벌귀족정치의 붕괴

① 고려의 귀족은 왕실과 외척관계를 맺은 특권계층으로,

② 경원 이씨, 해주 최씨, 경주 김씨, 파평 윤씨 등이 대표적이다.

③ 이 중 외척 이자겸이 왕위찬탈을 음모하여 난을 일으켰으나,

④ 척준경과의 불화로 실패하였다.

⑤ 이자겸의 난으로 왕궁은 소실되고 왕권은 땅에 떨어졌다.

⑥ 이 때 서경파인 묘청, 정지상 등이 도참설에 따라 서경천도, 금국정벌을 주장하고 나왔으나 개경파 김부식에 의해 좌절되었다.

2) 무신의 난(의종 24년, 1170년)

① 배경 : 문치주의 채택 후 문신의 무신천대는 날로 심해가 이미 현종 때 무신 최질, 김훈이 난을 일으킨 일이 있었다(1014년).

② 정중부의 난 : 보현원 놀이에서 무신 정중부, 이의방 등이 반란을 일으켜 의종을 폐하고 명종을 세우는 한편, 많은 문신을 살육한 후 정권을 장악, 무신집권을 확립하였다.

12. 고려후기 사회와 문화

1) 고려왕조의 멸망과정

① 공민왕의 개혁정치와 실정

② 농장의 확대와 사대부의 진출

③ 홍건적과 왜구의 침입

④ 외교정책의 대립과 위화도 회군

⑤ 전경개혁과 고려의 멸망

2) 고려후기의 문화

① 학술의 발달

② 과학기술의 발달

③ 예술의 발달

13. 조선왕조의 성립

1) 조선왕조의 건국

여말 홍건적과 왜구토벌에 무공을 세운 이성계는 신흥 유학자들의 협조로 조선왕조를 개창하였다. 즉 위화도회군으로 정치·군사권을 장악하였으며, 과전법 개혁으로 경제적 실권까지 장악한 그는 신흥사대부와 도평의사사의 합법적 추대로 조선을 건국한 것이다(1392년 7월).

조선왕조 건국 목표는 민본국가의 건설에 있었다. 건국의 주역을 담당한 신흥유학자들은 중·소 지주로서, 지식인으로서, 여말의 민족의 시련을 몸소 체험한 후 민본의식과 부국강병을 주장하고 나온 것이며 동시에 민족문화의 절정을 이루었고, 그 속에 통치질서가 확립되어 갔다.

2) 민족국가로의 발전

① 자주국가의식
② 자주적 외교
③ 민족문화의 완성

14. 조선의 정치와 사회

1) 조선왕조의 관료제도

3정승의 의정부에서 정령의 결정이 이루어지고 국왕에 품달되며, 6조와 승정원·사헌부·사간원·강문관·홍문관 등 특수관청에서 모든 정무를 분담하였다. 6조의 장은 판서이며 실질적 행정기구였다. 수도행정을 맡은 한성부가 있었다. 전국을 8도로 나누어 관찰사를 파견하였으며 수령을 지휘·감독하였다. 그의 경관은 유수관으로 4부에 파견되었으며, 특수지역은 5부, 20목으로 편제하였다. 군현 밑에는 면·리가 있었고 5가작통으로 되어 있었다. 병농 일치와 양인 개병제를 원칙으로 하여 16세 이상의 남자는 군인이 되거나 봉족이 되어야 했다. 중앙군으로 5위가 중심이 되었으며, 지방군은 공군과 수군으로서의 의무군인이었다. 그 외 전직관료, 향리, 서리, 교생, 노비 등으로 구성된 잡색군이 예비군으로 있었다. 군역 대상자의 조사를 위해 3년마다 호적을 정비하고 호패법을 실시하였다.

2) 경제제도

여말의 과전법은 농장확대에 따른 폐단을 막고 신진사대부의 경제적 기반마련을 위해 실시되었으며, 수조권 분급을 기반으로 하였다. 과전법의 성립으로 지주에 대한 조세율이 50%에서 10%로 감소되어 농민의 부담이 경감되었다. 그러나 과전의 부족과 세습경향으로 인해 과전법은 세조 때는 현직자 위주의 직전제로 개편되었고, 성종 때는 관수관급제로 되었다. 조는 결에 30두, 세는 결에 2두이었으며, 그 외 공물·역의 의무가 있었다. 세종 때는 다시 연분 9등법, 전분 6등법을 마련하였고, 시전상인의 독점적 상행위와 지방의 보부상의 활동이 있었을 뿐 상공업은 활발하지 못하였다.

15. 민족문화의 발달

1) 한글의 창제와 전통문화의 정리

세종은 집현전 학자들로 하여금 28자의 한글을 창제, 반포하였다(세종 28년, 1446년). 그 안에 한글로 된 용비어천가, 석보상절, 월인천강지곡, 동국정운 등 많은 서적이 간행되었다.

2) 성리학의 발전과 불교의 쇠퇴

여말·선초의 사회적 전환은 사상적 측면에서 유불 교체로 나타난다. 이때의 주자학에는 두 이질적 흐름이 있었으니 정도전, 권근의 관학파와 길재, 김숙자, 김종직 계통의 사학파(사림파)가 그것이다.

16. 양반문벌사회의 형성과 분열

16세기 이후 귀족정치로 변해 민족의식은 맹목적인 존화주의로 갔고, 부국강병과 민족문화는 쇠퇴하여 갔다. 즉 사회적 불평등과 외민족과의 충돌은 조선사회를 극도로 혼란시켜 양반관료층은 지주·지식인·특권층으로서 족당을 형성하여 세력을 확장시켜갔다. 향약, 향청, 서원은 이들 세력을 강화시켜 주는 구실이 되었고, 양반수는 증가하고 중인은 기술직을 독점하여 지배층을 형성하였다. 16세기 양반사회의 형성은 권력쟁탈의 사화와 당쟁을 가져왔다. 사화는 영남의 토착 중소지주들이 성종 때 등용되어 기성훈구세력을 공격한 데서 비롯된다. 무오사화(연산군 4년, 1498년), 갑자사화(연산군 10년, 1504년) 등 오랜 사화기간(1498~1545년) 뒤에도 양반사회의 체질은 개선되지 않고, 선조 때(1575년) 동인·서인으로 분당 후 다시 남인·북인, 소북·대북의 분열을 거듭하여 4색 당파를 이루었으나 영조의 탕평책 실시로 식어가게 되었다.

17. 조선의 대외관계

14세기 이후 왜구의 침입을 막고자 여러 번 금관교섭을 했으나 실패하였고, 투항 왜인에게는 우대를 베풀었으며 침략행위에 대해서는 강경책을 썼다. 태조 때 김사형에 이어 세종 때 이종무가 대마도를 정벌(1419년)한 후 일본의 요청으로 3포를 개항(부산포·제포 : 1407년, 염포 : 1426년)하고 계해조약을 맺어(1443년) 회유정책을 썼다. 그 후 3포 왜란(1510년)을 일으킨 후 임신약조(1512년)에서 더욱 제한을 가했고, 사량진왜변(1544년)과 정미약조(1547년)가 나오게 되었고, 을묘왜변(1555년) 후 양국의 국교는 중단되고 말았다.

18. 조선사회의 개편

1) 정치·군사제도의 개편

① 비변사의 설치 : 중종 때(1510년) 설치된 후 명종 때(1555년) 상설기구화되어 3정승과 6조판서, 5군영의 장군, 사, 유수관 등 제주와 낭청으로 구성되는 국가 최고의 행정, 국방, 치안 등을 관장한 기구였었으나 고종 때 폐지되었다.

② 대동법 실시 : 공물제도는 수송, 저장, 토산물심사 등의 불편과 방납에 따른 농민부담의 과중으로 일찍이 수미법이 제창되어 경기도에서 실시된 후 북방을 제외하고 전국적으로 실시되어 결당 12두로 전세화되었다.

③ 균역법 실시 : 16세기 이후 수포대역체가 실시되면서 정남은 포 2필(12~20두)을 바쳐야만 했다(인두세). 영조 때는 포 2필을 1필로 감소하였고, 부족액은 결작(2두)과 어업세, 선박세, 염세 등으로 보충케 하였다.

2) 산업의 발달

① 농업의 장려

② 상업의 장려

③ 수공업의 장려

④ 광업의 장려

19. 문화의 혁신적 새기운

1) 서양문물의 전래

이광정이 명에서 유럽지도를 가져온 후(1603년) 마테오리치의 「천주실의」가 소개되고, 정두원과 소현세자 등에 의해 과학문물, 천주교 서적 등이 전래되었다.

2) 실학의 발달

18세기부터 남인학자에 의해 서양문물과 고증학에 영향을 받아 봉건적 주자학에 반성이 나타나고, 실학은 실사구시, 경세치용, 이용후생을 본질로 현실사회의 개혁방안을 제시하게 되어 국리민복, 부국강병, 민생안정을 추구하는 실학파는 이익, 유형원, 정약용 등의 중농적 실학사상과 유수원, 박지원, 박제가, 홍대용 등의 중상적 실학사상 2대 조류가 있었다.

20. 조선후기 사회의 혼란과 개혁운동

1) 정치의 문란과 민중의 반항

19세기에 들어와 귀족중심의 세도정치로 바뀌어 정치사회는 문란해졌다. 즉 순조, 헌종, 철종 연간(1800~1863)에 왕의 신임을 받은 외척의 일족이 출현하여 정권을 장악하였으니 순조 때 김조순, 헌종 때 조만영, 철종 때 김문근 등이 3대 60년간 세도정치가 계속됨으로써 왕권이 쇠퇴하고 기강이 문란하여 극도로 혼탁해졌다. 더욱이 수취체제(삼정) 문란은 국가재원을 착취하여 농촌사회의 퇴폐와 농민의 유민화 및 아민을 속출(1810년대에 200여만의 기민이 발생)하는 탐관오리의 폐단이 컸다. 이에 홍경래의 난(순조 11년, 1811년)을 비롯한 진주민란, 개령민란이 일어났으며 조선사회의 위기는 고조되었다.

2) 동학의 발생과 동학운동

세도정치 하에서의 민중의 반발과 서학의 전래로 조선사회는 새로운 사상, 종교, 철학을 요구하게 되었고, 그것은 곧 몰락양반층의 수운 최제우에 의해 창시되어 노비출신의 매월 최시형에 의해 확립되어갔다. 동학은 유교·불교·도교의 교리를 토대로 서학(천주교)에 대항하여 수립된 민중종교요 민족종교였다. 동학이 천민과 농민층에 환영받아 3남 일대에 유행하자, 정부는 혹세무민의 죄목을 달아 교조를 처형하였으나 교세는 더욱 확대되어 갔다.

3) 대원군의 개혁정치와 쇄국

고종이 즉위하고 이하응이 대원군으로 섭정할 때(1863~73년)는 서양열강이 동양진출을 감행하여, 청은 아편전쟁에서 패하여 문호를 개방하고 반식민지화 되어가고, 일본도 미국에 의해 개국되고(1854년), 조선에도 영국, 프랑스, 러시아 등이 문호개방을 요구하여 위협해 왔다. 이 때 대원군은 왕권을 확립하여 기강을 세우고 외세의 침투를 격퇴할 쇄국정책을 취하여 위기타개의 최선책을 삼고 있었다.

21. 개화와 척사운동

1) 조선의 문호개방

대원군의 하야(1873년)와 새로운 민씨세력의 등장은 쇄국정책에 대한 비판과 개국의 필요성을 대두시켰다. 이 때 일본은 메이지(明治)유신 이후 개국되어 우리에게 강화도조약을 체결하고 문호를 개방시켰다. 이는 최초의 근대적 조약이긴 하나 불평등조약으로 일본의 침략을 가능케 했으며, 결국 부산, 인천, 원산이 개항되었다. 미국, 영국, 독일, 러시아 등도 국교를 맺고 문호가 개방되었다.

2) 갑신정변

고종 21년(1884년) 개화당은 수구파를 암살하고 고종을 창덕궁에 모신 후 신정부 수립과 개혁정책을 발표하였다. 14개조의 신정강령은 3일만에 청의 간섭으로 실패하고 개화의 꿈은 깨어지고 말았다. 청은 국정을 위안스카이로 통할하였고, 일본은 한성조약을 체결하여 배상금을 요구하고 청과 톈진조약을 맺어(1885년) 동등권을 확보받았다.

3) 척사운동

1870~1880년대 조선의 사상적 주류는 자본주의의 외세침투와 일본을 배척하고 주자학적 전통질서를 지키려는 척사운동이었다. 이는 보수적 양반층과 유생들이 중심이 되었고, 최익현의 위정척사론은 대표적인 것이었다. 이는 전통사회에서 근대사회로 전환하는 개화기에 배치되나 자아의식과 국가의식의 표현이라고 볼 수 있다.

22. 주권의 상실과 민족의 자각

1) 제국주의 열강의 각축

시모노세키조약에 대한 3국의 간섭은 일본세력을 위축시키고 러시아세력을 강화시켜 친 러시아내각의 수립을 가져오니, 일본은 친러파의 민비를 살해하고(을미사변, 1895년) 다시 친일내각을 수립 내정개혁을 추진할 때 국민의 반항으로 의병운동이 적극화되어 갔다.

이에 친러내각이 수립, 모든 권한은 러시아가 관장하고 각국이 다투어 광산채굴과 산림채벌권, 철도부설권 등 이권을 점탈하여 갔다.

2) 민족의 저항과 자각

일제의 강압적 침략에 대해 우리 민족은 저항을 벌였으나 일본은 고종을 퇴위시키고 한·일신협약(정미7조약, 1907년)으로 차관정치를 실시하고, 군대를 해산하고(1907년), 사법권을 빼앗고(1909년), 경찰권을 빼앗아(1910년) 합방을 단행하게 되었다(1910년 9월 29일). 독립협회의 활동과 아울러 보안회, 공진회, 헌정연구회, 신민회, 흥사단, 대한국민회 등이 조직되었으며, 반면 일제의 앞잡이로 유신회(이후 일진회로 개칭), 진보회 등이 충돌하였다. 1883년 박문국에서 한성순보, 그 후 독립신문, 황성신문, 제국신문, 매일신보, 만세보, 대한민보, 경향신문 등이 간행되었다. 잡지로는 한국휘보, 한국평론, 조양보, 소년 등이 나왔다. 갑오개혁 후 새로운 교육령이 발표되었고, 1895년에는 교육입국조서가 발표되었다. 1886년 육영공원이 세워졌고 배재학당, 이화학당, 경신학교가 세워졌다. 조선어학회가 조직되었고 국어연구의 저술이 나왔으며 민족의 독립성, 주체성, 우수성을 강조하여 새 한국사의 정립을 위해 민족사학이 발달되었다. 1883년 기기창, 박문국, 전환국이 세워진 후 1884년 우정국이 설립되었다. 전신이 가설되고 전화가 가설되었다. 철도가 부설되고 현대식 병원이 설립되었으며 고딕양식과 르네상스양식의 건축이 세워졌다.

23. 대한민국의 발전

1) 민족의 해방과 독립

경술국치(1910년) 이후 일제의 압제에서 줄기찬 민족독립운동은 드디어 제2차 세계대전의 결과 일본이 무조건 항복함으로써 해방이 성취되었고, 카이로선언(1943년)과 포츠담선언(1945년)에서 독립이 약속되었으나 얄타협정에 따라 미·소가 38도선을 경계로 분할 진주하여 분단된 국토를 맞게 되었다.

2) 대한민국의 수립과 시련

유엔감시 하의 총선거를 거부하는 북한을 제외하고 남한만이 단독 총선거를 실시하여 제헌국회가 소집되고 헌법이 제정·공포됨으로써 대한민국 정부를 수립하였다. 그러나 1950년 6월 25일 북한은 소련과 중국의 지원 아래 남침을 감행하여 피비린내 나는 동족상잔의 비극을 초래하고 말았다.

3) 대한민국의 발전

전쟁의 잿더미 위에서 다시 일어선 우리는 급변하는 국제정세와 남북의 대결 속에서도 눈부신 경제발전을 이룩하였고, 이제는 남북한의 화해와 협력을 통해서 민족의 자주통일을 앞당기려 노력하고 있다.

1. 우리나라 구석기 시대의 유물·유적에 관해서 설명하라.

① 한반도 전역에 걸쳐 구석기 시대의 유물·유적이 발견되었다. ② 지금까지 발견된 가장 오래된 구석기 유적지는 상원 검은모루이다. ③ 공주 석장리와 웅기 굴포리의 구석기 유적지는 약 3만년 전의 것이다.

2. 우리나라에서 구석기 시대의 석기가 발견된 곳은?

공주 석장리

3. 난방장치인 온돌시설을 처음으로 사용하기 시작한 시기는?

신석기 시대

4. 우리나라의 신석기 문화의 특징을 설명하라.

① 토기가 처음으로 만들어지기 시작하였다. ② 농경, 목축, 족외혼, 공동생산, 공동분배가 행해졌다.

5. 신석기 시대 후기의 특징은?

원시적인 농경생활이 영위되었다.

6. 우리 민족의 주류를 형성한 사람들은?

선민사상을 갖고 고인돌, 적석총, 선돌을 만든 사람들로서 동이족 중 무늬 없는 토기문화 위에서 청동기 문화를 성립시킨 한족과 맥족, 예족

7. 신석기 시대의 문화에서 우리나라의 빗살무늬토기와 관계가 있는 것 두 가지를 지적하라.

① V자 모양으로 밑이 뾰족하고 회색 빛깔이 난다. ② 북유럽지방으로부터 시베리아 동부지방에 이르는 각지에서도 발견되고 있다.

8. 무늬 없는 토기문화의 발전과정은?

농업에 바탕을 둔 신석기 문화에서 청동기 문화로 발전하였다.

9. 우리나라 청동기문화의 특징을 말하라.

청동기 시대에는 청동으로 만든 부장품, 무기가 발달하여 전쟁에 의한 정복이 활발해졌다.

10. 한강 이남에 분포되어 있는 지석묘의 특징을 설명하라.

① 이 지역의 지석묘는 대개 바둑판 모양을 하고 있으며, 흔히 마제석검이 부장되어 있다. ② 이들 지석묘는 문화적 통일성을 갖는 부족들이 이 지역에서 널리 분포되어 있었음을 알려준다. ③ 진국은 이러한 지석묘 사회를 바탕으로 형성되었다.

11. 우리나라 청동기 시대에 관하여 설명하라.

① 무늬 없는 토기의 제작인들이 청동기문화를 건설하였다. ② 돌보습·돌괭이 등이 주된 농기구였으나 농업의 비중이 커졌다. ③ 청동제 무기가 사용되면서 지배·피지배 관계가 성립되었다.

12. 우리나라 청동기문화와 관련이 있는 사상은?

선민사상

13. 청동기 시대의 특징에 해당되는 것은?

① 아연합금, 스키토시베리언 계통의 동물양식 ② 선민사상(고인돌, 적석총, 석관묘, 선돌) ③ 생활무대를 구릉이나 산간지역으로 이동

14. 우리나라에서 독특한 형태로 발전시킨 청동기의 형태는?

세형동검

15. 청동기문화의 기반 위에서 성립되었던 나라는?

백제

※ 청동기문화의 성립 → 우세 부족의 대두 → 천신족으로서의 선민사상 → 단군왕검의 건국

16. 우리나라의 청동기 시대의 분묘형태는?

① 지석묘 ② 적석총 ③ 석관묘

17. 고조선 건국의 중요한 의미는?

우리 역사상 가장 먼저 나라를 세워 동방사회의 중심 세력이 되었다.

18. 고조선사회의 가족제도의 특징은?

가부장적 가족제도가 성립되었다.

19. 철기문화가 보급됨으로써 나타난 현상인 것은?

① 농기구의 변화 ② 무덤양식의 변화 ③ 고대왕국의 형성

20. 부여국의 특징은?

① 부여족의 종주국이었다. ② 영고라는 제천 행사와 순장의 풍속이 있었다. ③ 5부족이 연맹하여 이루어졌다.

21. 우리나라 초기국가의 특징은?

① 부여-4출도-영고 ② 고구려-민족의 방파제-동맹 ③ 삼한-옹관묘-소도

22. 동예와 옥저의 사회적인 차이점은? | 두 나라는 부여족의 한 갈래로 언어는 대개 고구려와 같았으나 그 풍속에는 지방적인 차이가 있었다.

23. 우리나라 부족국가에 관한 것을 가장 잘 알려주고 있는 책은? | 삼국지

24. 부족국가 시대의 법률에 나타나는 내용은? | ① 살인한 자는 사형에 처한다. ② 도둑질한 자는 12배를 갚는다. ③ 간음한 여자는 사형에 처한다.

25. 우리나라 부족국가의 사회적 성격이 서로 유사한 점은? | ① 우가 ② 신지 ③ 읍차

26. 부족 연맹체의 특징을 설명하라. | ① 유력한 부족의 부족장이 연맹체의 장으로서 왕이 되었다. ② 부족 연맹체에 있어서는 부족장이 각기 자기지역을 다스리며 스스로 관리를 두고 있었다. ③ 왕이 존재하였으나, 아직도 집권적인 왕권이 성장하지 못하였다.

27. 부족국가의 사회적 특징을 말하라. | ① 고구려-데릴사위제도, 동맹 ② 부여-순장, 형사취수 ③ 삼한-소도, 쌀의 생산

28. 삼한사회의 특징을 설명하라. | ① 대족장을 신지·견지, 소족장을 읍차·부례 ② 생산·신앙과 연결된 예술 ③ 철이 생산되어 낙랑·일본 등에 수출

29. 고대국가의 정치적 특성을 설명하라. | ① 왕권이 강화되고 왕위가 세습 ② 중앙집권적인 국가체제가 성립되고 법률이 공포 ③ 광대한 영토와 인구를 지배하는 정복국가의 성격 ④ 철기문화를 바탕으로 각 지방의 부족장 세력을 통합하여 성립

30. 삼국시대의 성격을 설명하라. | ① 농업이 기간산업이었다. ② 철기문화를 자기의 것으로 만들었다. ③ 고대국가체제를 성립시켰다. ④ 철기문화의 기반 ⑤ 영토의 확대 ⑥ 강한 부족장 지위확립 ⑦ 정치제도의 마련 ⑧ 왕권의 강화 ⑨ 사상의 통일

31. 퉁코우지방에서 일어난 초기 고구려의 성격을 두 가지 말하라. | ① 중국 세력의 침입로를 절단하는 구실을 하였다. ② 중국의 오나라와 무역하면서 국제관계 활동이 넓어졌다.

32. 고구려가 크게 팽창하여 일대 제국을 건설할 때(5세기경) 일어난 내적 변화는?

① 평양으로 천도하여 수도의 면모를 일신하였다. ② 민간에는 경당이 세워져 새로운 교육이 실시되었다. ③ 중앙 집권적 정치 조직이 더욱 정비되었다.

33. 고이왕의 업적은?

① 왕위의 형제세습 ② 6좌평과 16관등의 제정 ③ 한강유역 점령

34. 마한 땅을 완전히 병합한 왕은?

근초고왕

35. 백제가 처음으로 외교관계를 맺은 중국의 왕조는?

동진

36. 백제가 전제왕조로 급속히 성장 발달하던 때의 사정은?

① 중국과의 부단한 교섭으로 수준 높은 선진문화가 수용되어 문화가 발달하고 있었다. ② 낙랑군 및 고구려 등과의 항쟁에 대비하여 국가체제의 강화가 진행되고 있었다. ③ 벽골제와 같은 수리시설에서 알 수 있듯이, 이 지역의 농업은 새로운 발전을 하고 있었다.

37. 한강유역을 점유했던 나라의 순서는?

백제-고구려-신라

38. 삼국 간의 항쟁이 심해짐에 따라 중국의 남북조 세력과 신라의 외교관계는 어떠했는가?

초기에는 북조 세력과 뒤에는 남조 세력과 연결되었다.

39. 삼국의 정치, 군사, 경제 세력의 우열을 좌우하는데 커다란 영향을 주었고, 또 가장 치열한 싸움이 계속되었던 지역은?

한강유역

40. 삼국의 대외정책의 특징을 설명하라.

① 삼국 간에는 그들 사이의 이해관계에 적대의 관계가 전개되었다. ② 삼국은 그들 사이의 항쟁에 유리하다면 중국이나 북방 민족, 왜 등 모든 대외 세력의 이용을 서슴지 않았다. ③ 삼국은 그들의 사회 발전을 위하여 중국 문화의 수입에 힘을 기울였다.

41. 왕호를 중국식으로 왕이라고 한 사람은?

지증왕(왕호 사용, 지방제도 정비, 우경 실시, 우산국 정벌)

42. 고구려의 국토가 가장 넓었을 때의 왕은?

장수왕

43. 삼국시대의 사회성격을 설명하라.

① 계급상의 신분차이가 분명하였다. ② 지방행정조직은 군사적인 요소가 많았다. ③ 귀족회의에서 중요한 국사를 결정하였다.

44. 삼국시대의 사회를 설명하라.

엄격한 신분제도가 편제되고, 율령이 만들어졌다.

45. 신라의 상대등은 어느 기관의 장(長)인가?

화백

46. 지금의 국무총리에 해당하는 것은?

중시, 상좌평, 대대로

47. 백제의 고대무역이 발달한 이유는?

① 중국의 문물을 수입하기 편리한 지리적 위치 ② 남중국 및 일본지역과 연결하던 국제정치적 위치 ③ 한국에서 일본으로 건너간 유이민과의 경제적 교섭

48. 6두품의 특징은?

① 득난이라고도 하였다. ② 학문과 종교분야에서 크게 활동하였다.

49. 신라의 골품제도에 관해서 설명하라.

① 고대 국가형성과정에서 각 지방의 족장 세력의 대소에 따라 두품이 주어졌다. ② 17관등과 관계가 있었다. ③ 개인의 사회생활과 관계가 있었다.

50. 신라의 골품제도의 특징은?

골품제도의 원칙에 따라 사회 및 정치활동의 범위가 결정되었다.

51. 신라의 진골과 금관가야의 관계는?

새로 편입된 금관가야의 왕족도 진골에 포함되었다.

52. 신라의 골품제에 관해서 설명하라.

① 모든 신라인의 정치활동과 사회생활을 규제하는 기준이 되었다. ② 이에 의하면 4두품은 그 관등이 12등급까지만 오를 수 있었다. ③ 삼국통일 이후 새로 편입된 고구려인 및 백제인도 이 제도 속에 흡수되었다.

53. 신라사회에서는 벗과의 신의를 지키는 것을 중히 여겼다. 이를 윤리의 원칙으로 강조한 것은?

임신서기석(유교의 학습, 사상에 관한 내용이 실려 있다)

54. 불교가 우리 문화에 공헌한 점은?

① 종교로서의 구실 ② 문화전달의 매체 ③ 철학적 사고의 유발

55. 불교가 우리나라 문화에 끼친 영향 중 가장 기본적인 것은?

철학적 인식 토대의 구축

56. 우리나라 예술 발달과정에서 불교의 영향을 많이 받은 분야는?

① 조각 ② 회화 ③ 건축

57. 삼국이 불교를 수용할 당시의 상황은?

정치적으로 고대국가 체계가 정비되는 과정이었다.

58. 원광법사는 신라불교 초창기에 어떤 공헌을 하였는가?

사회윤리와 국가정신의 확립

59. 신라 화랑도의 성격을 설명하라.

① 원시사회의 청년집단에서 연유된 수련단체 ② 충효와 신의를 중히 여겼다. ③ 일종의 전투단의 성격을 지녔다.

※ 원광의 세속5계(사군이충, 사친이효, 교우이신, 임전무퇴, 살생유택)에는 불교, 유교, 도교사상 등이 담겨 있다.

60. 고구려 예술의 특징은?

색체가 살아서 꿈틀거리는 것 같은 박력이 넘쳐 있다.

61. 삼국시대 예술의 성격을 설명하라.

① 삼국이 각기 다른 특색을 지니면서 발달하였다. ② 불상 조각이나 사원 건축예술이 발달하였다.
③ 중국 문화의 영향으로 귀족예술이 발달하였다.

62. 삼국과 일본과의 문화관계에 관해 설명하라.

① 삼국에서 전해진 선진문화는 일본 고대문화 발전을 촉진하였다. ② 한·일 고대의 문화관계에 관한 기록은 광개토대왕릉비의 비문에 보이지 않는다. ③ 일본의 유물을 통하여 볼 때 백제 문화의 영향이 가장 컸다.

63. 축조연대가 가장 오래된 탑은?

익산 미륵사지 탑(600~640년경)

64. 벽화가 없는 고분은?

경주 천마총(155호 고분)

65. 3국의 고분의 특징은?

① 신라 고분은 적석 목곽분, 옹관묘, 석실묘 ② 백제 고분은 초기에는 적석분, 웅진시대 이후는 횡혈식 석실고분과 무령왕릉과 같은 전축분 ③ 신라 고분에서는 고구려와는 달리 거의 벽화가 없다.

※ 고구려 전기 : 석총(장군총), 후기 : 토총(강서고분 ← 도교 영향, 쌍영총 ← 서방계통 영향), 전축분 : 중국 남조 영향

66. 신라의 3대 보물 중에 속하는 것은?

① 황룡사의 9층탑 ② 장육존상 ③ 진평왕의 옥대

67. 삼국시대의 탑 중에서 최고의 것으로 목조탑의 형식을 보존하고 있는 것은?

미륵사지 탑

※ 전북 익산에 소재, 동양 最古, 最大의 석탑, 백제말기(600년 초기)에 축조, 국보 제11호

68. 백제문화와 관계가 있는 유적?

① 능산리 고분 벽화 ② 사택지적비 ③ 정림사지 5층석탑

69. 향가의 수록이나 전래와 관계가 있는 사료들을 3가지 열거하라.

① 삼국유사 ② 균여전 ③ 삼대목(三代目)

※ 향가의 전래 : 25수(삼국유사·균여전), 향가집 : 삼대목

70. 신라 천마총이 축조된 시기는 팽창기, 전성기, 쇠퇴기 중 어느 때인가?

신라의 팽창기

※ 천마총의 축조 시기는 5~6세기경이다.

71. 1971년에 발견된 공주의 왕릉은?

무령왕릉

72. 삼국문화의 일본 전파에 근거가 되는 사실은?

① 도현은 「일본세기」를 저술하였다. ② 관륵은 천문·역법을 전하였다. ③ 노리사치계는 불법을 전하였다. ④ 「양류 관음상」은 고려시대 혜허의 그림이다. ⑤ 백제의 영향으로 5층탑, 백제 가람의 건축양식이 생겼다. ⑥ 아직기와 왕인의 한학은 일본인에게 문학의 필요성을 인식시켜 주었으며, 유교의 충효사상도 보급시켜 주었다. ⑦ 고구려악, 백제악, 신라악의 이름까지 생겨나게 하였다.

※ 삼국은 모두 일본의 고대문화인 아스카 문화에 영향을 끼쳤으나, 그 중에서도 백제가 가장 많은 영향을 미쳤다.

73. 신라의 삼국 통일을 가능하게 했던 중요한 원인들은?

① 고구려가 오랫동안 수·당과 항쟁하여 수·당의 국력을 약화시켰으나, 이로 말미암아 고구려도 국력을 소모하였다. ② 신라는 여·제 유민과 연합하여 당과 8년간이나 항쟁하였다.

74. 통일신라의 정치의 특성에 관해서 설명하라.

① 옛 고구려와 백제의 관리에게도 관직을 주었다. ② 지방을 통제하기 위하여 소경제도(小京制度)를 실시하였다. ③ 유교정치 이념을 도입하기 위하여 국학을 설립하였다.

※ 왕권 강성기인 중대에는 상대등 대신(시중)의 권한이 약화됨.

75. 신라의 집사부는 어떤 역할을 하였는가?

국가 최고의 행정기관으로 기밀에 관한 업무담당

※ 발해의 정당성, 고려의 도병마사, 조선의 의정부는 국정을 논의하는 관청

76. 통일신라 초기에 왕권의 강화를 목적으로 수용한 것은?

유교

77. 통일신라시대의 민정문서의 내용은?

부역에 동원할 인구가 조사되어 있다.

78. 통일신라의 촌락에 관한 특징을 설명하라.

① 혈연을 중심으로 하여 구성된 자연부락이었다. ② 촌민은 국가로부터 정전의 지급을 받아서 이를 경작하게 하였다. ③ 양인의 거주지인 촌 이외에 부곡과 같은 천민의 거주지도 존재하였다.

79. 통일신라 말기의 사회를 설명하라.

① 선종(禪宗)이 크게 유행하였다. ② 군진(軍鎭)세력이 대두하였다. ③ 청해진을 중심으로 해상무역이 성행하였다.

80. 발해의 외교정책은?

① 돌궐 및 일본과 통교하였다. ② 발해는 신라와 적대관계에 있었다.

81. 발해 유민에 대한 고려의 정책은?

발해 유민에 대하여 고려는 동족의식을 가지고 이를 포섭하였다.

82. 발해의 관제 중 국정을 의논한 관청은?

정당성

83. 신라, 발해 및 고려에서 각각 같은 기능을 가진 관청은 무엇인가?

이방부-예부-형부

84. 발해 문화의 특징은?

발해의 문화는 당의 영향을 받았으나 고구려적인 요소가 많았다.

85. 신라와 발해의 관계가 적극적으로 추진되지 못한 원인은 무엇인가?

① 당나라는 신라와 발해와의 적대관계를 조장하고 이를 이용하였기 때문에 ② 신라 귀족은 보수적인 경향에 빠져 발해와의 교섭을 피하였기 때문에 ③ 발해가 일본과의 무역관계를 가지면서 신라를 견제하였기 때문에

86. 발해의 우리민족에 대한 의미는?

만주를 지배하던 우리 민족의 마지막 왕조였다.

87. 통일신라 문화의 특징에 관하여 설명하라.

① 각 지방의 사원은 전반적으로 지방문화의 수준을 향상시켜주는 역할을 하였다. ② 귀족 본위의 불교를 평민 불교화하였고, 여러 사상을 종합한 원효철학의 성립은 사회적 갈등을 해결하는 정신적 방향을 제시하였다. ③ 통일신라의 문화는 고대문화의 완성이었으며 장차 새로운 중세 문화를 자기 안에서 이룩할 수 있는 조건들을 갖추고 있었다.
   ※ 통일신라의 문화 : ① 민족문화의 토대확립 ② 국제문화의 조류에 참여 ③ 민간문화의 수준 향상

88. 통일신라의 교육기관인 국학(태학감)의 공동 필수과목은?

논어 · 효경

89. 통일신라의 유학이 발전하게 된 이유는?

① 삼국통일 후 정치사회를 운영함에 있어서 유교이념이 한층 더 필요하게 되었다. ② 하대에는 당나라에 유학한 걸출한 지식인이 많이 배출되었다. ③ 유교적 식견의 고조로 원성왕 때에 이르러서는 독서출신과의 실시를 보았다.

90. 귀족본위의 불교가 평민불교로 발전한 것은 언제부터인가?

통일신라시대

91. 원효사상의 역사적 의의를 설명하라.

① 평민의 구제를 위한 불교신앙을 보급시켰다. ② 신라 불교의 철학체계를 수립하였다. ③ 부족을 초월한 국가정신을 고취하였다.

92. 신라불교의 성격을 설명한다면?

재래의 민간신앙과 결부하여 현실적 행복과 사회적 단합을 희구한 종교였다.

93. 진표가 개창한 종파는?

법상종
※ 진표 : 법상종, 의상 : 화엄종, 보덕 : 열반종, 자장 : 계율종, 원효 : 법성종

94. 통일신라의 예술의 특징을 설명하라.

① 목판 인쇄물인 다라니경이 간직된 석탑이 만들어졌다. ② 불교미술과 고분영조를 중심으로 조형 미술활동이 활발하였다.
③ 각 층의 폭과 높이를 대담하게 줄여 독특한 입체미를 나타내는 3층석탑이 유행하였다. ④ 불교의식과 관계되는 조각이나 사원 건축을 중심으로 발달하였다. ⑤ 중국문화의 영향으로 시와 서도가 크게 유행하였다.

95. 8세기 중엽 이전의 것으로 최고(最古) 목판인쇄물인 다라니경은 어느 탑에서 발견되었는가?

석가탑

96. 신라의 역사와 풍토에 관한 저술을 통하여 당 문화에 도취되었던 작가는?

김대문

97. 불국사를 건조한 인물은?

김대성

98. 한국 최고(最古)의 범종을 간직하고 있는 사찰은?

상원사

99. 통일신라의 탑은?

① 다보탑 ② 석가탑 ③ 감은사지탑
※ 감은사는 대왕암(수중능)과 관계가 있다.

100. 신라 예술의 특징을 설명하라.

① 조형미술 중심이다. ② 조화미·정제미의 성격을 나타내고 있다. ③ 탑은 높은 기단 위에 3층석탑을 세우고, 대담하게 각 층의 폭과 높이를 줄이면서 입체미를 나타내었다.

101. 지리도참설을 설명하라.

① 신라시대에 중국으로부터 전래 ② 인문지리적인 인식＋예언적인 도참신앙 ③ 고려시대에 크게 유행 ④ 신라말기의 승려인 도선이 수입, 발전시켰다.

102. 삼대목은 누가 편찬했는가?

대구화상과 각간위홍

※ 월명사 : 도솔가, 제망매가
　　충담사 : 안민가, 찬기파랑가
　　최치원 : 계원필경, 제왕연대력

103. 석탑(石塔) 중에서 세 번째로 오래된 것은?

불국사 다보탑(700년 중기)

※ 미륵사지탑 : 600년 초기
　　월정사 9층탑 : 645년

104. 통일신라 말기의 사회를 설명하라.

① 선종이 크게 유행하였다. ② 군진세력이 대두하였다. ③ 청해진을 중심으로 해상무역이 성행하였다.

※ 통일신라 말기 : 선종은 기성 사상체계에서 벗어나기 위하여 지방호족들이 선호, 이외에도 농민의 반란, 지리도참설의 유행을 들 수 있다.

105. 통일신라 말기에 서·남해안 지방의 호족층이 해상무역을 활발히 전개하게 된 이유는?

① 지방호족층은 골품제에 제약되어 중앙 정계에의 참여에 한계가 있었으므로 그 눈을 해외로 돌렸다. ② 중앙의 통제력이 약화됨에 따라 지방 호족층은 그 경제력을 성장시킬 수 있었다. ③ 해상무역에 종사하던 호족층은 그 무역을 보호할 수 있는 군사력을 지니고 있었다.

106. 신라후기에 대두한 지방세력에 대한 특징을 말하라.

① 진골, 6두품 등 중앙귀족이 지방에 내려와 호족이 되었다. ② 변방을 지키던 군진세력이 점차 지방세력으로 변신하였다. ③ 촌주세력이 성장하여 호족이 되었다.

107. 신라 하대의 선종에 대해서 설명하라.

① 교종(敎宗)과 대립된 사상체계를 가졌다. ② 헌덕왕 때 도의에 의하여 선양되었다. ③ 9산의 개조는 거의 6두품 출신이었다. ④ 선종의 각파는 지방 호족세력과 결탁되어 있었다.

108. 고려 건국의 원인을 말하라. ① 신분제의 모순을 극복한 결과였다. ② 건국의 주체는 지방 호족 세력이었다.

109. 왕건이 반도를 재통일할 수 있었던 근본적인 요인은? 취민유도(**取民有度**)의 정신으로 민심획득에 성공했기 때문이다.

110. 발해문화의 특징은? 고구려 문화를 토대로 당의 문화를 흡수했다.

111. 시대순으로 나열한다면? 고려 건국 → 발해 멸망 → 신라 멸망 → 후백제 멸망

112. 궁예가 서울을 송악에서 철원으로 옮기고 나서 국호를 무엇이라고 하였는가? 태봉

113. 고려 태조 왕건이 후삼국을 통일한 후의 세 가지 정책은? ① 북진정책 ② 숭불정책 ③ 융화정책

※ 태조는 불교를 국교로 삼고 많은 절을 세워 국가와 왕실번영을 빌었다.

114. 고려 태조 왕건이 후세의 왕들에게 남겨 줄 교훈을 적은 것은? 십훈요

115. 고려 초기에 있어서 왕권강화를 위한 정책은? ① 지방관 파견 ② 과거제 실시 ③ 노비안검법 실시

116. 도병마사란? 3성과 중추원의 고관이 모여 국가 중대사를 의결하는 합좌회의 기관이다. 일명 도당(**都堂**)이라고 함.

117. 역분전은 누가 만든 제도인가? 태조 왕건

※ 역분전(**役分田**)이란 태조 왕건이 부하의 성행과 공로에 따라 지급한 토지이고, 공음전시과란 문종 때 설치하여 공이 있는 문무관에게 토지를 지급한 제도로 세습이 인정되었다.

118. 삼국이 서로 점령하려던 지역은? | 한강(漢江)유역

119. 일본이 자기들의 식민영토였다고 주장한 곳은? | 가야

※ 일본은 가야를 임나(任那)라 하여, 마치 자기들의 식민지였던 것처럼 임나경영설(任那經營說)을 주장하고 있다.

120. 고구려시대의 국무총리에 해당하는 것은? | 대대로(大對盧)

※ ① 상대등(上大等)은 신라의 수상 <국무총리>격이며, ② 각간(角干)은 진골만이 차지할 수 있는 신라의 최고 관등(官等)이다. ③ 고구려는 그 왕족을 고추가(古雛加)라 불렀다. ④ 좌평(左平)은 백제의 관등(官等)으로 오늘날 장관에 해당된다.

121. 세계에서 가장 오래된 목관 인쇄 무구정광다라니경이 발견된 것은? | 불국사 석가탑

122. 원효대사가 남긴 업적은? | 불교를 통합, 대중화했다.

123. 신라인이 지은 책으로서 현재까지 전해 오는 것들은? | 왕오천축국전 · 계원필경

124. 신라의 향가는? | ① 안민가 ② 도솔가 ③ 서동요

125. 통일신라시대에 만들어진 불탑은 어느 것인가? | 화엄사 사자석탑, 불국사 다보탑

126. 통일신라시대의 범종 중 현존하고 있는 가장 유명한 것은? | 봉덕사의 종

127. 교종(教宗)에 해당되는 것은? | ① 계율종 ② 열반종 ③ 화엄종 ④ 법성종 ⑤ 법상종

128. 불국사와 석굴암은 언제 세워 졌는가?

경덕왕 10년(751년)

129. 현재 우리나라에 보존되어 있 는 세계 최고(最古)의 인쇄물 이라 할 수 있는 것은?

불국사 석가탑에서 나온 다라니경

130. 우리나라 최고(最古)의 범종은?

상원사종

※ 상원사 종은 성덕왕 때(725년) 만들어진 최고의 범종이며, 봉덕사 종은 성덕대왕 신종(神鐘), 또는 에밀레종이라 불리는 것으로, 혜 공왕 때(771년) 만들어진 최대의 종이다.

131. 에밀레종과 같은 명칭은?

① 봉덕사종(奉德寺鍾) ② 성덕왕 신종(聖德王 神鍾)

132. 통일신라 이후의 신라시대의 작품을 열거하라.

① 무열왕릉비 ② 괘릉 ③ 해중릉 ④ 4사자석탑 ⑤ 9층목탑

※ 황룡사 9층목탑은 선덕여왕 때 만들어진 것이고, 무열왕릉비는 비문이 없으나 귀부(龜趺)와 이수(螭首)의 조각이 유명하며, 괘릉 은 원성왕의 무덤으로 십이지상이 있다. 해중릉은 1967년 월성군 감은사(感恩寺) 앞 바다에서 발견된 문무왕의 능(대왕암)이다. 4 사자석탑은 화엄사의 탑신 하단부를 4마리의 사자가 받치고 있다.

133. 신라의 미술품들 중에서 불교 와 직접 관계가 있는 것은?

① 인왕상(仁王像) ② 당간지주(幢竿支柱) ③ 연화문와당(蓮花紋瓦當)

※ 12지신상이란 범·소·토끼·쥐 등 동물의 얼굴을 가진 사람을 무덤 주위에 조각한 것을 말하는데, 이것은 고대중국의 동물숭배사상 에 유래된 것이다.

134. 고려의 과거제도는 어떤 것이 있는가?

① 명경과 ② 제술과 ③ 잡과

135. 고려시대에 중앙에 국자감을 설치한 목적은?

관리가 될 인재를 양성하기 위하여

136. 고려가 처음으로 대결하였던 북방민족은?

거란

137. 거란의 1차 침입 때 외교담판 으로 물리친 장군은?

서희

138. 강동 6주의 설치가 지니는 역 사적 의의는?

고려의 국경선이 압록강까지 이르렀다.

139. 여진족을 몰아내기 위하여 윤관 의 건의로 조직된 특별 군대는?

별무반

140. 고려시대에 실시했던 과거제는?

명경과

※ 역과는 조선시대 잡과의 하나로 통역관을 뽑기 위해 실시했던 시험이며, 생원과는 조선시대 대과의 하나로 성균관의 입학과 하급 관료 취임의 권리가 주어졌던 과거제였다.

141. 고려시대 국가 경계의 근본이 었던 조세 및 부역과 곡물 등 을 부담했던 계급은?

상민계급

142. 고려시대의 구분전(口分田)은 누구에게 지급되었는가?

하급관리나 군인들의 유가족

143. 고려 유학의 발달에 가장 큰 영향을 준 것은?

과거제도

144. 고려의 장학기금과 상관있는 것은?

① 광학보 ② 양현고 ③ 섬학전

145. 고려 불교의 종파는 5교 양종 이었다. 그 양종은?

천태종(敎宗), 조계종(禪宗)

146. 현재 남아 있는 가장 오랜 역 사책은?

고려 김부식의 삼국사기

※ 국사의 편찬은 삼국시대부터 이루어져 고흥의 서기, 고구려의 유 기선집 5권(이문진 작), 신라의 거칠부 작인 국사 등이 있었으나 전하지 않고, 지금 전하는 가장 오랜 역사책은 삼국사기이다.

147. 고려시대의 중류계급에 드는 것은? | ① 궁중의 하급관리 ② 기술관 ③ 중앙관청의 서리

148. 고려시대의 사회계급에 대해 설명하라. | ① 제도상으로는 평민도 과거에 응시할 자격이 있었다. ② 귀족은 토지와 고위 관직을 독점하였다. ③ 사회계급의 신분은 특별한 공로나 범죄가 없는 한 세습되었다.

149. 천인계급에 속하는 신분은? | ① 진척 ② 재인 ③ 역정

150. 고려 때 일정한 자본을 기금으로 두고 그 이자로서 사업을 경영하던 재단은? | 보

151. 고려시대의 화폐는? | 건원중보·동국통보·은병

152. 고려 광종 때의 사회시설로 주로 빈민구제를 위하여 마련하였던 재단은? | 제위보

153. 고려 사회의 기본성격은? | ① 귀족 중심의 사회 ② 문벌 중심의 사회 ③ 불교 중심의 사회

154. 청용·백호·주작·현무의 사신도가 있는 고분은? | 강서 고분

155. 팔관회에 관해서 설명하라. | ① 천지신명에게 제사지내는 토속적인 행사이다. ② 개경에서는 11월 보름, 서경에서는 10월 보름에 개최하였다. ③ 외국 상인들이 특산물을 바치는 등 교역의 기회가 되기도 하였다.

156. 풍수지리설과 관계있는 사건은? | ① 3경제 실시 ② 과거의 지리업 과목 ③ 묘청의 난 발생

157. 양현고란 무엇인가? | 국학의 장학기금

158. 고려 때 유학발전에 크게 공헌한 시험제도는?

과거제도

---

159. 고려에서 송으로 수출하였던 것은?

인삼

---

160. 고려시대에 쓰여진 역사책은?

① 삼국사기 ② 삼국유사 ③ 해동고승전

---

161. 「예성강도」를 그린 유명한 화가는?

이령

---

162. 고려시대 지방장관으로 군사적으로 중요한 양계(兩界)에 파견된 것은?

병마사

※ 병마절도사는 조선시대 지방 육군사령관, 병마사는 고려시대 계(界)의 장관

---

163. 고려의 지방 행정단위 중에서 특히 성질이 같은 것은?

① 주(州) ② 군(郡) ③ 현(縣)

※ 현까지만 지방관 파견, 향은 지방관이 파견되지 않는 현 이하의 단위

---

164. 삼경(三京)의 위치는 각각 어디인가?

① 개경(開京)-개성(開城) ② 서경(西京)-평양(平壤) ③ 동경(東京)-경주(慶州)

---

165. 고려의 3경 가운데 남경(南京)의 현 위치는?

서울

※ 초기의 3경은 개경·서경·동경이었으나, 후 숙종 때에 동경대신 남경을 두어 왕이 순유하였음.

---

166. 고려시대 3성(省)은?

① 내사성(內史省) ② 문하성(門下省) ③ 상서성(尙書省)

※ 내사성은 중서성(中書省)이라고도 함. 비서성은 성종(成宗) 14년에 개경에 세운 왕립(王立) 도서·학문연구기관이다.

---

167. 고려시대 특수 관서에 대해서 설명하라.

① 춘추관-역사·실록 편찬 ② 사천대-천문 관측 담당 ③ 보문각-경연과 장서 관장 ④ 예문관-왕명이나 말씀을 담당

168. 고려시대 삼사(三司)의 기능은? | 재정기관(財政機關)

169. 고려시대 중방(重房)이란? | 군사 최고의결기관

※ 정방은 인사담당기관, 도방은 사병집단, 도당은 국정회의기관, 장군방은 장군참모회의기관

170. 고려의 중방(重房)은 어떤 사람들이 모이던 회의기관인가? | 상장군(上將軍)과 대장군(大將軍)

171. 고려시대에 있었던 교육기관은? | ① 국자학(國子學) ② 태학(太學) ③ 사문학(四門學) ④ 향학(鄕學)

※ 사부학당(四部學堂 : 四學)은 조선시대 중앙에 설치하였던 교육기관, 서당(書堂)에서 수학(修學)을 마친 양반(兩班) 자제들을 진학시켜 수업케 한 곳이다.

172. 거란과의 싸움에서 활약한 인물은? | ① 박양유 ② 양규 ③ 강조 ④ 강감찬

※ 박양유는 1차 침입 때 활약했고, 양규는 강조와 함께 2차 침입 때 활약했으며, 강감찬은 2차 침입 때 귀주대첩을 가져왔고, 윤관은 여진족과의 싸움에서 활약하였다.

173. 제1차 침입 시 요나라의 장군은? | 소손녕(蕭孫寧)

174. 서희(徐熙)와 관련이 있는 사건은? | ① 소손녕(蕭孫寧) ② 강동 6주 설치 ③ 고려 국경이 압록강에 미침

175. 고려시대 관리등용법은 어떤 것이 있는가? | 과거와 음서(蔭敍)가 있었다.

176. 과거를 주관한 관청은? | 예부

177. 고려시대 과거제도의 명칭과 관련 있는 왕은? | ① 명경과(明經科) ② 광종(光宗) ③ 왕권의 강화

178. 고려시대의 문화유산으로서 현존하는 것은?

① 상정고금예문 ② 팔만대장경 ③ 상감청자

179. 고려 후기에 융성했던 불교 종파와 승려는?

천태종-의천

180. 저서와 저자를 연결하라.

① 삼국유사-일연 ② 제왕운기-이승휴 ③ 삼국사가-김부식

181. 고려청자에 관하여 설명하라.

① 귀족의 취미가 반영되었다. ② 색채·형태·무늬의 조화를 이뤘다. ③ 상감청자는 고려인의 창의성을 발휘한 것이다.

182. 「천산대렵도」를 그린 사람은 누구인가?

공민왕

183. 우리나라에서 성리학을 최초로 소개한 이는 누구인가?

안향

184. 세계 최고(最古)의 금속활자 본은 무엇이며 어디에 있는가?

① 직지심경 ② 직지심체요절 ③ 파리의 국립도서관에 있다.
※ 1377년 청주 흥덕사에서 인쇄되었음.

185. 「동국이상국집」이란 문집을 설명하라.

① 이규보의 작품이다. ② 동명왕을 시로 읊어 고구려 전통을 강조했다. ③ 최초의 금속활자로 「상정고금예문」을 인쇄했다고 적혀 있다.

186. 주자학의 동일한 명칭은?

① 성리학 ② 송학

187. 고려시대 3은(三隱)은 누구인가?

① 정몽주 ② 이색 ③ 이숭인

188. 고려 문화의 세계적 자랑거리에 해당하는 것은?

① 8만대장경 ② 상감청자 ③ 금속활자

189. 몽고침입 때 소실된 문화재는? | ① 대장경판 ② 황룡사 9층탑

190. 1232년 고려가 강화도로 서울을 옮긴 이유는 무엇인가? | 몽고에 장기 항전하기 위하여

191. 광학보(廣學寶)의 맡은 역할은? | 승려(僧侶)들의 장학기금

192. 우리나라 역사상 최초로 등장한 철전(鐵錢)은? | 성종 때 건원중보(乾元重寶)

193. 활구(闊口)는? | 은(銀) 1근으로 우리나라 지도를 본떠서 만든 돈

194. 몽고가 고려에 처음 침입하게 된 계기가 된 사건은? | 몽고사신 피살사건

195. 고려에 침입한 몽고 장군 살리타를 살해한 사람과 장소는? | 김윤후-처인성

196. 몽고 병란 때 지광수의 지휘 아래 노비들이 큰 공을 세운 싸움터는? | 충주 산성

197. 강동성 싸움에 대해 설명하라. | ① 고려와 몽고가 연합하여 거란족을 물리친 싸움이다. ② 이 싸움에서 고려와 몽고는 처음 접촉하였다. ③ 거란 포로들은 거란장에 수용하여 집단으로 거주하게 하였다.

198. 고려시대에 가장 성행했던 토속신에 대한 제전(祭典)은? | 팔관회

199. 고려시대에 행하여진 불교의 제전(祭典)은? | 연등회

200. 연등회(燃燈會)에 관해서 설명하라.

① 불교에 관한 제전이다. ② 전국적으로 즐기는 연중행사이다. ③ 2월 15일에 거행하였다.

201. 선종, 교종의 본산은?

도회소(都會所)

202. 우리나라가 'Korea'란 이름으로 세계에 알려지게 된 것은?

아라비아〈大食國〉상인들이 벽란도에 와서 국제무역을 시작한 데서 시작된다.

203. 고려시대의 일반 서민생활을 크게 지배한 사상은?

풍수지리사상(風水地理思想)

204. 고려의 대장경에 대해 설명하라.

① 초판은 고려 현종 때에 시작하여 덕종 · 정종을 거쳐 6,000여권을 완성하였다. ② 조판(彫板)의 목적은 거란 · 몽고의 침입을 물리치기 위해서였다. ③ 팔만대장경은 고려 고종 때 16년간에 걸쳐 완성시킨 것이다. ④ 초조(初彫)의 대장경은 대구 부인사(大邱符仁寺)에 보관되어 있었으나 몽고의 침입으로 소실되어 버렸다.

205. 팔만대장경을 조판하기 위하여 어떤 기관이 설치되었나?

대장도감(大藏都監)
※ 교장도감은 의천이 홍왕사에 설치해 두고 속장경을 만들어 내던 곳이고, 간경도감은 조선조 세조가 불경을 펴내던 곳이다. 교정도감은 최충헌이 무단정치를 할 때에 국정(國政)을 처리하던 정치기관이다.

206. 고려 중기 조계종을 편 사람은?

지눌 보조국사

207. 몽고지배 하에서 관제는 어떻게 변화했는가?

① 호부-판도사 ② 형부-전법사 ③ 병부-군부사

208. 현재 남아 있는 금속 활자로 인쇄한 가장 오래된 책은?

직지심체요절

209. 왜구의 격퇴와 관계있는 인물은?

① 이성계 ② 최무선 ③ 박위

210. 윤관의 여진정벌과 관계되며, 기병·보병 및 승려로 조직된 군대의 명칭은?

별무반(別武班)

211. 고려시대 여진(女眞)을 정벌하기 위하여 특별히 조직한 군대는?

별무반(別武班)

※ 신의군은 몽고군에게 끝까지 대항한 삼별초(三別抄)의 하나, 용호군은 고려 때 중앙군으로서 국왕의 친위군이다. 훈련도감은 임진왜란 이후 생긴 군영(軍營)이다.

212. 고려시대의 별무반(別武班)은 어떻게 편성되어 있었나?

신기군(神騎軍)·신보군(神步軍)·항마군(降魔軍)

※ 포수, 사수, 살수는 조선 때 임진왜란 후 훈련도감에서 양성한 삼수병(三手兵)이다. 좌별초, 우별초, 신의군은 삼별초(三別抄)의 구성이다.

213. 별무반(別武班) 중 승려들로서 조직된 군대는?

항마군(降魔軍)

※ 고려 숙종 때 윤관의 건의로 조직된 별무반은 기병(騎兵)인 신기군(神騎軍), 보병(步兵)인 신보군(神步軍), 승병(僧兵)인 항마군 등 셋으로 편성되어 있었다.

214. 「상정고금예문(詳定古今禮文)」이란 책자가 금속활자로 인쇄되어 있다고 기록되어 있는 책은?

동국이상국집(東國李相國集)

215. 여말(麗末)에 전래된 농업종자는?

목면(木棉)

216. 고려시대 예술의 특징이 되는 것은?

① 귀족적이다. ② 불교적이다. ③ 외래 요소가 강하다.

217. 우리 역사 가운데 아라비아 계통과 서역 계통의 문화요소를 많이 받은 시대는?

고려시대

218. 현존 목조건물로서 가장 오래된 것은?

안동 봉정사 극락전

219. 고려시대의 가장 오래된 목조건물은?

① 부석사의 무량수전(無量壽殿) ② 수덕사의 본당(修德寺本堂) ③ 부석사 소조 아미타여래좌상(阿彌陀如來坐像)

220. 고려시대의 9층탑은?

월정사 8각9층탑

221. 고려시대에 만든 미륵불은?

관촉사(灌燭寺) 미륵불
※ 논산 관촉사에 있는 석불(石佛)로 보통 은진미륵이라고 부른다.

222. 고려시대 미술활동에 있어서 다른 시대에 비하여 특히 발달한 분야는?

공예(工藝)

223. 고려의 3대 문화재는?

① 8만대장경 ② 금속활자 ③ 상감청자

224. 관노가 반란을 일으켰던 곳은?

전주
※ 한강 이남은 석령사가, 전주는 죽동이, 경주는 이비가, 담양은 이연년이, 가야산은 손청이 일으킨 것이다.

225. 고려시대 노예반란과 관계가 있는 사람과 제도는?

① 망이(亡伊) ② 만적(萬積) ③ 호패제(號牌制)

226. 최우가 인사담당기관으로 설치한 것은?

정방

227. 도방(都房)이란 사병(私兵) 기관을 처음으로 설치한 인물은?

경대승

228. 고려시대의 도방이란?

권신(權臣)이 개인의 권력을 유지하고 신변을 보호하기 위하여 사병(私兵)을 양성하던 곳

229. 고려시대의 서적을 열거하라.

① 삼국유사(三國遺事) ② 제왕운기(帝王韻記) ③ 파한집(破閑集) ④ 익제집(益齊集)

230. 다루가치란?

몽고가 고려 침입 시 고려에 남기고 간 감시관

※ 몽고는 고려 침입 후 철령 이북에 쌍성총관부, 자비령 이북에 동녕부, 제주도에 탐라총관부를 설치했었다.

231. 몽고가 고려 침입 시에 불타 없어진 신라삼보 중의 하나는?

황룡사 9층탑

232. 조선시대 3사에 속하는 것은?

① 사헌부 ② 사간원 ③ 홍문관

233. 조선시대의 관제와 거기서 하는 일은?

① 승정원-왕명 출납을 맡아보는 비서기관 ② 의금부-특별 사법기관(중죄 취급) ③ 3사-언론·간쟁·감찰(국왕 견제)

234. 의정부를 설명하라.

① 국가정책의 최고합의기관으로 모든 정무를 총괄했다. ② 영의정·좌의정·우의정의 합좌기관이다. ③ 국가의 중요한 정사를 논의하고 합의사항을 왕에게 상신했다.

235. 조선시대 초기의 전국의 인구동태를 파악하기 위하여 실시한 제도는?

호패법

236. 우리나라의 오늘날 국경선이 이루어진 때는?

조선 세종 때

237. 조선시대의 호패법은 현재의 어떤 것과 같은가?

주민등록증

238. 조선시대에 관청이나 공공기관의 운영경비 충당을 위해 지급한 토지는?

공해전

239. 조선시대 왕권 견제를 위한 제도는?

① 상소제도 ② 의정부의 합의제 ③ 3사의 역할

240. 오늘날의 도지사에 해당하는 조선시대의 관직은?

관찰사

241. 태종 때 여진족을 회유하기 위하여 무역소를 설치한 곳은?

경원·경성

242. 근세조선의 3대 국책(三大國策)은?

① 억불숭유정책(抑佛崇儒政策) ② 사대교린정책(事大交隣政策)
③ 농본주의정책(農本主義政策)

243. 억불숭유정책(抑佛崇儒政策)과 관계가 있는 제도는?

① 주자소(鑄字所) ② 도첩제(度牒制) ③ 문공가례(文公家禮)
④ 5부학당(五部學堂)

244. 조선시대의 관직과 오늘날의 관직을 비교하여 연결한다면?

① 영의정-국무총리 ② 호조판서-기획재정부장관
③ 도승지-대통령비서실장

245. 위화도 회군에 대해 설명하라.

① 요동정벌을 위한 출병이었다. ② 이성계의 주동으로 회군하였다.
③ 조선 건국의 계기가 되었다.

246. 조선의 건국에 관련된 사건을 시대 순으로 나열하라.

① 신진사대부의 등장 ② 요동정벌 ③ 위화도회군
④ 사전개혁

247. 위화도 회군과 관계있는 당시의 사회상은?

① 고려왕조의 몰락 ② 친원 구귀족 몰락 ③ 이성계의 군림

248. 세종대왕 때에 이루어진 것은?

① 훈민정음 ② 용비어천가 ③ 전분 6등법(田分六等法)
④ 농사직설(農事直說)

249. 세종 때 집현전의 후신이며 경서를 연구하고 전고(典故)를 토론하며 국왕 고문의 구실을 하던 기관은?

홍문관

250. 세종의 업적은?

① 훈민정음 창제 ② 불교정리 ③ 활자개량
④ 관습도감 설치

251. 성종의 업적은?

① 홍문관 설치 ② 독서당 설치 ③ 도첩제 폐지
④ 경국대전 반포
※ 유향소는 다시 성종 때 향청으로 부활되었다.

252. 조선의 관서(官署) 중 3법사(三法司)나 삼사(三司)에 해당되는 것은?

① 형조(刑曹) ② 한성부(漢城府) ③ 사헌부(司憲府)
④ 사간원(司諫院)
※ 삼법사(三法司)란 중앙에서 일반 사법권을 행사하던 형조·사헌부·한성부를 합칭한 것이며, 삼사(三司)란 언론과 문필을 담당하던 왕의 직속기관으로 사헌부·사간원·홍문관을 일컫는 말이다.

253. 조선왕조시대에 인사(人事)에 관한 일을 맡아보던 기관은?

이조(吏曹)

254. 4대 사고(史庫) 가운데 소실되지 않고 남아 있어서 후일 5대 사고의 모체가 된 것은?

전주 사고

255. 조선왕조 전기에 편찬된 팔도지리지·동국여지승람 등은 오늘날 어떤 분야의 서적인가?

인문지리서(人文地理書)

256. 궁중음악으로서 오늘날까지 계승되어 오는 것은?

아악(雅樂)
※ 고려 이후 궁중음악으로서 오랫동안 계승되어 내려온 것은 아악이다. 원래 송(宋)의 아악이 고려에 전해 내려왔으나, 음률이 한국인에 맞지 않아 거의 없어진 듯하였으나 조선 세종이 박연에게 명하여 새로 완성시켰다.

257. 조선시대 백자의 특색은?

① 서민적이다. ② 실용적이다. ③ 소박하다.

258. 중국·일본 등의 한방의학에 많은 영향을 끼친 허준이 지은 의학서적은 무엇인가?

동의보감

259. 조선시대 정치제도의 기본을 알아볼 수 있는 책은? — 경국대전

260. 중국의 의서를 모아 병의 종류별로 엮은 일종의 동양서의 백과사전은? — 의방유취

261. 측우기는 세종 24년(1442)에 만들어진 것이다. 서양보다 얼마나 앞선 강우량 측정기인가? — 200년

262. 조선시대 첫번째 사화는 어느 파 사이의 싸움이었는가? — 훈구파와 사림파

263. 4대사화 중 최초의 사화는? — 무오사화

264. 조선사회의 4색당파(四色黨派)라 함은? — 남인(南人) · 북인(北人) · 노론(老論) · 소론(少論)

265. 최초의 사화의 발단이 된 것은? — 조의제문

266. 훈민정음 창제에 가장 많은 노력을 기울인 학자는? — 성삼문(成三問)

267. 한글 창제 후 가장 먼저 간행된 것은? — 용비어천가

268. 한글로 된 서적은? — ① 용비어천가(龍飛御天歌) ② 석보상절(釋譜詳節) ③ 동국정운(東國正韻)

269. 세종 16년(1434)에 만든 동활자(銅活字)로서 정교하기로 유명한 것은? — 갑인자(甲寅字)

※ 계미자는 태종 3년에, 경자자는 세종 3년에, 을해자는 세조 1년에, 병자자는 중종 11년에 각각 주조된 활자이다.

270. 조선이 사대관계를 맺은 나라는?　명과 청

271. 조선의 외교정책 중 교린책을 설명하라.

① 회유책을 쓰기도 했다. ② 일본과 여진에 대해 베푼 정책이다. ③ 무역소 설치, 3포 개항 등은 그 한 예이다.

272. 비변사를 설치하게 된 직접적인 동기가 된 사건은?

을묘왜란

※ 니탕개의 난은 선조 16년(1583) 두만강 방면의 여진족 추장으로 조선에 순종하였던 니탕개가 조선 관리의 대우가 나쁘다는 이유로 일으킨 반란. 신립 등의 노력으로 분쇄되었다.

273. 조선의 대 일본과 관계있는 정책은?

① 3포 개항 ② 계해조약 ③ 교린책

274. 훈민정음의 시험을 위하여 설치한 기관은?

정음청

275. 한글반포와 보급은 언제 어떻게 하였는가?

① 한글은 세종 28년에 반포되었다. ② 우리 국민은 한글창제 전에는 한자와 이두를 썼다. ③ 용비어천가는 한글의 보급을 위해 지은 것이다.

276. 조선시대의 형벌의 종류는?

① 태형 ② 유형 ③ 장형 ④ 도형 ⑤ 사형

※ 조선시대 형벌의 종류는 태형(10~50대), 장형(50~100대), 도형(3년 이상), 유형, 사형의 다섯 가지가 있었다.

277. 조선조 왕과 저서를 연결하면?　① 태조-조경제육전 ② 태종-원육전, 속육전 ③ 성종-경국대전 완성

278. 세종 때 제작한 과학기구들 (측우기, 앙부일귀, 대대소간의, 혼천의)의 제작 목적은?

농업장려

※ 측우기-우량계, 앙부일귀-해시계, 대소간의-천체관측기혼천의-천체의, 인지의-고저계

279. 한글이 창제된 후 경서를 언해(言解)함에 먼저 공을 세운 사람은?

유숭조

280. 성종 때 서거정이 신라 때부터 조선 초까지의 시문을 모아 엮은 책은?

동문선

281. 우리나라 가사문학의 시초인 상춘곡을 지은이는?

정극인

※ 가사문학 : 송순의 면안정가, 정철의 관동별곡, 사미인곡이 있다. 김시습은 최초의 한문소설 금오신화의 작자이다.

282. 조선조의 인물과 그 작품을 연결하면?

① 서거정-필원잡기 ② 성현-용재총화 ③ 권근-상대별곡

283. 임진왜란 때 의병활동을 한 의병장과 활동장소는?

① 곽재우-경상도 ② 정문부-함경도 ③ 고경명-전라도

284. 왜란이 끝난 후 다시 일본과 국교를 맺게 된 조약은?

기유조약

285. 광해군의 외교정책은?

명을 섬기는 동시에 조선의 입장을 설명하고 청과도 친교를 맺었다.

286. 태평관이란 무엇인가?

중국의 사신을 접대한 곳

287. 임진왜란을 소재로 한 유성룡의 작품은?

징비록

288. 임진왜란 중에 생긴 훈련도감의 경비를 조달할 목적으로 징수하던 세는?

삼수미

289. 대동법을 관리하던 관청은?

선혜청

290. 병자호란 때 인조가 청나라 왕에게 굴복한 장소는?

삼전도

291. 임진왜란 직전에 일본에 다녀 온 수신사로 일본의 침입을 예견한 인물은?

황윤길

292. 조선 때 10만 양병설을 주장 한 사람은?

이이(李珥)

293. 율곡에 의하여 제창된 십만양 병설은 주로 어느 민족의 흥 기를 근심한 때문인가?

일본족(日本族)

294. 임진왜란 때 왜군을 크게 격파 하여 전세를 역전시킨 전투는?

한산도 대첩(閑山島大捷)

295. 왜란 때 진주 싸움에서 김시 민을 도와 왜군을 무찌른 의 장병은?

곽재우(郭再祐)

296. 임진왜란 때 빛나는 무공을 세운 의병장은?

① 곽재우 ② 고경명 ③ 김천일 ④ 정문부

※ 김시민은 임란 때 진주판관으로 있었을 때 진주성 전투에서 왜군 을 크게 격파한 공으로 목사(牧使)가 되었다.

297. 임진왜란 때 주요 전투와 거 기에 참전한 장수는?

① 유정-평양 탈환 참전 ② 조헌-금산 전투참전 ③ 정문부-경성 탈환

298. 왜란 때 활동한 승병장(僧兵將)은?

① 휴정 ② 유정 ③ 처영 ④ 영규

299. 오늘날의 박격포와 같은 무기 인 비격진천뢰(飛擊震天雷)를 발명한 사람은?

이장손(李長孫)

※ 최무선은 고려 말기에 화약제조법을 중국인으로부터 배워와 최 초로 각종 화기(火器)를 만들었으며, 이순신·이장손·변이중은 각 각 거북선·비격진천뢰·화차(火車) 등을 만들어 임란때 사용했으 며, 네덜란드 표류인인 박연은 효종의 북벌계획을 도와 훈련도감 에서 서양식 화포(火砲)를 만들었다.

300. 임진왜란 때 변이중이 만들어 권율장군이 행주싸움에서 사용한 무기는?

화차(火車)

301. 임진란 3대첩(壬辰亂 三大捷)은?

① 행주대첩 ② 한산도해전 ③ 진주성혈전

※ 명량해전은 정유재란 때 이순신이 수훈을 세운 대첩이다.

302. 왜란으로 소실된 문화재는?

① 불국사 ② 조선왕조실록 ③ 경복궁

303. 일본이 우리나라로부터 수입하여 간 문화재(文化財) 가운데 이를 발달시켜 세계적 수준으로 향상시킨 것은?

도자기 제조기술

※ 왜군은 도공(陶工)을 우선적으로 데려가 자기술의 발달을 가져왔다.

304. 임진왜란 후 기근(飢饉)과 유행병을 구제하기 위하여 편찬한 책은?

구황촬요(救荒撮要)

305. 정묘호란(丁卯胡亂)의 원인은?

① 조선의 친명배금책(親明排金策) ② 후금에 도망친 이괄의 잔당이 조선 정벌을 책동 ③ 명장 모문용이 조선에 의지하여 요동탈환을 획책

306. 병자호란 때 인조는 어디에서 항전하였는가?

남한산성(南漢山城)

※ 병자호란(丙子胡亂)의 원인은 후금으로부터 명을 치기 위한 군수 물자지원과 군신관계 요구를 거절한 데서 비롯됨.

307. 효종의 북벌계획과 관계가 있는 기구는?

① 어영청(御營廳) ② 내삼청(內三廳) ③ 훈련도감(訓鍊都鑑)

※ 균역청(均役廳)은 균역법을 실시하기 위하여 영조(1750) 때에 설치된 기구이다.

308. 조선 후기의 한문학 4대가(四大家)에 속하는 사람은?

① 이정구 ② 신흠 ③ 이식 ④ 장유

309. 조선 후기의 한시 4대가(漢詩 四大家)에 속하는 사람은?

① 박제가 ② 이덕무 ③ 유득공 ④ 이서구

310. 우리나라 최초의 국문소설은?

허균의 홍길동전

311. 대동법 실시와 함께 나타난 특권상인은?

공인

※ 공인은 공납특권 청부업자로 관부의 수요물을 공급한 특권상인이다. 도고는 도매상을 말한다.

312. 대동법 실시 이후에는 어떤 현상이 일어났는가?

① 상공업 발달과 공인의 활약 ② 화폐유통의 보급 ③ 방납의 폐단 시정 ④ 국가 수입의 증대

313. 영조 때 실시된 균역법(均役法)의 내용은?

① 군포(軍布) 2필을 1필로 반감하였다. ② 균역청에서 그 사무를 관장하였다. ③ 반감에 따른 부족량은 어세(魚稅)·염세(鹽稅)·선박세(船舶稅) 등의 징수로 보충하였다. ④ 부족량은 결작(結作)의 징수로서도 보충하였다.

314. 박지원의 소설은?

① 양반전 ② 허생전 ③ 광문자전

315. 대동법(大同法)을 실시하게 된 동기는?

국가수입이 줄더라도 백성의 부담을 적게 하기 위해

316. 대동법의 실시에 따라 어떤 결과가 생겼는가?

① 선혜청(宣惠廳)을 두고 이 일을 관장하였다. ② 이이가 오래전에 대공수미법(貸貢收米法)으로 이의 실시를 주장하였다. ③ 방납(防納)의 폐단으로 인한 국가수입의 감소를 초래하였다. ④ 공인(貢人)의 등장으로 상공업의 발달을 촉진시켰다.

317. 조선시대의 수령(守令)은?

① 군수(郡守) ② 현령(縣令) ③ 부사(府使) ④ 목사(牧使)

318. 임신약조와 관계되는 왜란은 어느 것인가?

삼포왜란

319. 임진왜란 당시 의병의 활동이 가장 활발하였던 지방은?

경상도

320. 임진왜란 시 최초로 의병활동을 전개하여 국난타개에 앞장선 인물은?

곽재우

321. 비변사가 정식 관청으로 된 것은 어느 때인가?

명종 을묘

※ 비변사 : 중종 때부터 설치, 명종 때에는 군무(軍務)를 관장하는 정식관청이 되었고, 한때 폐지되었다가 임란, 호란 때 그 기능이 확대됨. 인조 이후에는 서정(庶政)까지 관장하는 국가최고기관이 되기도 했다. 그러나 대원군 집정 때 비변사를 폐지하고 의정부의 기능을 부활시켰음.

322. 삼전도(三田渡)의 치욕을 씻기 위하여 북벌을 계획한 왕은?

효종

※ 인조 14년(1636년) 병자호란 때 인조가 청태종에게 군신(君臣)관계의 요구를 수락하고 삼전도(송파)에서 치욕적으로 항복함. 이에 효종은 치욕을 씻기 위해 송시열, 송준길, 이완 등과 북벌계획을 세웠으나 수포로 돌아감.

323. 호란 시 의병장은?

정봉수, 이입

324. 북벌론과 관계가 있는 사람은?

① 최영 ② 송시열 ③ 정도전 ④ 왕가도

325. 비변사는 어떻게 구성되었는가?

① 대제학 ② 당상관 이상 ③ 유수 ④ 3정승

※ 비변사 : 3정승·5조판서, 군영(軍營)의 대장, 대제학, 유수 등 당상관 이상의 문무(文武) 고위관리로 구성되었다. 비변사의 강화는 왕권을 약화시킴.

326. 임진왜란 때 충주 탄금대 전투에서 전사한 이는?

신립

327. 이순신 장군은 어느 해전에서 전사했는가?

노량해전

328. 임진왜란의 3대첩은?

① 행주대첩 ② 한산대첩 ③ 진주성혈전

329. 대동법 실시의 가장 큰 원인은?

조세수입(租稅收入)의 확보

330. 규장각의 관리가 기록한 책은?

일성록(日省錄)

※ 일성록 : 정조가 세손(世孫)으로 있을 때 기록하기 시작, 왕위에 오른 후에 규장각을 설치, 왕 자신의 언동을 기록케 하였고(1760~1910), 조선왕조실록과 승정원일기, 비변사등록과 함께 근세 사연구에 중요한 사료가 됨.

331. 대동법은 어느 것의 발전을 배경으로 실시되었는가?

사영(私營)의 수공업

※ 대동법은 상업의 발전을 배경으로 하여 실시됨.

332. 균역법(均役法)이 실시된 결과는?

농민층의 역(役) 부담을 덜어 주었다.

333. 조선후기에 나온 농서(農書)는?

① 농가집성(農家集成) ② 산림경제(山林經濟) ③ 임원경제지(林園經濟志) ④ 색경(穡經)

334. 17~18세기 우리나라 사회의 변화상의 특징은?

① 수리시설의 발달 ② 이앙법의 발달 ③ 상업적 농업의 보급 ④ 도조제 (賭租制)의 성행

335. 조선후기의 농업의 특색은?

구황식물(救荒食物)의 재배

※ 구황식물 : 고구마, 감자

336. 조선시대 상업발달을 크게 저해한 요소는?

금난전권(禁亂廛權)

※ 금난전권(禁亂廛權) : 어용상인이 자유상인을 단속하는 권리로서 상업발전의 저해요소가 되었다. 6의전은 어용상인의 하나임.

337. 상평통보(常平通寶)란?

조선 숙종 때 만든 엽전

338. 조선후기의 사회변화를 설명하라.

① 자유상공업이 성행하였다. ② 비변사(備邊司)가 최고의 정치기구였다. ③ 세제(稅制)가 모두 정액화(定額化), 지세화(地稅化)되었다. ④ 의무병제 (義務兵制)가 용병제(庸兵制)로 개편되었다.

※ 전통적 유교사상이 지배하고 실학은 겨우 싹에 불과하였다.

339. 조선 영조의 치적을 열거하라.

① 균역법 실시 ② 탕평책(蕩平策) 실시 ③ 중형(重型)의 금지 ④ 기로과 (耆老科) 실시

※ 규장각 : 정조가 설치한 왕립학술도서관

340. 조선시대의 방납제(防納制)를 설명하라.

① 진상(進上) ② 공물대납(貢物代納) ③ 토산물(土産物) ④ 경저리(京邸吏)와 수령(守令)

※ 방납 : 특산물의 부족을 경작인이 대납하는 것으로서 그 과정에 수령과 고관들이 결부되어 이권을 누리게 되었다.

341. 균역법(均役法)에서 과세의 종류는?

① 족징(族徵) ② 군정(軍政) ③ 선세(船稅) ④ 어장세(漁場稅)

342. 조선후기에 자본층(資本層)으로 성장한 대표적인 사상(私商)은?

객주(客主)

※ 대동법실시 이후 억상정책이 해이해지면서 상공업이 발달되자, 상업요지에 자리잡고 도매업·숙박업·무역·금융업 등을 행하던 객주가 자본을 모으게 되었다.

343. 사민필지(士民必知)란 무엇인가?

미국의 선교사 H.B. Hulbert가 세계 각국의 지리·정치·학술 등에 관하여 한글로 간략하게 쓴 책

344. 조선후기에 발달한 사상(私商)을 열거하라.

① 강상(江商) ② 객주(客主) ③ 송상(松商) ④ 만상(灣商)

345. 조선후기 서울의 3대(三大)시장(市場)은?

종루·이현·팔패

346. 조선후기에 청·일(淸日) 간의 중개무역을 한 상인은?

송상(松商)

※ 송상(松商) : 인삼을 매개로 청·일 간의 중개무역을 하였음.

347. 조선후기 사상(私商)들의 대청(對淸) 밀무역으로 유명한 곳은?

중강·책문

348. 우리나라에서 금속화폐가 전국적으로 유통된 시기는?

숙종 때 주전도감(鑄錢都監)을 두어 주조화폐를 유통시킨 때부터

349. 조선후기에 상평통보의 주조와 관계있는 인물은?

① 김육 ② 숙종 ③ 허적

350. 조선 숙종조 이후에 널리 통용된 화폐는?

상평통보

※ 인조 때부터 주조되기 시작, 숙종 때 전국적인 유통을 보게 된 상평통보는 갑오개혁 때까지 사용되었다.

351. 영조 때 탕평책의 실시를 건의한 인물은?

송인명

352. 영조의 치적(治積)을 열거하라.

① 균역법을 실시, 국가재정을 강화하고자 하였다. ② 속대전(續大典) 등 많은 책을 편찬하였다. ③ 탕평책을 썼으며 사색당인을 고르게 기용하였다.

353. 조선 숙종 때 일어난 기사환국(己巳換局)이란?

세자책봉을 반대하다가 서인이 쫓겨난 사실

354. 영·정시대에 민생안정과 부국강병을 위한 개혁에 따라 이루어진 정책은?

① 형벌완화 ② 균역법 실시 ③ 신문고제도 부활

355. 영·정시대에 편찬된 책은?

① 문헌비고 ② 무예도보통지 ③ 대전통편

356. 보부상(褓負商)에 관해서 설명하라.

① 각 지방의 장터를 찾아다니며 상행위를 하는 행상들이다. ② 임진왜란 때 행주산성에서 권율 장군에게 양곡을 조달하였다. ③ 길드(Guild)적 조직을 가졌고, 황국협회의 앞잡이 노릇을 하였다.

357. 조선후기 가장 늦게까지 국경무역이 성하던 곳은?

책문후시(柵門後市)

※ 책문후시 : 숙종 21년 이후 압록강 건너에 성행한 밀무역으로 사신들의 내왕시에 이루어졌음.

358. 조선후기 상업이 발달하면서 도고(都賈)가 나타났다. 도고란?

상품을 독점 판매한 상인

※ 도고 = 도가, 도매

359. 자유상인에 속하는 것은?

① 만상 ② 송상 ③ 경강상인

360. 조선후기에 호적상 양반신분이 늘어나는 이유는?

농업이나 상업으로 부를 축적한 상민·노비층이 양반으로 상승하는 자가 많았다.

361. 조선후기에 서울의 시전 이외에도 몇 개의 시장이 번창하게 되었는데, 해당되는 지역은?

① 종로지역 ② 칠패 ③ 이현(梨峴)

362. 조선후기 대동법 시행으로 생긴 공인은?

국가가 지정한 어용특허상인

363. 조선후기 국가의 상업정책의 특징은?

① 억상(抑商)정책을 계속하였다. ② 금난전(禁亂廛)이라 하여 사상(私商)의 대두를 막았다.

※ 금난전은 자유로운 사상의 진출을 억제하기 위해 마련된 일종의 특허권을 말하며 실제로 6의전이 장악하였음.

364. 시전 상인의 특권이 와해되고 자유상공업이 현저한 발달을 보게 된 근본적인 이유는?

자연경제가 교환경제로 옮겨가는 자연적인 추세로 사상과 사장의 활약이 크기 때문이었다.

365. 조선후기의 상업적 작물로서 중요시된 것은?

인삼·담배

366. 한전(旱田)농업에 있어서 밭고랑과 밭이랑을 만들어 밭고랑에 곡식을 심은 농사법은?

견종법

367. 우리나라 역사상에 있었던 농업법이다. 조선후기에 널리 보급되어 생산력을 향상시킨 것은?

이앙법

368. 임란(壬亂) 중에 신설된 훈련도감의 경비를 조달할 목적으로 징수한 것은?

삼수미(三手米)

369. 5군영 중에서 가장 먼저 생긴 것은?

훈련도감

370. 조선왕조 후기 농업의 특징은?

① 상업작물의 재배 ② 이모작의 실시 ③ 이앙법의 보급

371. 감자와 고구마가 전래되자 그 재배법에 관한 책이 나왔는데, 강필리가 지은 책의 이름은?

감저보(甘藷譜)

372. 이앙법이 보급됨에 따라 나타난 현상은?

① 노동력이 보다 덜 필요하다. ② 농업의 경영규모가 확대되었다. ③ 쌀과 보리의 이모작이 가능하다.

373. 수어청을 설명하라.

남한산성과 주위의 여러 진(鎭)을 방위하던 군영

374. 해동농서, 산림경제, 과농소초, 북학의, 농가집성, 색경 등을 비롯하여 800여종의 서적을 참고로 하여 편찬한 일종의 농업백과사전적인 저서는?

임원경제지

375. 우리나라를 유럽에 소개된 최초의 문헌은?

Hamel 표류기

※ 효종 때 제주에 표류했던 네덜란드의 하멜이 귀국하여 쓴 책

376. 실학사상(實學思想)의 특징은?

① 남인(南人) 학자들이 연구함 ② 서학(西學)과 고증학(考證學)의 영향을 받음 ③ 국가제도의 개혁을 주장함 ④ 공리공담적(空理空談的)인 주자학을 비판함.

377. 조선 후기 실학자들의 연구태도는?

① 이용후생(利用厚生) ② 실사구시(實事求是) ③ 경세치용(經世致用) ④ 고증학적실증(考證學的實證)

※ 실학(實學) : 조선 임진·병자의 양란 이후에 국민적 자각과 청나라를 통한 서양문물의 영향을 받아서, 유교 이외의 실생활에 유익을 목표로 실사구시(實事求是)와 이용후생(利用厚生)에 관하여 연구하던 학문

378. 조선후기의 실학사상의 원류가 된 것은?

실학은 현실적·과학적인 학문사상으로 이이의 경학(經學)이 그 연원이 되었다.

379. 실학발생의 가장 큰 원인은?

임진란 후 붕괴된 사회경제체제를 재건하기 위함.

380. 토지제도와 행정기구의 개혁을 주장한 실학의 학파는?

경세치용학파(經世致用學派)

381. 정약용의 저술은?

① 경세유표(經世遺表) ② 강역고(彊域考) ③ 마과회통(麻科會通) ④ 흠흠신서(欽欽新書)

382. 정약용의 경세유표는 무슨 목적으로 쓴 것인가?

국가행정의 개혁을 위해서

383. 북학파(北學派)의 특성을 설명하라.

① 산업의 기술존중 ② 이용후생에 의한 현실개조 ③ 도시상 공업의 진흥 ④ 청나라 문물의 수입

384. 조선후기의 실학에 대하여 설명하라.

① 실학파의 성격은 독창적이었다. ② 실학자의 근본목표는 민생안정과 부국강병에 있었다. ③ 실학파의 성격은 민족적이었다. ④ 실학파는 중농(重農)학파와 중상(重商)학파로 나누어 볼 수 있다.

※ 실학의 중점 : 정신문화와 물질문화를 균형 있게 발전시켜, 민생안정과 부국강병을 달성하는데 있었음.

385. 형법에 관한 역사와 내용이 기록된 책은?

추관지(秋官志)

386. 이중환이 저술한 지리서(地理書)는?

택리지(擇里志)

※ 팔도지리지 : 세종 때 윤회·신색이 저술, 동국여지승람 : 성종 때 노사신·강희맹이 저술

387. 삼한정통론을 주장한 실학자는?

이익

388. 우리 역사의 정통성과 독립성의 입장에서 중국 중심의 사관(史觀)을 탈피하여 체계화된 국사서는?

동사강목

389. 양반을 풍자적으로 비판한 작품이 들어 있는 책은?

연암집(燕巖集)

390. 허준의 한방의서가 아시아 각국에 유포되어 많은 영향을 주었다는 의서(醫書)는?

동의보감(東醫寶鑑)

391. 조선후기의 풍속화가로서 특히 근로하는 서민의 생활을 많이 그린 사람은?

김홍도

※ 김홍도의 작품 : 우경도(牛耕圖)·서당풍경 등, 이상좌의 작품 : 송하보월도(松下步月圖)·산수도(山水圖) 등, 장승업의 작품 : 홍백매십정병(紅白梅十幀屛)·군마도(群馬圖)

392. 특히 풍속화를 많이 그려 유명한 사람은?

신윤복

393. 1836년(헌종 2년)에 우리나라에 들어온 프랑스인 신부는?

모방

※ 로저스 : 신미양요 때 아시아함대 사령관

394. 조선 천주교 전파의 특징은?

조선인 스스로에 의해서 신앙이 되고 포교되었다.

※ 외국선교사의 파견 없이 천주교가 전파된 것은 조선이 세계최초의 일이라고 전한다.

395. 천주교가 최초로 조선의 학계에 전래된 계기는?

이수광의 천주실의 소개

396. 홍경래난은 어느 계층의 이익을 대변한 것인가?

중소지주

※ 홍경래의 난(순조 11년, 1811) : 중소지주 출신인 하층양반과 중소상인이 중심이 되고 유랑농민이 합세한 민중의 반항운동

397. 동학운동(東學運動)과 관계가 있는 조직과 서적은?

① 동경대전(東經大典) ② 보은집회(報恩集會) ③ 집강소(執綱所) ④ 포(包)·장(帳)·접(接)

※ 연통제(聯通制) : 상해임시정부와 본국 국민과의 연결을 위한 비밀 행정조직, 집강소 : 동학혁명기구, 동경대전 : 동학의 경전, 포·장·접 : 동학의 조직망

398. 조선시대 자기의 특징은?

비색청자

399. 처음에는 신선도를, 뒤에는 서민들이 일하고 즐기는 풍속화를 잘 그린 이는?

김홍도

400. 삼정문란에서 흔히 거론되는 병폐라 할 수 있는 것은?

① 황구첨정 ② 인징 ③ 족징 ④ 백골징포

※ 호패 : 태종 때 실시한 일종의 신분증명서, 삼정 : 조선의 국가재정의 근원이 되는 전정·군정·환곡으로 이는 지방관의 사복을 채우는 수단으로 되었음, 백골징포 : 죽은 자를 살아있는 것처럼 군적과 세부(稅簿)에 올려 군포(軍布)를 받아가던 조선말엽 군정(軍政)폐단의 하나, 족징 : 도망자나 사망자의 체납분을 친척으로부터 징수하는 것, 인징 : 체납분을 이웃사람들에게 부과시키는 것

401. 실학의 발달배경이 된 것은?

① 서민의식의 대두 ② 민족주의 민족의식 ③ 영·정조의 문예부흥 ④ 서양문물의 도입

402. 실학의 학문적 경향은?

① 비판적이다. ② 현실적이다. ③ 실용적이다. ④ 과학적이다.

403. 실학의 성격에서 근대 지향적인 요소는?

① 주권재민 ② 상공업의 발달 주장 ③ 계급성의 부정 ④ 화폐 사용 주장

404. 실학의 중농학파와 중상학파의 공통적인 주장은?

민생의 안정을 위한 부국강병책

405. 실학의 선구자는?

이수광

406. 삼한정통론(三韓正統論)에 입각하여 쓴 대표적인 국사책은?

동사강목

407. 지방관으로 알아두어야 할 명심사항을 적은 책은?

목민심서(정약용의 저서)

408. 가사문학(歌辭文學)의 효시는?

상춘곡(賞春曲)

409. 서민문학(庶民文學)의 최고전성기는?

19세기

410. 조선후기의 한시 사대가(漢詩四大家)는?

① 박제가 ② 이서구 ③ 유득공 ④ 이덕무

411. 한중록(恨中錄)의 저자는?

혜경궁 홍씨(洪氏)

412. 야공도(冶工圖)와 관계있는 화가는?

김득신(金得臣)

413. 세한도(歲寒圖)의 저자는?

김정희(金正喜)

414. 천주교탄압과 관계있는 사건은?

① 기해사옥 ② 신유사옥 ③ 신해사옥 ④ 병인양요

415. 우리나라에서 제일 먼저 신부(神父)가 된 이는?

김대건(金大建)

416. 조선후기 정치 · 경제문란을 견제하기 위한 제도는?

삼정이정청

※ 삼정 : 조선왕조의 국가재정의 근원이 되는 전정·군정·환곡을 말함.

417. 16세기 말에 급진적인 사상가로 군주세습제를 부인하고, 천하는 공물(公物)이라고 주장한 학자는?

정여립

418. 여전제의 창설과 노동량에 따라 수확을 분배받을 것을 주장한 사람은?

정약용

419. 실학파의 토지개혁론에서 노동량에 따라 그 소득을 분배하도록 한 이론은?

여전론

420. 유형원이 주장한 사회개혁사상은?

① 과거제의 개편과 천거제의 실시 ② 관제·학제의 광범위한 개혁
③ 토지균점을 위한 전제의 개혁 주장

421. 이익·유형원·정약용 등의 중농적인 실학사상의 공통적인 핵심은?

정치·군사·교육의 제반문제를 해결하기 위해서는 토지제도의 개혁이 근본적으로 필요하다.

422. 사전(事典)류에 해당하는 조선조의 서적은?

① 지봉유설 ② 의방유취 ③ 오주연문장전산고

423. 조선시대 농민생활이 궁핍하여짐에 따라 도처에서 도적의 무리가 횡행했다. 이 가운데 재인(광대)들로 조직된 무리는?

채단(綵團)

424. 백건당(白巾黨)의 소동과 관계있는 사건은?

진주민란

425. 홍경래난의 주동적 역학을 담당한 세력은?

몰락양반

426. 환곡과 관계있는 폐단은?

① 반작(反作) ② 허류(虛留) ③ 늑대(勒貸)

427. 군정의 문란이 가져다 준 결과는?

① 백골징포 ② 족징 ③ 황구첨정

428. 조선시대에 오늘날의 영농자금조달의 구실을 한 것은?

환곡

※ 환곡 : 가난한 농민에게 춘궁기에 관곡을 빌려주었다가 추수기에 1/10의 이자를 가하여 받아들이는 것을 말한다. 그러나 후에 삼정의 문란 중에서 환곡의 폐해가 가장 심하였다.

429. 조선왕조 후기의 전정(田政)과 관련있는 곡물제도는?

① 결작(結作) ② 대동미(大同米) ③ 삼수미(三手米)

430. 조선시대 세도정치 하에서 일어난 반란은?

① 삼정의 문란 ② 민란의 발생 ③ 동학교의 발생

431. 조선시대 수세종목(收稅種目) 가운데 가장 기본이 되는 토지세는?

전세

432. 동학의 원인이 된 서적과 사상은?

① 동경대전은 동학의 경전 ② 농민과 잔반을 기반으로 하였다. ③ 유·불·선 3교와 샤머니즘의 결합으로 창도되었다.

433. 우리나라 최초의 세례교인과 신부는?

이승훈, 김대건

434. 동학사상의 교리가 되었던 사상은?

① 인내천사상 ② 광제창생(廣濟蒼生) ③ 용담유사(龍潭遺事)

435. 조선후기 천주교 박해와 관계있는 사건은?

① 노론(老論)벽파(僻派) ② 척사륜음(斥邪綸音) ③ 오가작통법(五家作統法) ④ 황사영백서(黃嗣永帛書)

436. 시조를 곡조(曲調)에 따라 분류 수록한 시가집(詩歌集)은?

청구영언(靑丘永言)

437. 서학인 천주교를 금압하게 된 가장 핵심적 이유는?

전례문제

438. 조선후기 화가와 그들의 특징을 설명하라.

① 김홍도 : 서민의 멋과 가락의 표현 ② 정선 : 독특한 산수화의 기법
③ 강세황 : 서양화법을 동양화에 가미한 새 화풍

439. 세도정치(勢道政治)의 주역이라고 할 수 있는 사람은?

① 조만영 ② 김문근 ③ 홍국영 ④ 김조순

440. 세도정치의 결과라고 볼 수 있는 것은?

① 삼정의 문란 ② 동학의 발생 ③ 민란의 발생 ④ 정치기강의 문란

441. 관노비(官奴婢)를 법제상 해방한 왕대(王代)는?

순조대(純祖代)

442. 약 60여년 간 계속되었던 세도정치는 누구에 의해서 종식되었는가?

대원군

443. 조선후기의 민중예술에 해당하는 것은?

① 판소리 ② 흥부가 ③ 탈춤 ④ 광대(廣大)

444. 조선후기 미술의 두드러진 경향은?

풍속화

445. 정선(鄭敾)의 화풍(畵風)은?

우리나라의 실제 산수를 그렸음.

446. 대원군이 갑오개혁의 저지책으로 설치한 기구는?

교정청(校正廳)

※ 교정청 : 대원군이 일본의 내정개혁을 빙자한 간섭을 막기 위하여 교정청을 내세웠음.

447. 대원군의 하야(下野)와 관계 있는 사건은? | ① 민씨일파의 성장 ② 최익현의 하야상소 ③ 고종의 친정 가능(親政可能) ④ 반대원군 세력의 성장

448. 1886년 프랑스함대가 강화도에 침입하여 온 원인은?

천주교의 금압과 프랑스신부의 살해

※ 병인사옥(고종 3년) : 프랑스신부 9명을 살해한 바, 리델이 탈출, 천진에 있는 프랑스함대에 보고하였음.

449. 대원군이 경복궁 재건의 재원(財源) 조달을 위해 취한 조치는? | ① 원납전(願納錢) ② 당백전(當百錢) ③ 결두전(結頭錢) ④ 문세(門稅)

450. 조선시대의 교육기관은? | ① 성균관(成均館) ② 서원(書院) ③ 사학(四學) ④ 서당(書堂)

451. 노비문서를 관장한 곳은?

형조

452. 조선왕조시대의 최고 교육기관은?

성균관

※ 성균관은 태조가 한양에 설치함.

453. 친일매국(親日賣國) 단체는?

일진회(一進會)

454. 대원군의 치세내용은? | ① 삼군부(三軍府) 부활 ② 당백전 주조 ③ 호포제 실시 ④ 천주교 탄압

455. 대원군의 내정개혁에서 민폐를 제거한 정책은?

서원철폐

※ 서원 : 유생의 본거지이며 당쟁의 소굴인 동시에 면세·면역의 특권이 부여되어 있어, 국가재정에까지 폐를 끼침.

456. 충청도 일대에서 활동하던 한말(韓末)의 의병장은?

민종식

457. 강화도조약의 결과 조선이 양보한 것은?

일본은 조선의 해안을 측정할 수 있게 되었다.

458. 실학사상(實學思想)과 개화사상(開化思想)의 공통점은?

① 부국강병론의 계승 ② 평등사상의 계승 ③ 민중생활 개선론 계승 ④ 화이사상적 명분론 극복의 계승

459. 개화운동의 원인으로 발생한 사건은?

① 별기군 ② 신사유람단 ③ 영선사 ④ 갑신정변

※ 임오군란 : 민씨정권의 개화정치와 일제 침략에 반발, 구식 군인들이 일으킨 사건(개화당과 수구당의 대립)

460. 19세기의 개화사상가는?

① 이동인 ② 유홍기 ③ 오경석 ④ 박규수

461. 개화사상의 근본내용은?

기술의 도입과 상공업의 발전을 근본 내용으로 삼았다.

462. 갑신정변 때 개화파의 갑신정강의 내용은?

① 지조법(地租法)의 개정 ② 피납된 대원군의 송환요구 ③ 문벌의 폐지 ④ 청국(淸國)에의 조공(朝貢) 폐지

463. 개화 이후 최초로 등장한 기구는?

통리기무아문(統理機務衙門)

※ 통리기무아문 : 청의 제도를 모방, 1880년에 설치. 군국기밀과 일반정치를 총괄한 기관.

통리아문 : 1882년에 설치한 것으로 외무관장.

군국기무처 : 갑오개혁 추진기구.

464. 우리나라 역사상 최초로 외교관을 외국에 상주케 한 시기는?

갑신정변 이후(1884년)

465. 유림(儒林)을 중심으로 하는 보수파들이 문호개방을 반대한 이유는?

유교적 윤리관이 파괴되고 양반지배체제가 붕괴될까 두려워했기 때문이다.

466. 중농적 실학사상의 영향을 받아 이를 개혁정치에 반영하려던 사람은?

이하응(李昰應)

467. 대원군의 개혁정치 가운데 양반들의 반발을 많이 받았던 것은?

호포제 실시

468. "백성을 해치는 자는 공자가 다시 살아난다 하여도 내가 용서하지 않겠다"는 말은 누가 왜 한 말인가?

대원군이 서원을 정리할 때

469. 대원군이 서양에 대한 위기의식으로 쇄국정책을 강행하게 된 배경은?

① 이양선의 통상요구와 증대되는 양화의 유입 ② 서양세력에 의한 청의 곤경사실의 전래 ③ 천주교 유포에 따른 다수의 서양 신부 잠입 활동

470. 우리나라 최초의 근대식 군제(軍制)로 후일 임오군란 발단의 요인이 된 것은?

별기군

※ 고종이 군사제도를 개편, 새로 신식군대인 별기군을 설치하였으며, 별기군은 구식군대와의 대립문제로 후일 임오군란의 원인이 됨.

471. 문호개방 이후 보수파에 의하여 야기된 최초의 외세배격운동은?

임오군란

472. 임오군란을 야기시킨 원인은?

① 별기군 ② 제물포조약 ③ 대원군에 대한 민중의 기대

473. 위정척사와 관계가 있는 사람은?

최익현, 홍재학

474. 1870년대의 개국론자는?

① 박규수 ② 오경석 ③ 유흥기

475. General Sherman호 사건을 계기로 일어난 것은?

신미양요

476. 대원군은 민비일파의 세력에 밀려 하야 하였는데, 이것이 갖는 의미는?

쇄국정책이 개국정책으로 전환

477. 오경석·유흥기 등은 19세기 중엽부터 중국을 통하여 해국도지와 같은 책을 구입, 세계정세를 국내에 소개한 사람들이다. 이들의 사회적 출신 신분은?

중인

478. 일본의 메이지(明治)유신 초기에 정한론(征韓論)을 주장했던 사람은?

사이코오 다카모리

479. 한·미수호통상조약이 체결된 해는?

1882년

480. 신식무기 제조법을 배우고자 유학생을 파견한 곳은?

청의 톈진

481. 일본기행문에 해당하는 기록은?

① 일동기유(日東記遊) ② 일동장유가(日東狀遊歌) ③ 해동제국기(海東諸國記)

482. 한말의 유생이고 영남인으로 만인소(萬人疏)를 제기한 이는?

이만손

483. 한성조약은 어느 사건의 결과로 맺어졌는가?

갑신정변

484. 임오군란 직후, 외세를 이용, 내정개혁을 도모한 사건은?

갑신정변

485. 문호개방 후 일본의 경제적 침략과정에서 수출입품에 해당하는 것은?

잡화품·쌀·쇠가죽

486. 동학혁명에 관하여 설명하라.

① 동학군의 제1차 봉기는 반봉건적 투쟁이었다. ② 동학군의 제2차 봉기는 항일구국투쟁이었다. ③ 우리나라 역사상 최대의 농민전쟁이기도 하였다.

487. 동학운동 실패의 직접적인 원인은?

동학군의 장비부족

488. 동학농민군 개혁안 12개조의 주요 골자는?

① 노비문서를 소각할 것 ② 과부의 재가를 허가할 것 ③ 인재를 등용하고 문벌을 타파할 것

489. 함흥에서 우리나라와 교역을 했던 나라는?

러시아

490. 1885년 영국이 거문도를 점령한 이유는?

영국이 러시아의 남하를 막으려는 뜻에서 조선의 양해 없이 점령한 것이다.

491. 갑신정변 때 개화당이 내세웠던 정강(政綱)은?

① 문벌제도의 폐지 ② 지조법의 개정 ③ 형제기구의 개편

492. 일본군대가 처음으로 조선에 주둔할 것을 인정한 조약은?

제물포조약

※ 제물포조약의 내용에 일본공사관에 일본군대를 주둔케 한다는 조항이 있음.

493. 임오군란 직후 청의 내정간섭 때 우리나라에 온 고문은?

① 하아트 ② 마젠창 ③ 묄렌도르프

494. 19세기 동양 각국에서 열강의 침략정책에 대한 민족적 항거가 있을 때 우리나라에서는 어떤 난(亂)이 일어났는가?

동학혁명

495. 갑신정변으로 인하여 청·일 간에 체결된 조약은?

톈진조약

※ 갑신정변의 결과 한·일 간에는 김홍집과 이노우에 간에 한성조약이 체결되었고, 청·일 간에는 리홍장과 이토오 간에 톈진조약이 체결됨.

496. 조선시대의 경국대전 체제가 공식적으로 폐지된 때는?

1894년

497. 청·일 전쟁 도중 조선에서 진행된 가장 중요한 사실은?

갑오개혁

※ 갑오개혁 : 동학혁명을 계기로 일본은 무력으로 고종을 위협, 대원군을 앞세우고 제1차 김홍집 내각을 조직, 군국기무처를 설치하고, 정치·경제·사회·문화 등의 전반에 걸친 개혁을 단행한 일을 말한다.

498. 갑오개혁의 중심기구는?

군국기무처

499. 갑오개혁의 요지는?

① 양반과 상민의 평등 ② 죄인 연좌법의 폐지 ③ 은본위제(銀本位制)

500. 갑오개혁에 의해서 만들어진 사회제도는?

① 노인정(老人亭) ② 홍범14조(洪範十四條) ③ 지방관제를 23부로 개편

501. 우리나라에서 관보(官報) 겸 신문의 성격을 띤 최초의 간행물을 출판한 기관은?

박문국(博文局)

※ 박문국 : 고종 20년 박영효의 건의에 따라 설치된 인쇄출판의 기관으로 한성순보와 한성주보를 발행하였음.

502. 미국인에 의하여 착공된 철로는 어느 것인가?

경인선

503. 동학혁명 당시의 농민의 주장 가운데 갑오개혁에서 실현된 내용은?

① 신분제 폐지 ② 과부재가 허용 ③ 문벌타파

504. 구한말 콜브란은 어디서 활동하였는가?

한성전기회사

505. 의병을 일으킨 사건은?

을미사변, 을사조약체결

506. 을미사변 후에 조직된 친일내각에 의해서 단행된 개혁은?

① 태양력 채용 ② 소학교 설치 ③ 우체사무 개시

※ 을미사변 후의 개혁내용 : 단발령공포·태양력 사용·종두법 실시·우편사무 개시·지방제도 개편·소학교 설치 등

507.	단발령이 내려진 것은 어느 해인가?	1895년
508.	우리나라 최초로 민권사상을 부르짖은 한말의 단체는?	독립협회
509.	일본의 우리나라 지배를 처음으로 승인한 나라는?	영국
510.	고종이 퇴위하게 된 직접적인 동기는?	아관파천
511.	기유각서(己酉覺書)란?	일본이 사법권 및 감옥사무 박탈
512.	한말에 가장 친일적 매국행위를 한 단체는?	일진회
513.	독립협회의 성격을 가장 잘 표현한 것은?	자주독립과 개화혁신에 입각한 입헌군주제의 수립 주장
514.	을사조약과 관계있는 사건은?	① 최익현의 분사 ② 민영환의 순절 ③ 카쓰라·태프트조약
515.	을사보호조약이 체결되자 자결로서 항의한 사람은?	① 민영환 ② 조병세 ③ 송병선
516.	5적 암살단을 조직하여 매국노의 숙청을 꾀하던 사람은?	오기호
517.	일본이 독도를 강제로 약탈하게 된 계기는?	러·일 전쟁 후

518. 보안회(保安會)에 대해서 설명하라. | 원세성, 송수만 등이 조직하여 일본의 황무지 개간 등을 반대했다.

519. 외세의 침투로 국운이 기울어져 갈 무렵 새로운 지식계급을 중심으로 결성된 구국단체는? | 헌정연구회(憲政硏究會)

520. 헌정연구회·대한자강회 등은 어떠한 단체의 정신을 계승한 것인가? | 독립협회

521. 공립학교로서 제일 먼저 설립된 것은? | 육영공원

522. 신문화운동에 관한 사람과 사건을 맞게 연결하라. | ① 이해조-자유종 ② 양기탁-대한매일신보 ③ 흥사단-교육문화단체

523. 한말에 국학연구와 관계있는 사람은? | ① 장지연 ② 최광옥 ③ 지석영

524. 우리나라 최초의 연극회는? | 토월회

525. 단군왕검을 신앙의 대상으로 하여 외세배격·민족자주독립운동을 편 종교는? | 대종교

526. 인내천사상(人乃天思想)과 관계 깊은 종교는? | 천도교

527. 의병활동이 절정에 달한 계기는? | 군대해산

528. 한국사(韓國史)를 저술, 우리 나라를 해외에 소개한 이는? | 헐버트(Hulbert), Korea Review를 발행함.

529. 우리나라에서 발행한 신문 중 에서 평등사상과 민중계몽에 앞장선 신문은? | 독립신문

530. 을사조약의 내용을 폭로함으 로써 정간된 것은? | 황성신문

531. 민족주의에 관한 사람과 사건 을 맞게 연결하라. | ① 유인석, 민종식-위정척사론자 ② 안창호, 이상재-독립지사 ③ 박은식, 신채호-민족사학자

532. 어느 사건을 계기로 한·일의 정서를 체결하게 되었는가? | 러·일 전쟁

533. 우리나라 영토문제에 중요한 결정이 내려진 사건은? | 간도협약

534. 르네상스 건축양식을 모방한 작품은? | 덕수궁 석조전

535. 을미사변 때 미우라에게 이용 되어 경복궁에 난입한 군대는? | 훈련대

536. 최초의 현대식 병원인 제중원 (濟衆院) 창설과 관계 있는 사 람은? | 알렌
※ 1885년 알렌에 의해 최초의 근대식 병원인 제중원이 설립되었는 데, 원래는 광혜원(廣惠院)이라 하였음.

537. 고종시대에 주전(鑄錢)하기 위하여 두었던 관서는? | 전환국

538. 우리나라에 근대적 통신시설을 처음 가설한 나라는?

청

※ 임오군란·갑신정변 후 청인이 본국과의 연락을 위해 최초로 가설 (1885년)

539. 대한제국의 국외중립이 무너지게 된 조약은?

한·일의정서

540. 리앙쿠르섬이란 다음 어느 섬을 가리키는가?

독도

541. 일본이 실시한 통감정치(統監政治)는 무엇의 결과인가?

을사조약

542. 조약의 체결 연대와 침략성을 맞게 연결하라.

① 1882-제물포조약-일본군 주둔의 시초 ② 1905-제2차 한·일협약-통감정치 ③ 1907-한·일신협약-차관정치

543. 일제의 황민화(皇民化) 정책과 관계있는 사건은?

① 창씨개명(創氏改名) ② 신사참배 ③ 일선동조론(日鮮同祖論) ④ 황국신민(皇國臣民)의 서사(誓詞)

544. 3·1운동의 배경과 관계있는 사건은?

① 고종의 인산(因山) ② 민족운동의 성장 ③ 민족자결주의의 영향 ④ 동경 유학생들의 2·8독립선언

545. 일제가 한국에서 식민지 중공업정책을 추진한 시기는?

1930년대

546. 대한광복군 정부를 대표하는 이는?

이상설·이동휘

547. 3·1운동 당시의 불교도 대표자는?

한용운

548. 1904년에 세운 최초의 개인병원은?

세브란스병원

※ 광제원 : 지석영이 종두법을 보급함, 자혜의원 : 도립병원에 해당됨, 세브란스 : 미국인 에비슨이 세운 최초의 개인병원

549. 한국의 독립을 재확인한 회담은?

포츠담회담

550. 카이로선언에서 한국에 관하여 결의된 내용은?

한국의 해방과 독립을 처음 보장

551. 대한민국정부가 수립된 것은 언제인가?

1948년 8월 15일

552. 한국전쟁에 관해서 우리 대표가 참석한 회담은?

제네바 회담

553. 1948년 대한민국 정부수립과 관계있는 사건은?

① 5·10 총선거 실시 ② 제3차 UN총회 ③ 대통령중심제 ④ UN한국임시위원단

554. 모스크바 3상회의의 결정사항은?

① 조선에 대한 신탁통치의 실시 ② 미·소 공동위원회 개최 ③ 조선임시정부수립의 원조

※ 1945년 12월 모스크바에서 열린 미·영·소의 3상회의에서 미·영·중·소 4개국에 의한 5년간 신탁통치와 임시정부수립을 위한 미·소 공동위원회를 개최할 것을 결의함.

555. 신탁통치와 관계있는 사건은?

① 미·소 공동위원회 ② 모스크바 3상회의 ③ 5개년간 신탁통치 ④ 미군정치

556. 우리나라의 국토분단이 처음으로 결정된 것은?

얄타(Yalta)회담 때

※ 얄타협정 : 1945. 2. 11 미국의 루즈벨트, 영국의 처칠, 소련의 스탈린이 맺은 비밀조약

557. 카이로회담에서 우리의 독립이 약속되었는데, 참가한 나라는?

미국, 영국, 중국

558. 1946년 미군정하(美軍政下)에서 설치된 입법의원의 의장은?

김규식

559. 우리나라의 초대부통령은?

이시영

560. 제헌국회에서 제일 의석이 많았던 당은?

무소속

561. 제헌국회에서 결정된 정치적 사항은?

① 대통령 중심제 ② 단원제 국회 ③ 대통령 간선제 ④ 이승만 의장

562. 제1공화국의 중요시책은?

① 농지개혁의 실시 ② 공산당의 불법화 ③ 지방자치제도 실시 ④ 의무교육제도 실시

563. 모스크바 3상회의가 개최된 것은 언제인가?

1945년

※ 대한민국정부수립 : 1948년, 농지개혁 : 1949년, 6·25전쟁 : 1950년, 한·미상호방위조약 : 1953년

564. 해방 후 서울신문의 전신이었던 것은?

매일신보

565. 6 · 25전쟁 당시 UN군이 한국전에 참전하도록 결정한 기관은?

유엔 안전보장이사회

566. 대한민국의 정통성에 대한 설명으로 맞는 것은?

① 파리 유엔총회에서 49 : 6으로 유일합법정부임을 공인받았다. ② 민주적 절차를 거쳐 헌법이 제정되고 정부가 수립되었다. ③ 남한만의 단독정부수립은 북한의 공산주의자들과 소련이 총선거실시를 반대하였기 때문이다. ④ 4월의거로 제2공화국이 탄생되었다.

567. 6 · 25전쟁으로 파괴된 시설의 복구를 목적으로 이룩된 국제기구는?

U.N.K.R.A

568. 자유당정권의 부패와 관련 있는 사건은? | ① 4사5입개헌안 ② 2·4정치파동 ③ 3·15부정선거

569. 4·19의 원인은? | ① 3·15부정선거 ② 이승만의 독재정치 ③ 자유당의 부패와 재벌과의 야합

570. 양원제(兩院制)국회가 있었던 시기는? | 제2공화국

571. 제1차 경제개발 5개년계획은? | 1962~1966

572. 제1공화국과 제3공화국의 공통점은? | 대통령중심제

573. 제3공화국의 치적은? | ① 한·일 국교정상화 ② 국민교육헌장 ③ 남북적십자회담 ④ 월남파병

574. 새마을정신의 근본이 되는 내용은? | ① 반상회 ② 산림보호 ③ 계 ④ 향약

575. 제4공화국의 치적은? | ① 10월유신 ② 자주경제력 ③ 자주국방 ④ 국력의 조직화

576. 사건과 연도를 맞게 연결하라. | ① 월남파병-1964년 ② 국민교육헌장반포-1968년 ③ 새마을운동추진-1970년 ④ 남북적십자회담제의-1971년

2. 관광자원해설

1. 관광자원의 의의

관광자원(tourism resources)은 관광객의 관광의욕의 대상이자 관광행동의 목표가 되어 관광객을 흡인하는 데 기여하는 유·무형의 일체로, 관광의 주체인 관광객으로 하여금 관광동기나 의욕을 충족시키고, 나아가서는 관광행동을 일으키게 하는 유·무형의 관광대상을 말한다. 다시 말하면 관광객에 대하여 매력성과 유인성을 가진 것이라고 할 수 있다. 이러한 관광자원은 관광산업에 있어서는 경제적 가치를 가지게 되며, 관광객에 있어서는 관광의 목적물인 관광대상이 된다.

관광대상 = 관광자원 + 관광시설 + 관광서비스

2. 관광자원의 분류

분류	내용
자연적 관광자원	산악, 구릉, 호소, 계곡, 하천, 폭포, 고원, 평원, 삼림, 해안, 섬, 해협, 반도, 사구, 온천, 동굴, 기상, 강우, 등산 등
문화적 관광자원	유·무형의 문화재, 민속자료, 기념물, 박물관, 미술관, 과학관, 수족관, 공원, 경기장, 기타, 문화시설, 예술, 기술 등
사회적 관광자원	취락형태, 도시구조, 사회시설, 국민성, 민족성, 풍속, 행사, 생활, 예술, 교육, 종교, 철학, 음악, 미술, 스포츠, 음식, 인정, 예절, 의복 등
산업적 관광자원	농장, 농원, 목장, 어획법, 해산물가공시설, 양식시설, 어업시설, 기계설비, 견본시, 전시회, 유통단지, 백화점, 생산공정 등
위락적 관광자원	수영장, 놀이시설, 레저타운, 수렵장, 낚시터, 카지노, 보트장, 승마장, 나이트클럽, 주제공원 등

3. 관광자원의 지정

1) 5대 관광권 및 24개 개발소권(전국관광종합개발계획, 1990년)

관광권의 일반적인 개념은 관광자원을 효율적으로 개발·관리·보전하고 관광객의 관광욕구 충족을 보다 용이하게 하기 위하여 전국토에 분포된 관광자원을 지역 특성에 따라 합리적으로 적정화한 권역을 의미한다.

① 중부관광권 : 설악산권, 강릉태백권, 춘천권, 치악산권, 서울근교권, 인천해안권

② 충청관광권 : 공주부여권, 청주속리산권, 충주호권, 태안해안권

③ 서남관광권 : 전주군산권, 지리산덕유산권, 변산해안권, 서다도해권, 광주근교권, 남다도해권

④ 동남관광권 : 안동권, 주왕산권, 울릉도권, 부산경주권, 대구근교권, 합천권, 한려해상권

⑤ 제주관광권 : 제주전역

2) 관광지(2016년 말 기준으로 226개소 지정)

① 자연경관이 수려하고 관광자원이 풍부하여 관광객이 많이 이용하는 지역

② 교통수단의 이용이 가능하고 이용객의 접근이 용이한 지역

③ 관광정책상 국민관광지로 개발하는 것이 필요하다고 판단되는 지역으로서 시·도지사(특별
자치도의 경우에는 특별자치도지사)가 지정한다.

3) 관광단지(2016년 말 현재 38개소 지정)

관광지 중에서 관광객의 다양한 관광 및 휴양을 위하여 각종 관광시설을 종합적으로 개발한
관광거점지역으로서 시장·군수·구청장의 신청에 의하여 기본계획과 권역계획을 기준으로 시·
도지사가 지정한다. 다만, 특별자치도의 경우에는 특별자치도지사가 지정한다.

4) 관광특구(2016년 말 현재 31개소 지정)

관광특구라 함은 외국인 관광객의 유치촉진 등을 위하여 관광활동과 관련되는 관계법령의 적용
이 배제되거나 완화되고, 관광활동과 관련된 서비스·안내체계 및 홍보 등 관광여건을 집중적으로
조성할 필요가 있는 지역으로서 시장·군수·구청장의 신청(특별자치도의 경우는 제외한다)에 따
라 시·도지사가 지정한다.

5) 국립공원(2016년 말 현재 22개소 지정)

① 국가의 풍경을 대표할 자연경승지

② 동식물의 손상, 수집, 수렵, 포획이 관계법령에 의하여 제한되는 지역

③ 자연경관이 보건향상에 기여하고 다수인의 이용에 적합한 지역

④ 국민의 교양·문화향상을 위한 자료가 풍부한 지역으로서

관할 시·도지사 및 군수의 의견을 청취한 후 관계 중앙행정기관의 장과의 협의 및 국립공원
심의위원회의 심의를 거쳐 환경부장관이 지정·관리한다(지리산, 경주, 계룡산, 한려해상,
설악산, 속리산, 한라산, 내장산, 가야산, 덕유산, 오대산, 주왕산, 태안해안, 다도해상, 북한산,
치악산, 월악산, 소백산, 월출산, 변산반도, 무등산).

6) 도립공원(2016년 말 현재 29개소 지정)

도립공원은 시·도 관내의 경관을 대표할 만한 수려한 자연풍경지로서 도립공원위원회와 관계
중앙행정기관의 장과의 협의를 거쳐 특별시장·광역시장·도지사 또는 특별자치도지사(이하
"시·도지사"라 한다)가 지정·관리한다(금오산, 남한산성, 모악산, 덕산, 칠갑산, 전북대둔산, 낙산,

마니산, 가지산, 조계산, 두륜산, 선운산, 팔공산, 충남대둔산, 문경새재, 경포, 청량산, 연화산, 태백산, 팔영산, 천관산, 연인산).

7) 국가지정문화재(指定文化財)

문화재보호법에 의하여 문화재청장이 문화재위원회의 심의를 거쳐 지정한 것으로 역사상, 학술상, 예술상, 관상상 가치가 큰 것

① 유형문화재 : 건조물, 전적, 서적, 그림, 조각, 공예품, 고분, 성곽, 교각, 비석, 유적지, 명승지 등
  • 국보 : 보물 중 인류문화상 드물고 가치가 큰 것
  • 보물 : 유형문화재 중 역사상, 예술상 가치가 큰 것
  • 사적 : 유적(사지, 성지, 궁지, 능지 등)으로서 학술상 가치가 큰 것
  • 사적 및 명승 : 사적과 명승을 겸비한 곳
  • 명승 : 유명한 경승지

② 무형문화재 : 연극, 음악, 무용, 미술, 공예기술, 세시풍속, 민속축제 등에서 보존할 가치가 있는 것

③ 기념물 : 절터, 무덤, 성터, 궁터, 가마터, 경관이 뛰어난 것
  동물, 식물, 광물 등 역사적·학술적·경관적 가치가 큰 것
  • 사적 : 유적(절터, 성터, 궁터 등)으로서 학술상 가치가 큰 것
  • 명승 : 유명한 경승지
  • 천연기념물 : 동물, 식물, 광물로서 보존할 가치가 있는 것

④ 민속문화재 : 국민생활의 변화를 이해하는데 불가결한 유형의 자료

지정번호\n항목	1호	2호	3호	4호	5호
국 보	서울 숭례문\n(남대문)	원각사\n10층 석탑	북한산\n진흥왕순수비	고달사지부도	법주사\n쌍사자석등
보 물	서울 흥인지문\n(동대문)	서울 보신각종	원각사비	중초사지\n당간지주	중초사지\n3층 석탑

4. 관광자원의 개발

1) 관광개발(Tourism Development) - 관광자원의 가치증대

관광개발이란 관광자원의 특성을 살리고 관광상의 가치와 편의를 증진시켜 관광객의 유치와 관광수입의 증대를 목적으로 하는 관광진흥사업이다.

2) 관광개발의 내용

① 각종 관광시설 및 교통기관의 수용능력을 늘린다.

② 관광객의 유치증대를 위하여 관광대상을 늘리고 다양하게 한다.

③ 관광시장(대도시)과의 거리를 단축하는 기반시설을 정비하고 시장개척을 위한 선전을 실시한다.

④ 관광사업을 진흥하기 위한 제반 제도를 정비, 확충한다.

⑤ 지역사회의 경제적, 사회적 발전을 도모한다.

3) 관광개발의 문제점 - 관광의 마이너스 효과, 관광공해

① 개발과 보호의 대립

② 교통의 혼잡

③ 물가의 앙등

④ 생활의 도시화

⑤ 농어촌 노동력의 부족

⑥ 폐기물 처리

⑦ 소음

⑧ 도덕의 저락

⑨ 계층간, 지역간 위화감 조성

⑩ 지역편견-부분을 보고 전체를 평가

4) 관광개발의 방향 - 개발이익의 지역으로의 환원

① 주민참가-계획수립 과정에서부터

② 건설-지방기업활용, 지역자재, 원료사용

③ 지역생산물의 최대한 이용

④ 고용-지역노동력의 흡수

⑤ 민박유도

⑥ 관광농어업개발-농장, 어장, 화원 등

5) 관광선전

① 직접선전 : 관광객에게 직접 관광매력을 호소하는 것(신문, 방송, 잡지, 라디오 등의 대중매체에 의한 광고, 홍보와 브로슈어, 포스터, 팸플릿, 가이드북, 관광지도, 슬라이드, 영화, 옥외광고, 설명회, 현장답사 등의 기타매체에 의한 광고, 홍보 등).

② 간접선전 : 자국의 관광이익에 반하는 부정확, 편견, 오해 등의 부정적 견해를 개선하고 향상하는 모든 노력을 말함.

5. UN이 지정한 세계유산

세계유산(World heritage)이란 UN교육과학문화기구(UNESCO)가 채택한 협약에 따라 지정한 것으로 인류문명과 자연사에 있어 매우 중요한 자산인 세계유산은 전인류가 공동으로 보존하고 이를 후손에게 전수해야 할 세계적으로 매우 중요한 가치를 가진 유산으로서 문화유산, 자연유산, 기록유산, 무형유산으로 분류한다.

UN에 등재된 우리나라의 세계유산

분 류	등록유산	지정연도	분 류	등록유산	지정연도
문화유산	종 묘	1995	기록유산	새마을운동기록물	2013
	불국사	1995		한국유교책판	2015
	석굴암	1995		이산가족생방송	2015
	팔만대장경 판전	1995		조선통신사기록물	2017
	수원 화성	1997		조선왕실어보와 어책	2017
	창덕궁	1997		국채보상운동기록물	2017
	경주역사유적지구	2000	무형유산	종묘제례 및 제례악	2001
	고창·화순·강화 고인돌	2000		판소리	2003
	조선왕릉 40기	2009		강릉단오제	2005
	하회마을과 양동마을	2010		강강술래	2009
	남한산성	2014		남사당놀이	2009
	백제역사유적지구	2015		영산재	2009
자연유산	제주화산섬 및 용암동굴	2007		제주 칠머리당영등굿	2009
	운곡습지(전남 고창)	2013		처용무	2009
기록유산	훈민정음	1997		가곡(歌曲)	2010
	조선왕조실록	1997		대목장(大木匠)	2010
	직지심체요절	2001		매사냥	2010
	승정원일기	2001		택 견	2011
	팔만대장경판 및 제경판	2001		줄타기	2011
	조선왕조의궤	2001		한산모시짜기	2011
	동의보감	2002		아리랑	2012
	일성록	2011		김장문화	2013
	5·18기록물	2011		농 악	2014
	난중일기	2013		줄다리기	2015

1. 관광이란?

관광이란 사람이 일상생활권에서 떠나, 다시 돌아올 예정으로 이동하여 영리를 목적으로 하지 않고, 휴양·유람 등의 위락적 목적으로 여행하는 것이며, 그와 같은 행위와 관련을 갖는 사상(**事象**)의 총칭이다.

2. 관광의 3요소는?

① 주체 - 관광객 ② 객체 - 관광자원(관광대상) ③ 매체 - 관광사업(관광행정)

3. 관광의 4행위는?

① 본다 ② 산다 ③ 먹는다 ④ 행한다

4. 관광자원이란?

인간의 관광동기를 충족시켜 줄 수 있는 제반현상으로서 관광행동의 목적이 될 수 있는 유형·무형의 소재를 말한다. 관광대상과 동의어로도 쓰인다.

5. 관광자원의 종류는?

① 자연적 관광자원 ② 문화적 관광자원 ③ 사회적 관광자원 ④ 산업적 관광자원 ⑤ 위락적 관광자원

6. 관광지 지정은 누가 하는가?

시·도지사(특별시장, 광역시장, 도지사 또는 특별자치도지사)

7. 도립공원은 누가 지정하는가?

시·도지사(특별시장·광역시장·도지사 또는 특별자치도지사)

8. 국립공원이란?

국립공원이란 우리나라의 자연생태계나 자연 및 문화경관을 대표할 만한 지역으로서 환경부장관이 지정·관리하고, 지정대상지역의 자연생태계, 생물자원, 경관의 현황·특성, 지형, 토지이용 상황 등 그 지정에 필요한 상황을 조사하여 지정된 공원을 말하다.

9. 국립공원에 있어서의 금지사항은?

동식물의 손상, 수집, 수렵, 포획

10. 국립공원의 지정권자는?

환경부장관

11. 국립공원의 수는?

2016년 12월 말 현재 22개소

12.	삼신산(三神山)이란?	① 방장산－지리산 ② 영주산－한라산 ③ 봉래산－금강산
13.	금강산의 4계절 명칭은?	① 봄－금강산 ② 여름－봉래산 ③ 가을－풍악산 ④ 겨울－개골산
14.	우리나라 최초의 차 재배지는?	화엄사 경내(전라남도 구례군) ※ 신라 흥덕왕(828년) 때부터 지리산 일대에 재배(삼국사기)
15.	우리나라에서 차를 가장 많이 재배하는 도는?	전라남도 ※ 전남 보성군에서 우리나라 녹차의 70%가 생산된다.
16.	우리나라 최대의 목조건축물은?	화엄사 내에 위치한 각황전(국보 제67호) ※ 화엄사 극락전은 보물에서 국보로 승격됨(2011년)
17.	우리나라 최고(最古)의 목조 건축물은?	안동 봉정사 내에 위치한 극락전(국보 제15호)
18.	세계 최대의 석등은?	화엄사 석등(국보 제12호, 높이 6.36m)
19.	단일산으로서 세계 제1의 다수 종 식물을 보유하고 있는 산은?	한라산(약 1,700~2,000여종)
20.	라듐(Radium) 성분의 온천은?	수안보 온천(충청북도 충주시 수안보면)
21.	제주도의 민속예술품으로 유명한 것은?	돌하루방
22.	동양에서 유일하게 바닷물과 육지물이 맞닿은 폭포는?	제주도 정방폭포
23.	제주의 삼성혈은?	① 고을나 ② 양을나 ③ 부을나

24. 문주란의 자생지는? | 제주시 구좌읍 하도리 토끼섬(천연기념물 제19호)

25. 제주도의 꽃으로 선정된 것은? | 영산홍

26. 제주도의 민속마을은? | 성읍민속마을

27. 우리나라에서 수렵이 허용되어 있는 곳은? | 제주도 한라산

28. 만해 한용운 선생이 스님이 되어 들어갔던 사찰은? | 설악산 내 백담사

29. 비구니승들만의 사찰은? | 예산 수덕사(비구승 : 남승, 비구니승 : 여승)

30. 우리나라의 3대 천연보호구역은? | ① 설악산 ② 한라산 ③ 홍도

31. 섬 전체가 천연기념물로 지정된 곳은? | 홍도(천연기념물 제170호)(전라남도 신안군 흑산면)

32. 우리나라의 온천 중에서 가장 고온천은? | 경남 창녕군 부곡온천(75℃ 이상)

33. 우리나라의 사찰 중 가장 많은 암자의 수를 보유하고 있는 사찰은? | 해인사(12암자)

34. 울산바위는 어디에 있는가? | 설악산(외설악)

35. 비룡폭포는 어디에 있는가?

설악산(외설악)

36. 속리산이라 칭하게 된 유래는?

진표율사가 밭갈이를 하던 농부와 소를 데리고 세속을 떠나 입산하였다는 데서 유래되었음.

37. 우리나라의 3대 불전은?

① 화엄사 각황전(국보 제67호) ② 무량사 극락전(보물 제356호) ③ 법주사 대웅전

38. 우리나라의 유일한 현존 목탑은?

법주사 팔상전(국보 제55호)(속리산, 충청북도 보은군)

39. 사적 1호에서 3호까지 말하라.

1호. 불국사 경내, 2호. 내물왕릉 및 계림월성지역, 3호. 권충재 유적지

40. 우리나라 최대의 시멘트 불상은?

법주사 미륵불(속리산, 충남 보은군)

41. 우리나라 최대의 석불은?

관촉사 은진미륵불(보물 제218호)(충청남도 논산시)

42. 우리나라의 국립공원 중 단풍 관광으로 유명한 곳은?

내장산 국립공원(전라북도 정읍시)

43. 가야산의 명명은 어디에서 유래되었는가?

부처님의 성도지인 Buddhagaya 근처에 있는 가야산에서 유래

44. 고운 최치원 선생이 바둑을 두면서 말년을 보냈던 유적지는?

가야산 국립공원 「홍류동 계곡」

45. 우리나라의 3보사찰(3대사찰)은?

① 통도사-불보사찰(석가모니 부처님의 진신사리 봉안) ② 해인사-법보사찰(불교경전인 팔만대장경 봉안) ③ 송광사-승보사찰(16국사 배출)

46. 팔만대장경은 어디에 소장되어 있으며 국보 몇 호인가?

해인사, 국보 제32호(경남 합천군, 가야산)

47. '700의총'과 관계가 깊은 전쟁은? | 임진왜란
※ 충남 금산군 금성면에 있는 의병 700여명이 전사한 성지

48. 팔만대장경을 제작하게 된 동기는? | 고려시대에 몽고의 침입을 불력으로 막아내기 위하여 16년만에 완성

49. 우리나라의 최대의 종은? | 경주의 성덕대왕신종(국보 제29호, 봉덕사종, 에밀레종)

50. '에밀레'란 말은 어떤 뜻인가? | 「에미의 말 한마디로」란 뜻

51. UNESCO에서 선정한 세계10대 사적지 중의 하나인 국립공원은? | 경주일원

52. 아사달과 아사녀의 전설이 어린 석탑은? | 불국사의 다보탑(국보 제20호)과 석가탑(국보 제21호)

53. 무구정광 다라니경은 어느 탑의 유물인가? | 불국사의 석가탑

54. 일명 무영탑이라 불리우는 석탑은? | 불국사의 석가탑

55. 토함산에 위치한 유명한 관광지는? | 불국사의 석굴암(국보 제24호, 화강암 인조석굴)

56. 사적1호에서 3호까지는 무엇인가? | 1호, 포석정지 2호, 김해 회현리 패총 3호, 수원성곽

57. 자연적 관광자원의 분류에 속하는 것은? | ① 산악 관광자원 ② 내수면 관광자원 ③ 온천 관광자원 ④ 해안 관광자원

58. 자연적 관광자원인 것은?　　① 산악, 해안 ② 온천, 동굴 ③ 천문, 기상 ④ 동굴, 식물

59. 5대 관광권에 속하는 곳은?　　① 중부관광권 ② 충청관광권 ③ 서남관광권 ④ 동남관광권
　　　　　　　　　　　　　　　　⑤ 제주관광권

60. 세계 최초의 국립공원은?　　옐로스톤

　　　　　　　　　　　　　※ 1872년 지정된 미국 와이오밍주 소재. 록키산맥 중앙부에 위치한
　　　　　　　　　　　　　　　국립공원임. 자스퍼 공원은 캐나다 소재 세계 최대규모의 국립공원임.

61. 우리나라 최초의 국립공원은?　　지리산(경산남도, 전라북도)

　　　　　　　　　　　　　　　※ 1967년 12월 29일 지정된 면적 440.485㎢의 지리산이 국내 최초의
　　　　　　　　　　　　　　　　　국립공원이다.

62. 우리나라의 국립공원 수와 최　　2016년 말 현재 22개, 지리산, 1967년
　　초로 지정된 국립공원은 몇
　　년도에 지정되었나?

63. 우리나라 유일의 도시 국립공　　경주시 및 경주일원
　　원은?

64. 국내관광객이 가장 많이 찾는　　설악산
　　국립공원은?

65. 국내 최대 규모의 국립공원은?　　다도해 해상

　　　　　　　　　　　　　　　※ 1981년 12월 23일 지정된 총면적 2,034.91㎢(육지30.43㎢, 해상
　　　　　　　　　　　　　　　　　2,004.48㎢)의 다도해 해상국립공원이다.

66. 문화재는 누가 지정하는가?　　문화재청장

67. 1988년 6월 1일에 지정된 국　　전남 월출산 및 전북 변산반도
　　립공원은?

68. 국립공원을 지정하는 목적은?

① 자연자원의 보존 ② 지형보존 및 이용편의 ③ 국민보건 휴양에 기여 ④ 국민교양·문화향상에 기여

69. 국립공원의 설정기준은?

① 자연자원이 풍부한 곳 ② 국가의 풍경을 대표할만한 곳 ③ 문화자원이 풍부한 곳 ④ 관광객의 편의시설이 있을 것

70. 최초의 해상국립공원은?

한려해상(한려수도)

※ 경남 통영~전남 여수를 연결하는 한려해상 국립공원으로서, 1968. 12. 31. 지정된 면적 510.32㎢의 공원이다.

71. 충청남도에 소재하는 주요 관광지는?

계룡산-공주, 낙화암-부여

72. 관동8경 중 제1경으로 일컬어지는 곳은?

강릉 경포대

※ 관동8경 : 통천의 총석정, 고성의 삼일포, 간성의 청간점, 양양의 낙산사, 강릉의 경포대, 삼척의 죽서루, 울진의 망양정, 평해의 월송점 ※ 제1경은 경포대, 제1루는 죽서루라고 칭한다.

73. 단양8경 중 제1경으로 일컬어지는 곳은?

도담삼봉(충청북도 단양)

※ 단양8경이란 : 도담3봉, 옥순봉, 구담봉, 석문, 상선암, 중선암, 하선암, 사인암이다.

74. 무속신앙, 즉 샤머니즘과 관계 깊은 곳은?

계룡산(충청남도 공주시)

75. 설악산 국립공원에 속한 관광자원은?

대청봉, 신흥사, 천불동, 한계령

76. 경주 국립공원에 속한 관광자원은?

단석산, 천마총, 불국사, 석굴암 등

77. 계룡산 국립공원에 속한 관광자원은?

수정봉, 갑사, 자작바위(충청남도 공주시)

78. 한려해상 국립공원에 속한 관광자원은?

구조라, 비진도, 해금강

79. 속리산 국립공원에 속한 관광자원과 대표적인 사찰 및 국보는?

수정봉, 말티재, 연송정, 법주사, 쌍사자 석등(국보 제5호), 팔상전(국보 제55호), 석연지(국보 제64호)

80. 한라산 국립공원에 속한 관광자원은?

백록담, 만세동산, 유채화

81. 내장산 국립공원에 속한 관광자원은?

서래봉, 백양사, 비자나무(전라북도 정읍시)

※ 내장산(內藏山) 명칭의 유래는 조선조 명종조 회묵대사가 이산은 안으로 들어갈수록 더욱 경관이 뛰어나다고 한 데서 유래되었다.

82. 가야산 국립공원에 속한 관광자원은?

해인사, 홍류동, 용문폭포(경상남도 합천군)

83. 덕유산 국립공원에 속한 관광자원은?

33경, 인월담, 구천폭(전라북도 무주군)

84. 오대산 국립공원에 속한 관광자원은?

상원사, 월정사, 노인봉(강원도 평창군, 홍천군)

85. 주왕산 국립공원에 속한 관광자원은?

대전사, 연화봉, 주왕굴(경상북도 청송군)

86. 태안해안 국립공원에 속한 관광자원은?

연포, 만리포, 남매바위(충청남도)

87. 지리산 국립공원에 속한 관광자원은?

뱀사골, 화엄사, 쌍계사(전라북도, 경상남도)

88. 다도해 해상국립공원에 속한 관광자원은? | 홍도, 흑산도, 명사십리(전라남도)

89. 북한산 국립공원에 속한 관광자원은? | 진흥왕 순수비, 인수봉, 백운대(경기도 고양시)

90. 치악산 국립공원에 속한 관광자원은? | 구룡사, 세림폭포, 매화봉(강원도 원주시)

91. 월악산 국립공원에 속한 관광자원은? | 문수봉, 탄금대, 새재(충북 제천시, 단양군, 경북 문경시)

92. 해안관광자원으로 적합한 것은? | ① 해수욕장 ② 낚시 ③ 마리너 ④ 해중공원

93. 다도해는 어느 지방에 속해있는가? | 전라남도

94. 무주 구천동은 어느 산에 속해 있는가? | 덕유산(전라북도 무주군)

95. (보기)는 5대 관광권 중 어느 곳에 속하는가?
　　(보기) 고궁, 박물관, 호수, 민속촌, 판문점, 골프장 | 중부관광권(서울근교권, 강릉태백권, 춘천권, 설악산권, 치악산권, 인천해안권)

96. 설악산에 속하는 관광자원은? | ① 장수대 ② 한계령 ③ 대승폭포 ④ 12선녀탕
※ 설악산권 : 백담계곡, 12선녀탕, 장수대, 진부령, 대승폭포, 한계령, 백운동계곡, 오색약수, 오색온천, 의상대, 낙산사, 망경대, 비선대, 청간정, 신흥사, 백담사, 비룡폭포, 귀면암 등

97. 충무공의 전적지를 중심으로 구성된 국립공원은? | 한려해상(통영~여수)

98. 흑산도, 홍도, 신안 앞바다, 진도 등을 포함하는 국립공원은?

다도해상(전라남도 앞바다)

99. 한라산 국립공원은 제주도 한라산의 표고 몇 m 이상부터인가?

600m

100. 우리나라의 풍습으로 정월대보름의 민속행사에 속하는 것은 무엇인가?

씨름, 달맞이, 줄다리기, 지신밟기

101. 한려해상권에 속하는 것은?

① 한산도 ② 통영 ③ 거제도 ④ 해금강

※ 통영을 유네스코가 '음악창의 도시'로 선정, 한려해상권은 경남 통영에서 전남 여수까지임

102. 서울을 둘러싸고 있는 산은?

① 북악산 ② 남산 ③ 낙산 ④ 인왕산

103. 자연적 관광자원에 인위적으로 가장 큰 악영향을 미치는 것은?

산업화

104. 관동8경을 4곳 이상 열거하라.

① 양양-낙산사 ② 통천-총석정 ③ 삼척-죽서루 ④ 울진-망양정

105. 관광자원 정2품송과 관련이 있는 것은?

① 속리산 ② 연송정 ③ 세조대왕 ④ 우산형

106. 사찰과 승려를 맞게 연결하라.

① 속리산-진표대사 ② 법주사-의신조사 ③ 내장산-희묵대 사 ④ 백양사-길안대사

107. 수중릉(해중릉)은 누구의 능인가?

문무왕(신라, 경북 경주시 양북면 대왕암)

108. 설악산의 관광자원 중 비선대, 와선대와 관계 깊은 사항은?

마고선(신선의 이름)

※ 마고선이 누워서 경관을 감상하던 곳을 와선대, 하늘로 날아 올라 간 곳을 비선대라고 전한다.

109. 내장산의 백양사와 관계 깊은 이는?

길안대사

※ 조선조 숙종조 길안대사가 설법 중 흰염소가 내사하여 경청하는 듯 했다 하여 백양사라 부르게 되었다 한다.

110. 밀양의 4대 불가사의에 해당 되는 것은?

① 태극나비 ② 얼음골 ③ 사명당비 ④ 무봉사죽순

111. 제주도 소재의 삼단 폭포는?

천제연 폭포

112. 제주도와 관계있는 별칭은?

① 3다도 ② 무사증 지역 ③ 탐라국 ④ 3무도

113. 제주도의 3多란?

바람, 돌, 여자

114. 제주도의 3寶란?

식물, 바다, 언어

115. 제주도의 3麗란?

인심, 자연, 열매

116. 제주도의 3無란?

거지, 대문, 도둑

117. 누각과 지명을 맞게 연결하라.

① 밀양의 영남루 ② 진주의 촉석루 ③ 평양의 부벽루 ④ 남원의 광한루

118. 해상사찰은?

낙산사(강원도 양양군), 용궁사(부산)

※ 예로부터 사찰은 지형적으로 좌 : 청룡, 우 : 백호, 남 : 주작, 북 : 현무의 지역에 소재하여 왔다.

119. 내설악과 외설악의 경계를 이루는 곳은?

한계령(강원도 인제군, 양양군)

120. 최초의 도립공원은?

금오산(경상북도 구미시)

※ 1970.6.1 지정된 금오산이 최초의 도립공원이다.

121. 도립공원을 4곳 이상 열거하라.

① 무등산 ② 조계산 ③ 가지산 ④ 금오산

122. 시·도별 유명관광지를 4곳 이상 열거하라.

① 부산－태종대, 동래 금강공원 ② 경기도－청평호반, 한탄강 ③ 인천－송도 유원지 ④ 강원도－춘천호반, 고씨동굴

123. 정이품송과 관계있는 임금은?

세조

※ 이 소나무는 1962년에 천연기념물로 지정됐는데 수령은 약580년으로 보고 있다. 1464년 세조대왕의 전설에 연유하여 正二品의 벼슬을 받았다고 한다.

124. 5대관광권 지정 이전의 10대 관광권을 4개 이상 열거하라.

① 수도권 ② 지리산권 ③ 한려수도권 ④ 공주, 부여권

※ 정부는 1971년 전국 관광지를 10대 관광권으로 설정하여 관광지 조성사업을 본격적으로 추진하였다. ① 수도권 ② 부산권 ③ 경주권 ④ 공주, 부여권 ⑤ 제주권 ⑥ 한려수도권 ⑦ 속리무주권 ⑧ 설악산권 ⑨ 지리산권 ⑩ 내장산권

125. 강원도의 유명관광지 4곳 이상 열거하라.

고씨동굴, 무릉계곡, 남이섬, 고석정, 송지호

126. 우리나라에서 온천이 있는 지역은?

① 경기도 ② 강원도 ③ 충청북도 ④ 경상북도

127. 국내 온천 중 수온이 최저인 곳은?

오색온천(강원도 양양군, 30℃, 알칼리성, 유황천)

128. 지명과 유명 관광자원을 4개 이상 열거하라.

① 제주도－만장굴 ② 경북－직지사 ③ 강원－고씨동굴 ④ 경남－해인사

129.	천연기념물 중 세계적인 것으로 세계에서 단 1속 1종이며 우리나라에서만 있는 매우 진귀한 종류이며 천연기념물 제147호로 지정된 것은?	미선나무(물푸레나무과의 낙엽활엽수 관목) ※ 산록양지에 나며 높이 1m 정도, 봄에 백색 또는 담홍색의 꽃이 잎보다 먼저 핀다.
130.	해인사는 5대 관광권 중 어디에 속하는가?	동남관광권(부산경주권, 합천권, 한려해상권, 대구근교권, 안동권, 울릉도권, 주왕산권)
131.	2002년 아시안 게임의 성화가 점화되었던 곳은?	한라산, 백두산
132.	동해안 소재 해수욕장은?	① 화진포 해수욕장 ② 낙산 해수욕장 ③ 망상 해수욕장 ④ 후진 해수욕장 ⑤ 영해 해수욕장 ⑥ 월포 해수욕장
133.	남해안 소재 해수욕장은?	① 비진도 해수욕장 ② 만성리 해수욕장 ③ 해운대 해수욕장 ④ 다대포 해수욕장 ⑤ 수문포 해수욕장 ⑥ 거문 해수욕장
134.	해수욕장의 입지조건은?	① 지형 ② 방위 ③ 환경 ④ 수질
135.	우리나라 해수욕장 중 서해안에 위치하는 것은?	① 을왕리 해수욕장 ② 만리포 해수욕장 ③ 연포 해수욕장 ④ 대천 해수욕장 ⑤ 변산 해수욕장 ⑥ 계마리 해수욕장
136.	우리나라 해수욕장 중 유일의 흑사 해수욕장은?	만성리 해수욕장
137.	우리나라의 큰 산과 그 높이는?	① 백두산 - 대정봉 - 2,744m ② 한라산 - 백록담 - 1,950m ③ 지리산 - 천왕봉 - 1,915m ④ 금강산 - 비로봉 - 1,638m ⑤ 설악산 - 대청봉 - 1,708m
138.	단군의 제단인 첨성단이 소재하며 전국체전의 성화가 점화되는 곳은?	강화도(인천광역시 강화군)

139. 한강수계에 속하는 인공호수는?

① 충주댐 ② 의암댐 ③ 화천댐 ④ 소양강댐

140. 오륙도의 다섯 개의 섬 중 밀물일 때 2개로 갈라져 6개가 되는 섬은 어느 섬인가?

방패섬(부산)

※ 방패섬이 밀물 때 두 섬으로 나누어져 「솔섬」이 생기고, 썰물일 때 하나로 되어 오륙도라고 부르게 된다.

141. 88고속도로에서 가장 인접되어 있는 유명관광지는?

해인사

142. 경기도에 위치한 유명관광지는?

① 에버랜드 ② 용인민속촌 ③ 용문사 ④ 소요산

143. 해상공원인 다도해에 속한 섬은?

① 진도 ② 완도 ③ 흑산도 ④ 홍도

144. 경상남도의 지정 관광지는?

① 부곡온천 ② 충무 도남 ③ 남해군 당항포 ④ 밀양 표충사

145. 천연기념물로서 지정된 원시림은 어디인가?

울릉도 성인봉 일대

146. 도(道)와 온천을 4개 이상 짝지워 보아라.

① 충청북도-수안보 ② 경상북도-백암 ③ 대전광역시-유성 ④ 경상남도-마금산

147. 충청남도에 있는 온천은?

① 온양온천 ② 유성온천 ③ 덕산온천 ④ 도고온천

148. 마금산 온천을 부산에서 갈려면 어느 고속도로를 이용하는 것이 편리하겠는가?

남해 고속도로

149. 온천의 3대 요소는?

성분, 수량, 온도

150. 온천수의 열원(熱源)을 설명하라. | ① 지하 깊은 곳의 물이 지열에 의해 더워짐 ② 암석중의 방사성 물질에 의해 더워짐 ③ 단층 활동에 의한 열에 의해 더워짐 ④ Magma(마그마)의 열에 의해 더워짐

151. 한국의 세계7대 자연경관은? | 제주도

152. 더글러스 맥아더장군의 동상은 어디에 무엇을 기념하기 위해 세워졌는가? | 인천자유공원, 한국전쟁 중에 맥아더장군의 인천상륙작전의 승전을 기념하기 위해서 세워짐

153. 역대 조선의 군주들이 탕치장으로 사용하였으며 부근에 현충사가 있어 이용객이 많은 온천은? | 온양온천(충청남도)

154. 온천의 수온에 의한 분류는? | ① 냉천 : 25℃ 이하 ② 미온천 : 25~34℃ ③ 온천 : 34~42℃ ④ 고온천 : 42℃ 이상

155. 온천 관광지는? | ① 해운대온천 ② 마금산온천 ③ 부곡온천 ④ 온양온천

156. 백암온천이 소재하는 곳은? | 울진(경상북도)

157. 명암약수가 소재하는 곳은? | 청주(충청북도)

158. 명사해수욕장이 소재하는 곳은? | 완도(전라남도)

159. 장릉이 소재하는 곳은? | 영월(강원도)
※ 장릉은 조선조 제6대 단종의 능이다.

160. 산정호수가 소재하는 곳은? | 포천시(경기도)

161. 해안 국방유적이 소재하는 곳은? | 강화(인천광역시 강화군)

162. 뱀사골이 소재하는 곳은? | 남원(전라북도 남원시)

163. 부산은 언제 광역시로 승격되었는가? | 1995년

164. 명승지 구계등이 소재하는 섬은? | 완도(전라남도 완도군)
※ 전남 완도 앞 해안에 길이 800m, 폭 80m의 9계단 형상의 천연 청환석으로 이루어진 자원임.

165. 화암약수가 소재하는 곳은? | 정선(강원도 정선군)

166. 융릉이 소재하는 곳은? | 화성(경기도 화성시)

167. 행주산성이 소재하는 곳은? | 고양(경기도 고양시)

168. 명승지 소금강의 이름을 지은 이는? | 이율곡(강원도 강릉시 명주군)

169. 한국의 명승지 1호는? | 명주청학동 소금강
※ 2호는 거제해금강, 3호는 완도구계 등이다.

170. 관동8경 중 관동 제1루라 부르는 것은? | 죽서루(강원도 삼척시)
※ 고려 충렬왕 때 이승휴가 지음. 죽장사라는 절의 서편에 있음.

171. 유달산이 소재하는 곳은? | 목포(전라남도)

172. 오동도가 소재하는 곳은? | 여수(전라남도)

173. 해저터널이 소재하는 곳은? | 충무(경상남도), 부산-거제 간 거가대교(2010년 개통)

※ 충무의 해저터널은 1932년 완공된 동양최초의 해저터널로서 길이 461m, 높이 3.5m, 폭 5m의 터널이다.

174. 신라의 악성 우륵과 관계 깊은 것은? | 탄금대, 의림지

※ 탄금대는 신라의 우륵이 가야금을 탄대서 연유되며, 충북 청주시에 의림지는 우륵의 주도 하에 만들어진 저수지로 충북 제천시에 있다.

175. 처사 이갑룡이 세운 돌탑으로 유명한 말의 귀 형상의 산은? | 마이산(전라북도 진안군)

※ 조선조 2대 정종이 지방 순행 중 이 산을 보고 말귀 같다하여 마이산이라 부른데 연유한다.

176. 강원도 소재 관광지로서 조선조 명종 때의 의적 임걱정의 본거지였던 곳은? | 고석정(강원도 철원군)

※ 신라 진평왕이 정자를 짓고 고석정이라 이름지었으며, 고려 때는 충숙왕이 머문 일이 있고, 조선조 명종 때는 임걱정의 본거지였다.

177. 천연기념물(제11호)인 크낙새가 많이 서식하는 지역은? | 광릉(경기도 남양주시)

※ 광릉은 경기도 소재 조선조 제4대 세조의 능이다.

178. 관광지 무릉계곡의 이름을 지은이는? | 양사언(강원도 동해시)

179. 섬 크기로 우리나라에서 두번째인 곳은? | 거제도(경상남도)

180. 지역별 천연기념물(식물)을 4가지 이상 열거하라. | ① 달성-측백나무 ② 제주도-문주란 ③ 울릉도-향나무 ④ 조계사-백송

※ 경기도 양평 소재 용문사는 은행나무(높이 61m, 둘레 10m, 수령 1,100년, 천연기념물 제30호)가 유명하다.

181. 까치전설로 유명한 산의 이름은? | 치악산(강원도 원주시)

182. 제주에서 대규모 국제관광단지로 조성된 곳은? | 중문지구 관광단지

183. 석회암 동굴은?

① 성류굴 ② 고씨굴 ③ 고수동굴 ④ 천호동굴

184. 부산의 지정 관광지, 관광단지 및 관광특구는?

① 지정관광지 : 해운대, 태종대, 황령산, 금정공원, 용호시사이드
② 지정관광단지 : 동부산관광단지
③ 지정관광특구 : 해운대, 샌텀시티, 차이나타운, 자갈치용두산

185. 밀양의 아리랑의 전설이 깃들인 누각은?

영남루

※ 보물 제147호인 영남루는 진주의 촉석루, 평양의 부벽루와 함께 우리나라의 3대루로 손꼽는다.

186. 현재 관광자원으로 개발 이용되는 동굴은?

① 단양－고수굴 ② 제주－만장굴 ③ 영월－고씨굴 ④ 울진－성류굴

187. 조선조의 작가와 작품을 4명 이상 열거하라.

① 김홍도－무이귀탁도 ② 조희룡－매화화목도 ③ 강희언－인왕산도
④ 이상좌－송하보월도

188. 제주도에 있는 용암동굴은?

① 만장굴 ② 협재굴 ③ 쌍룡굴 ④ 금령사굴

189. 우리나라 동굴분포의 특징은?

석회동굴 지대는 한때 바다 밑이었을 것이다.

※ 우리나라의 석회동굴은 대략 십만년에서 5억년 전 생성이다.

190. 인공 해수욕장으로 조성된 곳은?

인천 송도

191. 용암동굴로만 된 것은?

소천굴, 황금굴, 만장굴

192. 석회석이 빗물에 녹아 동굴내에 죽순처럼 솟아나는 것은?

석순

193. 동굴자원의 이용도를 설명하라.

① 동굴은 생태연구의 실험장이다. ② 천연적 식량 저장소로 매우 적합하다. ③ 심신수양과 정서순화의 교육장이다. ④ 고고학에는 선사시대 연구자료도 제공한다.

194. 세계 2위로 알려진 용암동굴은?	만장굴(제주), 10.7km(천연기념물 제98호) ※ 세계 최장의 용암동굴은 케냐에 있음. ※ 세계 최대의 석회암동굴 : 베트남의 Son Dong 동굴(높이 200m, 길이 6.5km)
195. 산 전체가 천연기념물 제171호로 지정되고, 특히 천불동 계곡, 백담사, 비룡폭포, 울산암, 비선대 등이 장관을 이루는 이 산은?	설악산(강원도)
196. 동양에서 가장 오래된 천문 관측 시설은?	경주 첨성대(국보 제31호)
197. 한려해상 국립공원은 어디에서 어디까지인가?	통영 해금강에서 여수 오동도까지(경남 통영에서 전남 여수까지)
198. 이순신 장군의 유적이 가장 많이 소재하고 있는 국립공원은?	한려해상 국립공원
199. 다도해 국립공원은 몇 개의 섬으로 이루어져 있는가?	약 1,700여개
200. 우리나라의 3대 아리랑은?	① 진도 아리랑 ② 정선 아리랑 ③ 밀양 아리랑
201. 서울지역의 사찰은?	① 조계사 ② 신흥사 ③ 봉은사
202. 각 지방의 대표적인 특산물을 열거하라.	① 경기도-도자기 ② 강원도-옥수수 ③ 제주도-파인애플 ④ 경상도-사과
203. 수문식 도크를 이용해서 만든 인공해수욕장은?	송도 해수욕장(인천)

204. 부산 태종대공원의 명명 유래는? | 태종무열왕이 이곳에서 소요했다는 데서 유래

205. 해식동굴에 해당하는 동굴은? | ① 여수 오동도굴 ② 남해 쌍홍문굴 ③ 제주 산방굴

206. 이율곡 선생의 탄생지는? | 강릉 오죽헌(몽룡실)

207. 도산서원은 어디에 있으며 누구의 서원인가? | 안동, 퇴계이황

208. 우리나라 제1의 해수욕장은? | 해운대 해수욕장(최대인파 1일 100만명)

209. 흙로로 쌓은 토성으로 유명한 성곽은 어느 것인가? | 부소산성(충남 부여군)

210. 우리나라 최대의 온천은? | 아산시 온양온천(충청남도)

211. "빼앗긴 들에도 봄은 오는가"의 이상화 시비가 있는 곳은? | 대구 달성공원

212. "목포의 눈물"의 이난영의 시비가 있는 곳은? | 목포 유달산

213. 천도교 교주 최제우 선생의 동상은 어디에 있는가? | 대구 달성공원

214. 조선시대의 풍물을 재현한 문화재 보존지역은? | 용인 민속촌(경기도)

215. 신라 때 장보고가 청해진을 설치하고 해적을 평정하였던 곳은 어딘가? | 완도(전라남도)

216. 울릉도의 옛 이름에 해당되는 것은? | ① 우산국 ② 무릉 ③ 우릉

217. 문화재란? | 역사상, 학술상, 예술상, 관상상 가치가 큰 것으로서 유형문화재와 무형문화재, 기념물, 민속문화재가 있다.

218. 유형문화재란? | 건물, 서적, 그림, 조각, 공예품, 고분, 의식주, 신앙, 행사 등으로서 역사적, 예술적, 학술적 가치가 큰 것

219. 우리나라의 5대 궁은? | ① 경복궁 ② 덕수궁 ③ 창덕궁 ④ 창경궁 ⑤ 경희궁

220. 경복궁의 4대문은? | ① 남문(정문) : 광화문 ② 서문 : 영추문 ③ 동문 : 건춘문 ④ 북문 : 신무문

221. 일제시대에 조선총독부로 사용되었던 궁은? | 경복궁

222. 경복궁의 정전은? | 근정전(국왕의 즉위식, 공식행사, 국보 제223호)

223. 경복궁 내 외국사신의 접대소로 사용했던 건물은? | 경회루(국보 제224호)

224. 경복궁을 관광할 때 관광객의 출입문으로 사용하고 있는 문은? | 건춘문

225. 국립중앙박물관은 어디에 있는가? | 경복궁(용산 가족공원에 신설되었음)

226. 천연기념물로 지정된 원시림은 어디인가? | 울릉도 선인봉 일대

227. 수출공업단지로 지정된 곳은 어디인가? | 서울 구로동, 인천지역, 구미지역

228. 서울시내의 목조건물 중 가장 오래된 건축물은? | 돈화문(창덕궁의 정문)

229. 종묘란 어떠한 사적인가? | 조선왕조의 조상, 역대왕, 왕비의 신주를 봉안한 사당

230. 문묘란 어떠한 사적인가? | 성균관대학교 내에 공자의 영현을 봉안한 사당

231. 5대궁과 그 정문을 말하라. | ① 경복궁 : 광화문 ② 덕수궁 : 대한문 ③ 창덕궁 : 돈화문 ④ 창경궁-홍화문 ⑤ 경희궁 : 흥화문(현재는 없으나 옛 서울고등학교 터에 위치했음)

232. 수원성의 4대문은? | ① 남문 : 팔달문 ② 동문 : 창룡문 ③ 서문 : 화선문 ④ 북문 : 장안문

233. 우리나라에서 최초로 발견된 도요지는? | 부여군 조촌면 송국리 도요지

234. 도자기의 재료는? | 고령토

235. 고령토로 유명한 곳은? | 경남 하동

236. 우리나라의 현존하는 탑 중 최대 · 최고(最古)이며 목조건축양식으로 된 석탑은? | 전북 익산 미륵사지석탑(국보 제11호, 높이 14.25m, 백제말 600~640년경 창건)

237. 원각사 10층석탑은 어디에 위치하고 있는가? | 파고다공원 내

238. 고려청자의 특색은? | 상감문(**象嵌紋**, 도자기에 다른 재료를 박은 세공, 상감청자)

239. 신라금관이 최초로 출토된 고분은? | 금관총(국보 제87호, 1921년 발굴, 국립경주박물관에 소장)

240. 세계에서 가장 오래된 목판 인쇄물은? | 다라니경(석가탑 유물, 751년 제작)

241. 무형문화재란? | 무형문화재란 연극, 음악, 무용, 놀이, 의식, 공예기술 등 무형의 문화적 소산으로서 역사적·예술적 또는 학술적 가치가 큰 것을 말한다.

242. 우리나라의 무형문화재로 지정된 탈춤지는? | 봉산, 강령, 은율, 안동

243. 기념물이란? | 국가나 지방공공단체가 법률에 따라 지정하여 보존·관리하는 학술상 가치가 높은 동물(서식지, 번식지, 도래지 포함), 식물(자생지를 포함), 광물, 지형, 지질, 동굴, 생물학적 생성물 또는 특별한 자연현상으로서 역사적·경관적 또는 학술적 가치가 큰 것을 말한다.

244. 기념물 1호는? | 대구광역시 동구 측백나무

245. 기념물 크낙새와 삼법조의 서식처는? | 경기도 남양주시 광릉(천연기념물 제11호)

246. 유축동물로서 기념물로 지정된 것은? | ① 진도개 ② 오골계 ③ 조랑말

247. 우리나라 최대의 철새도래지는? | 낙동강 하류 을숙도

248. 민속문화재란? | 우리생활 속에 전승되어 내려온 의복, 기구, 가구, 건물로서 국민생활의 추이를 이해하는 데 없어서는 안 되는 것

249. 돌하루방의 뜻은?

돌 할아버지

250. 건축물로서 최초로 민속자료로 지정된 것은?

강릉 선교장(조선조 중엽 상류층의 가옥)

251. 장충단이란?

명성왕후 윤씨의 살해를 막기 위하여 나섰다가 순직한 졸병들의 영혼을 추모하기 위하여 만든 제단

252. 사직단이란?

이씨 왕조의 국토신과 오곡신을 제사지내기 위해 만든 제단

253. 손병희 선생의 동상은 어디에 있는가?

파고다공원

254. 단양, 괴산, 문경 등에 걸쳐 있으며 문경새재를 포함. 탄금대, 수안보 온천, 단양팔경, 고수동굴 등이 분포되어 있는 이 국립공원은?

월악산(제천시, 충주시 단양군, 문경시)

255. 온천의 분류 방법에는 어떤 것이 있는가?

① 수온에 의한 분류 ② 형태에 의한 분류 ③ 성분에 의한 분류 ④ 기능에 의한 분류

256. 석회동굴 지대에 발달하기 쉬운 산업은?

① 시멘트 ② 석회비료 ③ 카바이드 ④ 화공약품

257. 서울에서 설악산까지의 여행 코스를 열거하라.

① 서울-신갈-원주-대관령-강릉-설악산(고속도로) ② 서울-양평-제천-사북-도계-동해-강릉-설악산(철도) ③ 서울-홍천-인제-한계령-양양-설악산(버스) ④ 서울-속초 또는 강릉(항공로)

258. 범어사 주변의 천연기념물은?

등나무 군생지

259. 태종대와 관계있는 것은? | ① 영도 ② 김춘추 ③ 기암과 괴석 ④ 송림

260. 경상남도의 유명관광지를 열거하라. | ① 해인사 ② 당항포 ③ 부곡온천 ④ 충무 도남지구

261. 남해도의 자랑인 3자에 속하는 것은? | 탱자, 비자, 구기자

262. 관광자원의 분류 중 문화적 자원에 속하는 것은? | 고궁, 사찰, 박물관, 예술품 등의 유형적인 것과 예술, 공예기술 등의 무형적인 것

263. 민속문화재 1호로 지정된 것은? | 덕온공주 당의(의복)

※ 1호는 덕온공주의 당의, 2호는 심동신의 금관조복, 3호는 광해군 내외 및 상궁옷

264. 4대 문화재에 해당되는 것은? | ① 유형문화재 ② 무형문화재 ③ 기념물 ④ 민속문화재

265. 우리나라 국보 중 가장 많은 부분을 차지하는 것은? | 탑

266. 국보의 기준으로 적당한 것은? | ① 보물 중 작품 연대가 오래되고 특히 그 시대의 대표적인 것 ② 보물 중 제작의장이나 제작기술이 특히 우수하여 그 유례가 적은 것 ③ 보물 중 형태, 품질, 제재, 용도가 현저히 특이한 것 ④ 보물 중 특히 저명한 인물과 관련이 깊은 것

267. 국보 제32호인 팔만대장경판은 몇 장인가? | 81,258장

268. 국보 제1호~4호는? | ① 1호-숭례문(남대문) ② 2호-원각사지 10층석탑 ③ 3호-북한산 순수비 ④ 4호-고달사지 부도

269. 국보 제1호인 남대문의 원래 이름은? | 원명은 숭례문으로 양녕대군의 필적이라 전해진다.

270. 국보 제2호인 원각사지 10층 석탑은 현재 어디에 있는가?

파고다 공원

271. 한국의 보물 제1호는?

흥인지문(동대문)

※ 2호는 보신각종, 3호는 원각사비

272. 무형문화재를 예시하라.

① 1호, 종묘제례악 ② 2호, 양주별산대놀이 ③ 3호, 꼭두각시놀음 ④ 4호, 갓일 ⑤ 5호, 판소리

273. 보물 4호, 5호는?

4호, 중초사지 당간지주 5호, 중초사지 3층석탑(경기도 시흥)

274. 서울의 4대문인 것은?

흥인문(동대문), 숙정문(북대문), 돈의문(서대문), 숭례문(남대문)

275. 덕수궁을 설명하라.

① 사적 제124호 ② 도심에 있기 때문에 시민공원이나 다름없다. ③ 봄철에는 작약꽃, 여름철에는 모란꽃, 가을철에는 국화 ④ 의주의 피난길에서 환도할 때 선조를 이곳에 들게 하고 서궁이라 불렀다. ⑤ 운현궁이라고도 칭하였다.

276. 강원도 지방의 민속행사를 열거하라.

① 단오제 ② 율곡제 ③ 개나리문화제

277. 고종황제가 외국사신을 접견하던 서양식 궁전은?

석조전(石造殿)

278. 우리나라의 유일한 르네상스 시대의 석조건물은?

석조전(덕수궁 내에 위치)

※ 1909년에 준공된 우리나라 최초의 고대 그리스식 석조건물인 석조전은 잠시 고종황제가 거처했으며, 8·15해방 직후 미·소 공동위원회가 열렸고, 지금은 국립현대미술관의 전시장으로 되어 있다.

279. 조선시대 궁궐과 사찰 중 가장 많이 쓰인 건축방식은?

다포식(多包式)

※ 주심포 : 기둥 위에만 공포(拱包)가 짜여져 있는 것

※ 다포식 : 기둥 위에는 물론 기둥과 기둥 사이에도 공포가 짜여져 있는 것

280. 우리나라의 관광자원 중 그 가치가 특히 우수하다고 평가되는 것은?

문화적 관광자원

281. 경회루의 48개 기둥이 위쪽은 둥근 모양으로 하늘을 상징하는데, 아래쪽은 무엇을 상징하는가?

지상(地上)

※ 경회루(慶會樓)는 중국 사신에게 연회를 베풀기 위하여 태종 12년 (1412년)에 만들어졌으나 임진왜란 때 소실되어 현존의 것은 경복궁 재건과 함께 고종 4년(1867년)에 세워진 것이다.

282. 문화재청장은 지정문화재가 가치를 상실한 경우 또는 특수한 사유가 있을 때는 누구의 자문을 거쳐 그 지정을 해제할 수 있는가?

문화재위원회

283. 백제의 대표적 석탑은 어느 것인가?

정림사지 5층석탑(충청남도 부여군)

284. 신라3보에 속하는 것은?

① 장육존불(丈六尊佛) ② 진평왕 옥대 ③ 황룡사 9층목탑

※ 장육존불이란 석가의 키가 1장 6척이라는 전설에서 비롯된 것으로, 이 불상은 574년(진흥왕 35년)에 주조되어 황룡사의 금당(金黨)에 안치되어 있었다.

285. 국보가 가장 많이 소재하는 지역과 시대는?

서울-조선시대

286. 보물이 가장 많이 소재하는 지역은?

경상북도

287. 남해대교의 길이와 서울타워의 높이는?

남해대교 - 660m, 남산타워(서울타워) - 237m

288. 남대문을 설명하라.

① 전형적인 다포식 양식의 건물 ② 우진각 지붕, 팔각지붕
③ 임란 때 불타지 않은 유일한 문 ④ 숭례문이라고도 함
⑤ 화재로 인해 소실되어 재건 중임

289. 전라도의 지명과 유명관광자 원을 맞게 연결하라.

① 전주-비빔밥 ② 남원-춘향제 ③ 송광사-승보사찰 ④ 한산도-제승당

290. 무형문화재에 속하는 것은?

① 강강술래 ② 탈춤 ③ 검무 ④ 고싸움놀이 ⑤ 나전칠기 기술

291. 창경궁을 설명하라.

원래 왕족의 궁이었으나 일제 때 창경원이라 격하하였다가 최근 다시 궁으로 복원되었다.

292. 비원은 어느 궁의 후원인가?

창덕궁

293. 조선조 왕족의 휴식처로 많이 이용된 고궁은?

창덕궁
※ 창덕궁의 후원인 비원은 조선조 왕족의 휴식처 및 연회장으로 이용된 곳이다.

294. 국보 제3호 북한산 순수비가 소재하는 곳은?

국립박물관

295. 대웅전에 불상이 없는 사찰은?

통도사(경상남도 양산시)

296. 서원과 관련인물을 맞게 연결하라.

도산서원-이황, 금오서원-길재, 소수서원-안향, 지운서원-이이

297. 고려청자와 관계있는 것은?

① 고려 ② 송나라 ③ 비색 ④ 고령토

298. 첨성대는 신라 어느 왕 때 세 워졌는가?

선덕여왕

299. 전남지역에 소재하는 주요사 찰은?

전남~송광사, 화엄사, 대흥사, 백양사

300. 범어사에 있는 문화재는?

① 3층석탑 ② 석등 ③ 일주문 ④ 당간지주

301. 천불상이 소장되어 있는 사찰은?

대흥사(전라남도 해남군)

302. 우리나라의 제1의 선대찰은 어느 산, 어느 절인가?

금정산 - 범어사
※ 선찰 : 참선(參禪)을 주장하는 절

303. 내륙 지방에서 가장 남쪽에 있는 사찰은?

대흥사
※ 전남 해남군에 있는 대흥사에는 보물 4점과 천연기념물 1점, 서산 대사의 유물, 천불상 등이 있다.

304. 팔만대장경이 해인사에 온 이 유는?

① 가야산이 명산으로 알려져 있었다. ② 대각국사 의천이 한때 장주할 생각을 한 곳이다. ③ 해인사는 교통이 불편했다. ④ 강화도는 왜구의 침략 이 빈번했으므로 안전지대가 못되었다.

305. 불국사 내에 있는 다보탑의 10계단이 뜻하는 것은?

① 10신(信) ② 10회향(廻向) ③ 10행(行) ④ 10왕(往)

306. 불국사 내에 있는 석가탑에서 나온 국보126호는?

다라니경

307. 적멸보궁(寂滅寶宮)에 속하는 것은?

① 통도사 ② 상원사 ③ 법흥사 ④ 정암사

308. 사찰의 건물 중에서 규모가 가장 큰 것은?

대적광전(大寂光殿)
※ 대적광전은 화엄경에 의한 비로사나불을 보존으로 모신 전각인데 비로사나불 좌우에 문수, 보현, 관음, 세지보살을 협시로 봉안하기 때문에 대적광전은 불전 중에 가장 큰 규모가 된다.

309. 불전용4물(佛前用四物)에 속 하는 것은?

① 범종(梵鐘) ② 홍고(弘鼓) ③ 운판(雲板) ④ 목어(木魚)
※ 대부분의 사찰에는 종각이 있는데, 여기에는 범종, 홍고, 운판, 목 어 등이 있다. 이 넷을 불전용4물이라고 부르는데, 이들은 모두 부처님께 예배드릴 때 사용되고 소리로써 불음을 전파한다.

310. 통도사와 관련 있는 것은?　① 금강계단 ② 국장생 석표 ③ 팔상탱화 ④ 자장율사

311. 팔만대장경의 재료인 나무는?　후박(厚朴)나무

312. 지붕 안쪽은 천장으로 감추지 않고 처리한 것은?

연등천장

※ 연등천장 : 건물 내부에서 천장을 쳐다보면 서까래의 바닥면이 보이게 된 천장인데, 건물 내부를 장엄하게 느끼게 한다. 목조건축에 있어 구조 천장은 대개 연등천장이다.

313. 불교에서 말하는 5륜은?

① 풍(風) ② 수(水) ③ 화(火) ④ 지(地) ⑤ 공(空)

※ 윤(輪)은 모든 덕을 구비했다는 뜻인데, 오륜에는 지륜(地輪), 수륜(水輪), 화륜(火輪), 풍륜(風輪), 공륜(空輪)이 있다.

314. 신라 선덕여왕 때 주조된 우리나라 최고(最古)의 범종이 소장되어 있는 곳은?

오대산 상원사(강원도 평창군)

315. 국제보호조로 지정·보호되고 있는 새는?

황새(재두루미)

※ 동부시베리아, 한국, 일본 등지에 분포하는 보호조로서 제199조로 지정되어 있음.

316. 전란으로 인한 훼손을 한 번도 당하지 않은 사찰은?

대흥사(전라남도 해남)

317. 단오행사로 유명한 곳은?　강릉(강원도)

318. 별신제로 유명한 곳은?　은산(충청남도)

319. 탈춤으로 유명한 곳은?　봉산(황해도)

320. 검무로 유명한 곳은?　진주(경상남도)

321. 별산대놀이로 유명한 곳은? | 양주(경기도)

322. 차전놀이로 유명한 곳은? | 안동(경상북도)

323. 줄다리기로 유명한 곳은? | 당진(충청남도), 삼척(강원도)

324. 모시짜기로 유명한 곳은? | 한산(충청남도 서천군)

325. 오광대로 유명한 곳은? | 고성(경상남도 고성군)

326. 강강술래로 유명한 곳은? | 진도, 완도, 해남, 고흥(전라남도 남해안)
※ 임진왜란 때 아군의 수를 많게 보이도록 여자가 남장을 하고 놀았다고 함.

327. 세종대왕의 능을 무엇이라 칭하는가? | 영릉(경기도 여주군)

328. 부여지역에 소재하는 관광자원은? | ① 고란사 ② 백화정 ③ 백마강 ④ 낙화암

329. 성역 내의 주의사항은? | ① 금연 ② 금주 ③ 정숙 ④ 참배

330. 가면극의 풍자 내용은? | ① 파계승 풍자 ② 양반비판 ③ 서민의 애환 ④ 남녀 관계의 풍자

331. 오죽헌과 관계있는 것은? | ① 이율곡 ② 신사임당 ③ 강릉 ④ 몽룡실

332. 낙성대는 누구를 기념하는 곳인가? | 낙성대는 고려 강감찬 장군의 탄생지로 그 업적을 기리는 곳이다.

333. 박물관 소재 지역 중 국립박물관의 소재 지역은?

① 서울 ② 경주 ③ 부여 ④ 광주

334. 서원과 관련인물을 맞게 연결하라.

① 현충사 – 이순신 ② 오죽헌 – 이율곡

335. 속리산 일원의 관광자원은?

① 쌍사자 석등 ② 팔상전 ③ 말티고개 ④ 정2품송

336. 자유공원의 위치는?

인천

337. 우리나라 제1의 성역지는?

현충사(충청남도 아산시)

338. 민속도시로 선정되어 있는 곳은?

전주(전라북도)

339. 사도세자의 명복을 빌기 위해 세운 절은?

용주사(경기도 화성시)

340. 고려의 3대문화재에 해당되는 것은?

청자, 팔만대장경, 금속활자

341. 민속행사와 관련인물을 맞게 연결하라.

① 경순왕 – 임해전 ② 왕건 – 차전놀이 ③ 이순신 – 강강술래 ④ 경애왕 – 포석정 ⑤ 놋다리밟기 – 견훤

※ 안압지는 신라의 국토형상의 못으로서 이곳의 임해전에서 56대 경순왕은 고려 태조에게 사직을 이양하였다.

342. 서울지방의 상징으로 지정된 꽃은 무엇인가?

개나리

343. 우리나라에 불교가 전해진 것은?

AD 4세기말(고구려 소수림왕, 약 372년)

344. 현존하는 유일의 판각 원본은 무엇인가?

훈민정음

345. 불교에서 불상을 분류하는 방법은?

① 부처 ② 보살 ③ 명왕 ④ 천(天)

346. 해인사에 관해서 설명하라.

① 신라 내장왕 3년(서기 802년) 이정에 의해 창건 ② 법보 사찰로 유명 ③ 대각국사(의천)가 한때 정주한 곳 ④ 이민족의 침입이 어려운 곳에서 팔만대장경을 보관

347. 법주사가 위치하고 있는 국립 공원은?

속리산(충청북도 보은군)

348. 불국사 경내에 있는 국보는?

① 석가탑 ② 다보탑 ③ 연화교, 칠보교 ④ 청운교, 백운교

349. 분청사기에 관해서 설명하라.

① 조선조 초에서 임진왜란 때까지 생긴 자기 ② 고려청자와 이조백자 사이에 나온 자기 ③ 상감의 효과를 볼 수 있는 것이 특색이다. ④ 분청사기의 기간은 약 200년이다.

350. 불교에서의 보살을 설명하라.

① 덕이 높아 다음 생에서는 부처가 될 후보자를 말한다. ② 대개 삼면관을 쓰고 몸에는 장신구를 갖추었다. ③ 부처를 모시고 중생을 교화하는 일을 한다. ④ 성불하기 위하여 수행에 힘쓰는 자를 통칭한다.

351. 고려가 팔만대장경을 만들게 된 동기는?

흩어진 민심을 불심에 집결시켜 단결된 힘을 모으고자 함이다.

352. '백제의 미소'라고 불려진 대표적 백제 불상은?

서산 마애삼존불상

353. 고려시대에 융성하였던 종교는?

선종(禪宗)

※ 선종은 참선, 화두를 수도의 주된 방법으로 함.

354. 현 각 사찰에서 봉안 중인 부처는?

① 비로사나불 ② 아미타불 ③ 약사여래불 ④ 석가여래불

※ 대승불교에서 모시는 부처에는 비로사나, 아미타, 약사여래, 석가여래의 4불이다.

355. 1911년 이래 전국의 사찰을 통섭하기 위해 몇 개의 본산제로 개편하였나?

31본산

※ 1986년에 24본산으로 개편됨.

356. 유형문화재에 속하는 것은?

① 고문서 ② 회화 ③ 사적지 ④ 즐문토기 등

357. 선사시대의 유적으로서 부산 다대포, 동삼동, 경기도 해안지대 등 패총에서 함께 출토되는 토기류는?

즐문토기

358. 신석기 시대의 유물은?

① 지석묘 ② 패총 ③ 무문토기 ④ 석칼

359. 신라 선덕여왕 때 자장율사가 금강계단을 쌓고 계율종의 본산으로 건립하였던 사찰은?

통도사(경상남도 양산시)

360. "새 왕조와 함께 의욕은 강하였으되 기술과 정성이 미치지 못하였고, 거작은 만들었으되 수작이 되지 못해 전체적으로 석주(石柱)와 같은 형태를 벗어나지 못하였다"는 것은 어느 불상인가?

관촉사 석조미륵보살(충청남도 논산시)

361. 고려청자는 어떤 용도로 제작되었나?

일반 실용그릇

362. 고려말, 청자의 비결인 환원염의 소성방법 퇴락으로 백자가 나타나기 전에 만들어진 자기는?

분청사기(粉靑沙器)

※ 고려청자의 뒤를 이은 조선조의 자기, 회청색 또는 회황색을 띠는데, 온화한 기품의 고려청자를 귀족적·여성적이라 하고 분청사기를 남성적이라 함.

363. '놋다리, 씨름, 지신밟기, 백가반(飯)'은 언제의 세시풍속인가?

대보름

364. 민속자료 장승은 어떤 기능을 위해 세웠는가?

① 마을의 경계표시 ② 마을의 수호신 ③ 동구밖 이정표 ④ 악귀, 잡신 추방

365. 흥인문이며 태조 5년에 축조되었으나 고종 6년에 재축조한 것이다. 이 대문의 명칭은?

동대문

366. 황남대총으로도 불리며 발굴 당시 말의 양쪽 배를 가리는 천마도장니(天馬圖障泥)가 발견되었던 이 고분은?

천마총(경주)

367. 부석사 무량수전은 기둥머리마다 공포(拱包)가 올려져 있다. 이런 양식을?

주심포양식(柱心包樣式)

※ 공포 : 기둥머리를 장식하는 나무

368. 백제 석탑과 신라 석탑의 두드러진 차이점은?

기단부와 추녀끝

※ 백제의 석탑은 기단이 낮고 좁으며 추녀끝이 경사진다.

369. 고승(高僧), 대덕(大德)들의 사리를 모신 곳은?

부도(浮屠)

370. 전북 부안군, 전남 강진군 일대가 가장 우수한 자기생산지로 알려져 있다. 어떤 자기를 생산하였나?

상감청자(象嵌靑瓷)

※ 도자기의 표면에 각종 무늬를 파서 그 속에 자개나 금이나 은을 넣어 무늬를 만든 청자

371. 청자의 명명은 어떤 방법으로 하는가?

청자류－문양－형태－용도

372. 부산의 중요무형문화재는?

① 동래야유 ② 대금산조 ③ 좌수영 어방놀이 ④ 수영야유

373. 조선 중기 풍속화와 인물화에 뛰어나 단원과 쌍벽을 이루는 조선화단의 거봉으로 「인물도」가 있는 이 화가는?

신윤복

374. 조선시대 궁중음악을 연구하던 곳으로 현 국립국악원의 전신인 것은?

전악서(典樂署)

375. 신라의 금귀걸이는 그 방울 부분이 매우 커서 속이 비어 있는 것과 그렇지 않은 것의 두 종류가 있다. 주환(主環)이 비어있는 형식은?

태환식

376. 선덕여왕 14년 자장율사가 백제의 아비지 등 200여명을 동원, 이 탑을 완성했으나 몽고 병란으로 소실되어 버린 신라의 국보였던 이 탑은?

황룡사 탑(경주)

377. 조선후기 화단의 최고봉으로 꼽히며 민중의 생활을 화폭에 담았던 단원의 대표작은?

씨름

378. 충무공의 난중일기는 언제부터 언제까지의 기록인가?

임란 직후 → 전사 직전까지

379. Super-structure에 해당하는 것은?

숙박시설, 위락시설, 음식시설, 행정기관 등의 지상시설

380. 경상남도의 중요 무형문화재는?

① 갓일 ② 통영 오광대 ③ 고성 오광대 ④ 진주 검무

381. 31본산의 하나이며 선대찰은 어느 것인가?

범어사(부산시 동래구)

382. Infra-structure는?

항만, 도로, 공항, 상하수도, 전기, 통신 등의 기반시설(SOC)

383. 팔상정을 안치하고 있는 사찰 내의 전각은?

영산전(靈山殿)

※ 팔상정(八相幀)은 석가모니 부처님의 생애를 그린 것으로서 후대에 불교도들이 그의 생애를 八相(여덟 가지 사건)으로 나누어 설명하는 습관으로 유래된 것이다.

384. 부석사와 관련 있는 것은?

① 영주 ② 의상대사 ③ 선묘각 ④ 녹유전

※ 녹유전의 크기는 14×14cm의 정방형으로 두께는 7cm인데 부석사의 무량수전의 내부 바닥에서 출토되었다. 이것은 극락세계의 땅은 유리로 되어 있다는 데에서 유래한 것으로 현재 이 녹유전의 일부가 동국대학교 박물관에 보존되어 있다.

385. 외설악에 속한 명승지는 어느 곳인가?

오색약수터, 낙산사, 의상대, 망경대, 통일전망대, 선녀탕, 화진포

386. 나말 창건당시 길상사라 했다가 그 뒤 정혜사, 수선사 등으로 개칭되었으며 수많은 국사, 대사를 배출하여 승보사찰로 불리며, 또한 사찰 박물관을 소유한 이 사찰은?

송광사(전라남도 순천시)

387. 민속무용을 열거하라.

① 승무 ② 살풀이 ③ 강강술래 ④ 농악 ⑤ 승전무

※ 부채춤은 1920년대에 나타난 신무용의 일종이다.

388. 의식무(儀式舞)에 속하는 것은?

① 문묘제례악 ② 종묘제례악 ③ 바라춤 ④ 무당무

※ 승전무는 통영지방의 민속무로서 충무공의 승전을 축하하는 내용이다.

389. 독립문은 누가 세웠는가?

독립협회 주관, 서재필 중심(파리의 개선문을 모방)

390. 수원에서 열리는 문화예술제는?

① 난파문화제(8월) ② 화홍문화제(10월 15일)

391. 여주에서 열리는 문화예술제는?

세종문화제(10월)

392. 행주대첩제는 어디서 열리는가?

경기도 고양

393. 단종문화제는 어디서 열리는가?

강원도 영월

394. 강릉에서 열리는 문화예술제는?

① 단오제(음력 5월5일) ② 율곡제(10월)

395. 개나리호수제는 어디서 열리는가?

춘천(강원도)

396. 백제문화제는 어디서 열리는가?

부여, 공주(충청남도)

397. 충주에서 열리는 문화예술제는?

우륵문화제(충청북도)

398. 동학혁명 기념문화제가 열리는 곳은?

전북 정읍

399. 춘향제는 어디서 열리는가?

전북 남원

400. 논개제가 열리는 곳은?	전북 장수
401. 광주에서 열리는 문화예술제는?	남도 문화제(호남예술제, 광주학생운동 기념행사)
402. 고싸움놀이는 어디서 열리는가?	전남 광산
403. 가야문화제는 어디서 열리는가?	경북 고령
404. 신라문화제는 어디서 열리는가?	경주
405. 안동에서 열리는 민속놀이는?	차전놀이 ※ 왕건과 견훤의 전투를 흉내내는 민속놀이
406. 영남예술제는 어디서 열리는가?	밀양(경상남도)
407. 한산대첩 기념축제는 어디서 열리는가?	충무(경상남도)
408. 진주에서 열리는 문화예술제는?	개천 예술제(경상남도)
409. 진해에서 열리는 문화예술제는?	군항제, 벚꽃축제(경상남도)
410. 제주도에서 열리는 문화예술제는?	① 한라문화제(10월) ② 삼성혈제(춘·추 2회)
411. 경기도 안양의 특산물은?	포도
412. 판소리 5가로 전해지고 있는 것은?	춘향가, 심청가, 흥부가, 수궁가, 적벽가

413. 인삼으로 유명한 곳은? | 금산, 강화도, 풍기, 개성, 부여

414. 동래온천의 성분은? | 알칼리성

415. 강화도의 특산물은? | 화문석, 인삼

416. 외국인 관광객들이 가장 많이 찾는 우리나라의 토산물은? | 인삼(홍삼)

417. 죽세공예로 유명한 곳은? | 담양(대바구니)

418. 세계 관광의 날은? | 9월 27일

419. 신라시대의 냉장고는? | 석빙고(경주)

420. 한약제로 유명한 곳은? | 대구(약령시)

421. 전주의 전통음식은? | 비빔밥(전라북도)

422. 전남 무등산의 특산물은? | 수박

423. 완도의 특산물은? | 김

424. 한지로 유명한 곳은? | 전남 장성

425. 합죽선(부채)으로 유명한 곳은? | 전주(전라북도)

426. 목기로 유명한 곳은?   전라북도 남원시(운봉면의 「운봉목기」)

427. 처음으로 성역화된 곳은?   아산 현충사(충청남도)

428. 국내 최초의 고속도로는?   경인 고속도로

429. 우리나라의 4대강은?   ① 한강 ② 낙동강 ③ 금강 ④ 영산강

430. 중문단지는 어디에 있는가?   제주도 서귀포시 중문동

431. 보문단지는 어디에 있는가?   경주(경상북도)

432. 도남 관광단지는 어디에 있는가?   통영(경상남도)

433. 나전칠기는 어느 지방의 특산물인가?   경남 통영

434. 바다가 갈라지는 곳으로 유명한 섬은?   진도(전라남도)

435. 판문점을 가기 위해서는 어떤 도로를 이용하는가?   통일로(경기도)

436. 동해안의 유명 해수욕장은?   ① 강릉경포해수욕장 ② 묵호망상해수욕장 ③ 양양낙산해수욕장
         ※ 남해안 : 해운대해수욕장, 상주해수욕장
         ※ 서해안 : 대천해수욕장, 변산해수욕장

437. 동래야유(東來野遊)에 관해서 설명하라.

① 일종의 들놀이로서 양반이나 관리의 생활상을 풍자, 모욕하는 내용이다. ② 원래 낙동강 하구의 뱃사람들을 통하여 수영야유가 형성되고 그 후 동래로 전해졌다. ③ 낙동강 동편에서는 야유라고 하고 서편에서는 오광대라 한다. ④ 정확한 진원지는 알지 못하나 낙동강 상류의 초계내지 밤마을이라고 알려져 있다.

438. 해서지방 중심으로 전수되어 온 우리나라 탈춤의 대표격인 것은?

봉산탈춤(황해도)

439. 민속극 중 산대놀이(山臺)의 산대란 무슨 뜻이냐?

장식무대(야외, 옥외)

440. 민속극과 관련지방을 맞게 연결하라.

① 황해도-봉산탈춤 ② 경기도-양주 별산대 ③ 경남-오광대 ④ 부산-야유

441. 보태평, 정대업은 어느 악곡의 내용인가?

종묘제례악

442. 민요와 관련지방을 맞게 연결하라.

① 경상도-쾌지나 칭칭나네 ② 전라도-육자배기 ③ 경기도-양산도 ④ 강원도-정선 아리랑

443. 중요 공예기술과 관련지명을 맞게 연결하라.

① 담양-죽세공예 ② 구례, 남원-목기 ③ 전주-합죽선 ④ 한산-모시짜기

444. 통영갓을 등급별로 분류하면?

진사립-음양사립-음양립-포립

445. 논개의 사당이 모셔진 곳은 어디인가?

진주(경상남도)

446. 사회적 관광자원에 속하는 것은?

① 풍속 ② 향토음식 ③ 스포츠 행사 ④ 국민성

447. 천연기념물에 속하는 것은? | ① 미선나무 ② 크낙새 ③ 황새 ④ 백송

448. 설날의 풍속에 해당되는 것은? | ① 차례 ② 세배 ③ 설빔 ④ 소발

449. 세시풍속을 맞게 연결하라. | ① 설날-윷놀이 ② 정월대보름-지신밟기 ③ 단오-그네 ④ 추석-강강술래

450. 자연보호와 관계있는 법률은 어느 것인가? | ① 산림법 ② 자연공원법 ③ 문화재보호법

451. 삼성혈제에 관해서 설명하라. | ① 10월에 제주도에서 열린다. ② 삼성혈에서 개최된다. ③ 고, 양, 부씨에 관한 문화행사이다. ④ 탐라국을 세운 3성씨의 설화에 관한 제전이다.

452. 무주구천동은 어느 산에 속해 있는가? | 덕유산(전라북도)

453. 경주에 있는 신라시대 고분은? | 무열왕릉, 법흥왕릉, 해탈왕릉

454. 우륵문화재로 유명한 곳은? | 충주(충청북도)

455. 충무공 탄신제가 열리는 곳은? | 온양(충청남도)
※ 충무공 탄신일은 4월 28일이다.

456. 지리산 약수제가 열리는 곳은? | 구례(전라남도)

457. 화엄사는 어느 산에 위치하고 있는가? | 지리산(전라남도, 경상남도)

458. 아랑제가 열리는 곳은? | 밀양(경상남도)

459. 계룡산과 관계가 있는 것은? | 동학사, 갑사, 사이비종교군지

460. 벽골문화재로 유명한 곳은? | 김제(전라북도)

461. 논개제가 열리는 곳은? | 장수(전라북도)
※ 장수는 논개가 태어난 곳이다.

462. 지명과 축제를 관계있는 것끼리 연결하라. | ① 진주－개천 예술제 ② 진해－군항제 ③ 강릉－단오제 ④ 남원－춘향제

463. 강원도에서 행해지는 민속행사는? | ① 개나리문화제 ② 강릉 단오제 ③ 율곡제 ④ 설악제

464. 가면극의 내용을 설명하라. | ① 잡귀를 쫓는 의식 ② 파계승에 대한 풍자 ③ 양반에 대한 모독 ④ 남녀 갈등 ⑤ 서민의 고충

465. 충남 부여군에서 행하는 민속제전으로 무형문화재 제9호로 지정·보호되고 있는 것은? | 은산 별신제

466. 우리나라의 민속행사는 주로 어느 달에 개최되고 있는가? | 10월
※ 전국 민속예술행사 90여개 중 40개 행사가 10월에 개최되고 있다.

467. 차전놀이, 놋다리밟기, 하회가면놀이 등은 어느 지방의 민속행사인가? | 안동(경상북도)
※ 놋다리밟기 : 견훤의 신라(안동지역) 침입 때 농사일하던 부녀자들이 개울에 엎드려 공주의 피난길을 도왔다는데서 유래됨.

468. 민속문화재로 지정된 4대장승인 것은? | ① 통영의 벅수 ② 나주 불회사 돌장승 ③ 남원의 실상사 돌장승 ④ 나주의 운흥사 돌장승

469. 경남해안지방의 특산물은?　나전칠기−유자

470. 지명과 향토음식물을 맞게 연　① 전라도−비빔밥 ② 충청도−호두과자 ③ 경기도−갈비찜
　결하라.　④ 강원도−옥수수엿

471. 거제도의 대표적인 관광자원은?　해태, 금산, 해금강

472. 제주도의 민속 및 특산품은?　① 돌하루방 ② 꿩 박제 ③ 귤 ④ 문주란

473. 스키장이 있는 곳은?　청평, 용평, 무주

474. UN기념공원이 소재하는 곳은?　부산 대연동(6 · 25 때 UN참전국 묘지)

475. 낚시터와 관련지명을 맞게 연　① 경기−신갈지 ② 충북−의림지 ③ 경남−주남지
　결하라.　④ 경북−보문지

476. 수렵지명과 관련 수렵물을 맞　① 강능−멧돼지 ② 단양−노루 ③ 제주−꿩 ④ 언양−노루
　게 연결하라.　※ 시기와 장소를 제한하여 수렵을 허용함.

477. 지리산의 장관에 해당하는 사　단풍, 철쭉, 일출
　항은?

478. 5월 단오절에 가장 풍성한 민　① 씨름 ② 그네뛰기 ③ 궁술대회 ④ 농악
　속놀이가 열린다. 단오절 풍
　속인 것은?

479. 국회의사당에 관해서 설명하라.　① 정문 입구의 해태는 선악과 시비를 가린다는 뜻이다. ② 화강암 기둥
　24개는 각자의 의견대립이 팽팽함을 뜻한다. ③ 지붕의 둥근 돔은 대립의
　견이 하나의 타결점에 귀결함을 뜻한다. ④ 현관 양편의 태극과 무궁화는
　애국 · 애족의 상징이다.

480. 춘천지방의 전적비는 어느 나라군의 위령탑인가? | 이디오피아군의 6·25전쟁 전적비

481. 남도민요 강강술래는 어느 지방의 민속행사인가 | 진도(전라남도)

482. 설악산에 속해 있는 대표적인 관광지는? | 비룡폭포, 울산바위, 금강굴

483. 경춘가도변에 소재하는 관광지는? | 청평유원지, 강촌, 남이섬

484. 방상씨에 대해 설명하라.

① 가면 ② 장례 ③ 창덕궁 ④ 타로신

※ 방상씨(方相氏) 가면은 장례나 그 밖의 의식 때에 쓰이는데, 눈이 4개인 비정상적인 모습으로서 길가의 잡귀나 악마가 무서워서 달아나기 때문에 타로신(打路神)이라고도 부른다. 중요민속자료 16호인 망상씨는 창덕궁에서 발견되었다.

485. 경상남도의 향토문화와 관련 지명을 맞게 연결하라.

① 삼천포−노산 문화제 ② 밀양−아랑제 ③ 진해−군항제 ④ 진주−개천 예술제

486. 경상남도의 도청소재지는? | 창원(경상남도)

487. 산업적 관광자원만으로 된 것은? | 목장, 공항, 운하, 도로, 산업시설, 화훼단지, 박람회, 전시회

488. 덕적도에 유명한 것은? | 덕적도−새우(경기도)

489. 산업관광지인 곳은? | ① 포항 ② 울산 ③ 구미 ④ 창원

490. 국내 최대규모의 전자공단이 소재하는 곳은? | 구미(경상북도)

491. 국내 최대규모의 종합기계 단지가 소재하는 곳은?

창원(경상남도)

492. 지역별 향토음식을 맞게 연결하라.

① 전주-비빔밥 ② 부산-파전 ③ 영덕-바닷게요리 ④ 마산-아구찜

493. 부채, 삼배의 주산지는?

① 전주-부채 ② 안동-삼베 ③ 한산-모시 ④ 김해-소채

494. 전라남도의 특산물과 관련지명을 맞게 연결하라.

① 나주-배 ② 담양-죽세공품 ③ 완도-김 ④ 영광-굴비

495. 안성의 특산품은?

유기(경기도 안성시)

496. 안양의 특산물은?

포도(경기도 안양시)

497. 공주, 경주, 금산의 유명한 무덤은?

① 공주-무녕왕릉 ② 경주-천마총 ③ 금산-칠백의총 ④ 부여-백화정

498. 경주 소재의 관광단지는?

보문단지

499. 세계적 희귀조로서 아시아 동북부에만 서식하며 머리위가 노란색을 띠는 천연기념물 199호인 이 새는?

황새(백로와 유사함)

500. 녹색헌장을 제정·공포한 국가는?

구서독

※ 1961년 4월 20일 공포된 헌장으로서 인간의 생존을 유지하고 생활지역의 확보를 위해서는 자연보호가 절대적으로 필요하다고 명시하였다.

501. 한국의 자연보호헌장은 언제 선포되었는가?

1978년

502. 자연적 관광자원의 보호 방안이 될 수 있는 것은?

① 자연보호 교육 ② 개발제한 구역의 확대 ③ 치산 녹화사업 ④ 철새 및 희귀조류 보호

503. '문화재는 한 나라만의 재산이 아닌 전 인류의 공동재산'이라고 규정한 기구는?

유네스코(UNESCO, 유엔 산하의 교육 · 문화 · 예술에 관한 협력기구)

504. '현대판 모세의 기적'으로 불리는 개해 현상이 일어나는 지역은?

진도
※ 전남 진도군 고도면 회동리 앞바다 지역으로 개해시는 10만명이상의 관광객이 성황을 이룬다.

505. 관광자원 능수버들과 관계있는 곳은?

① 천안 ② 능소 ③ 박생 ④ 삼거리

506. 유네스코(UNESCO)에 의해 선정된 세계 10대 문화유적지에 속하는 곳은?

경주(경상북도)
※ 문체관부지정 한국 10대 으뜸 명소 : 전주 한옥마을, 안동 하회마을, 경주 남산, 수원 화성, 서울궁궐(5곳), 제주 올레길, 서울 전통문화 거리(인사동, 삼청동 등), 순천만, 창녕 우포늪, 제주 성산일출봉

507. 뉴스위크지에 의해 선정된 세계10대 관광지에 속하는 곳은?

제주도(2011년 세계7대 자연경관으로 지정됨)

508. 인공호수에 해당하는 호수는?

① 소양호 ② 진양호 ③ 보문호 ④ 의림지

509. 내수면 관광자원에 속하는 것은?

① 댐 ② 호수 ③ 하천 ④ 운하

510. 산업관광자원에 속하는 것은?

① 포항 종합제철 ② 만국박람회 ③ 광안대교 ④ 귤농원 ⑤ 화훼단지 ⑥ 양어장 ⑦ 수목원

511. 우리나라 수산자원과 관련어장을 맞게 연결하라.

① 울릉도-오징어 ② 연평도-조기 ③ 통영-굴 ④ 완도-김

512. 우리나라 제일의 조선공업단 지는? | 거제도(경상남도)

513. 원자력발전소가 소재하는 곳은? | 고리(경상남도 양산시)

514. 전남 광양만 일대에 건설된 공단은 어떤 공업인가? | 철강공업

515. 경부고속도로의 길이는? | 428km

516. 경부고속도로의 중간 기점에 속하는 곳은? | 추풍령(경상북도, 해발 200m)

517. 우리나라의 자동차공업이 가장 발달된 곳은? | 울산(현대자동차, 생산량 세계3 · 4위)

518. 공업단지 중 보석가공업으로 유명한 곳은? | 이리 수출산업단지

519. 국내 최대의 수산물 집산지는? | 부산(공동어시장, 일명 자갈치시장)

520. 파시(波市)를 설명하라. | 어군(魚群)의 이동에 따라 일시적으로 서는 어시장

521. 육지의 그린벨트에 대한 개념으로 바다오염을 방지하기 위해 설정되는 보호지는? | 블루벨트(Blue Belt)
※ 한려수도가 이에 속한다.

522. 동남해안선의 절경을 관광할 수 있는 철도망은? | 동해 남부선

523. 88올림픽 고속도로는 어디에 서 어디까지인가? | 대구-광주

524. 중화학 공업단지에 속하는 지역은? | ① 여천 ② 온산 ③ 여수 ④ 울산

525. 스키장에서 가장 효과적인 교통수단은? | 리프터

526. 산업관광자원을 열거하라. | ① 견본시, 백화점 ② 박람회, 쇼핑센터 ③ 전시회, 면세상품 ④ 재래시장 ⑤ 공장, 공단 ⑥ 산림욕장 ⑦ 농원

527. 외국 관광객이 관광기념품으로 신발류를 사려고 한다. 어디로 가면 좋을까? | 부산

528. 지명과 관련 있는 공업단지를 맞게 연결하라. | ① 마산-수출자유지역 ② 구미-전자공업단지 ③ 울산-중화학공업단지 ④ 여천-종합화학공업기지

529. 각 지방과 관련 있는 향토음식을 맞게 연결하라. | ① 경기도-보쌈김치 ② 강원도-깍두기 김치 ③ 경상도-부추김치 ④ 제주도-밀감화채

530. 세계에서 맨 먼저 생산시설을 관광코스에 넣은 나라는? | 프랑스(1950년대에 시작)
※ 산업체시설을 견학하는 것을 Industrial Tourism이라고 함.

531. 부산지방의 상징으로 지정된 꽃과 새는 무엇인가? | 동백꽃, 갈매기

532. 용두산 공원 내에 있는 부산탑의 높이는 얼마인가? | 120미터

533. 전라도 비빔밥 또는 충무 김밥 등은 관광자원의 요소 중 어디에 속하나?

향토맛, 사회적 관광자원

534. 한강유역에 있는 댐은?

① 화천댐 ② 소양강댐 ③ 팔당댐 ④ 청평댐

535. 국립공원의 기능에 대해서 설명하라.

① 휴식과 레크리에이션 ② 학술조사 및 연구활동 ③ 정서순화 및 교양향상 ④ 심신수련, 건강증진

536. 관광개발의 지역적 효과에 대해서 설명하라.

① 지역주민 소득증대 ② 인근지역과 문화교류 확대 ③ 지역산업 발전 ④ 생활환경 개선

537. 관광개발대상을 열거하라.

① 관광자원 개발 ② 관광기반시설 개발 ③ 부대시설 개발 ④ 관광서비스 개선 ⑤ 관광자원의 선전

538. 관광지와 문화재를 누가 지정하는가?

① 국민관광지 - 시·도지사(특별시장, 광역시장, 도시자, 특별자치도지사)가 지정 ② 문화재 - 문화재청장이 문화재위원회의 자문을 거쳐 지정

539. 관광개발의 목적은?

① 자원의 가치감소를 복구하고 보호 육성한다. ② 개발을 통한 문화발달과 국민정서 순화를 가져온다. ③ 여가 선용을 위한 레크리에이션 장소를 제공한다. ④ 관광객을 유치하여 지역 경제에 기여한다.

540. 관광개발을 위한 기초조사에서 질문지법의 장점은?

① 넓은 지역을 짧은 시간 내에 조사할 수 있다. ② 비교적 경비가 적게 든다. ③ 응답자가 충분히 생각할 여유를 준다. ④ 많은 응답자에게 동일질문을 줄 수 있다.

541. 관광기반시설에 해당되는 것은?

① 철도 ② 항만 ③ 도로 ④ 전신, 전화 ⑤ 주차장 ⑥ 상·하수도
※ 기반시설 = Infra(structure), SOC(Social Overhead Capital)

542. 부산의 10대 자랑거리는?

① 태종대 ② 범어사 ③ 자갈치 시장 ④ 유엔 공원 ⑤ 해운대 ⑥ 오륙도 ⑦ 금정산성 ⑧ 충렬사 ⑨ 동래야유 ⑩ 낙동강하구

543. 국립공원 설정기준이 되는 요소는? | ① 자연경관 ② 토지 이용상태 ③ 산업시설과 풍경보존문제 ④ 이용상의 편리성

544. 컨벤션(Convention) 관광의 개발 방법은? | ① 국제기구 정기총회 유치 ② 국제 학술세미나 개최 ③ 국제 스포츠제전 유치 ④ 종교단체 행사 유치 ⑤ 박람회, 전시회 개최

545. 관광개발 중 공원개발의 효과는? | ① 레크리에이션 효과 ② 교양적 효과 ③ 관광기업활동의 확대 효과 ④ 지역개발 효과

546. 공원개발 지역에 들어갈 수 있는 시설은? | ① 숙박시설 ② 위생시설 ③ 휴게시설 ④ 교양시설

547. 국립공원 안내도의 규격은? | 200×250cm

548. 관광선전의 방법으로 적당한 것은? | ① 광고 ② 주지(Publicity) ③ PR(홍보)

3. 관광법규

1. 관광법규 특성

1) 질서행정법으로서의 성격

질서행정법이라 함은 행정목적 즉 공익(公益)을 위하여 국민(自然人, 法人 등)에게 여러 가지를 명령·강제하며, 자유 등을 제한하는 내용을 담은 법을 말한다. 관광사업을 경영하고자 하는 자로 하여금 등록 등을 행하게 하고 그의 자격을 제한하는 규정, 일단 사업등록을 행한 자가 법을 어긴 경우에 등록을 취소·정지하며, 혹은 과징금을 부과할 수 있게 하고 있는 점, 벌칙 그리고 각종의 금지행위, 개선명령, 신고의무규정, 외화획득명령, 교육실시의무 등에 관한 규정들이 그에 해당한다.

2) 규제행정·급부행정법으로서의 성격

20세기에 들어서서는 국가가 국민의 경제·문화생활에 관여하여 일정한 방향으로 유도·조성시키는 역할까지 떠맡고 있다. 이는 우리 헌법에도 규정되어 있다. 즉 「헌법」은 제34조에서 "모든 국민은 인간다운 생활을 할 권리를 가진다. 국가는 사회보장·사회복지의 증진에 노력할 의무를 진다"고 규정되어 있으며, 또 「헌법」 제119조 제2항에서는 "국가는 균형있는 국민경제의 성장 및 안정과 적정한 소득의 분배를 유지하고, 시장의 지배와 경제력의 남용을 방지하며, 경제주체 간의 조화를 통한 경제의 민주화를 위하여 경제에 관한 규제(規制)와 조정(調整)을 할 수 있다"고 규정되어 있다.

관광법규는 단순히 국민의 활동을 제한하고 감독·단속하는 것이 아니라, 현재보다 나은 상태로 관광여건을 조성하고 관광자원을 개발하며 관광사업을 육성하는 규제행정법 내지 개발행정법으로서의 성격도 가진다. 「관광진흥법」에 「관광단지개발촉진법」을 흡수함으로써 규제행정·개발행정법으로서의 성격을 훨씬 강화시키기에 이르렀다.

또한 관광자원의 적극적인 보호와 개발을 위하여 국가가 공익적 차원에서 직접 참여하거나 지원함으로써 관광지 개발을 촉진하려는 점에서 급부행정법(給付行政法) 또는 조성행정법(造成行政法)의 성격을 가진다.

2. 관광법규의 구조

사회질서를 유지하기 위해서는 법(法)을 비롯하여 여러 가지 규범(規範)이 있어야 하는데, 관광과 연관되는 분야의 질서를 유지하기 위해서도 마찬가지로 관광활동과 관련되는 여러 현상을 규율하는 법이 필요하다.

그런데 인간의 관광활동을 규제하는 모든 법률을 관광법규라 하더라도 이를 직접적으로 규제하느냐, 아니면 간접적으로 규제하느냐에 따라 협의의 관광법규와 광의의 관광법규로 구분할 수 있다.

1) 협의의 관광법규

협의(狹義)의 관광법규란 인간의 기본권이며 자유권의 일종으로 볼 수 있는 관광활동을 직접적으로 보호·촉진하는 데 필요한 법을 말한다. 다시 말하면 관광에 관한 여러 현상, 즉 우리나라 관광진흥을 위한 국가와 지방자치단체의 책임과 임무, 관광활동이 원활하게 이루어질 수 있도록 여건을 조성하고, 관광자원을 개발하며, 관광사업의 지도·육성 및 관광자금의 지원 등을 내용으로 하는 법을 말한다. 여기에 해당하는 법규로는 「관광기본법」, 「관광진흥법」, 「관광진흥개발기금법」, 「국제회의산업 육성에 관한 법률」 등이 있다.

한편, 「한국관광공사법」을 협의의 관광법규에 포함시키는 견해도 있으나, 「한국관광공사법」은 관광행정의 근본법으로서 제정된 것이 아니고, 한국관광공사라는 특수법인으로서의 정부투자기관을 설립·운영하기 위하여 제정된 특별법이라고 하겠다.

2) 광의의 관광법규

광의(廣義)의 관광법규란 관광활동을 간접적으로 보호·촉진하는 데 필요한 법을 말한다. 다시 말하면 관광과 관련되는 법규를 말한다. 전술한 바와 같이 관광의 주체는 인간이기 때문에 사회질서 유지차원에서 인간을 규제하는 모든 법은 관광법규의 범주에 속한다고 할 수 있다. 그 중에서도 관광활동을 직접적으로 보호·촉진하는 법을 제외한 나머지 법은 관광활동을 간접적으로 보호·촉진하는 법으로서 이를 광의의 관광법규라 할 수 있다.

따라서 관광과 밀접한 관계를 가지고 있는 법규로는 「관세법」, 「여권법」, 「외국환거래법」, 「국가기술자격법」, 「출입국관리법」, 「공중위생관리법」, 「식품위생법」, 「자연공원법」, 「도시공원 및 녹지 등에 관한 법률」, 「문화재보호법」, 「국토기본법」, 「국토의 계획 및 이용에 관한 법률」, 「공익사업을 위한 토지 등의 취득 및 보상에 관한 법률」, 「공유수면 관리 및 매립에 관한 법률」, 「검역법」, 「체육시설의 설치·이용에 관한 법률」, 「산지관리법」, 「도로교통법」, 「건축법」, 「유선 및 도선사업법」, 「환경영향평가법」, 「농지법」, 「항공법」, 「하천법」, 「해운법」 등 무수히 많다.

3. 관광법규의 변천과정

1) 개 요

우리나라의 관광사업은 1960년대에 들어서서 조직과 체제를 갖추고 정부의 강력한 정책적 뒷받침을 마련하는 등 관광사업진흥을 위한 기반을 구축하면서 우리나라 관광사업이 본격적으로 시작되었다. 정부는 관광사업의 중요성을 인식하고, 이를 진흥시키기 위해 정부수립 후 처음으로 관광법규를 제정하여 관광질서를 확립함과 동시에 관광행정조직을 정비하고, 관광지개발을 위한 지정관광지의 지정 그리고 관광사업의 국제화를 추진하는 등 관광사업 발전에 필요한 기반을 조성하였다. 우리나라 최초의 관광법규는 1961년 8월 22일에 제정된 「관광사업진흥법」이다. 이 법을 시발로 현재까지 변천되어 온 우리나라 관광법규의 전개과정을 아래에 요약해 보고자 한다.

2) 변천과정

(1) 「관광사업진흥법」의 제정

「관광사업진흥법」은 1961년 8월 22일 법률 제689호로 제정·공포된 우리나라 관광에 관한 최초의 법률이다. 이 법은 전문 62개 조로서 제1장 총칙, 제2장 관광사업, 제3장 관광정책심의위원회, 제4장 관광단체, 제5장 벌칙으로 구성되어 있었다.

이 법의 제정 당시에는 관광사업의 종류를 여행알선업(일반여행알선업과 국내여행알선업), 통역안내업, 관광호텔업, 관광시설업으로 분류하고, 관광사업의 건전한 발전을 위하여 관광협회와 업종별관광협회를 설립하며, 이 두 단체의 공동목적을 달성하기 위해 대한관광협회를 설립할 수 있도록 하였다.

(2) 「관광사업법」의 제정

「관광사업법」도 「관광기본법」과 같은 배경하에서 분리 제정되었다 함은 전술한 바 있다.

1975년 12월 31일 법률 제3088호로 제정된 「관광사업법」은 관광사업의 종류를 여행알선업, 관광숙박업, 관광객이용시설업의 세 가지로 크게 분류하였으며, 관광활동이 점차 활성화됨에 따라 관광산업의 육성과 함께 관광의 질서유지차원에서 규제사항이 대폭 강화된 법률이었다.

이 법은 관광여건과 관광성향의 변화에 따라 발전적 개정을 거듭해오다가 「관광단지개발촉진법」과의 일원화할 필요성에서 1986년 12월에 정책적으로 폐지되고, 그 대신 「관광진흥법」을 새로이 제정하게 되었다.

(3) 「관광단지개발촉진법」의 제정

1975년 4월 법률 제2759호로 제정·공포된 「관광단지개발촉진법」은 경주보문관광단지와 제주중문관광단지 등과 같은 국제수준의 관광단지의 개발을 촉진하여 관광사업의 발전기반을 조성하려는 목적을 가지고 제정되었던 것이다. 그러나 이 법은 「관광사업법」과의 일원화할 필요성이 제기됨에 따라 1986년 12월 새로 제정된 「관광진흥법」에 흡수되면서 폐지되었다.

3) 「관광기본법」의 제정

우리나라는 1970년대에 접어들면서 정부가 관광사업을 경제개발계획에 포함시켜 국가의 주요 전략산업의 하나로 육성함과 동시에 관광수용시설의 확충, 관광단지의 개발 및 관광시장의 다변화 등을 적극 추진함으로써 국민의 관광수요가 점차 증가해 갔으며, 1972년 하반기부터는 우리나라 기업의 경제무대가 빠른 속도로 국제화되어가는 가운데 외국관광객이 급속히 증가하였다.

이에 따라 정부는 관광법의 재정비에 착수하여 1975년 12월 31일 우리나라 최초의 관광법규인 「관광사업진흥법」을 발전적으로 폐지함과 동시에 동법의 성격을 고려하여 「관광기본법」과 「관광사업법」으로 분리 제정하였다. 즉 과거 「관광사업진흥법」의 진흥적(振興的)·조성적(造成的) 부분은 「관광기본법」으로, 규제적(規制的) 부분은 「관광사업법」으로 정비한 것이다.

우리나라 관광법규의 모법(母法)이며 근본법(根本法)의 성격을 갖는 「관광기본법」은 제정 당시 전문 15개조로 구성되었던 것이나, 2000년 1월 12일 부분개정(제15조 "관광정책심의위원회"의 규정을 삭제함)이 있었고, 또 2007년 12월 21일에도 일부개정이 있었다. 이 법은 그 제정목적(동법 제1조)에서 밝힌 바와 같이 우리나라 관광진흥의 방향과 시책에 관한 사항을 규정함으로써 국제친선의 증진과 국민경제 및 국민복지의 향상을 기하고 건전한 국민관광의 발전을 도모하는 것을 목적으로 제정된 법이다. 이러한 목적을 달성하기 위하여 국가와 지방자치단체의 책임과 의무를 명시하였으며, 정부의 관광진흥장기계획의 수립 및 관광진흥개발기금 설치 등과 관광시책을 실시하기 위해 필요한 별도의 법의 제정을 의무화하는 등 우리나라 관광진흥시책 전반에 관한 입법방침을 명시하고 있다.

4) 「관광진흥법」의 제정

1986년 12월 31일 법률 제4065호로 제정·공포된 「관광진흥법」은 1986년 12월에 폐지된 「관광사업법」의 내용을 대부분 답습함과 동시에 「관광단지개발촉진법」을 폐지하고 이의 내용을 흡수한 것이 주요 내용이라 하겠다.

과거의 「관광사업법」은 그 자체가 관광사업자에 대한 규제중심으로 되어 있었고, 또 관장하는 업종의 범위(여행알선업, 관광숙박업, 관광객이용시설업의 세 가지로 크게 분류하였음)도 극히 한정되어 있어서 80년대의 관광진흥을 위한 다양한 관광사업의 실체를 조장하고 육성할 수는 없었기 때문에, 이러한 역할을 할 수 있는 내용의 법으로 전환시키기 위하여 포괄적 개념으로서의 「관광진흥법」으로 개칭 제정하게 된 것이다.

5) 「관광진흥개발기금법」의 제정

1972년 12월 29일 법률 제2402호로 제정된 「관광진흥개발기금법」은 제도금융으로서 관광기금의 설치·운영에 관한 법이다. 이 법은 기금의 설치·재원·관리·회계연도·용도·운용 및 기금운용위원회의 설치에 관한 규정을 두고 있다.

본래 관광사업은 국민복지차원에서 국민에게 휴식공간과 오락시설을 제공할 뿐만 아니라 굴뚝 없는 수출산업으로서 외화를 획득하여 국제수지개선에 크게 기여하고 있다. 그러나 관광호텔업이나 종합휴양업, 관광유람선업 등의 관광사업은 타산업에 비해 고정자본비율이 높은데 반하여 투하자본의 회수기간이 길어 적극적인 민자(民資) 유치가 어려운 실정이다.

따라서 정부는 관광진흥개발기금을 조성하여 관광시설의 건설 및 개·보수, 관광지 및 관광단지의 개발, 관광객 편의시설의 건설과 관광사업체의 운영자금으로 지원하여 관광사업의 발전은 물론 관광외화수입의 증대에 기여하도록 하였다.

6) 「국제관광공사법」과 「한국관광공사법」의 제정

현행 「한국관광공사법」의 전신은 「국제관광공사법」(1962.4.24. 법률 제1060호)이다. 「국제관광공사법」에 의해 국제관광공사(현 한국관광공사의 전신이다)가 설립되었는데, 이 공사는 관광선전, 관광객에 대한 제반 편의제공, 외국관광객의 유치와 관광사업의 발전에 선도적인 사업경영, 관광종사원의 양성과 훈련을 주된 임무로 하였다.

「국제관광공사법」은 1982년 11월에 「한국관광공사법」으로 명칭을 변경함과 동시에 동법에 의하여 설립된 국제관광공사의 명칭도 한국관광공사로 개칭하여 오늘에 이르고 있다.

7) 관광진흥개발기금법의 제정

관광진흥개발기금법은 관광사업을 효율적으로 발전시키고 관광외화수입 증대에 기여하기 위하여 관광진흥개발기금의 설치를 목적으로 1972년 제정되었다.

8) 「국제회의산업 육성에 관한 법률」의 제정

이 법은 국제회의의 유치를 촉진하고 그 원활한 개최를 지원하여 국제회의산업을 육성·진흥함으로써 관광산업의 발전과 국민경제의 향상 등에 이바지함을 목적(같은법 제1조)으로 1996년 12월 30일 제정된 법률이다.

이 법에서는 국제회의산업의 육성·진흥을 위한 국가의 책무, 국제회의산업 육성에 필요한 기본계획의 수립, 국제회의 유치 등의 지원, 국제회의 도시의 지정 및 지원, 국제회의 전담조직의 설치 등에 관한 내용을 규정하고 있다. 이 지원조치에는 국제회의 참가자가 이용할 숙박시설·교통시설 및 관광편의시설 등의 설치·확충 또는 개선을 위하여 필요한 사항이 포함되어야 한다.

9) 「관광숙박시설지원 등에 관한 특별법」의 제정

이 법은 2000년 ASEM회의, 2002년의 아시안게임 및 월드컵축구대회 등 대규모 국제행사에 대비하여 관광호텔시설의 건설과 확충을 촉진하여 관광호텔시설의 부족을 해소하고 관광호텔업 기타 숙박업의 서비스 개선을 위하여 각종 지원을 함으로써 국제행사의 성공적 개최와 관광산업의 발전에 이바지할 목적으로 1997년 1월 13일 제정·공포되었다.

따라서 이 법은 「관광진흥법」을 비롯한 관광관계법이나 기타 관광숙박시설에 관련된 법률의 규정 등을 적용하기 전에 이 법이 우선하여 적용되었다. 그러나 이 법은 2002년 12월 31일까지 효력을 가지는 한시법(限時法)으로 제정되었기 때문에 그 유효기간의 만료로 자동폐지되었다.

◆ 「관광진흥법」(제3조)에 따른 우리나라 관광사업의 분류 ◆

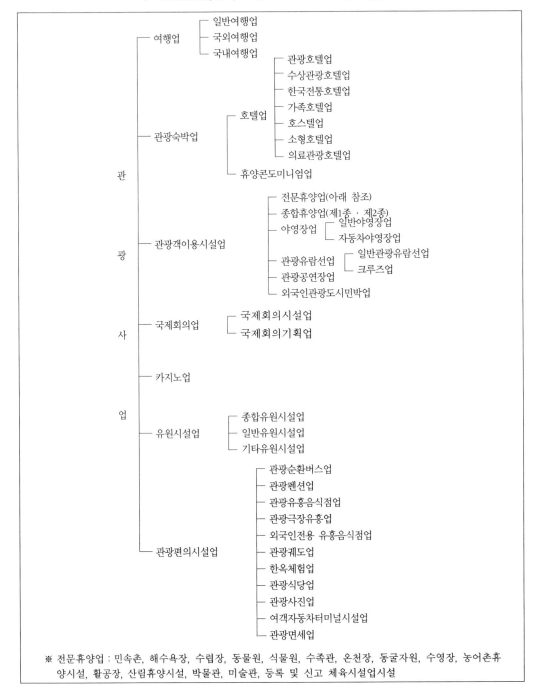

※ 전문휴양업 : 민속촌, 해수욕장, 수렵장, 동물원, 식물원, 수족관, 온천장, 동굴자원, 수영장, 농어촌휴
양시설, 활공장, 산림휴양시설, 박물관, 미술관, 등록 및 신고 체육시설업시설

1.	우리나라 최초의 관광에 관한 중앙행정기구는?	교통부 육운국 관광과, 1954년 신설됨.
2.	법의 형식적 효력에 있어서의 원칙은?	① 특별법 우선의 원칙 ② 법률불소급의 원칙 ③ 상위법 우선의 원칙
3.	사회규범에 해당하는 것은?	① 도덕 ② 법 ③ 관습
4.	우리나라 최초의 관광에 관한 법은?	관광사업진흥법, 1961년 8월 22일 제정됨. ※ 관광사업진흥법(1961년) → 관광사업법 + 관광단지개발촉진법 (1975년) → 관광진흥법(1986년)
5.	관광법규에는 어떤 것들이 있는가?	관광기본법, 관광진흥법, 국제회의산업육성에 관한 법률, 관광진흥개발기금법이 있고, 그 외 관광관련 법규에는 한국관광공사법, 여권법, 출입국관리법, 관세법, 외국환거래법, 문화재보호법, 자연공원법, 공중위생관리법, 도로교통법, 항공법, 하천법, 해운법, 건축법, 식품위생법 등이 있다.
6.	관광기본법의 제정공포일과 구성은?	1975년 12월 31일 법률 제2877호로 제정·공포되었고, 14개조로 구성되어 있음. ※ 제15조의 「관광정책심의위원회 규정」은 2000.1.20. 삭제
7.	관광기본법의 성격은?	① 공법이다 ② 행정법이다 ③ 실체법이다
8.	관광기본법의 목적은?	① 국제친선의 증진 ② 국민경제 및 국민복지의 향상 ③ 건전한 국민관광의 발전 도모
9.	국민관광이란 말을 처음 법적으로 사용하게 된 근거는?	관광기본법 제1조와 제13조
10.	관광기본법의 내용을 요약한다면?	① 정부의 시책강구 ② 정부의 관광진흥계획 수립 ③ 연차보고 ④ 법제상의 조치 ⑤ 지방자치단체의 협조 ⑥ 외국관광객의 유치 ⑦ 시설의 개선 ⑧ 관광자원의 보호 ⑨ 관광사업의 지도·육성 ⑩ 관광종사자의 자질향상 ⑪ 관광지의 지정 및 개발 ⑫ 건전한 국민관광 발전 ⑬ 관광진흥개발기금 설치

11. 관광진흥법은 어떤 내용을 담고 있으며 언제 제정·공포되었는가?

1986년 12월 31일 법률 제3910호로 제정·공포된 「관광진흥법」은 제1장 총칙, 제2장 관광사업, 제3장 관광사업자 단체, 제4장 관광의 진흥과 홍보, 제5장 관광지 등의 개발, 제6장 보칙, 제7장 벌칙 등을 규정하고 있다.

12. 관광진흥법의 목적은?

① 관광여건 조성 ② 관광자원의 개발 ③ 관광사업의 육성을 통해 ④ 관광진흥에 이바지함.

13. 관광지란?

자연적 또는 문화적 관광자원을 갖추고 관광객을 위한 기본적인 편의시설을 설치하는 지역으로서 시·도지사(특별시장, 광역시장, 특별자치시장, 도지사, 특별자치도지사)가 지정한 곳(2016년 12월 말 기준으로 226개소가 지정되어 있음)

14. 관광단지란?

관광단지란 관광객의 다양한 관광 및 휴양을 위하여 각종 관광시설을 종합적으로 개발하는 관광거점지역으로서 시·도지사(특별시장·광역시장·특별자치시장·도지사·특별자치도지사)가 지정한 곳을 말한다. 2016년 12월 말 현재 38개소의 관광단지가 지정되어 있다.

15. 관광특구란?

관광특구란 외국인 관광객의 유치 촉진 등을 위해 관광활동과 관련된 관계법령의 적용이 배제되거나 완화되고, 관광활동과 관련된 서비스·안내체계 및 홍보 등 관광여건을 집중적으로 조성할 필요가 있는 지역으로서 시장·군수·구청장의 신청에 따라 시·도지사가 지정한다. 2016년 3월 31일 기준으로 13개 시·도에 31곳이 지정되어 있다.

16. 관광사업의 정의는?

관광객을 위하여 운송, 숙박, 음식, 운동, 오락, 휴양 또는 용역을 제공하거나 그 밖에 관광에 딸린 시설을 갖추어 이를 이용하게 하는 업(業)을 말한다.

17. 관광사업의 종류는?

여행업, 관광숙박업, 관광객이용시설업, 국제회의업, 카지노업, 관광편의시설업, 유원시설업 등 크게 7가지로 분류하고 있다.

18. 여행업의 정의는?

여행자 또는 운송시설·숙박시설, 그 밖에 여행에 딸리는 시설의 경영자 등을 위하여 그 시설이용의 알선이나 계약체결의 대리, 여행에 관한 안내, 그 밖에 여행의 편의를 제공하는 업

19. 여행업의 종류는?

일반여행업, 국외여행업, 국내여행업

※ ① 일반여행업 : Inbound Tour+Outbound Tour+Domestic Tour
② 국외여행업 : Outbound Tour ③ 국내여행업 : Domestic Tour

20. 관광숙박업(호텔업)의 정의는?

관광객의 숙박에 적합한 시설을 갖추어 이를 관광객에게 제공하거나 숙박에 딸리는 음식·운동·오락·휴양·공연 또는 연수에 적합한 시설 등을 함께 갖추어 이를 이용하게 하는 업

21. 관광숙박업의 종류는?

현행 관광진흥법은 관광숙박업을 호텔업과 휴양콘도미니엄업으로 나누고, 호텔업을 다시 관광호텔업, 수상관광호텔업, 한국전통호텔업, 가족호텔업, 호스텔업, 소형호텔업, 의료관광호텔업으로 세분하고 있다.

22. 관광객이용시설업의 정의는?

① 관광객을 위하여 음식·운동·오락·휴양·문화·예술 또는 레저 등에 적합한 시설을 갖추어 이를 관광객에게 이용하게 하는 업 또는 ② 대통령령으로 정하는 2종 이상의 시설과 관광숙박업의 시설 등을 함께 갖추어 이를 회원 기타 관광객에게 이용하게 하는 업

23. 관광객이용시설업의 종류는?

전문휴양업, 종합휴양업(제1종·제2종), 야영장업(일반야영장업, 자동차야영장업), 관광유람선업(일반관광유람선업·크루즈업), 관광공연장업, 외국인관광도시민박업

24. 제1종 종합휴양업과 제2종 종합휴양업의 차이점은?

① 제1종 종합휴양업 : 전문휴양업 또는 종합유원시설업을 2종류이상 갖춘 곳 ② 제2종 종합휴양업 : 전문휴양업 또는 종합유원시설업 2종 이상＋숙박시설

25. 국제회의업의 정의는?

대규모 관광수요를 유발하는 국제회의(세미나, 토론회, 전시회 등을 포함한다)를 개최할 수 있는 시설을 설치·운영하거나 국제회의의 계획·준비·진행 등의 업무를 위탁받아 대행하는 업으로서 ① 국제회의시설업 ② 국제회의기획업이 있다.

26. 카지노업의 정의는?

전문영업장을 갖추고 주사위·트럼프·슬롯머신 등 특정한 기구 등을 이용하여 우연의 결과에 따라 특정인에게 재산상의 이익을 주고 다른 참가자에게 손실을 주는 행위 등을 하는 업을 말한다.

27. 유원시설업의 정의는?

유기시설이나 유기기구를 갖추어 이를 관광객에게 이용하게 하는 업(다른 영업을 경영하면서 관광객의 유치 또는 광고 등을 목적으로 유기시설 또는 유기기구를 설치하여 이를 이용하게 하는 경우를 포함한다)으로서 ① 종합유원시설업 ② 일반유원시설업 ③ 기타유원시설업이 있다.

28.	관광편의시설업의 정의는?	이상의 관광사업(여행업, 관광숙박업, 관광객이용시설업, 국제회의업, 카지노업, 유원시설업) 외에 관광진흥에 이바지할 수 있다고 인정되는 사업이나 시설 등을 운영하는 사업으로서 ① 관광유흥음식점업 ② 관광극장유흥업 ③ 외국인전용유흥음식점업 ④ 관광펜션업 ⑤ 관광순환버스업 ⑥ 관광사진업 ⑦ 여객자동차터미널시설업 ⑧ 관광식당업 ⑨ 관광궤도업 ⑩ 한옥체험업 ⑪ 관광면세업
29.	시장 · 군수 · 자치구청장에게 등록하여야 하는 관광사업은?	① 여행업 ② 관광숙박업 ③ 관광객이용시설업 ④ 국제회의업 ※ 2009년 3월 25일 개정된(시행 : 2009. 9. 26) 「관광진흥법」은 등록대상 관광사업, 즉 여행업, 관광숙박업, 관광객이용시설업, 국제회의업의 등록관청을 모두 특별자치도지사·특별자치시장 · 시장·군수·구청장(자치구의 구청장을 말함)으로 일원화하였다.
30.	문화체육관광부장관의 허가를 받아야 하는 관광사업은?	카지노업
31.	자치구청장이 지정 또는 취소하는 관광편의시설업은?	① 관광순환버스업 ② 관광펜션업 ③ 관광유흥음식점업 ④ 관광극장유흥업 ⑤ 외국인전용 유흥음식점업 ⑥ 관광궤도업 ⑦ 한옥체험업 ⑧ 관광면세업
32.	지역별관광협회가 지정 또는 취소하는 관광편의시설업은?	① 관광식당업 ② 관광사진업 ③ 여객자동차터미널시설업
33.	자치구청장의 허가를 받아야 하는 유원시설업은?	종합유원시설업 및 일반유원시설업(안전성검사 대상 유기기구가 있는 경우, 대통령령이 정하는 유원시설업)
34.	구청장 · 군수에게 신고하여야 하는 유원시설업은?	기타유원시설업(안전성검사 대상 유기기구가 없는 경우)
35.	관광사업자가 등록사항을 변경하려면?	변경사유가 발생한 날로부터 30일 이내에 변경사실서류를 등록관청에 제출하여야 한다.
36.	등록대장에 기재되어야 하는 사항은?	자본금(여행업, 국제회의기획업), 객실수(관광숙박업), 대지면적 및 건축면적(관광숙박업), 등급(호텔업) 등

37. 변경등록사항에 해당하는 내용은? | ① 사업계획승인사항의 변경 ② 대표자의 변경 ③ 객실수의 증가 ④ 부대시설의 위치·면적의 변경 ⑤ 사무실, 영업소의 변경

38. 관광사업자가 될 수 없는 결격사유는? | ① 피성년후견인·피한정후견인 ② 파산선고를 받고 복권되지 아니한 자 ③ 등록·허가·지정 및 신고 또는 사업계획의 승인이 취소되거나 영업소가 폐쇄된 후 2년이 지나지 아니한 자 ④ 관광진흥법을 위반하여 징역 이상의 실형을 선고받고 그 집행이 끝나거나 집행을 받지 아니하기로 확정된 후 2년이 지나지 아니한 자 또는 집행유예기간 중에 있는 자

39. 관광사업자가 결격사유에 해당하게 되면 어떻게 해야 하는가? | 등록기관등의 장은 3개월 이내에 등록 또는 승인을 취소하고, 법인의 임원이 이에 해당하는 경우는 3개월 이내에 그 임원을 바꾸어 임명해야 한다.

40. 관광사업을 양수, 합병할 경우에는? | 30일 이내에 등록기관등의 장에게 지위승계사실을 신고해야 한다.
※ 관광사업을 인수한 자는 그 관광사업자의 지위, 공유자 또는 회원 간에 약정한 권리 및 의무를 승계한다.

41. 관광사업을 휴업, 폐업할 경우에는? | 30일 이내에 등록기관등의 장에게 통보하여야 한다.

42. 여행업자는 사고가 발생하는 경우 관광객에게 손해를 배상하기 위해서 어떤 보험조치를 하여야 하는가? | ① 보증보험에 가입하거나 ② 공제에 가입하거나 ③ 관광협회에 영업보증금을 예치하여야 한다(휴업기간을 포함한다).

43. 여행업자의 보험가입(예치금)액은 얼마인가? | 예컨대, 전년도 매출액이 1억원 이상 5억원 미만인 경우
① 일반여행업 : 6,500만원 이상 ② 국외여행업 : 4,000만원 이상 ③ 국내여행업 : 3,000만원 이상 ④ 기획여행을 실시하려는 자는 추가로 직전 사업연도의 손익계산서 상의 매출액에 따라 관광진흥법 시행규칙 〈별표 3〉과 같이 보증보험 등에 가입하거나 영업보증금을 예치하고 이를 유지하여야 한다.

44. 관광사업자가 아닌 자가 사용할 수 없는 상호는 어떤 것인가?

① 관광호텔과 휴양콘도미니엄 ② 관광유람 ③ 관광공연 ④ 관광식당 ⑤ 관광펜션 ⑥ 관광극장

45. 관광사업자가 시설 중 일부를 타인으로 하여금 경영하게 할 수 있다. 그렇게 할 수 없는 것은?

① 관광숙박업의 객실 ② 카지노업의 시설 및 기구 ③ 전문·종합휴양업의 수영장 및 등록체육시설 ④ 유원시설업의 안전검사대상 유기시설 및 유기기구

※ 단, 객실을 타인이 경영하는 경우에는 사업자의 명의로 하여야 하고 이용자와 거래처 등 대외적 책임은 사업자가 부담하여야 한다.

46. 기획여행이란?

여행업을 경영하는 자가 국외여행자를 위하여 여행의 목적지·일정, 여행자가 제공받을 운송 또는 숙박 등의 서비스 내용과 그 요금 등에 관한 사항을 미리 정하고 여행자를 모집, 실시하는 여행

※ 이런 경우를 Planning Made Tour 또는 Package Tour라고도 한다.

47. 내국인의 국외여행을 실시할 경우 여행자의 안전 및 편의를 위해서 국외여행인솔자를 동행시킬 수 있는데, 이런 경우 국외여행인솔자의 자격요건은?

① 관광통역안내사 자격증을 취득한 자 또는 ② 여행업체에서 6개월 이상 근무하고, 국외여행경험이 있는 자로서 문화체육관광부장관이 정하는 소양교육을 이수한 자 또는 ③ 문화체육관광부장관이 지정하는 교육기관에서 국외여행 인솔에 필요한 양성교육을 이수한 자

※ 위의 자격에 해당하는 자가 자격증을 발급받기 위해서는 위의 자격을 갖추었다는 서류와 6개월 이내에 촬영한 탈모 상반신 반명함판 사진 2매를 신청서와 함께 업종별 관광협회(일반여행업협회)에 제출해야 한다.

48. 여행계약을 체결할 때에는 계약서와 보험가입증명서를 교부하여야 한다. 여행계약서에 포함되는 내용은?

① 약관 ② 여행기간 ③ 보험가입 등 ④ 여행경비 내용 ⑤ 교통수단 ⑥ 숙박시설 ⑦ 식사횟수 ⑧ 여행인솔자 ⑨ 현지교통

※ 여행계약 시 여행지 안전정보 제공의무 : ① 여권사용의 제한 ② 외교부의 인터넷홈페이지에 게재된 국가별 안전정보 ③ 해외여행자 인터넷 등록제도

49. 기획여행 실시자가 광고하는 경우 표시하여야 하는 내용은?

① 여행업의 등록번호·상호·소재지 및 등록관청 ② 기획여행명·여행일정·주요 여행지 ③ 여행경비 ④ 교통·숙박 및 식사 등 여행자가 받을 서비스 내용 ⑤ 최저 여행인원 ⑥ 보증보험 등의 가입 또는 여행보증금의 예치 내용 ⑦ 여행일정 변경 시 여행자의 사전 동의 규정 ⑧ 여행목적지(국가 및 지역)의 여행경보단계

50. 관광숙박업을 경영하고자 하는 경우 건설하기 전에 취해야 할 조치는?

당해 사업에 관한 사업계획을 작성하여 특별자치도지사·특별자치시장·시장·군수·구청장의 승인을 받아야 한다.

51. 대통령령이 정하는 관광사업이 사업계획의 승인을 받아야 하는 기준은?

① 사업계획의 내용이 관계법령의 규정에 적합할 것 ② 사업계획의 시행에 필요한 자금을 조달할 능력 및 방안이 있을 것 ③ 주거지역 내의 숙박시설은 주거환경의 보호에 적합할 것

52. 사업계획의 승인을 받으면 어떤 사항의 허가, 해제, 신고가 면제되는가?

① 농지전용의 허가 ② 산지전용, 채벌의 허가 ③ 사방지 지정의 해제 ④ 초지전용의 허가 ⑤ 하천의 점용허가 ⑥ 공유수면점용·사용허가 ⑦ 사도개설의 허가 ⑧ 개발행위의 허가 ⑨ 분묘의 개장허가

53. 관광숙박업 및 관광객이용시설업 등록심의위원회의 임무는 무엇이며 누구의 소속하에 두는가?

① 임무 : 관광숙박업과 관광객이용시설업 중 전문휴양업·종합휴양업·관광유람선업 및 국제회의시설업의 등록에 관한 사항을 심의한다.
② 소속 : '등록관청' 즉 특별자치도지사·특별자치시장·시장·군수·구청장의 소속하에 둔다.

54. 등록심의위원회의 구성과 선출·방법은?

① 구성 : 위원장 1명, 부위원장 1명을 포함한 위원 10명 이내
② 선출방법 : 위원장은 특별자치도·특별자치시·시·군·구(자치구만 해당함)의 부지사·부시장·부군수·부구청장이 되고, 부위원장은 위원 중에서 위원장이 지정하는 자가 되며, 위원은 「관광진흥법」 제18조제1항 각 호에 따른 신고 또는 인·허가 등의 소관기관(보건소, 세무서, 한국은행, 담배인삼공사, 교육청, 체육시설과, 해양경찰청)의 직원이 된다.

55. 등록심의위원회의 의결정족수는?

재적위원 3분의 2 이상의 출석과 출석위원 3분의 2 이상의 찬성으로 의결한다.

56. 등록심의위원회의 심의사항은?

① 관광숙박업, 전문휴양업, 종합휴양업, 관광유람선업 및 국제회의시설업의 등록기준 등에 관한 사항 ② 관광진흥법 제18조제1항 각 호에서 정한 사업이 관계법령상 신고 또는 인·허가 등의 요건에 해당하는지에 관한 사항 ③ 학교보건법의 적용을 받지 않는 관광숙박시설의 변경승인후 등록

57. 호텔업 및 야영장업의 등급결정은 왜 필요하며 누가 등급을 정하는가?

① 등급결정사유 : 이용자의 편의도모, 관광숙박 및 야영장의 서비스 수준의 효율적 유지·관리 ② 등급결정권자 : 문화체육관광부장관이 정하여 고시하는 법인에 등급결정권한을 위탁하고 있는데(개정 2014.11.28), 이 때 '등급결정수탁기관'은 기존의 한국관광호텔협회 및 한국관광협회중앙회의 이원화 체계에서 객관성과 신뢰성을 높일 수 있는 한국관광공사로 일원화하였다. 다만, 제주특별자치도는 도지사가 호텔등급을 결정한다.

※ 등급결정을 하는 기관은 기준에 맞는 평가요원을 평가요소별로 50명 이상 확보하고 있을 것

58. 호텔업의 등급결정은 언제 신청하는가?

① 신규등록한 경우 60일 이내 ② 등급결정을 받는 날부터 3년이 경과한 경우 60일 이내 ③ 시설의 증·개축 또는 서비스 및 운영 실태 등의 변경에 따른 등급조정사유가 발생한 경우 60일 이내

59. 분양 또는 회원모집을 할 수 있는 관광사업은?

① 휴양콘도미니엄업 ② 호텔업(회원모집만 가능) ③ 제2종 종합휴양업(회원모집만 가능)

60. 호텔업의 등급결정시 평가하는 요소는?(개정: 2014.12.31.)

① 서비스 상태 ② 객실 및 부대시설의 상태 ③ 안전관리 등에 관한 법령 준수 여부

61. 등급결정을 신청하여야 하는 관광사업은 무엇이며 몇 등급으로 구분하는가?

등급결정을 신청하여야 하는 관광사업은 야영장업과 호텔업 중 (가족호텔업과 호스텔업은 제외하고) 관광호텔업, 수상관광호텔업, 한국전통호텔업, 소형호텔업, 의료관광호텔업이며, 등급은 5성급, 4성급, 3성급, 2성급, 1성급으로 구분하고, 유효기간은 등급결정을 받은 날부터 3년이다.(개정: 2014. 12. 31.)

62. 카지노업을 허가할 수 있는 장소는?

① 국제공항이나 국제여객선터미널이 있는 시·도 안에 있는 최상등급 호텔 내에 ② 관광특구 안에 있는 최상등급 호텔 내에 ③ 국제회의시설업의 부대시설 내에 ④ 우리나라와 외국 간을 왕래하는 2만톤급 이상의 여객선 내에

63. 관광호텔업 또는 국제회의시설업의 부대시설에 카지노업을 하려면 어떤 요건을 갖추어야 하는가?

① 외래관광객 유치계획 및 장기수지전망 등을 포함한 사업계획서가 적정할 것 ② 이러한 사업계획의 수행에 필요한 재정능력이 있을 것 ③ 현금 및 칩의 관리 등 영업거래에 관한 내부통제방안이 수립되어 있을 것 ④ 카지노업의 건전한 운영과 관광산업의 진흥을 위하여 문화체육관광부장관이 공고하는 기준에 맞을 것

64. 외국 간을 왕래하는 여객선 안에서 카지노업을 하려면 어떤 요건을 갖추어야 하는가?

① 여객선이 2만톤급 이상으로 문화체육관광부장관이 공고하는 총톤수 이상일 것 ② 외래관광객 유치계획 및 장기수지전망 등을 포함한 사업계획서가 적정할 것 ③ 사업계획의 수행에 필요한 재정능력이 있을 것 ④ 현금 및 칩의 관리 등 영업거래에 관한 내부통제방안이 수립되어 있을 것 ⑤ 카지노업의 건전한 육성을 위하여 문화체육관광부장관(제주도지사)이 공고하는 기준에 맞을 것

65. 문화체육관광부장관이 카지노업의 신규허가를 행하기 위해서 고려해야 할 사항은?

① 최근 신규허가 이후 전국 단위의 외래관광객이 60만명 이상 증가한 경우에만 가능하고 ② 증가인원 60만명당 2개 사업 이하의 범위에서 신규허가할 수 있되, ③ 외래관광객 및 카지노이용객의 증가추세 ④ 기존 카지노사업자의 총 수용능력 및 총 외화획득실적을 고려하여 결정

66. 카지노사업자의 기금에의 납부액은?

연간 총매출액의 100분의 10의 범위에서 일정 비율에 해당하는 금액을 관광진흥개발기금에 납부해야 한다.

※ 납부금에 이의가 있는 자는 부과받은 날부터 30일 이내에 문화체육관광부장관에게 이의를 신청할 수 있다.

67. 카지노영업소에 출입할 수 없는 자는?

① 미성년자 ② 폭력단체를 구성하거나 자금을 제공한 자 ③ 신분이 불분명한 자 ④ 가족이 출입금지를 요청한 자 ⑤ 출입금지를 당한 사실이 있는 자 ⑥ 카지노사업자가 정하는 출입금지 대상자

68. 종합유원시설업 및 일반유원시설업의 허가를 받고자 하는 자는 연 몇 회 이상 안전검사를 받아야 하는가?

연1회 이상, 문화체육관광부령으로 정하는 바에 따라 문화체육관광부장관이 실시하는 안전성검사를 받아야 함

※ 배치된 후 6개월 이내에 안전교육을 받은 안전관리자는 2년마다 1회(8시간) 이상의 안전교육을 받아야 한다.

69. 관광사업을 등록받은 자 또는 사업승인을 받은 자가 등록 또는 승인이 취소되거나 6월 이내의 영업정지를 받는 것은 어떤 경우인가?

1. 등록 또는 승인을 취소하는 경우 :
① 규정을 위반하여 부대시설이 아닌 시설을 타인경영하게 한 때 ② 사업승인을 받은 자가 정당한 사유 없이 정해진 기간 이내에 착공 또는 준공하지 않은 때 ③ 부정한 방법을 사용하거나 부당한 금품을 수수한 때 ④ 여행업자가 고의로 계약 또는 약관을 위반한 때 ⑤ 휴업, 폐업을 신고하지 않은 경우 ⑥ 등록, 변경등록을 하지 않은 경우 ⑦ 변경허가, 신고를 않은 경우 ⑧ 보험, 공제에 가입 않은 경우 ⑨ 위반하여 기획여행을 실시하는 경우 ⑩ 안전정보를 제공하지 않은 경우 ⑪ 사전 동의 없이 여행일정 변경 ⑫ 규정을 위반하여 분양, 회원모집 ⑬ 카지노업의 허가요건에 맞지 않은 경우 ⑭ 관광진흥개발기금을 납부하지 않는 경우 ⑮ 안전성검사를 하지 않거나 안전관리자를 배치하지 않는 경우 ⑯ 불법으로 제조한 부품을 사용하는 경우 ⑰ 자격이 없는 자가 종사하는 경우 ⑱ 공무원의 명령이나 검사를 이행하지 않거나 방해하는 경우 ⑲ 사실과 다르게 표시, 광고하는 경우 ⑳ 등급결정을 신청하지 않는 경우.

2. 6개월 이내의 영업정지에 해당하는 경우 :
① 무자격자가 국외여행을 인솔한 경우 ② 문화체육관광부장관의 카지노업에 대한 지도나 명령을 이행하지 않은 경우

70. 관세법상의 혜택을 받은 관광 사업자가 양도·폐업하거나 등 록이 취소된 경우 등록기관의 장은 어떻게 하여야 하는가?

수입면허를 받은 날로부터 5년 이내에 양도·폐업·취소된 경우에는 세관 장에게 통보하여야 한다.

71. 허가·등록·신고없이 영업 을 하거나 취소·정지명령을 받고 계속 영업을 할 때에는 관계 공무원은 어떻게 조처할 수 있는가?

① 간판, 영업표지물의 제거 ② 위법을 알리는 게시물 부착 ③ 시설·기구 는 사용할 수 없게 봉인

72. 등록기관의 장은 이용자의 불 편, 공익을 고려하여 관광사 업의 사업정지 대신에 어떤 조처를 할 수 있는가?

2000만원 이하의 과징금을 부과할 수 있다.

※ 통지를 받은 자는 20일 이내에 과징금을 등록기관의 장이 정하는 수납기관에 납부하여야 한다.

73. 관광통역안내사, 호텔서비스 사, 국내여행안내사 시험의 응시자격은?

연령·학력·경력·국적 등의 제한 없이 누구나 응시할 수 있음.

74. 관광종사원의 시험절차는?

1차시험(필기시험 및 외국어시험)에 합격한 자에 한하여 2차시험(면접시 험)을 실시한다.

75. 관광통역안내사, 호텔관리사, 호텔서비스사 시험에 응시하 기 위해서 각각 필요한 외국 어 점수는?

① 관광통역안내사 : TOEIC 760점 이상, JPT 740점 이상
② 호텔관리사 : TOEIC 700점 이상(영어만 해당)
③ 호텔서비스사 : TOEIC 490점 이상, JPT 510점 이상, HSK 4급 이상

76. 호텔경영사 시험에 응시하기 위해서는 어떤 경력이 있어야 하는가?

① 호텔관리사 자격을 취득한 후 관광호텔에서 3년 이상 종사한 경력이 있거나 ② 4성급(특2등급) 이상 호텔의 임원으로 3년 이상 종사한 경력이 있는 자

77. 호텔관리사 시험에 응시할 수 있는 자격은?

① 전문대학의 관광분야 학과를 졸업한 자(졸업예정자를 포함한다) 또는 관광분야의 과목을 이수하여 다른 법령에서 이와 동등한 학력이 있다고 인정되는 자 ② 4년제 대학을 졸업한 자(졸업예정자를 포함한다) 또는 다 른 법령에서 이와 동등 이상의 학력이 있다고 인정되는 자 ③ 고등기술학 교의 관광분야를 전공하는 과의 2년과정 이상을 이수하고 졸업한 자(졸업 예정자를 포함한다) ④ 호텔서비스사 또는 조리사 자격을 취득한 후 3년 이상 관광숙박업소에 근무경력자

78. 자격시험에 합격하거나 시험이 면제된 자는 어떻게 하여야 하는가?

시험에 합격한 날부터 60일 이내에 관광종사원등록신청서에 최근 6월 이내에 촬영한 탈모상반신 반명함판 사진 2매를 첨부하여 한국관광공사 및 한국관광협회중앙회에 등록을 신청하여야 한다.

※ 면제자는 면제서류(기존의 합격증, 졸업증명서 등)을 함께 제출하여야 한다.

79. 관광종사원의 자격이 취소되거나 6개월 이내의 자격이 정지되는 경우는?

① 거짓이나 그 밖의 부정한 방법으로 자격취득(취소) ② 관광사업자의 결격사유의 어느 하나에 해당하게 된 경우(취소) ③ 관광종사원으로서 직무를 수행하는 데에 부정 또는 비위사실이 있는 경우(취소) ④ 다른 사람에게 관광종사원국가자격증을 대여한 경우(취소)

80. 관광종사원의 결격사유는?

① 피성년후견인·피한정후견인 ② 파산선고를 받고 복권되지 아니한 자 ③ 등록·허가·지정 및 신고 또는 사업계획의 승인이 취소되거나 영업소가 폐쇄된 후 2년이 지나지 아니한 자, ④ 「관광진흥법」을 위반하여 징역 이상의 실형을 선고받고 집행이 끝나거나, 집행을 받지 아니하기로 확정된 후 2년이 지나지 아니한 자, 또는 형의 집행유예기간 중에 있는 자

81. 한국관광협회중앙회(협회)의 설립목적과 설립요건은?

① 설립목적 : 지역별 관광협회(시·도지사의 설립허가)와 업종별 관광협회(문화체육관광부장관의 설립허가)가 관광사업의 건전한 발전을 위하여 설립한 관광관련단체로 우리나라 관광업계를 대표함
② 설립요건 : 문화체육관광부장관의 허가, 민법 중 사단법인에 관한 규정 준용, 설립등기, 지역별 및 업종별 협회의 대표자 3분의 1이상으로 구성된 발기인
※ 지역관광협의회 : 관광사업자, 관광관련 사업자, 관광관련 단체, 주민 등이 공동으로 지역의 관광진흥을 위하여 설립한 법인

82. 협회의 업무에 해당하는 것은?

① 조사·연구·홍보 ② 관광통계 ③ 종사원 교육과 사후관리 ④ 회원의 공제사업 ⑤ 국가나 지방자치단체로부터의 수탁업무 ⑥ 관광안내소 운영 ⑦ 부수적인 수익사업

83. 협회의 공제사업 내용은?

① 관광사업행위와 관련된 사고로 인한 대인, 대물 및 종사원에 대한 배상 업무 ② 회원 상호간의 경제적 이익도모

84. 문화체육관광부장관이 수립하는 관광개발기본계획의 내용은?

① 전국의 관광여건과 관광동향에 관한 사항 ② 전국의 관광수요와 공급에 관한 사항 ③ 관광자원의 보호·개발·이용·관리 등에 관한 기본적인 사항 ④ 관광권역별 관광개발의 기본방향에 관한 사항 ⑤ 관광권역의 설정에 관한 사항 ⑥ 그 밖에 관광개발에 관한 사항
※ 기본계획은 10년마다 수립한다.

85. 시 · 도지사(특별자치도지사는 제외)가 수립하는 권역별개발 계획의 내용은?

① 권역의 관광여건과 관광동향에 관한 사항 ② 권역의 관광수요와 공급에 관한 사항 ③ 관광자원의 보호 · 개발 · 이용 · 관리 등에 관한 사항 ④ 관광지 및 관광단지의 조성 · 정비 · 보완 등에 관한 사항 ⑤ 관광지 및 관광단지의 실적 평가에 관한 사항 ⑥ 관광지 연계에 관한 사항 ⑦ 관광사업의 추진에 관한 사항 ⑧ 환경보전에 관한 사항 ⑨ 그 밖의 그 권역의 관광자원의 개발, 관리 및 평가를 위하여 필요한 사항

※ 권역계획은 5년마다 수립한다.

86. 관광지 또는 관광단지는 누가 지정, 고시, 취소하는가?

관광지 및 관광단지("관광지등"이라 한다)는 시장 · 군수 · 구청장(자치구의 구청장을 말한다)의 신청에 의하여 시 · 도지사가 지정(고시 · 취소)한다. 특별자치도의 경우에는 특별자치도지사가 지정한다.

87. 관광지 또는 관광단지 조성계획을 작성하는 자, 개발하는 자는 누구인가?

관광지는 시장 · 군수 · 자치구청장이, 관광단지는 공공법인 또는 민간개발자(관광단지개발자)가 조성계획을 작성하여 시 · 도지사의 승인을 받는다. 조성계획 승인 후 2년 이내에 착수할 것(특별자치도지사는 관계행정기관의 장과 협의하여 수립, 고시).

88. 관광지, 관광단지 조성계획의 승인을 얻으면 어떤 법률의 인가, 허가, 신고, 의무가 면제 되는가?

① 국토의 계획 및 이용에 관한 법률 ② 수도법 ③ 하수도법 ④ 공유수면 관리 및 매립에 관한 법률 ⑤ 하천법 ⑥ 도로법 ⑦ 항만법 ⑧ 사도(私道)법 ⑨ 산지관리법 ⑩ 농지법 ⑪ 자연공원법 ⑫ 공익사업을 위한 토지 등의 취득 및 보상에 관한 법률 ⑬ 초지법 ⑭ 사방사업법 ⑮ 장사 등에 관한 법률 ⑯ 폐기물관리법 ⑰ 온천법 ⑱ 건축법 ⑲ 체육시설의 설치 · 이용에 관한 법률 ⑳ 관광숙박업, 관광객이용시설업, 국제회의업 ㉑ 유통산업 발전업

89. 관광지 등의 조성사업시행자가 수용 또는 사용할 수 있는 권리는?

① 토지의 사용권 ② 입목 · 건물 · 물건의 사용권 ③ 물의 사용권 ④ 토석 · 모래 · 조약돌의 사용권

※ 소유권은 제외된다.

90. 조성사업시행자가 현재 거주 민들의 이주대책을 수립 · 실시 할 때 포함되어야 할 사항은?

① 택지 및 농경지의 매입 ② 택지조성 및 주택건설 ③ 이주보상금 ④ 이주방법 및 이주시기 ⑤ 이주대책에 따른 비용 ⑥ 그 밖에 필요한 사항

91. 관광지 등에서 입장료 · 관람료 · 이용료를 징수하는데 그 범위와 금액은 누가 정하는가?

특별자치도지사 · 특별자치시장 · 시장 · 군수 · 구청장(자치구의 구청장을 말함)

92. 관광지 등에서의 금지행위는?

① 오물을 버리는 행위 ② 소음으로 타인에게 불쾌감을 주는 행위 ③ 부당한 상행위

93. 관광특구는 누가 지정 · 지정취소하는가?

시장 · 군수 · 자치구청장(특별자치도지사는 제외)의 신청에 의해서 시 · 도지사가 지정 · 취소한다.

94. 관광특구의 지정요건은?

① 외국인용 제반서비스 시설 ② 최근 1년간 외국인관광객 10만명(서울 50만명) 이상 ③ 임야 · 농지가 특구면적의 10% 이내

95. 관광특구 안에서는 어떤 규정이 배제되는가?

① 관광특구 안에서는 「식품위생법」 제43조에 따른 영업제한에 관한 규정을 적용하지 아니한다.
② 관광특구 안에서 호텔업을 경영하는 자는 지방자치단체의 조례로 정하는 바에 따라 공개 공지(공터)를 사용하여 관광객을 위한 공연 및 음식을 제공할 수 있다.

96. 관광특구진흥계획수립 내용은?

① 외국인 관광객 편의시설 개선 ② 다양한 축제행사와 홍보 ③ 관광객유치제도 개선 ④ 주변 지역 연계 관광코스 개발

97. 청문을 실시하여야 하는 사항은?

① 관광사업의 등록이나 사업계획 승인의 취소 ② 관광종사원 자격의 취소 ③ 문화관광해설사 양성을 위한 교육프로그램 또는 교육과정 인증의 취소 ④ 조성계획 승인의 취소

98. 문화체육관광부장관이 시 · 도지사에게 권한을 위임한 사항은?

① 국내여행안내사, 호텔서비스사의 자격취소 · 정지 ② 지역별관광협회 설립허가 ③ 관광지 · 관광단지, 관광특구의 지정 · 취소 · 고시 ④ 조성계획의 승인 · 취소 ⑤ 토지매입의 승인 ⑥ 관광사업 및 종사원의 등록취소와 관련된 청문 ⑦ 무자격 국내여행안내사, 호텔서비스사의 자격인정

99. 문화체육관광부장관이 한국관광공사에게 권한을 위탁한 사항은?

① 우수숙박시설의 지정 및 지정 취소 ② 관광통역안내사 및 호텔관리사, 호텔경영사의 자격시험, 등록, 자격증 발급 ③ 문화관광해설사의 양성교육과정 등의 인증 및 인증의 취소

100. 문화체육관광부장관이 관광협회(한국관광협회중앙회)에 권한을 위탁한 사항은?

① 국내여행안내사 및 호텔서비스사의 자격시험, 등록, 자격증 발급(자격시험의 출제, 시행, 채점은 한국산업인력공단에 위탁) ② 국외여행인솔자의 등록 및 자격증 발급은 업종별 관광협회(일반여행업협회)에 위탁

101. 문화체육관광부장관이 우수 숙박시설 지정은 누구에게 위탁하는가?

한국관광공사에 권한을 위탁함

102. 문화체육관광부장관이 전문기관에 권한을 위탁한 사항은?

① 카지노기구의 검사 ② 유기기구의 안전성 검사 ③ 유원시설업종사자의 안전교육

103. 호텔업의 등급결정을 할 수 있는 법인은 어떤 요건을 갖추어야 하는가?

① 문화체육관광부장관의 허가를 받아 설립된 비영리법인이거나 공공기관일 것(현재는 관광공사) ② 관광숙박업의 육성 등에 관한 연구·계몽활동 등을 하는 법인일 것 ③ 문화체육관광부령의 기준에 맞는 자격을 가진 평가요원을 50명 이상 확보하고 있을 것

104. 호텔업의 등급평가요원의 자격과 평가단의 구성은?

① 호텔업에서 5년 이상 근무한 자로서 평가 당시에는 호텔에 근무하지 않는 자 1명 이상 ② 전문대학 이상에서 관광분야에 관하여 5년 이상 강의 경력이 있는 전임교수 또는 겸임교수 1명 이상 ③ 소비자보호관련 단체에서 추천한 자 1명 이상 ④ 등급결정수탁기관에서 공모한 자 1명 이상 ⑤ 그 밖에 문화체육관광부장관이 위와 동등한 자격이 있다고 인정하는 자

105. 5년 이하의 징역 또는 5천만원 이하의 벌금에 처하는 경우는?(병과할 수 있다)

① 허가 없이 카지노업을 경영하는 경우 ② 법령에 위반하여 카지노기구를 설치하거나 변조하는 경우

106. 3년 이하의 징역 또는 3천만원이하의 벌금에 처하는 경우는?(병과할 수 있다)

① 등록하지 않고 영행업, 관광숙박업, 국제회의업, 체육시설과 숙박시설이 포함된 관광객이용시설업을 경영하는 경우 ② 허가 없이 유원시설업을 경영하는 경우 ③ 규정에 위반하여 휴양콘도미니엄을 분양 또는 회원을 모집하는 경우 ④ 유원시설업자의 사용중지 등의 명령을 위반한 경우

107. 2년 이하의 징역 또는 2천만원 이하의 벌금에 처하는 경우는?(병과할 수 있다)

① 카지노업, 유원시설업의 시설을 허가·신고없이 변경 ② 카지노사업자가 지위승계신고를 아니한 경우 ③ 주된 시설을 타인에게 위탁경영 ④ 카지노기구의 검사를 받지 않고 영업 ⑤ 공인기준에 맞지 않는 카지노기구 사용 ⑥ 카지노검사 합격증명서를 훼손하거나 제거 ⑦ 사업정지처분을 위반하여 영업 ⑧ 기타 카지노업 규정을 위반 ⑨ 개선명령 위반 ⑩ 보고서의 허위 또는 제출 거부하거나 공무방해 ⑪ 관광사업 경영을 추진함에 있어 뇌물제공 ⑫ 등록을 하지 않고 야영장업을 경영한 자

108. 1년 이하의 징역 또는 1천만 원 이하의 벌금에 처하는 경우는?

① 변경허가, 변경신고를 하지 않고 유원시설업 영업을 하는 경우 ② 유기 시설, 유기기구의 안전성 검사를 받지 않는 경우 ③ 취소된 사업자가 관광지 조성사업을 하는 경우 ④ 유원시설에서 사고가 발생시 즉시 사용중지, 시장, 군수, 구청장에게 통보하지 않은 경우

109. 양벌규정, 병과란 무엇인가?

① 양벌규정 : 개인이 위반행위를 하는 경우 당사자는 물론 법인, 대표자, 사용인, 대리인, 종업원도 벌금형에 처할 수 있고 역으로도 같다. ② 병과 : 징역과 벌금을 동시에 부과하는 것

110. 관광종사원이 직무상 부정 · 비위사실이 있으면?

① 1, 2, 3차위반시 자격정지 … ④ 4차위반시 자격취소

111. 100만원 이하의 과태료에 처하는 경우는?

① 카지노사업자가 영업준칙을 지키지 않는 경우 ② 관광이라는 상호 또는 표지를 무단으로 부착 · 사용하는 경우 ③ 규정을 위반하여 문화관광해설사의 교육과정 인정을 표시한 경우 ④ 유기시설안전관리자가 안전교육을 받지 않거나 교육을 받도록 하지 않은 경우 ⑤ 자격증을 패용하지 아니한 자 ⑥ 자격증이 없는 자가 관광통역안내를 한 자

※ 유원시설업에서 시장, 군수, 구청장의 사용중지, 개선, 철거명령을 위반하면 500만원 이하의 과태료

112. 과태료는 누가 부과 · 징수하는가?

등록기관등의 장

113. 여행업별 자본금은?

① 일반여행업 : 2억원 이상 ② 국외여행업 : 6천만원 이상
③ 국내여행업 : 3천만원 이상

114. 관광호텔업의 등록기준은?

① 객실이 30실 이상일 것 ② 욕실이나 샤워시설을 갖출 것
③ 외국인에게 서비스 제공이 가능한 체제를 갖출 것 ④ 대지 및 건물의 소유권 또는 사용권이 있을 것

115. 수상관광호텔업의 등록기준은?

① 수면의 점용허가를 받을 것 ② 30실 이상, 욕실 또는 샤워시설을 갖출 것 ③ 외국인에게 서비스 제공이 가능한 체제를 갖출 것 ④ 수상오염 방지 시설을 갖출 것 ⑤ 구조물 및 선박의 소유권 또는 사용권이 있을 것

116. 한국전통호텔업의 등록기준은?

① 외관은 전통가옥 형태일 것 ② 욕실 또는 샤워시설이 있을 것 ③ 외국인에게 서비스 제공이 가능한 체제를 갖출 것 ④ 대지 및 건물의 소유권 또는 사용권이 있을 것

117. 가족호텔업의 등록기준은?

① 객실별 또는 층별 취사시설이 있을 것 ② 30실 이상, 욕실 또는 샤워시설이 있을 것 ③ 객실별 면적이 19m² 이상일 것 ④ 외국인이게 서비스제공이 가능한 체제를 갖출 것 ⑤ 대지 및 건물의 소유권 또는 사용권이 있을 것

118. 호스텔업의 등록기준은?

① 배낭여행객 등 개별관광객의 숙박에 적합한 객실 ② 화장실, 샤워장, 취사장 등의 편의시설 ③ 내·외국인 관광객을 위한 문화·정보교류시설 ④ 대지 및 건물의 소유권 또는 사용권이 있을 것

119. 휴양콘도미니엄업의 등록기준은?

① 같은 단지 안에 객실이 30실 이상일 것 ② 취사·체류 및 숙박에 적합한 설비를 갖출 것 ③ 매점이 있을 것 ④ 공연장, 전시관, 미술관, 박물관, 수영장, 테니스장, 축구장, 농구장 등의 문화체육공간을 1개소 이상 갖출 것

120. 전문휴양업의 등록기준과 사례를 들어보라.

① 등록기준 : 음식시설 또는 숙박시설이 있을 것, 편의시설과 휴게시설이 있을 것 ② 전문휴양업 : 민속촌, 해수욕장, 수렵장, 동물원, 식물원, 수족관, 온천장, 동굴자원, 수영장, 농어촌휴양시설, 활공장, 등록체육시설, 산림휴양시설, 박물관, 미술관

121. 종합휴양업의 등록기준은?

① 제1종 : 숙박시설 또는 음식시설+2종 이상의 전문휴양업, 숙박시설 또는 음식시설+1종 이상의 전문휴양업+종합유원시설업 ② 제2종 : 제1종의 면적이 단일부지로서 500,000m² 이상인 경우

122. 야영장업의 등록기준은?

(1) 일반야영장업 : ① 천막 1개당 15m² 이상의 공간 ② 하수도시설 및 화장실 ③ 차로확보
(2) 자동차야영장업 : ① 차량 1대당 50m² 이상의 야영공간 ② 상·하수도, 전기, 화장실, 취사시설 ③ 차량의 교행(交行)이 가능한 차로확보

123. 관광유람선업의 등록기준은?

(1) 일반관광유람선업 : ① 숙박시설 또는 휴게시설 ② 수세식 화장실 ③ 편의시설 ④ 수질오염방지시설
(2) 크루즈업 : 앞의 4가지+객실 20실 이상(욕실 또는 샤워시설 구비)+체육시설, 미용시설, 오락시설, 쇼핑시설 중 2종류 이상

124. 관광공연장업의 등록기준은?

① 관광지, 관광단지, 관광특구 또는 문화지구 안에 있거나 다른 관광사업 시설 안에 있을 것 ② 실내 100m², 실외 70m² 이상의 무대 ③ 대기실 또는 분장실 ④ 다중이용업소의 안전시설기준에 적합할 것 ⑤ 방음시설 ⑥ 일반음식점 영업허가

125. 국제회의업의 등록기준은?

① 국제회의시설업 : 회의시설 및 전시시설, 주차, 쇼핑, 휴식시설 갖추고 있을 것 ② 국제회의기획업 : 자본금 5천만원 이상, 사무실 소유권이나 사용권 있을 것

126. 우수숙박시설의 지정기준은?

① 외국인에게 서비스제공체제 갖출 것 ② 요금표 게시, 신용카드 결제 가능할 것 ③ 조명, 소방, 안전관리 등 적법 유지 ④ 프론트 등 접객공간이 개방적일 것 ⑤ 주차장에 폐쇄형 구조물이 없을 것 ⑥ 대실영업 공지를 하지 말 것 ⑦ 성인방송을 하는 경우 청소년 이용 제한(공중위생관리법상 우수한 숙박시설 중 문화체육관광부장관이나 지방자치단체장이 지정함)

127. 4성급 이상 호텔의 총괄지배인이 될 수 있는 자격은?

호텔경영사 자격증 소지자

128. 4성급 이상 호텔의 객실지배인이 될 수 있는 자격은?

호텔관리사 이상의 자격증 소지자

129. 기타호텔(3성급 이하로 간주)의 총괄지배인이 될 수 있는 자격은?

호텔관리사 이상의 자격증 소지자

130. 3성급 이하의 관광숙박업에 해당하는 것은?

수상관광호텔업, 한국전통호텔업, 호스텔업, 소형호텔업, 의료관광호텔업 (관광호텔업, 가족호텔업은 제외)

131. 관광숙박업의 현관·객실·식당의 접객종사원의 자격은?

호텔서비스사 자격증 소지자

132. 관광편의시설업 중 관광유흥음식점업의 지정기준은?

① 건물은 연면적이 특별시의 경우 330제곱미터 이상, 그 밖의 지역은 200제곱미터 이상으로 한국적 분위기의 아담하고 우아할 것 ② 실내는 고유한 한국적 분위기의 서화·문갑·병풍·나전칠기 등으로 장식할 것 ③ 영업장 내부의 노래소리 등이 외부에 들리지 아니하도록 할 것

133. 외국인전용 유흥음식점업의 지정기준은?

① 홀면적(무대면적 포함)은 100제곱미터 이상으로 할 것 ② 20제곱미터 이상의 무대설치하되, 특수조명시설 갖출 것 ③ 영업장 내부의 노래소리 등이 외부에 들리지 아니하도록 할 것

134. 관광식당업의 지정기준은?

① 한국 전통음식을 제공하는 경우 : 조리사자격증 소지자
② 외국의 전문음식을 제공하는 경우 : 조리사 자격증 소지자로서 해당 분야 조리 경력이 3년 이상인 자 또는 외국에서 6개월 이상의 조리교육을 이수한 자
③ 한 개 이상의 외국어로 된 메뉴판 갖출 것
④ 출입구가 구분된 남·녀 화장실 갖출 것

135. 다음의 관광편의시설업 지정 기준을 써라.

① 관광순환버스업 : 외국어 안내서비스(안내방송) ② 관광사진업 : 사진 촬영기술이 풍부한 자, 외국어 안내서비스 ③ 여객자동차터미널시설업 : 관광지등 안내서, 관광안내판 설치 ④ 관광극장유흥업 : 건물 연면적 1000㎡ 이상. 무대 및 홀 면적 500㎡ 이상. 민속과 가무 감상. 무대 50㎡ 이상 ⑤ 관광펜션업 : 3층 이하, 30실 이하의 객실, 취사 및 숙박설비, 바비 큐장 또는 캠프파이어장, 외국어안내표기 ⑥ 관광궤도업 : 자연 및 주변경 관 관람. 외국어 안내방송 ⑦ 한옥체험업 : 전통문화체험시설. 욕실이나 사 워시설 ⑧ 관광면세업 : 외국어 안내, 외국어로 상품명과 가격 표시, 주변 교통에 지장을 주지 않을 것

136. 호텔업의 등급표지는?

① 소재는 놋쇠로 ② 별의 개수는 5성급은 5개, 4성급은 4개, 3성급은 3개, 2성급은 2개, 1성급은 1개로 한다.

137. 호텔업의 등급결정기준에 맞 는 득점수는?

① 5성급 : 90% 이상 득점 ② 4성급 : 80% 이상 득점 ③ 3성급 : 70% 이상 득점 ④ 2성급 : 60% 이상 득점 ⑤ 1성급 : 50% 이상 득점

138. 관광종사원의 부당행위와 관 련된 행정처분을 연결하라.

① 부정한 방법으로 자격취득-자격취소 ② 결격사유에 해당-자격취소 ③ 2회 이상 위반-중한 처분의 1/2까지 가중처분

139. 관광지와 관광단지의 구분기 준은?

① 관광지 : 공공편익시설을 갖출 것
② 관광단지 : 공공편익시설을 갖추고, 관광숙박시설 1종 이상, 운동오락 시설이나 휴양문화시설 중에서 1종 이상, 면적 50만㎡ 이상

140. 관광특구의 세부기준은?

① 공공편익시설 ② 관광안내시설 ③ 숙박시설 ④ 휴양·오락시설 ⑤ 접 객시설 ⑥ 상가시설

141. 수수료의 사유와 그 금액을 맞게 연결하라.

① 관광사업의 등록신청－30,000원(숙박시설은 매 실당 700원 가산) ② 관광숙박업의 등급결정 신청－30,000원(매 실당 500원 가산) ③ 관광종사 원의 자격시험응시－20,000원 ④ 관광종사원의 등록신청－5,000원 ⑤ 관 광종사원의 자격증 재교부－3,000원

142. 관광불편신고센터 설치·운영에 대해서 설명하라.

① 시·도지사 및 관광공사사장은 신고센터를 설치·운영하여야 한다. ② 시·도지사는 시·군지역별관협회에도 설치·운영하게 할 수 있다. ③ 신고대상 : 관광업소의 위법·부당행위

143. 신고내용과 그 처리기관을 맞게 연결하라.

① 관광정책에 관련된 건의사항-문화체육관광부 ② 국외여행업체 등 관광사업체에 관련된 사항-지역별관광협회 ③ 일반여행업체에 관련된 사항-한국일반여행업협회 ④ 감사서한 및 안내사항, 전화 또는 면담신고 중 출국 전에 조치를 요하는 사항-한국관광공사

144. 관광진흥개발기금법의 제정·공포일은?

1972년 12월 29일, 법률 제2402호

145. 관광진흥개발기금법의 목적은?

① 관광사업의 효율적인 발전 ② 관광외화수입 증대 ③ 관광진흥개발기금 설치

146. 관광진흥개발기금의 재원은?

① 정부의 출연금 ② 카지노사업자의 납부금 ③ 출국납부금 ④ 기금의 운용수익금 및 그 밖의 재원

147. 기금의 용도는?

① 관광시설의 건설·개수 ② 교통수단의 확보·개수 ③ 기반시설의 건설·개수 ④ 국외여행자의 건전관광교육·정보제공 ⑤ 관광안내체계 개선 및 홍보사업 ⑥ 관광종사자의 교육훈련 ⑦ 외래관광객유치 ⑧ 관광상품개발 및 전통관광자원 ⑨ 관광지·단지·특구내의 편익시설 ⑩ 국제회의 유치 및 개최 ⑪ 소외계층의 복지사업 ⑫ 관광사업에의 투자 ⑬ 민간자본의 유치를 위하여 사업이나 투자조합에 출자 ⑭ 국제회의산업 육성재원 지원 ⑮ 민간전문가의 고용관련경비사용

148. 국외여행 시 기금납부(출국납부금)가 면제되는 경우는?

① 외교관 여권소지자 ② 2세 미만의 어린이(선박을 이용하는 경우에는 6세 미만의 어린이) ③ 입양어린이와 그 호송인 ④ 한국에 주둔하는 외국군인, 군무원 ⑤ 공항통과여행객으로서 정식 입국이 아닌 경우 ⑥ 국제선 항공기, 선박의 승무원 ⑦ 입국이 거부되어 출국하는 자 ⑧ 2016년 12월 말 현재 항공기 출국은 1만원, 선박 출국은 1천원이다.

149. 10명 이내의 기금운용위원회는 어떻게 구성되는가?

① 위원장 1명(문화체육관광부 제2차관)을 포함한 10명 이내의 위원으로 구성 ② 위원은 기획재정부 및 문화체육관광부의 고위공무원, 관광관련 단체나 연구기관의 임원, 공인회계사, 기타 전문가 중에서 문화체육관광부 장관이 위촉하는 자 ③ 재적위원 과반수의 출석으로 개의하고 출석위원 과반수의 찬성으로 의결한다. ④ 기금계정은 한국은행에 설치한다.

150. 국제회의산업육성에 관한 법률의 규정에 의한 "국제회의"라 함은?

(1) 국제기구나 국제기구에 가입한 기관 또는 법인·단체가 개최하는 경우는 ① 해당 회의에 5개국 이상의 외국인이 참가할 것 ② 회의참가자가 300명 이상이고 그중 외국인이 100명 이상일 것 ③ 3일 이상 진행되는 회의일 것
(2) 국제기구에 가입하지 않은 기관 또는 법인·단체가 개최하는 경우는 ① 외국인 150명 이상일 것 ② 2일 이상 진행되는 회의일 것

151. 국제회의도시의 지정에 관해서 맞는 사항은?

① 국제회의산업의 육성·진흥을 위해서 문화체육관광부장관이 지정한 특별시·광역시·특별자치시 또는 시를 말한다. ② 지정대상 도시 안에 전문회의시설이 있거나 시설계획이 구체적으로 수립되어 있을 것 ③ 지정대상 도시 안에 숙박시설, 교통시설, 안내체계 등 참가자를 위한 편의시설이 있을 것 ④ 지정대상 도시 또는 그 주변에 풍부한 관광자원이 있을 것

152. 국제회의전담조직은 누가 지정하며 업무는 무엇인가?

① 문화체육관광부장관이 지정 ② 국제회의 유치 및 개최지원 ③ 국제회의산업의 국외홍보 ④ 정보의 수집·배포 ⑤ 전문인력 교육 및 수급 ⑥ 전담조직에 대한 지원 및 상호 협력 ⑦ 그 밖에 국제회의산업의 육성과 관련된 업무

153. 국제회의시설에 대해서 건축허가를 받은 때에는 어떤 내용이 허가·인가·신고된 것으로 보는가?

① 「하수도법」의 규정상 시설이나 공작물 설치의 허가 ② 「수도법」의 규정상 전용상수도 설치의 인가 ③ 「소방시설 설치·유지 및 안전관리에 관한 법률」의 규정상 건축허가의 동의 ④ 「폐기물관리법」의 규정상 폐기물처리시설 설치의 승인 또는 신고 ⑤ 「대기환경보전법」 등의 규정상 배출시설 설치의 허가 또는 신고

154. 국제회의시설의 종류와 구비조건은?

1) 전문회의시설 :
   ① 2천명 이상 수용가능한 대회의실, ② 30명 이상 수용가능한 중·소회의실 10실 이상 ③ 옥내외의 전시 면적 합쳐 2천제곱미터 이상 확보
2) 준회의시설 : 국제회의 개최에 활용 가능한 호텔연회장, 공연장, 체육관 등의 시설로서
   ① 200명 이상 수용 가능한 대회의실 ② 30명 이상 수용가능한 중·소회의실 3실 이상 확보
3) 전시시설 :
   ① 옥내외 전시면적 합쳐 2천제곱미터 이상 확보 ② 30명 이상 수용 가능한 종·소회의실 5실 이상 확보
4) 부대시설 : 국제회의 개최·전시의 편의를 위해 전문회의시설과 전시시설에 부속된 숙박시설, 주차시설, 음식점시설, 판매시설 등으로 한다.

155. 한국관광공사의 설립요건은?

① 공사는 법인으로 한다. ② 공사의 자본금은 500억원으로 하고 그 2분의 1 이상을 정부가 출자한다. ③ 주된 사무소에서 설립등기를 해야 한다. ④ 공사의 자본금은 주식으로 분할한다. ⑤ 주식은 기명으로 하고 1주당 금액은 정관으로 정한다. ⑥ 공사의 이익과 사장의 이익이 상반될 경우는 감사가 공사를 대표한다. ⑦ 공사의 사채의 발행한도액은 자본금과 적립금을 합한 금액의 2배를 초과할 수 없다. ⑧ 기타의 사항은 「공공기관의 운영에 관한 법률」에 따른다.

156. 여권이라 함은?

대한민국정부 · 외국정부 · 국제기구에서 발급하는 여권, 난민증명서, 기타 여권에 갈음하는 증명서, 여권은 자국의 출국허가서이면서 외국에서는 신분증의 역할을 함.

157. 선원수첩이라 함은?

대한민국정부 또는 외국정부가 발급한 선원임을 증명하는 문서로서 여권에 준하는 것

158. 외국인이 입국시에 필요한 서류는?

① 여권 또는 선원수첩 ② 사증(비자)

※ 비자는 상대국의 입국허가서임

※ 제주특별법에 따라 제주도에서는 한국과 수교국의 국민은 비자 없이 입국 가능함.

159. 사증(비자)의 구분과 발급자를 설명하라.

① 1회입국용 단수사증과 2회 이상 입국용 복수사증으로 구분한다. ② 법무부장관은 사증의 발급을 재외공관의 장에게 위임할 수 있다.

160. 외국인의 입국을 금지할 수 있는 경우는?

① 전염병환자, 마약중독자 ② 총포, 도금, 화약을 위법소지하고 입국하는 자 ③ 대한민국의 이익이나 공공의 안전을 해할 염려가 있는 자 ④ 경제질서, 사회질서, 선량한 풍속을 해할 염려가 있는 자 ⑤ 정신장애인, 방랑자, 빈곤자 ⑥ 강제퇴거된 후 5년이 경과되지 않은 자 ⑦ 일본의 식민지시기에 학살, 학대하는 일에 관여한 자

161. 외국인이 입국할 때 심사하는 사항은?

① 여권(선원수첩), 사증이 유효한지 여부(무사증 입국가능한 국가도 많음) ② 입국목적이 체류자격과 부합하는지 여부 ③ 체류기간 ④ 범죄에 관련 여부 ⑤ 법정 전염병

162. 외국인의 출국을 정지할 수 있는 경우는?

① 대한민국의 안전, 사회질서를 해하거나 중대한 범죄의 혐의가 있는 자 ② 조세, 공과금을 체납한 자 ③ 대한민국의 이익을 위해 출국이 부적당하다고 인정되는 자

163. 외국인이 입국 후 90일 이상 체류하게 되는 경우는 어떻게 해야 하는가?

체류지를 관찰하는 출입국사무소장 또는 출장소장에게 외국인등록을 해야 한다.
※ 주한외국공관과 국제기구의 직원 및 그의 가족 그리고 대한민국 정부가 초청한 사람은 면제된다.

164. 출국심사를 받지 않고 출국하는 경우의 처벌은?

3년 이상의 징역이나 금고 또는 1천만원 이하의 벌금

165. 입국심사를 받지 않고 입국하는 경우의 처벌은?

1년 이하의 징역이나 금고 또는 500만원 이하의 벌금

166. 출국이나 입국의 정지명령을 위반한 경우의 처벌은?

300만원 이하의 벌금

167. 외국인이 우리나라에 체류할 수 있는 자격은?

30가지(A-1~H-1)(한국입국시 비자의 종류)

168. 외국인의 한국입국을 위한 사증의 유효기간은?

① 단수사증 : 3월 ② 복수사증 : 3년

169. 외국인이 관광을 위해서 우리나라에 입국하는 경우의 입국 허가는?

체류자격5. 관광통과(B-2)자격과 30일 이내의 체류기간을 부여함.
※ 부득이한 경우가 아니면 체류변경, 체류연장이 불가함.

170. 여권의 종류와 구분은?

① 일반여권(녹색) ② 관용여권(황갈색) ③ 외교관여권(적자색)

171. 여권 및 여행증명서에 기재하여야 할 사항은?

① 여권의 종류 ② 발행국 ③ 여권번호 ④ 소지인의 성명 ⑤ 국적 ⑥ 성별 ⑦ 생년월일 ⑧ 주민등록번호 ⑨ 기간만료일 ⑩ 발행관청

172. 여권을 분실·습득하였을 경우 어떻게 해야 하는가?

외교부장관에게 신고하여야 함.

173. 일반여권에 관해서 설명하라.

① 유효기간은 5년, 복수여권으로 발급한다. ② 3.5×4.5cm(얼굴크기 2.5×3.5) ③ 총 10년을 초과하여 연장하지 못한다. ④ 발급신청서류는 여권발급신청서, 국외여행목적을 확인하는 서류, 병역관계서류(해당자) ⑤ 상용, 관광, 취업, 유학, 방문, 문화, 동거, 기술연수, 학술연수, 상사주재, 문화주재

174. 관용여권에 관해서 설명하라.

① 공무원, 정부투자기관, 한국은행, 한국수출입은행의 임직원으로서 국외여행하는 자와 그 가족 ② 정부투자기관, 한국은행, 한국수출입은행의 국외주재원과 그 가족 ③ 정부에서 파견하는 의료진, 태권도사범, 재외교포교육자와 그 가족 ④ 재외공관 업무보조원과 그 가족 ⑤ 유효기간 5년 이내, 총 10년을 초과할 수 없다.

175. 1년 단수여권에 해당하는 사항은?

① 병역미필자(25세 이상의 군미필자는 병무청장의 여행허가를 받아야 함) ② 본인의 요청이 있는 경우 ③ 관계행정기관의 장이 단수여권의 발급을 통보한 경우

176. 외교관여권의 구분을 설명하라.

① 유효기간 5년 : 전·현 대통령, 전·현 국회의장, 전·현 대법원장, 전·현 국무총리, 전·현 외교부장관, 특명전권대사, 10C위원, 외교부소속 공무원과 그 배우자 ② 유효기간 2년 : 특별사절, 정부대표, 사절단 및 대표단의 일원

177. 5년 복수여권의 유효기간의 연장을 위해서는?

① 만료일 전후1년 이내에 여권기재사항변경신청서를 제출해야 한다. ② 17세가 되는 해의 12월 31일을 초과하여 연장할 수 없다.

178. 여권에 동반자녀를 추가하는 제도는 어떻게 변경되었는가?

① 모든 국민은 생후부터 각자의 여권발급이 가능함(2005년 9월 1일부로 변경)

179. 여행증명서에 관해서 설명하라.

① 출국하는 무국적자 ② 국외에 거주중인 자로서 여권발급을 위한 시간적 여유가 없을 경우 ③ 국제입양자 ④ 유효기간 1년 ⑤ 1회사용 ⑥ 목적지에 도착하면 무효됨.

180. 여권의 효력이 상실되는 경우는?

① 유효기간이 만료된 경우 ② 발급 후 6월이 경과해도 수령하지 않는 경우 ③ 단수여권의 경우 귀국했을 때 ④ 여권을 분실·소실하여 신고할 때 ⑤ 재발급을 위해서 반납하는 경우

181. 여권에 관한 벌칙중 1년 이상의 징역 또는 300만원 이하의 벌금에 처하는 경우는?

① 여권을 양도·대여하거나 받는 경우 ② 무효여권을 행사하는 경우 ③ 여권을 채무이행의 수단으로 제공하거나 받는 경우

182. 외교부장관이 시·도지사 또는 영사에게 일반여권(여행증명서 포함)에 관한 업무를 대행하게 할 수 있는 사항은?

① 발급신청서류의 접수 ② 여권의 교부 ③ 반납수리 ④ 여권의 발급 ⑤ 기재사항 변경 ⑥ 분실·소실의 신고접수 ⑦ 몰취 등 외교부장관이 지정하는 업무

183. 의료관광이란 무엇인가?

외국인이 국내 의료기관의 진료, 치료, 수술 등 의료서비스를 받는 환자와 그 동반자가 의료서비스와 병행하여 관광을 하는 것

184. 의료관광 유치·지원관련 기관이란?

① 외국인 환자 유치 의료기관 ② 외국인 환자 유치업자 ③ 한국관광공사 ④ 문화체육관광부장관이 고시하는 기관

185. 문화체육관광부장관이 의료관광을 지원할 수 있는 경우는?

① 외국인 의료관광 전문인력을 양성하는 우수교육기관 ② 외국인 의료관광 유치 안내센터 설치·운영 ③ 의료관광 활성화를 위한 지자체의 장, 의료기관, 유치업자와의 해외 공동 마케팅사업

186. 문화체육관광부장관이 지역축제에 대해서 취할 수 있는 사항은?

① 지역축제에 대한 실태조사와 평가 ② 지자체의 장에게 권고 ③ 우수한 지역축제를 문화관광축제로 지정 및 지원

187. 문화관광축제의 지정기준은?

① 축제의 특성 및 콘텐츠 ② 축제의 운영능력 ③ 관광객 유치 효과 ④ 기타 문화체육관광부장관이 정하는 사항

188. 문화관광축제에 대해서 지원을 받기 위해서는?

① 지역축제의 개최자는 시·도를 거쳐 문화체육관광부장관에 지정신청을 할 것 ② 지정기준에 따라 문화체육관광부장관은 등급을 구분하여 지정 ③ 문화체육관광부장관은 등급별로 차등을 두어 지원

189. 지속가능한 관광자원의 개발 목적은?

① 에너지·자원 사용의 최소화 ② 기후변화에 대응 ③ 환경 훼손을 줄임 ④ 문화체육관광부장관은 이를 위해서 정보제공, 재정지원 등 조치

190. 문화관광해설사란?

관광객의 이해와 감상, 체험기회를 제고하기 위하여 역사, 문화, 예술, 자연 등 관광자원 전반에 대한 전문적인 해설을 제공하는 자

191. 외국인관광도시민박업의 등록기준은?

① 주택 연면적 230㎡미만 ② 외국어 안내서비스 ③ 소화기 1개 이상 ④ 객실마다 단독경보형 화재감지기

192. 관광취약계층이란?

① 국민기초생활보장법상 자활급여수급자 ② 장애인복지법상 장애아동수당수급자 ③ 장애인연금법상 연금수급자 ④ 한부모가정지원법상 지원대상자 ⑤ 그외 문화체육관광부장관이 필요하다고 정하는 기준에 해당하는 자

193. 여행이용권이란?

관광취약계층이 관광활동을 할 수 있도록 금액이나 수량이 기재된 증표를 말한다.

※ 여행이용권지급에 필요한 서류 : ① 관광취약계층에 해당하는 자료 ② 주민등록등본 ③ 가족관계증명서

194. 여행이용권의 발급기관은?

① 문화체육관광부장관이 지정하는 기관 ② 자치구청장, 군수, 시장

195. 소형호텔업의 등록기준은?

① 욕실 또는 샤워시설 ② 20실 이상 30실 미만 ③ 부대시설면적 합계가 건축 연면적의 50% 이하 ④ 두 종류 이상의 부대시설 ⑤ 조식제공 ⑥ 외국어 구사인력 고용 등 ⑦ 대지 및 건물의 소유권 또는 사용권 확보

196. 의료관광호텔업의 등록기준은?

① 객실별 또는 층별 취사시설 ② 욕실 또는 샤워시설 ③ 20실 이상 ④ 객실면적 19㎡ 이상 ⑤ 의료관광객의 출입이 편리한 체계 ⑥ 외국어 구사인력 고용 등 ⑦ 의료관광호텔 시설은 의료기관시설과 분리될 것 ⑧ 대지 및 건물의 소유권 또는 사용권 확보

4. 관광학개론

1. 관광의 개념

1) 관광의 어원

현재 우리가 일상적으로 사용하고 있는 동양에서의 '관광(觀光)'이란 용어의 어원은 기원전 8세기 중국 고대국가인 주(周)나라 때 편찬된 역경(易經 : 五經의 하나로서 周易이라고도 부른다)의 "觀"괘(卦)에 "觀國之光 利用賓于王"(관국지광이용빈우왕)이라는 표현이 있는데, 이 "觀國之光"에서 '觀光'이라는 용어가 유래되었다고 전해지고 있다.

우리나라에서 '觀光'이란 용어의 등장은 신라시대 최치원(崔致遠)의 시문집인 계원필경(桂苑筆耕) 속의 한 구절에 '관광육년(觀光六年)'이란 용어가 나오는데, 여기서 사용된 관광이란 말은 과거(科擧)의 의미로 해석되고 있다. 또 고려 예종 11년 「고려사절요(高麗史節要)」에 '관광상국(觀光上國)'이란 용어가 발견되는데, 관광이란 어휘가 최초로 사용된 공식기록이라 할 수 있다.

서양에서의 관광이란 용어는 순회한다는 의미의 그리스어 'tournus'와 'torons'에서 어원을 찾을 수 있으며, 관광을 의미하는 tourism이란 용어가 처음으로 쓰여진 것은 1811년 영국의 스포츠월간 "The Sporting Magazine"이라는 잡지에서였다. 다른 용어로는 여행이 힘들었던 여행의 암흑기(A.D. 500년)에 유래된 고행과 노고의 의미를 가진 travail에서 파생된 travel도 들 수 있다.

2) 관광에 관한 여러 학자들의 정의

학자	정의
슐레른 (H. Schulern)	• 일정한 지역 또는 타국을 여행하면서 체재하고, 다시 돌아가는 형태를 취하는 모든 현상과 그 현상에 직접 관련된 현상, 그 가운데서도 경제적인 모든 현상
보르만 (A. Bormann)	• 휴양목적이나 기분전환·유람·상용 또는 행사 참여, 기타 사정 등에 의하여 거주지에서 일시적으로 떠나는 여행
오길비 (F.W. Ogilvie)	• 일시적으로 거주지를 떠나지만, 1년 이상을 초과하지 않고, 여행 중 소비하는 비용은 거주지에서 취득한 것이어야 함
글뤽스만 (R. Glücksmann)	• 어떤 지역에서 일시적으로 머무르고 있는 사람과 그 지역 주민들과의 모든 관계의 총체
훈지커와 크라프 (W.Hunziker & K.Krapf)	• 외국인 관광객이 그곳에 체재하는 동안 계속 또는 일시적이든 간에 영리활동을 실행할 목적으로 정주하지 않는 한, 그 외국인 관광객의 체재로 인하여 발생하는 모든 관계 현상의 총체적 개념
유엔(UN)	• '관광은 평화를 상징하는 여권'이며, 모든 사람은 합리적인 노동시간의 단축과 정기 유급 휴가를 포함하여 휴식과 여가의 권리를 가진다고 선언

이노우에만주조 (井上万壽藏)	• 인간이 다시 돌아올 예정으로 일상 생활권을 떠나 이동하여 정신적 위안을 얻는 것
베르네커 (P. Bernecker)	• 상업활동 혹은 직업상의 여러 이유에 관계없이 일시적 또는 자유의사에 따라 타지역으로 이동한다는 사실과 결부된 모든 관계 및 결과
메드생 (Medecin)	• 사람의 기분을 전환시키고 휴식을 취하며, 또한 인간활동의 새로운 국면이나 미지의 자연경관에 접촉함으로써 그 경험과 교양을 넓히기 위한 여행을 한다든가, 거주지를 떠나 체재하는 등으로 이루어지는 여가활동의 한 유형
쓰다노보루 (津田昇)	• 일상생활권을 떠나 다시 귀환할 예정으로 타국 또는 타 지역의 문물·제도 등을 시찰하거나 풍광 관상 및 유람을 목적으로 여행하는 것
카스파(Kaspar)	• 체재지가 주요 거주지 또는 노동의 장소가 아닌 사람의 여행 및 체재지에서 일어나는 모든 관계 또는 현상의 총체
매킨토시(R.W.McIntosh)	• 관광객을 유치·접대하는 과정에서 관광객·관광사업자·정부·지역사회 간의 상호작용으로 야기되는 현상과 관계의 총체
자파리(Jafari)	• 일상생활권을 떠나 있는 인간에 관한, 그리고 인간의 욕구에 대응하는 산업에 관한, 또 인간과 산업이 관광대상지의 사회적·문화적·경제적·물리적 환경에 미치는 영향에 관한 연구
UNWTO (세계관광기구)	• 즐거움·위락·휴가·스포츠·사업·친구·친척방문·업무·회합·회의·건강·연구·종교 등을 목적으로 하여 방문국가를 적어도 24시간 이상 1년 이내 체류하는 행위

3) 관광의 개념정의

이상 여러 학자들의 관광의 정의를 종합적으로 살펴보면 '관광'이란 관광객들의 욕구를 충족시키는 행위로서, 일상생활 영역을 떠나는 일시적인 공간이동과 시간적 범위, 경제적 소비 그리고 목적지에서의 활동 등의 요소를 포함하고 있다.

따라서 관광은 생활환경의 변화를 바라는 인간의 기본욕구를 충족시키기 위하여 자유시간 내에 일상생활권을 떠나서 다른 나라 또는 다른 지역으로 영리추구와 관계없이 일시적으로 공간을 이동하면서 그곳의 문물·제도·풍습 등을 관찰하고 풍광을 감상·유람함으로써 휴식·기분전환·자기계발을 통하여 정신적·육체적 상태를 새롭게 향상시키는 인간행동의 총체이다.

관광에 관한 공통점을 다시 정리해 보면 ① 일상생활권을 떠난다는 것, ② 다시 일상생활권으로 돌아온다는 것, ③ 일시적인 것, ④ 자유의지의 여행으로 생활에 어떠한 구속도 받지 않는다는 것, ⑤ 오락적인 요소와 함께 지식적인 요소가 있고, 정신적 만족감을 추구한다는 것, ⑥ 소비경제적 행위라는 것, ⑦ 기타 지역의 풍물, 풍습, 자연 등을 감상하는 행위라는 것 등이다.

2. 관광의 역사

1) 관광의 시대별 특성

(1) 고대 이집트

① 신전순례의 형태를 취한 관광이 존재하였다.

② 기원전 5세기의 역사가 헤로도투스(Herodotus)는 "고대에 있어서 가장 위대한 여행자"라고 불리어졌으며, 그리스를 중심으로 중근동 · 유럽남부 · 북아프리카 각지로 여행을 시도하여 각 시대, 각 지방에서 행해졌던 "여행"에 관해서 기술했었다.

(2) 고대 그리스

① 관광이 유럽에서 본격적인 형태로 나타난 것은 그리스 시대였다.

② 그리스의 관광은 체육 · 요양 · 종교의 세 가지 동기 내지는 형태로 이루어졌다.

③ 기원전 776년 이후 올림피아(Olympia)에서 열렸던 운동경기대회에는 각지로부터 많은 사람들이 참가하여 이를 즐겼다. 여기서 올림픽의 어원이 생겼다.

④ 이 시대의 여행자들은 민가에서 숙박하는 것이 보통이었고, 외래자를 모두 제우스신의 보호를 받는 "거룩한 사람"으로 생각하고 후대했던 관습이 있었으며 이와 같은 환대의 정신은 호스피탈리스(Hospitalis)로서 최고의 미덕으로 여겼다. Hotel, Hospitality의 어원도 여기서 생겨났다.

(3) 고대로마

① 로마 시대의 관광동기 내지 목적은 종교 · 요양 · 식도락 · 예술감상 · 등산 등이었다.

② 각지의 포도주를 마셔가며 식사를 즐기는 식도락은 가스트로노미아(gastronomia)라 불리었으며 이는 관광의 한 형태가 되었다.

③ 식도락으로 비만형 사람들이 많아져 온천요양을 필요로 하는 병자가 늘어났으며, 이는 오늘날의 요양관광이라는 형태를 낳게 하였다. 그에 따라 요양객을 위한 연극이 공연되었고 카지노(casino)도 설치되었다.

(4) 중세

① 중세유럽의 관광은 중세 세계가 로마 교황을 중심으로 한 기독교문화 공동체이었던 이유로 종교관광이 성황을 이루었다. 이와 같이 중세 유럽의 관광은 성지순례(pilgrim)의 형태를 취하였고, 순례자들은 수도원에서 숙박하고 기사단의 보호를 받으면서 가족 단위의 종교관광을 하였다.

(5) 근대

① 문예부흥기를 맞아 괴테(Goethe), 쉘리(Shelley), 바이런(Byron) 등 저명한 작가·사상가가 대륙을 여행하였고, 그들의 작품들 또한 관광여행의 자극제가 되었다. 17~19세기 초 유럽 상류층에서 자녀교육프로그램으로서 유럽의 주요 도시를 여행하여 각국의 문화와 예술을 배우는 여행이 유행하게 되었는데 이런 현상을 「Grand Tour」 또는 「교양관광」이라고 칭한다.

② 이와 같은 상황에서 영국인 토마스 쿡(Thomas Cook)은 남을 위한 여행을 대행해 준 최초의 사람으로서 오늘날 여행업의 창시자로 불려지고 있다. 그후 쿡은 그의 아들과 함께 세계 최초의 여행사(Thomas Cook & Son Co.)를 설립하여 영국은 물론 미국에까지 단체 유람객을 모집·주최하기도 하였다. 역사상 최초로 영리를 목적으로 관광을 조직했다는 점에서 오늘날의 관광산업의 시초였기 때문에 토마스 쿡을 「근대 관광산업의 아버지」, 「여행업의 아버지」라고 부르기도 한다.

③ 숙박시설에서도 1794년 뉴욕에 세워진 City Hotel을 시작으로 최초로 근대적인 호텔사업이 시작되었고, 19세기가 되자 온천지를 중심으로 호화로운 객실이나 유희시설을 갖춘 곳이 나타났는데, 1807년 독일 바덴바덴(Baden-Baden)에 건립된 바디셰호프(Der Badische Hof), 1850년에 세워진 파리의 그랑호텔(Grand Hotel) 등이 그것이다.

2) 관광의 발전단계

〈표 4-1〉 관광의 발전단계

단계구분	시기	관광객층	관광동기	조직자	조직동기
• 여행(tour)의 시대	고대부터 1830년대 말까지	귀족, 승려, 기사 등의 특권계급과 일부의 평민	종교심 향락	교회	신앙심의 향상
• 관광(tourism)의 시대	1840년대초부터 제2차 세계대전 이전까지	특권계급과 일부의 부유한 평민 (부르주아)	지적 욕구	기업	이윤의 추구
• 대중관광(mass tourism) • 복지관광(social tourism) • 국민관광(national tourism)	제2차 세계대전 이후 근대까지	대중을 포함한 전국민 (장애인, 노약자, 근로자 포함)	보양과 오락	기업 공공단체 국가	이윤의 추구, 국민복지의 증대
• 신관광(new tourism)의 시대	1990년대 중반 이후 최근까지	일반대중과 전국민	개성관광의 생활화	개인 가족	개성추구와 특별한 주제 또는 문제해결

㈜ 스즈키 타다요시(鈴木忠義), 現代觀光論(東京: 有斐閣, 1974)

(1) Tour 시대

고대 이집트 · 그리스 · 로마 시대로부터 19세기의 30년대까지 귀족 · 승려 · 기사 등의 특수계층이 종교 및 신앙심의 향상을 위한 교회중심의 개인활동으로서, 관광사업의 형태는 자연발생적인 특징을 들 수 있다.

(2) Tourism 시대

19세기의 40년대 초부터 제2차 세계대전 이전까지, 귀족과 부유한 평민의 지식욕을 충족시키기 위한 형태로 발전하여 단체의 여행이 생성됨에 따라 이윤추구를 목적으로 하는 기업이 등장하게 되어 매체적인 서비스 사업이 태동하게 되었으며, 영국의 Thomas Cook에 의한 여행알선업이 그 시초가 되었다.

(3) Mass Tourism 시대 및 Social Tourism시대

제2차 세계대전 이후부터 현대에 이르기까지 대중관광 또는 대량관광의 시대에는 중산층 서민대중을 포함한 국민대중의 여행시대라 할 수 있는데, 현대 국가는 재정적으로 빈약한 계층을 위한 특별한 지원을 목적으로 이루어진 유럽의 social tourism 운동의 이념을 수용하여, 국민복지의 증대와 지역개발의 촉진은 물론 경제 · 사회 · 문화적 의의를 새롭게 하고 적극적인 관광정책을 추진하기에 이르렀으며, 우리나라에서는 건전한 국민관광의 발전(관광기본법, 1975년), 장애인, 저소득층 등 관광 취약계층의 여행기회를 확대, 장려하기 위한 시책으로 여행이용권을 지급할 수 있도록 하였다.

(4) 신관광(new tourism)의 시대

1990년대 이후 관광의 개념은 다품종 소량생산의 신관광(new tourism)의 시대로서, 생산력의 증가로 잉여물이 생겼고 여가시간의 대폭적인 증대로 인해 인간의 욕구는 보다 자아실현이나 문화를 향유하려는 고차원적인 욕구로 변해왔다. 이러한 현상은 당연히 관광현상에서 비약적인 증가 · 발전을 가져오게 되었다.

3) 외국의 Social Tourism

오늘날 세계 각국이 국민복지의 차원에서 개발 및 진흥에 역점을 두고 있는 국민관광의 이론적 근원은 서구의 social tourism이라고 볼 수 있는데, 이러한 social tourism은 ① 유급휴가 제도의 확대, ② 여행비용의 절감, ③ 여행계절의 연장, ④ 여행구매력 지원을 위한 것으로서, 특수층에 국한되었던 관광행위가 대중화되는 과정에서 재정적으로 빈약한 사회계층을 위한 특별한 지원을 목적으로 1939년에 설립된 스위스의 여행금고협동조합(Schweize Reisekasse)과 1959년 설립된 프랑스의 가족 휴가제(Villages Vacance Families)가 그 근원적 형태라고 볼 수 있다.

3. 관광의 효과

1) 관광의 경제적 효과

① 외화획득과 국제수지의 개설

② 경제발전에의 기여

③ 지역개발의 촉진

2) 관광의 사회·문화적 효과

① 교육적 효과

② 문화적 효과

③ 국제친선효과

④ 국가홍보효과

3) 관광의 환경적 효과

① 관광자원의 개발과 보전

② 자연환경의 정비와 보전의 계기

③ 관광 제반 시설의 확충

4) 관광의 부정적 효과

① 여러 효과의 관련성

② 자연환경의 훼손

③ 인문환경의 훼손

④ 호화사치 및 과소비 조장

4. 국제관광

1) 국내관광과 국제관광의 분류

(1) 국적 표준주의

이것은 국제관광과 국내관광의 분류표준을 관광객의 국적에 따라서 자국의 국적을 가진 자가 관광을 할 경우에는 국내관광, 외국의 국적을 가진 자의 여행을 국제관광으로 구별하는 방법이다.

(2) 소비화폐 표준주의

이는 관광객이 일국의 영역 내에서 소비하는 화폐가 그 국가의 영역 내에서 획득한 화폐일 경우에는 국내관광, 화폐의 획득장소와 그의 소비장소 간에 국경이 있을 때, 즉 국경을 넘어 유입된 외화소비에 의하여 행하여지는 여행은 국제관광이라 할 수 있다. 현실적으로는 법무부나 외교부, 행정자치부 등 주로 내외국인을 법적으로 규제하고 있는 정부기관에서는 국적표준주의 입장을 취하고 있고, 기획재정부, 문화체육관광부 등 관광사업을 국가경제적 입장에서 생각하고 있는 정부부처에서는 소비화폐 표준주의 입장을 취하고 있다.

2) 국제관광의 효과

(1) 국제적 효과

① 국제사회의 상호이해와 국제친선의 증진
② 국제수지 개선
③ 국민교양 향상
④ 국제간의 경제 및 문화교류
⑤ 민간외교의 촉진 및 자국의 PR

(2) 국내적 효과

① 국민소득의 창출효과
② 세수입에 대한 효과
③ 고용과 노임 및 근로의욕의 증진에 대한 효과
④ 외지문화의 유입과 지역문화의 선전에 대한 효과
⑤ 국내자원의 이용에 대한 효과
⑥ 지역 격차의 시정에 대한 효과
⑦ 타산업의 자극에 대한 효과

3) 한국의 국제관광동향

1954년 교통부에 관광과가 신설되어 국제관광의 중요성을 인식하게 되었고 관광행정을 전담하게 되었다. 그 후 1978년도의 경우는 우리나라에 있어서도 세계관광의 중진국 문턱에 들어가는 기준이 되는 외래관광객 100만(107만)명을 돌파하는 시기에는 국제관광에 따른 외화수입에 있어서도 680억 달러에 이르렀다. 1989년에는 해외여행 완전자유화 실현에 따른 제도적 지원책과 실행방안을 마련하게 되었다.

여기서 주목할 것은 2012년에 들어와 한국을 방문한 외래관광객이 1,114만명을 기록하면서 드디어 외래관광객 1,000만명 시대가 개막되었다. 외래관광객 1,000만명 달성은 우리나라가 세계관광대국으로 진입하고 있음을 알리는 쾌거인 동시에, 우리나라 관광산업이 이제는 양적성장 못지 않게 질적성장을 동반해야 한다는 과제를 안겨 주었다.

2013년에는 외래관광객 1,200만명을 돌파하였고, 2014년에는 전년 대비 16.6%의 성장률을 보이며 1,400만명을 돌파하여 역대 최대 규모를 다시 한번 기록하였다.

그러나 2015년에 들어와서는 메르스(MERS)의 영향 등으로 전년 대비 6.8% 감소한 1,323만명을 기록하여 한때 외래관광객 유치에 위기를 맞기도 했으나, 2016년에 들어와 전년 대비 31.2% 증가한 1,720만명을 유치함으로써 역대 최고치를 기록하였다. 이러한 성과는 더욱 수준 높은 서비스를 제공하기 위해 힘써 온 관광업계의 노력과 관광분야를 5대 유망 서비스산업으로 선정하여 집중적으로 육성해 온 정부의 지원이 어우러진 결과라 하겠다.

5. 관광사업의 이해

1) 관광사업의 정의

관광사업의 정의를 명쾌히 규정하기란 그리쉬운 일이 아니다. 이는 국가나 지역 또는 학자마다 견해를 달리하기 때문이다. 그럼에도 여러 학자들의 정의들을 종합해 보면 "관광사업이란 관광의 효용과 그 문화적·사회적·경제적 효과를 합목적적으로 촉진함을 목적으로 한 조직적 활동이다"라고 요약할 수 있다.

우리나라 「관광진흥법」은 제2조 제1호에서 "관광사업이란 관광객을 위하여 운송·숙박·음식·운동·오락·휴양 또는 용역을 제공하거나 그 밖에 관광에 딸린 시설을 갖추어 이를 이용하게 하는 업(業)을 말한다"고 규정하고 있다.

2) 현대 관광사업의 발전요인

① 라이프 스타일의 변화　　② 가계소득의 증대
③ 여가시간의 증대　　④ 교육수준의 향상
⑤ 교통운송수단의 발달　　⑥ 관광촉진활동의 강화
⑦ 관광사업의 확충　　⑧ 세계의 지구촌화

3) 관광사업의 기본적 특성

① 복합성　　② 입지의존성
③ 공익성과 기업성　　④ 변동성
⑤ 서비스성

〈표 4-2〉 관광사업의 공익적 효과

구분	효과내용
관광효과	a. 국제관광: 국제친선증진, 국제문화의 교류촉진 b. 국내관광: 보건증진, 근로의욕증진
관광경제효과	a. 국민경제효과: 외화획득효과 b. 지역경제효과: 고용효과, 소득효과, 산업관련효과, 조세효과, 산업기반시설 정비효과, 지역개발효과
경제외적효과	a. 보존 및 정비효과: 자연보전, 문화재보존, 공원정비, 교통 및 상하수도시설정비, 의료시설 미 생활환경시설 정비 b. 교류효과: 관광객과 지역주민과의 교류효과

4) 관광사업의 경제적 효과

① 소득효과: 투자소득효과, 소비소득효과, 외화획효과

② 산업효과: 산업진흥, 고용증대, 사회자본의 고도이용

③ 지역경제의 개발효과: 지역주민의 소득향상, 주민의 과소비현상 방지, 교통편의를 통한 생산성 향상

6. 관광사업의 분류(「관광진흥법」에 따른)

「관광진흥법」은 제3조에서 관광사업의 종류를 크게 7가지로 분류하고, 동법시행령은 이를 각각의 종류별로 다시 세분하고 있다(동법 시행령 제2조).

〈표 4-3〉「관광진흥법」에 따른 우리나라 관광사업의 분류

종 류		세 분 류
여 행 업		일반여행업, 국외여행업, 국내여행업
관광숙박업	호 텔 업	관광호텔업, 수상관광호텔업, 한국전통호텔업, 가족호텔업, 호스텔업, 소형호텔업, 의료관광호텔업
	휴양콘도미니엄업	
관광객이용시설업	전문휴양업	민속촌, 스키장, 해수욕장, 수렵장, 동물원, 식물원, 수족관, 온천장, 동굴자원, 수영장, 농어촌휴양시설, 활공장, 등록 및 신고 체육시설업시설, 산림휴양시설, 박물관, 미술관
	종합휴양업	제1종종합휴양업, 제2종종합휴양업
	야영장업(일반야영장업, 자동차야영장업)	
	관광유람선업(일반관광유람선업, 크루즈업)	
	관광공연장업	
	외국인관광 도시민박업	
국제회의업		국제회의시설업, 국제회의기획업
카지노업		
유원시설업		종합유원시설업, 일반유원시설업, 기타유원시설업
관광편의시설업		관광유흥음식점업, 관광극장유흥업, 외국인전용유흥음식점업, 관광식당업, 관광순환버스업, 관광사진업, 여객자동차터미널시설업, 관광펜션업, 관광궤도업, 한옥체험업, 관광면세업

자료: 조진호 외 3인 공저, 관광법규론(서울: 현학사, 2017), p.122.

1) 여행업

현행 「관광진흥법」에서의 여행업이란 "여행자 또는 운송시설·숙박시설, 그 밖에 여행에 딸리는 시설의 경영자 등을 위하여 그 시설이용의 알선이나 계약체결의 대리, 여행에 관한 안내, 그 밖의 여행 편의를 제공하는 업"을 말한다.

여행업은 사업의 범위 및 취급대상에 따라 일반여행업, 국외여행업 및 국내여행업으로 구분하고 있다.

(1) 일반여행업

국내외를 여행하는 내국인 및 외국인을 대상으로 하는 여행업[사증(査證; 비자)을 받는 절차를 대행하는 행위를 포함한다]을 말한다. 따라서 일반여행업자는 외국인의 국내 또는 국외여행과 내국인의 국외 또는 국내여행에 대한 업무를 모두 취급할 수 있다.

(2) 국외여행업

국외를 여행하는 내국인을 대상으로 하는 여행업(사증을 받는 절차를 대행하는 행위를 포함한다)을 말한다. 국외여행업은 우리나라 국민의 아웃바운드(outbound) 여행(해외여행업무)만을 전담하도록 하기 위하여 도입된 것이므로, 외국인을 대상으로 하거나 또는 내국인을 대상으로 한 국내여행업은 이를 허용하지 않고 있다.

(3) 국내여행업

국내를 여행하는 내국인을 대상으로 하는 여행업을 말한다. 따라서 국내여행업은 내국인을 대상으로 한 국내여행에 국한하고 있어 외국인을 대상으로 하거나 또는 내국인을 대상으로 한 국외여행업은 이를 허용하지 않고 있다.

2) 관광숙박업

현행 「관광진흥법」은 관광숙박업을 호텔업과 휴양콘도미니엄업으로 나누고, 호텔업을 다시 세분하고 있다(동법 시행령 제2조 1항 2호).

(1) 호텔업

호텔업이란 관광객의 숙박에 적합한 시설을 갖추어 이를 관광객에게 제공하거나 숙박에 딸리는 음식·운동·오락·휴양·공연 또는 연수에 적합한 시설 등을 함께 갖추어 이를 이용하게 하는 업을 말한다.

호텔업은 운영형태, 이용방법 또는 시설구조에 따라 관광호텔업, 수상관광호텔업, 한국전통호텔업, 가족호텔업, 호스텔업, 소형호텔업, 의료관광호텔업 등으로 세분하고 있다.

가) 관광호텔업

관광호텔업은 관광객의 숙박에 적합한 시설을 갖추어 관광객에게 이용하게 하고 숙박에 딸린 음식·운동·오락·휴양·공연 또는 연수에 적합한 시설 등(이하 "부대시설"이라 한다)을 함께 갖추어 관광객에게 이용하게 하는 업(業)을 말한다.

나) 수상관광호텔업

수상관광호텔업은 수상에 구조물 또는 선박을 고정하거나 매어 놓고 관광객의 숙박에 적합한 시설을 갖추거나 부대시설을 함께 갖추어 관광객에게 이용하게 하는 업을 말한다.

다) 한국전통호텔업

한국전통호텔업은 한국전통의 건축물에 관광객의 숙박에 적합한 시설을 갖추거나 부대시설을 함께 갖추어 관광객에게 이용하게 하는 업을 말한다.

라) 가족호텔업

가족호텔업은 가족단위 관광객의 숙박에 적합하도록 숙박시설 및 취사도구를 갖추어 관광객에게 이용하게 하거나 숙박에 딸린 음식·운동·휴양 또는 연수에 적합한 시설을 함께 갖추어 관광객에게 이용하게 하는 업을 말한다.

마) 호스텔업

호스텔업은 배낭여행객 등 개별 관광객의 숙박에 적합한 시설로서 샤워장, 취사장 등의 편의시설과 외국인 및 내국인 관광객을 위한 문화·정보 교류시설 등을 함께 갖추어 이용하게 하는 업을 말한다.

바) 소형호텔업

관광객의 숙박에 적합한 시설을 소규모로 갖추고 숙박에 딸린 음식·운동·휴양 또는 연수에 적합한 시설을 함께 갖추어 관광객에게 이용하게 하는 업을 말한다.

사) 의료관광호텔업

의료관광객의 숙박에 적합한 시설 및 취사도구를 갖추거나 숙박에 딸린 음식·운동 또는 휴양에 적합한 시설을 함께 갖추어 관광객에게 이용하게 하는 업을 말한다.

(2) 휴양콘도미니엄업

휴양콘도미니엄업이란 관광객의 숙박과 취사에 적합한 시설을 갖추어 이를 그 시설의 회원이나 공유자, 그 밖의 관광객에게 제공하거나 숙박에 딸리는 음식·운동·오락·휴양·공연 또는 연수에 적합한 시설 등을 함께 갖추어 이를 이용하게 하는 업을 말한다.

3) 관광객이용시설업

관광객이용시설업이란 ① 관광객을 위하여 음식·운동·오락·휴양·문화·예술 또는 레저 등에 적합한 시설을 갖추어 이를 관광객에게 이용하게 하는 업 또는 ② 대통령령으로 정하는 2종이상의 시설과 관광숙박업의 시설(이하 "관광숙박시설"이라 한다) 등을 함께 갖추어 이를 회원이나 그 밖의 관광객에게 이용하게 하는 업을 말한다.

(1) 전문휴양업

관광객의 휴양이나 여가선용을 위하여 숙박업시설이나 음식점시설과 주차·급수·공중화장실 등의 편의시설을 갖추고 전문휴양시설(민속촌, 해수욕장, 수렵장, 동물원, 식물원, 수족관, 온천장, 동굴자원, 수영장, 농어촌휴양시설, 활공장, 등록 및 신고 체육시설업 시설, 산림휴양시설, 박물관, 미술관 등 15개 개별시설) 중 한 종류의 시설을 갖추어 관광객에게 이용하게 하는 업을 말한다.

(2) 종합휴양업

가) 제1종종합휴양업 ― 관광객의 휴양이나 여가선용을 위하여 숙박시설 또는 음식점시설을 갖추고 전문휴양시설 중 두 종류 이상의 시설을 갖추어 관광객에게 이용하게 하는 업이나, 숙박시설 또는 음식점시설을 갖추고 전문휴양시설 중 한 종류 이상의 시설과 종합유원시설업의 시설을 갖추어 관광객에게 이용하게 하는 업을 말한다.

나) 제2종종합휴양업 ― 관광객의 휴양이나 여가선용을 위하여 관광숙박업의 등록에 필요한 시설과 제1종종합휴양업 등록에 필요한 전문휴양시설 중 두 종류 이상의 시설 또는 전문휴양시설 중 한 종류 이상의 시설 및 종합유원시설업의 시설을 함께 갖추어 관광객에게 이용하게 하는 업을 말한다.

(3) 야영장업

가족단위로 야영하는 여행자의 증가에 따라 야영장의 수가 증가하고 있음에도 불구하고 지금껏 자동차야영장업만을 관광사업으로 등록하도록 하고 있어 야영장에 대한 종합적인 관리가 어려웠는 바, 마침 2014년 10월 28일 「관광진흥법 시행령」 개정 때 종전의 자동차야영장업을 일반야영장업과 자동차야영장업으로 세분하고 일반야영장업도 관광사업으로 등록하도록 함으로써 야영장 이용객들이 안전하고 위생적으로 이용할 수 있게 한 것이다.

가) 일반야영장업 ― 야영장비 등을 설치할 수 있는 공간을 갖추고 야영에 적합한 시설을 함께 갖추어 관광객에게 이용하게 하는 업을 말한다.

나) 자동차야영장업 ― 자동차를 주차하고 그 옆에 야영장비 등을 설치할 수 있는 공간을 갖추고

취사 등에 적합한 시설을 함께 갖추어 자동차를 이용하는 관광객에게 이용하게 하는 업을 말한다.

(4) 관광유람선업

2008년 8월 「관광진흥법 시행령」 개정 때 종전의 관광유람선업을 일반관광유람선업과 크루즈업으로 세분한 것이다.

가) 일반관광유람선업 ―「해운법」에 따른 해상여객운송사업의 면허를 받은 자나 「유선(遊船) 및 도선사업법(渡船事業法)」에 따른 유선(遊船)사업의 면허를 받거나 신고한 자가 선박을 이용하여 관광객에게 관광을 할 수 있도록 하는 업을 말한다.

나) 크루즈업 ―「해운법」에 따른 순항(順航) 여객운송사업이나 복합 해상여객운송사업의 면허를 받은 자가 해당 선박 안에 숙박시설, 위락시설 등 편의시설을 갖춘 선박을 이용하여 관광객에게 관광을 할 수 있도록 하는 업을 말한다.

(5) 관광공연장업

관광객을 위하여 적합한 공연시설을 갖추고 공연물을 공연하면서 관광객에게 식사와 주류를 판매하는 업을 말한다. 관광공연장업은 1999년 5월 10일 「관광진흥법 시행령」을 개정하여 신설한 업종으로서 실내관광공연장과 실외관광공연장을 설치·운영할 수 있다.

(6) 외국인관광 도시민박업

외국인관광 도시민박업이란 「국토의 계획 및 이용에 관한 법률」(이하 "국토계획법"이라 한다) 제6조 제1호에 따른 도시지역(「농어촌정비법」에 따른 농어촌지역 및 준농어촌지역은 제외한다)의 주민이 거주하고 있는 단독주택 또는 다가구주택(건축법 시행령 별표 1 제1호 가목 또는 다목)과 아파트, 연립주택 또는 다세대주택(건축법 시행령 별표 1 제2호 가목, 나목 또는 다목)을 이용하여 외국인 관광객에게 한국의 가정문화를 체험할 수 있도록 숙식 등을 제공하는 사업을 말하는데, 종전까지는 외국인관광 도시민박업의 지정을 받으면 외국인 관광객에게만 숙식 등을 제공할 수 있었으나, 2014년 11월 28일 「관광진흥법 시행령」 개정에 따른 '도시재생활성화계획'에 따라 마을기업(「도시재생 활성화 및 지원에 관한 특별법」〈약칭 "도시재생법"〉 제2조제6호·제9호에 따른)이 운영하는 외국인관광 도시민박업의 경우에는 외국인 관광객에게 우선하여 숙식 등을 제공하되, 외국인 관광객의 이용에 지장을 주지 아니하는 범위에서 해당 지역을 방문하는 내국인 관광객에게도 그 지역의 특성화된 문화를 체험할 수 있도록 숙식 등을 제공할 수 있게 하였다(관광진흥법 시행령 제2조제1항제6호 카목 〈개정 2014. 11. 28.〉).

4) 국제회의업

국제회의업이란 대규모 관광수요를 유발하는 국제회의(세미나·토론회·전시회 등을 포함한다)를 개최할 수 있는 시설을 설치·운영하거나 국제회의 계획·준비·진행 등의 업무를 위탁받아 대행하는 업을 말한다. 국제회의업은 국제회의시설업과 국제회의기획업으로 분류하고 있다.

(1) 국제회의시설업

대규모 관광수요를 유발하는 국제회의를 개최할 수 있는 시설을 설치·운영하는 업을 말하는데, 첫째, 「국제회의산업 육성에 관한 법률 시행령」 제3조에 따른 회의시설(전문회의시설·준회의시설) 및 전시시설의 요건을 갖추고 있을 것과, 둘째, 국제회의 개최 및 전시의 편의를 위하여 부대시설(주차시설, 쇼핑·휴식시설)을 갖추고 있을 것을 요구하고 있다.

(2) 국제회의기획업

대규모 관광수요를 유발하는 국제회의의 계획·준비·진행 등의 업무를 위탁받아 대행하는 업을 말한다.

5) 카지노업

카지노업이란 전문영업장을 갖추고 주사위·트럼프·슬롯머신 등 특정한 기구(機具) 등을 이용하여 우연의 결과에 따라 특정인에게 재산상의 이익을 주고 다른 참가자에게 손실을 주는 행위 등을 하는 업을 말한다.

6) 유원시설업

유원시설업(遊園施設業)은 유기시설(遊技施設)이나 유기기구(遊技機具)를 갖추어 이를 관광객에게 이용하게 하는 업(다른 영업을 경영하면서 관광객의 유치 또는 광고 등을 목적으로 유기시설이나 유기기구를 설치하여 이를 이용하게 하는 경우를 포함한다)을 말한다. 현행 「관광진흥법」상의 유원시설업은 종합유원시설업, 일반유원시설업, 기타유원시설업으로 분류하고 있다.

(1) 종합유원시설업

유기시설이나 유기기구를 갖추어 관광객에게 이용하게 하는 업으로서 대규모의 대지 또는 실내에서 「관광진흥법」 제33조에 따른 안전성검사 대상 유기시설 또는 유기기구 여섯 종류 이상을 설치하여 운영하는 업을 말한다.

(2) 일반유원시설업

유기시설이나 유기기구를 갖추어 관광객에게 이용하게 하는 업으로서 「관광진흥법」 제33조에 따른 안전성검사 대상 유기시설 또는 유기기구 한 종류 이상을 설치하여 운영하는 업을 말한다.

(3) 기타유원시설업

유기시설이나 유기기구를 갖추어 관광객에게 이용하게 하는 업으로서 「관광진흥법」 제33조에 따른 안전성검사 대상이 아닌 유기시설 또는 유기기구를 설치하여 운영하는 업을 말한다.

7) 관광편의시설업

관광편의시설업은 앞에서 설명한 관광사업(여행업, 관광숙박업, 관광객이용시설업, 국제회의업, 카지노업, 유원시설업) 외에 관광진흥에 이바지할 수 있다고 인정되는 사업이나 시설 등을 운영하는 업을 말한다.

(1) 관광유흥음식점업

식품위생 법령에 따른 유흥주점영업의 허가를 받은 자가 관광객이 이용하기 적합한 한국전통 분위기의 시설을 갖추어 그 시설을 이용하는 자에게 음식을 제공하고 노래와 춤을 감상하게 하거나 춤을 추게 하는 업을 말한다.

(2) 관광극장유흥업

식품위생 법령에 따른 유흥주점 영업의 허가를 받은 자가 관광객이 이용하기 적합한 무도(舞蹈) 시설을 갖추어 그 시설을 이용하는 자에게 음식을 제공하고 노래와 춤을 감상하게 하거나 춤을 추게 하는 업을 말한다.

(3) 외국인전용 유흥음식점업

식품위생 법령에 따른 유흥주점영업의 허가를 받은 자가 외국인이 이용하기 적합한 시설을 갖추어 그 시설을 이용하는 자에게 주류나 그 밖의 음식을 제공하고 노래와 춤을 감상하게 하거나 춤을 추게 하는 업을 말한다.

(4) 관광식당업

식품위생 법령에 따른 일반음식점영업의 허가를 받은 자가 관광객이 이용하기 적합한 음식 제공 시설을 갖추고 관광객에게 특정 국가의 음식을 전문적으로 제공하는 업을 말한다.

(5) 관광순환버스업

「여객자동차 운수사업법」에 따른 여객자동차운송사업의 면허를 받거나 등록을 한 자가 버스를 이용하여 관광객에게 시내와 그 주변 관광지를 정기적으로 순회하면서 관광할 수 있도록 하는 업을 말하는데, 지정기준으로 안내방송 등 외국어 안내서비스가 가능한 체제를 갖출 것을 요구하고 있다.

(6) 관광사진업

외국인 관광객과 동행하며 기념사진을 촬영하여 판매하는 업을 말한다. 관광사진업을 운영하기 위해서는 사진촬영기술이 풍부한 자 및 외국어 안내서비스가 가능한 체제를 갖추어야 한다.

(7) 여객자동차터미널시설업

「여객자동차 운수사업법」에 따른 여객자동차터미널사업의 면허를 받은 자가 관광객이 이용하기 적합한 여객자동차터미널시설을 갖추고 이들에게 휴게시설·안내시설 등 편익시설을 제공하는 업을 말한다.

(8) 관광펜션업

숙박시설을 운영하고 있는 자가 자연·문화 체험관광에 적합한 시설을 갖추어 관광객에게 이용하게 하는 업을 말한다.

(9) 관광궤도업

「궤도운송법」에 따른 궤도사업의 허가를 받은 자가 주변 관람과 운송에 적합한 시설을 갖추어 이를 관광객에게 이용하게 하는 업을 말한다. 이는 궤도차량인 케이블카 등을 설치·운행하는 사업으로 안내방송 등 외국어 안내서비스가 가능한 체제를 갖추고 있어야 한다.

(10) 한옥체험업

한옥(주요 구조부가 목조구조로서 한식기와 등을 사용한 건축물 중 고유의 전통미를 간직하고 있는 건축물과 그 부속시설을 말한다)에 숙박 체험에 적합한 시설을 갖추어 관광객에게 이용하게 하거나, 숙박 체험에 딸린 식사 체험 등 그 밖의 전통문화 체험에 적합한 시설을 함께 갖추어 관광객에게 이용하게 업을 말한다. 〈개정 2014.7.16.〉

(11) 관광면세업

보세판매장의 특허를 받은 자 또는 면세판매장의 지정을 받은 자가 판매시설을 갖추어 관광객에게 면세물품을 판매하는 업을 말한다. 이는 2016년 3월 22일 「관광진흥법 시행령」 개정 때 새로 추가된 업종으로, 관광면세업을 관광사업의 업종에 포함시켜 관광면세업에 대한 관광진흥개발기금의 지원이 가능하게 함으로써 관광면세업을 체계적으로 관리·육성할 수 있도록 하려는 데 목적이 있다.

7. 여행업

1) 여행업의 연혁

영국의 Thomas Cook이 1841년 금주운동단체 570여명 인솔, 단체로 기차여행, 1845년 여행알선업 (Thomas Cook & Son Co.) 개시. 1850년 미국의 Henry Wells가 종합여행, 운송서비스업인 American Express Co. 개시, 1891년 여행자수표개발, 최초로 Credit Card 개발

2) 한국여행업의 연혁

① 1912년 일본교통공사(JTB) 조선지사 설립
② 1945년 해방되면서 JTB근무 한국인 직원이 인수 '조선여행사'로 개칭
③ 1949년 재단법인 '대한여행사'로 개편, 1963년 한국관광공사에 흡수, 1973년 대한여행사로 민영화됨.
④ 1961년 「관광사업진흥법」의 제정으로 여행업 등록제 실시
⑤ 1962년 관광통역안내원 자격시험 실시
⑥ 1971년 여행업허가제로 개정
⑦ 1982년 다시 등록제로 개정
⑧ 1983년 만 50세 이상의 관광목적의 해외여행자유화
⑨ 1986년 「관광사업법」이 폐지되고 「관광진흥법」으로 개칭되면서 여행업을 일반, 국외, 국내 여행업으로 분리
⑩ 1989년 해외여행 완전자유화

3) 여행업의 내용

① 판매업무 : 항공권, 승선권, 승차권, 호텔쿠폰, 여행자수표, 관광지입장권
② 대행업무 : 외국여행을 위한 Passport, Visa 수속
③ 인수업무 : 주문여행인수
④ 중개업무 : 여행보험, 환전
⑤ 안내업무 : 국내여행안내, 관광통역안내, 국외여행인솔, 각종 여행정보 · 자료제공

4) 여행업의 종류(「관광진흥법」)

① 일반여행업 : 외국인의 국내 또는 국외여행과 내국인의 국외 또는 국내여행에 대한 업무를 모두 취급할 수 있다.
② 국외여행업 : 우리나라 국민의 해외여행업무만을 취급할 수 있다.

③ 국내여행업 : 내국인을 대상으로 한 국내여행에 국한하고, 외국인을 대상으로 하거나 내국인의 국외여행업은 할 수 없다.

5) 여행상품의 유통경로

① Retailer : Prinicipal(여행소재를 판매하는 항공사, 숙박업, 음식업, 관람업, 오락업 등)로부터 여행소재를 소량으로 구입하여 단일상품으로 판매하는 경우

② Tour Operator : 여행소재를 대량, 할인으로 구입하여 완전한 여행상품으로 결합(조립)하여 직접 판매, 집행하는 경우

③ Wholesaler : 결합(조립)된 여행상품을 광고, 선전에 의하여 직접 판매하거나 타 여행사에 위탁판매하는 경우

④ Land Operator : 외국여행지 현지수배 및 집행을 전문으로 하는 경우, Land사라고도 함.

6) 여행업의 특성

① 고정자본의 투자가 적다.

② 인간이 자본이다.

③ 무형상품을 유형화한다.

④ 계절성이 강하다.

⑤ 인력의 전문화가 필요하다.

⑥ 사무실의 위치의존도가 높다.

7) 여행의 종류

(1) 여행목적에 따라

① 소용여행 : 사적·공적용무(상용, 연구, 방문, 출장 등)를 겸해서 여행하는 경우로서 겸여행이라고도 한다(business travel).

② 관광여행 : 휴양, 오락, 관람, 견학, 유람, 탐구, 감상, 답사 등 위락을 목적으로 여행하는 경우(leisure travel).

(2) 여행규모에 따라

① 개인여행 : 9인 이하의 여행(자), 국내에서의 개인여행은 Domestic Indepen- dent Tour(DIT), 외국에서의 개인여행은 Foreign Independent Tour(FIT)라고 하며, 여행자가 직접 수배하는 경우를 DO IT Yourself(DIY)라고 함.

② 단체여행 : 10인 이상의 여행(자), Group Inclusive Tour(GIT)라고 함.

(3) 기획성격에 따라

① 주최여행 : 여행업자가 여정, 경비, 여행조건 등을 기획하여 여행자를 모집하는 여행. 대부분 Package Tour 형식을 가짐.

② 공최여행 : 여행업자가 Group의 Tour Organizer와 협의하여 공동으로 기획·모집하는 여행

③ 청부여행 : 여행자의 희망과 주문에 따라 여정을 작성하고 여행업자가 수배, 인솔하는 여행, 도급여행, 인수여행, 주문여행과 비슷한 형태임.

(4) 안내형태에 따라

① IIT(Inclusive Independent Tour) : 여행자가 안내원 없이 여행하는 포괄여행으로서 안내원이 필요한 경우 현지의 안내원을 이용하게 되는데 이 경우를 Local Guide이라고 함.

② ICT(Inclusive Conducted Tour) : 안내원이 전 여정을 동행하며 안내, 보조하는 포괄여행으로서 이때의 안내원을 Conductor, Escort, Courier라고 한다. 외국인 Escort가 인솔하는 여행을 FET(Foreign Escorted Tour)라고 함.

(5) 출입국 수속에 따라

① 기항지상륙여행(Shore Excursion) : 선박의 승무원이 임시상륙허가를 얻어 인근지역을 관광하고 선박으로 되돌아오는 경우로서 한국에서는 15일간 허용됨. 크루즈선 이용 외국인 관광객은 상륙허가 없이 3일간 체류가능

② 통과상륙여행(Overland Tour) : 선박이 일국의 어느 기항지로부터 다른 기항지로 옮겨 운항할 경우 승객이 통과상륙허가를 얻어 내륙을 관광하고 다음 승선지에서 재승선하는 경우로서 한국에서는 30일간 허용됨.

③ 일반관광여행 : 30일 이내의 체재허가를 얻어 입국하여 관광하는 것. 일반적으로 관광여행이라 하면 이를 지칭함.

(6) 여행의 방향에 따라

① 국내여행(Domestic Tour) : 한국인의 국내여행

② 해외여행(Outbound Tour) : 한국인의 외국여행

③ 외국인여행(Inbound Tour) : 외국인의 한국여행

8) 여행상품의 특성

① 무형상품이다.

② 재고가 불가능하다.

③ 수요의 변동이 심하다.

④ 가치의 개인차가 크다.

⑤ 복수동시소비가 불가능하다.

⑥ 모방하기가 쉽다.

⑦ 수송이 간편하다.

⑧ 상품의 차별화가 어렵다.

9) Package Tour의 특성

① 주로 여행업자가 기획, 주최하는 주최여행이다.

② 불특정다수인을 대상으로 모집, 판매한다.

③ 교통비, 숙박비, 식사비, 관람비 등이 포함된 Inclusive, Planning, Ready Made Tour이다.

④ 여행사가 항공좌석, 호텔객실 등을 사전에 대량으로 구입하여 여행세트로 조립, 판매한다.

⑤ 대량, 할인 구입에 따르는 책임판매의 부담이 있다.

⑥ 여행사가 여행부품을 조립하여 직접 집행하기도 하고(Tour Operator), 다른 여행사를 통하여 간접판매하기도 한다(Wholesaler).

⑦ 부품을 대량, 할인 구입하므로 원가와 매가가 저렴하다.

⑧ 여정을 반복하여 운영하므로 현지의 수배가 간편하다.

8. 관광숙박업

1) 숙박업의 특성

① 다기능성

② 순간산업

③ 비저축성

④ 비신축성

⑤ 계절성

⑥ 고정비 지출의 과다

⑦ 생산과 소비의 동시성

⑧ 진부화가 빠르다.

⑨ service 의존성이 크다.

⑩ 고정자본투자가 크다.

⑪ 노동집약적이다.

2) 숙박업의 발달과정

① Inn시대 : 19세기 이전, 영국을 중심으로, 주로 역마차 역주변에 건립

② Grand Hotel시대 : 19세기 이후, 프랑스를 중심으로, 상류계급이 이용하는 호화 호텔. Le Grand Hotel, Hotel du Louvre, Ritz Hotel 등

③ Commercial Hotel시대 : 20세기, 미국을 중심으로, 여행대중 및 상업여행자가 이용. Statler Hotel, Hilton Hotel 등

④ Chain Hotel시대 : 현재, 다국적, 대규모 Chain Hotel. Holiday Inn, Hilton 등

3) 숙박업의 분류

(1) 입지적 요인에 따라

① Metropolitan Hotel : 대도시에 1,000실 이상을 보유한 대규모 호텔. 대연회장 및 다종 다양한 설비가 완비되어 있음.

② City Hotel : 도시 중심지에 위치한 상용, 공용 호텔, 도시민의 사교, 상업중심지로 이용됨.

③ Country Hotel : 교외의 산간에 위치. 계절에 맞는 오락시설, 휴양시설을 갖춘 호텔

④ Airport Hotel : 공항 부근에 위치. 항공편을 이용하는 여행자가 이용하기 편리한 호텔. Airtel 이라고도 함.

⑤ Seaport Hotel : 항구부근에 위치한 호텔

⑥ Terminal Hotel : 역이나 정류장 부근에 위치한 호텔

⑦ Highway Hotel : 고속도로 연변에 위치, 장거리 자동차 여행자가 이용하는 호텔. Motel이라고 도 함.

(2) 숙박기간에 따라

① Transient Hotel : 보통 1~3일 이내의 단기 숙박객이 많이 이용하는 호텔. 교통이 편리하고 외래객을 위한 커피숍이나 카페테리아가 있음.

② Residential Hotel : 1주일 이상 1달 이내의 중단기의 체재객이 주로 이용하는 호텔

③ Permanent Hotel : 수개월 이상 장기출장, 교환근무, 파견근무 등으로 장기 투숙객이 이용하는 호텔

(3) 숙박목적에 따라

① Commercial Hotel : 도시 중심가에 위치, 공용 · 상용 목적으로 왕래하는 이용객이 많은 호텔.

숙박기간이 짧고, 요금이 싸다.

② Resort Hotel : 관광지, 피서지, 휴양지, 해변, 산간 등지에 보건, 휴양에 적합하도록 지어진 호텔

③ Apartment Hotel : 퇴직후, 장기체재객 등을 위한 호텔. 객실마다 자취설비가 있고 저렴함. 스페인에서 주로 이용. Apartel이라고도 함. Silver town hotel이 여기에 속함.

④ Conventional Hotel : 대규모의 집회 및 행사, 전시회, 국제회의 등의 유치에 적합한 상업호텔

(4) 호텔규모에 따라

① 소형 호텔(Small Hotel) : 객실 수가 25실 이하인 소규모 호텔을 말한다.

② 중형 호텔(Average Hotel) : 우리나라에서는 「관광진흥법」상 2등급(2성급) 이하의 부류에 속하는 호텔로 객실수가 25실에서 100실까지 보유한 호텔을 말한다.

③ 중대형 호텔(Above Average Hotel) : 객실을 100실에서 300실까지를 확보하고 있는 호텔을 말하는데, 우리나라의 「관광진흥법」상 1등급(3성급) 호텔들이 이에 해당한다고 본다.

④ 대형 호텔(Large Hotel) : 호텔의 객실 수가 300실 이상을 보유하고 있는 대규모 호텔을 말한다. 우리나라의 「관광진흥법」상 특등급(5성급·4성급) 관광호텔들이 이에 속한다. 그러나 요즘에는 수백에서 수천개의 객실을 보유하는 대규모 호텔이 속속 등장하고 있기 때문에, 객실수에 의한 호텔의 분류는 전근대적인 분류방식이라고 볼 수 있다.

(5) 경영형태에 따라

① 소유직영(Independent)방식 : 소유주, 자본주가 독자적인 브랜드와 기술로 직접경영

② 임차(Lease)방식 : Hotel의 토지, 건물을 계약에 의해서 임차하고 자금, 경영능력이 있는 자가 내부시설 및 경영을 담당, 영업이익을 분배하거나 임차료 지급

③ 경영계약(Chain)방식 : 경영자가 소유자로부터 Royalty(Management Fee)를 받고(총이익의 약 1/3 정도) 자기의 상표, 기술, 자본, 인사로 경영하는 것. 자본을 참여하는 경우(Corporate Chain : 주식체인)와 자본은 참여하지 않는 경우(Independent Chain : 독립체인)가 있음. Management Contract 또는 Trust Management라고도 함.-웨스틴조선, 힐튼, 프라자, 하얏트, 인터콘티넨탈 등

④ Franchise방식 : 소유, 자본, 경영, 인사는 자율성을 부여하되, 상표, 기술, 정보를 제공하고 Royalty를 받음(총매상고의 약 5~10% 정도). -홀리데이인, 쉐라톤, 라마다 등

⑤ 제휴(Referral)방식 : 경영간섭 없이 상호 수평관계에서 기술, 구매, 자금, 예약 등을 협력하는 경우로서 협동조합과 유사함.-베스트웨스턴모텔즈 등

(6) 요금지급방식에 따라

① American Plan(AP)호텔 : 숙박료에 식사비를 포함하여 계산하는 호텔. 3식을 포함하면 Full Pension, 2식을 포함하면 Half Pension이라고 함. Resort Hotel, Country Hotel, Cruise에서 주로 채택

② Continental Plan(CP)호텔 : 숙박료에서 1식(조식)을 포함하여 계산하는 호텔. 유럽지역에서 많이 채택

③ European Plan(EP)호텔 : 숙박비와 식사비를 분리하여 계산하는 호텔. 우리나라의 호텔은 이 방법을 택하는 경우가 많음. 식사하지 않고 숙박만 가능한 호텔

(7) 기타 특수숙박시설

① Motor Hotel(Motel) : 자동차여행자를 위한 호텔. 도시나 교외의 Business Motel, 휴양지의 Resort Motel, 고속도로 연변의 Highway Motel 등으로 구분됨. 특성은 숙박비가 싸다. 예약이 필요 없다. 「No- Tip」 제도이다. 행동이 자유롭다.

② Youth Hostel : Social Tourism의 일환으로 청소년들을 많이 여행에 참여시키기 위한 제도에서 생긴 호텔. 그 이용원칙은 인종이나 종교 및 언어에 차별이 없음. 통일된 저렴한 요금적용, 젊은이에게 우선권 부여, 일국에 일조직 승인, 회원등록제 실시 등임.

③ Yachtel : yacht 여행자를 위한 바다 또는 부둣가에 위치한 호텔. Yacht Hotel의 약자, 수상호텔

④ Botel : cruise, 유람선. Boat Hotel의 약자

⑤ Flotel : 해변에 계류 또는 고정. Floating Hotel의 약자, 수상호텔

⑥ Rotel : 숙식이 가능한 장거리 여행용 버스. Rotating Hotel의 약자. Camping Car

⑦ Pension : 유럽에서 많이 볼 수 있는 숙박시설, 전원주택식 숙박시설

⑧ Logis : 프랑스의 시골 숙박시설

⑨ Hostal : 스페인, 포르투갈에서 볼 수 있는 저렴한 서민호텔

⑩ 국민숙사 : 일본의 가족이 이용할 수 있는 저렴한 공공숙박시설

⑪ Chalet : 열대지방, 동남아의 휴양호텔, 원두막형이 많고 방갈로보다 낮고 작음

⑫ Chateau : 개인저택형(맨션, 빌라) 별장형 휴양호텔

⑬ Bungalow : 목조2층, 아래층이 없음. 원두막형, 지붕은 경사가 심함. 열대지방의 건축형태

⑭ Cottage : 목조형태의 소규모 단독 숙박시설, 농어촌, 해안, 산악지에 많음. Cabin과 유사함.

⑮ Eurotel : European Hotel의 약자. 유럽지역의 회원제 휴가촌. 체인화됨. 대표적인 것은 지중해클럽 등

⑯ Officetel : Office＋Hotel. 숙박시설과 사무실이 함께 구비된 것

⑰ Guest House(＝Tourist Home) : 여행자, 순례자들이 많이 이용하는 민박식 여관. 근래에는 배낭 여행자들이 많이 이용함.

4) Hotel의 경영조직

(1) 4대 부문으로 나누면

① Front of the House (객실부문)

② Back of the House (식음료부문)

③ Entertainment and Banquet (오락연회부문)

④ Management and Executive (관리부문)

(2) 8대 부문으로 나누면

① Front Office Dept. (현관부문)

② Housekeeping Dept. (객실부문)

③ Restaurant Dept. (식당부문)

④ Kitchen Dept. (주방부문)

⑤ Accounting Dept. (회계부문)

⑥ Engineering Dept. (기술부문)

⑦ Entertainment and Banquet Dept. (오락연회부문)

⑧ Management and Executive Dept. (관리부문)

5) Chain Hotel의 장단점

(1) 장점

① 대량·공동구입으로 원가절감

② 전문가의 활용

③ 광범위한 공동선전

④ 예약망의 효율적 활용

⑤ 계수관리의 적정화, 용이화

(2) 단점

① 로열티의 과다한 지급

② 회계제도상의 불리

③ 부당한 인사

④ 자본주는 경영에 불간섭

⑤ 자본주의 최소한 이익 불보장

1. 관광의 어원을 동·서양으로 구분하여 설명하라.

① 동양 : B.C 8세기경 주역(周易)중에 '觀國之光 利用賓于王'이란 글속에서 최초로 관광(觀光)이란 용어가 사용되었다.

② 서양 : "Tourism"이라는 용어가 1811년 영국의 스포츠 월간잡지 「The Sporting Magazine」에서 최초로 발견되었다.

※ ① 觀國之光 : "자국 또는 타국의 문물제도, 풍속 등을 시찰하여 견문과 교양을 넓히는 것"이라는 뜻으로 그 의미는 ㉠ 타 지역으로 이동 ㉡ 견문의 확대 ㉢ 외교적인 목적

② Tour : 어원은 라틴어의 Turnus이며 '순회하다. 회전하다'는 뜻이다. Tourism : Tour의 파생어로 관광을 의미한다. 학문, 이론 등에서는 '관광'이라는 추상명사로 쓰이는 경우가 많다.

Tourist : 사람(관광객), 사업(관광호텔) 등에 많이 쓰인다.

Travel : 정주지를 떠나는 장소의 이동개념이다.

2. 우리나라에서 관광의 어원으로 볼 수 있는 것은 무엇인가?

관광주체	관광객체	관광매체
관광객 (관광욕구) ↓ 관광동기 ↓ 관광행동 (관광수요시장)	관광대상 (관광자원, 관광시설) (관광공급시장)	• 공간적 매체: 교통기관, 도로·운송시설 등 • 시간적 매체: 숙박, 휴게실 등 • 기능적 매체: 관광알선, 통역안내, 관광선전 등

3. 관광의 발전단계를 말하라.

단계구분	시기	관광객층	관광동기	조직자	조직동기
• 여행(tour)의 시대	고대부터 1830년대 말까지	귀족, 승려, 기사 등의 특권계급과 일부의 평민	종교심 향락	교회	신앙심의 향상
• 관광(tourism)의 시대	1840년대 초부터 제2차 세계대전 이전까지	특권계급과 일부의 부유한 평민(부르주아)	지적 욕구	기업	이윤의 추구
• 대중관광 (mass toruism) • 복지관광 (social toruism) • 국민관광 (national toruism)	제2차 세계대전 이후 근대까지	대중을 포함한 전국민 (장애인, 노약자, 근로자 포함)	보양과 오락	기업 공공단체 국가	이윤의 추구, 국민복지의 증대
• 신관광(new toruism)의 시대	1990년대 중반 이후 최근까지	일반대중과 전국민	개성관광의 생활화	개인 가족	개성추구와 특별한 주제 또는 문제해결

4. 고대에 있어 가장 '위대한 여행가'로 불리우는 인물은 누구인가?

헤로도토스(Herodotos : 기원전 5C의 역사가)

5. 고대이집트와 그리스에 있어서 관광의 형태는 무엇인가?

체육관광, 종교관광(성지순례, 참배), 요양관광(온천, 휴양)

※ 고대 그리스의 부족국가들이 평화와 협력을 위해서 올림피아에서 체육대회를 개최하였는데, 이것이 올림픽의 기원이며, 대표적인 체육관광이다.

6. 고대 로마시대 관광의 형태로서 포도주와 함께 식사를 즐기기 위해 여행했던 식도락을 무엇이라고 불렀는가?

개스트로노미아(Gastronomia)

※ 식도락의 부작용으로 인해서 건강을 위해서 온천요양을 즐기는 '요양관광'이란 새로운 형태의 관광이 유행하게 되었다.

7. 고대 로마시대의 관광의 형태는 무엇인가?

종교관광, 요양관광, 식도락관광, 예술감상 등

8. 중세 유럽의 관광형태는 무엇인가?

성지순례(Pilgrim)의 형태를 취한 종교관광, 중세는 기독교문화의 지배하에서 기독교인의 종교행사, 성지순례 등이 대부분이었다.

9. 'Grand tour'란 무엇인가?

17~19세기 초 문예부흥시대에 유럽각지의 귀족계급이나 왕족의 자녀들을 교육목적을 위해 유럽대륙으로 여행을 시킨 시기를 말하며 '교양관광'의 시대라고도 한다. 현재 학생들의 수학여행을 여기서 유래되었다고 보는 사람도 있다.

10. "Rhein Land"라는 독일 여행안내기를 발표한 독일인은?

베데커(K. Baedecker, 1829년)

※ 1849년 존 머레이(John Murray)의 "런던여행편람(The Hand book of London)"이 최초의 유럽대륙 여행안내서로 알려져 있다

11. 관광의 정의를 말하라.

"관광이란 사람이 일상생활권을 떠나, 다시 돌아올 예정으로, 이동하여 영리를 목적으로 하지 않고 휴양(休養)·유람(遊覽) 등의 위락적 목적으로 여행하는 것이며, 그와 같은 행위와 관련을 갖는 사상(事象)이다."

12. 우리나라 해방이전의 관광발 전사를 요약하라.

해방 전(~1945)
① 고대~조선 초
   ㉠ 통일신라 시대 후기 청해진은 신라, 당나라, 일본의 중계무역 중심 지로서 무역기능을 갖췄을 뿐만 아니라 숙박시설로 청해관이 설치 되어 있었다.
   ㉡ 고려 시대에는 사신들의 숙소로 신창관(**新倉館**)을 운영하였다.
   ㉢ 신라 시대의 관광이나 여행은 종교·민속관광이 주된 관광형태였다.
   ㉣ 대불호텔: 1888년 인천에 세워진 우리나라 최초의 호텔이다.
   ㉤ 손탁호텔(Sontag Hotel): 1902년 서울에 세워진 우리나라 최초의 서양식 숙박시설이다.
② 일제 강점기
   ㉠ 일제통치하에서 일본은 대륙침략의 목적으로 철도를 부설하였는데 철도여객을 숙박시키기 위해 주요 철도역에 철도호텔을 세웠다. 1912년 부산과 신의주에 최초의 철도호텔이 세워졌다.
   ㉡ 러·일전쟁 후 일본에서는 관광사업에 대한 국민외교 및 국가경제 상의 중요성이 널리 인식되어 재팬 투어리스트뷰로(JTB; Japan Tourist Bureau, 일본교통공사의 전신)를 창립하였는데 1914년에 는 한국지사가 개설되어 일본인의 여행편의를 제공하였다.
   ㉢ 관광사업의 유망성을 인식한 일본은 외국인의 내방을 늘리기 위해 각지에 호텔을 세웠다.
      • 1914년: 조선호텔
      • 1915년: 금강산호텔, 장안사호텔
      • 1925년: 평양철도호텔
      • 1936년: 반도호텔(당시 최대규모)
   ㉣ 일제 강점기의 관광은 일본인과 외국인을 위한 관광이었을 뿐 우리 국민의 여행은 극도로 제한되어 있었고, 관광사업 역시 일본인이 독점 하고 있었기 때문에 참된 의미에서 우리의 관광사업이라 볼 수 없다.

13. 관광의 구성요소(3요소)를 말 하라.

① 주체(관광객) ② 객체(관광대상) ③ 매체(관광사업)

14. 관광의 구성요소를 인간, 공 간, 시간이라고 정의한 사람 은 누구인가?

와합(S. Wahap)과 크램프톤(L. Crampton) : 영국의 관광학자
공저 "Tourism Markeing(1976)"에서

15. C. A. Gunn의 '관광현상 및 관광계획론'에서의 5요소란?

① 인간(관광객) : 문화수준, 계절성, 특징, 관심사
② 교통(수송조직) : 경제성(Economy), 신속성(Speed), 호화성(Lu- xury), 기동성(Mobility)
③ 매력성(관광객을 만족시킬 수 있는 제자원) : 좋은 날씨(Good Weather), 풍광(Scenery), 접근가능성(Accessibility), 사적지 등 문화적 요소
④ 정보 및 안내조직 : 정보, 홍보, 안내, 판촉
⑤ 서비스 및 시설물 : 식당, 판매 및 휴식시설

16. 관광객의 개념규정을 위해 경제적, 경영적 정의를 내린 인물의 예를 들어보라.

① Mcintosh : "관광은 여행자를 유인, 운송하며 숙식을 제공하는 등 욕구를 충족시키는 과학이며 사업이다."
② Lundberg : "관광은 여행자를 위한 접대, 여흥 및 교통 등에 관한 사업이다."

※ 관광객을 문화의 전파자, 외지문화의 대변자(사자) 또는 현지 자원문화의 파괴자라기보다는 하나의 경제단위로 보았다.

17. 순수관광객과 겸목적관광객의 차이를 설명하라.

① 순수관광객 : 관광만을 목적으로 여행하는 자(pleasure traveler)
② 겸목적관광객 : 순수관광과 타목적을 겸한 여행자(business tra- veler)

18. 현대 관광의 형태를 설명하라.

① 복지관광(Social Tourism): 대중의 정서 함양과 보건 증진을 위하여 저소득층에게 국내 관광을 즐길 수 있도록 권장함과 동시에 이를 실현할 수 있도록 특별 지원과 공적 시설 확충, 유급휴가 제도 실시와 같은 사회복지적 정책을 추진하였다.
② 국제관광: 세계 각국의 긴장 완화로 자국의 경제력 회복을 위한 외화소득 수단으로서 국제관광을 개발하기 시작하였다. 그 결과 왕래가 쉬워져 급속하게 진전을 보였고, 관광사업 또한 이에 영향을 받아 대형화·근대화·경영의 합리화가 추진되었다.
③ 대중관광(Mass Tourism): 교통수단의 발달, 노동시간 단축에 따른 자유시간 증대, 관광에 대한 인식 변화, 소득증대, 매스컴의 발달에 따른 풍부한 정보 등을 배경으로 대중이 참여하는 대규모 관광
④ 대안관광: 대량 관광행위로 인해 환경에 미치는 영향과 사회·문화적 영향을 최소화하려는 것으로 사회적으로 책임성 있고 환경을 인식하는 새로운 형태
⑤ 기타: 녹색관광, 생태관광, 지속 가능한 관광 등

19. 관광의 효과를 말하라.

① 긍정적 효과
　㉠ 경제적 효과: 높은 외화가득률로 국가경제 및 국제수지개선에 기여, 국민소득·조세수입·고용증대에 기여
　㉡ 사회적 효과: 국제친선 도모와 민간외교
　㉢ 문화적 효과: 역사유적 등의 보존·보호
　㉣ 그 밖에 환경적 효과와 국가안보적 효과가 있다.
② 부정적 효과
　㉠ 경제적 효과에 대한 부정적 입장: 물가 상승, 기반시설투자에 대한 위험부담 등
　㉡ 사회적 효과에 대한 부정적 입장: 범죄율 상승, 주민의 양극화 등
　㉢ 문화적 효과에 대한 부정적 입장: 토착문화 소멸 등

20. 여가의 기능을 말하라.

① 휴식의 기능: 일상생활, 특히 근로생활의 압력에 의한 육체적·정신적 소모를 보완·회복시켜 주는 기능을 한다.
② 기분전환의 기능: 기분전환은 인간을 권태로부터 구출한다.
③ 자기실현의 기능: 여가는 자동기계적인 일상적 사고와 행동으로부터 개인을 해방시키고 보다 폭넓고 자유로운 사회적 활동에 대한 참가와 실무적·기술적인 훈련 이상의 순수한 의미를 가진 육체·감정·이성의 도야를 가능하게 한다.

21. 관광의 구성요소 가운데 매체를 세분화하라.

① 공간적 매체 : 교통기관, 도로
② 시간적 매체 : 숙박시설, 휴식 및 오락시설
③ 기능적 매체 : 여행업, 관광기념품판매

22. 관광의 3대 기간사업은 무엇인가?

① 여행업 ② 숙박업 ③ 교통업

23. 관광의 목적을 말하라.

① 교양적 목적 ② 위락적 목적 ③ 산업적 목적

24. 환경문제를 심각하게 다루었던 학자 자파르 자파리(Jafar Jafari)의 관광자원의 3요소란 무엇인가?

① 자연적 관광요소 ② 사회, 문화적 관광요소
③ 인공적 관광요소

25. 관광 목적지로서 갖추어야 할 성립요건은 무엇인가?

① 관광 매력성(Attractions) ② 접근성(Accessibility)
③ 관광 수용성(Amenities)

※ 매력성은 관광대상, 접근성은 교통의 편리성, 수용성은 관광객이 이용할 시설, 장소 등을 뜻한다.

26. 관광사업의 정의를 말하라.

"관광객을 위하여 운송, 숙박, 음식, 운동, 오락, 휴양 또는 용역을 제공하거나 기타 관광에 부수되는 시설을 갖추어 이를 이용하게 하는 업"을 말한다.

27. 관광사업을 크게 두 가지로 분류하라.

① 사기업적 관광사업 : 관광교통업, 숙박업, 여행업, 음식업, 유흥오락업, 토산품판매업 등 개인이 경영하는 기업
② 공기업적 관광사업 : 도로, 통신, 전기, 상하수 등의 관광기반시설 건설, 선전활동을 촉진하는 사업, 관광자원의 보호 육성과 이용의 촉진 사업, 관광시설의 정비사업, 관광지개발사업, 관광종사원의 교육, 관광정보의 제공, 관광조사 활동의 추진 및 통계의 정비사업 등

28. 관광사업은 몇 차 산업에 해당되는가?

제3차산업 또는 제4차산업에 해당한다(관광산업은 또한 무형무역이며, 노동집약적 산업이다).

※ ① 제1차산업 : 농업, 광업, 수산업
  ② 제2차산업 : 제조업, 공업
  ③ 제3차산업 : 서비스업(관광, 정보, 교육, 교통, 의료 등)

※ 제4차산업 : 지식, 정보를 자본으로 하는 사업

29. 관광사업의 특성을 말하라.

매체성, 양면성, 다각성, 공공성, 변동성, 서비스성, 복합성, 입지의존성

※ ① 매체성(Mediatory) : 일반적으로 관광사업은 주체인 관광객과 객체인 관광자원을 결합시키는 매개역할(Media)을 제공한다.
  ② 양면성(Bilateral) : 호텔업, 교통업, 휴양업 등은 많은 고정자본의 투자가 필요한 자본집약적인 사업이면서 인력을 많이 필요로하는 노동집약적 사업이다.
  ③ 다각성(Multi Lateral) : 관광사업과 관련되는 분야는 자연, 문화, 사회, 교육, 경제, 무역, 정치, 역사, 지리 등 대단히 광범위하며 다각적인 성격을 갖는다.
  ④ 공공성(Public) : 관광사업은 국제법규와 질서, 국민복지의 측면에서 공공성이 중요시된다.
  ⑤ 변동성(Variability) : 관광사업은 국제정치정세, 경기변동, 국민소득, 계절의 변화 등에 영향을 받기 쉽다.
  ⑥ 서비스성(Service) : 관광사업이 서비스산업이라 하는 것은 관광산업은 관광객에 대하여 서비스를 제공하는 업을 중심으로 하고 있기 때문이며, 서비스가 가장 중요한 요소이다.
  ⑦ 복합성 : 여행의 출발부터 귀착까지 여러 업종이 관련되어 있다. 특히 여행업, 교통업, 숙박업, 관람업, 음식업 등이 기간업종이다.
  ⑧ 입지의존성 : 관광사업은 관광지의 입지적 조건에 따라 소비계층 및 소비형태가 달라진다. 또한 그 소비활동은 자연배경, 기후, 교통편의성, 주중주말에 따라 그 변동의 폭이 크다.

30. Infra Structure와 Super Structure를 설명하라.

① Infra Structure : 관광에 관한 기반시설 즉, 관광하부구조로서 공항, 항만, 주차장, 통신, 전기, 상하수도 등의 기반시설을 의미한다.
② Super Structure : 관광상부구조로서 여행, 행정, 숙박, 레크리에이션시설 등을 의미한다.

31. Social Tourism에 관한 이론적 근거를 확립한 학자는?

훈지커(Hunziker) : 스위스 「여행금고협동조합」 창립

※ Social Tourism은 관광행위가 특수층에서 점차 대중화되어 가는 과정에서 재정적으로 빈약한 사회계층의 관광여행을 지원하는 것을 뜻하는데 스위스의 "여행금고협동조합"(1939년)과 프랑스의 "가족휴가제"(1959년)가 근원적 형태이다.

32. Social Tourism의 촉진책 4가지를 말하라.

① 노동시간의 단축 ② 휴가제도의 확대(휴가기간, 휴가시기의 확대)
③ 여행경비의 저렴화 ④ 경제적 지원(여행보험, 저축, 융자 등)

33. Social Tourism의 4대원칙은 무엇인가?

① 유급휴가 ② 비용절감 ③ 관광도덕준수 ④ 여행구매력 증진

34. 국민관광이란?

가계소득 중 잉여가 발생하고 여가시간이 주어질 때 또는 정책적 지원혜택으로 여가비와 여가시간이 가능할 때 노동의욕 고취와 국민복지 증대를 위해 국민 스스로가 주거지외의 위락과 관광활동에 자발적 또는 계도적으로 참여해 가는 현상을 말한다.

※ 국민관광의 인자
① 목적인자 : 국민관광의 목적은 노동의욕 고취 및 국민복지 증진.
② 행위인자 : 국민관광의 행위주체는 일반국민.
③ 성립인자 : 국민관광의 성립은 가계소득 증가에 따른 잉여의 발생 및 여가시간의 증대 또는 제도적으로 위락, 관광비용, 여가혜택을 받을 때 성립.
④ 속성인자 : 국민관광의 속성은 주거지 이외의 위락활동과 관광행위.
⑤ 발원인자 : 국민관광의 발원은 자발적이어야 한다.
⑥ 배경인자 : 국민관광의 배경은 대중문화의 출현.
⑦ 현상인자 : 국민관광의 현상은 사회적 현상과 문화적 현상의 복합현상.

35. 국민관광의 발생요인은 무엇인가?

① 현대인의 위락심리 변화 ② 사회변화(공업화, 도시화) ③ 고밀도 사회의 출현(인구집중, 도시환경의 오염) ④ 가처분소득의 증대

36. 국제관광의 확대요인(발전요인)을 말하라.

① 교통의 발달 ② 여가시간의 증대 ③ 교육수준의 향상 ④ 여성의 지위향상 ⑤ 노년의 인구증가 ⑥ 임금의 향상

37. 국제관광과 국내관광을 구분하여 분류한다면 그 차이의 기준이 되는 것은 무엇인가?

① 국적표준주의 : 관광객이 자기국적 내에서 여행하면 국내관광, 국적이 아닌 국가로 여행하면 국제관광으로 본다.
② 소비화폐표준주의 : 소비하는 화폐가 국경을 넘으면 국제관광으로 본다.
③ 거주지표준주의 : 현주소지 국가에서 국경을 넘으면 국제관광으로 본다.
④ 생활방식표준주의 : 국경을 무시하고 생활방식이 같은 곳으로 이동하면 국내관광으로 본다.

※ 우리나라는 국적표준주의(법무부, 외교통상부, 행정안전부)와 소비화폐표준주의(기획재정부, 지식경제부)를 동시에 취하고 있다.

38. 국제관광의 효과는 무엇인가?

① 경제적 효과 : 국제무역증진, 국민소득증대, 국제수지개선, 조세수입증대, 국내산업의 진흥, 고용증대.
② 사회적 효과 : 국제친선의 증진, 민간외교의 확대, 균형적인 국토개발, 국민교양향상
③ 문화적 효과 : 문화교류와 홍보
④ 국가 홍보 효과 : 세계 유일 분단국가인 우리의 현실을 국제사회에 널리 알려 국제적 지지유도. 자국의 고유한 문화와 발전상을 홍보
⑤ 환경적 효과 : 관광개발과 관련된 환경의 개선, 사적 및 유적 등의 보존·보호와 자연보호 등의 효과가 포함된다.

39. E. Cohen의 국제관광(객)의 유형은 무엇인가?

① 조직적 대중관광객 ② 개별적 대중관광객 ③ 탐험가 ④ 표류자

40. "관광은 국가존립에 필수적인 활동으로 간주 된다"라고 정의한 기관은 무엇인가?

WTO(세계관광기구)가 1980년에 개최한 세계관광회의의 마닐라 선언

※ 이 선언에서 WTO는 "모든 국가는 국민에게 최소한의 휴식의 권리를 부여함으로써 사회안정과 개인의 복지증진에 기여할 수 있다"고 선언.

41. 유급휴가의 규정, 여행비 염출 방법, 숙식, 교통수단, 요양시설 및 여행(휴가)기간 등에 관한 조언을 하고 관광선전 및 홍보에 관한 사항을 구체화한 결의대회는 무엇인가?

제 1차 국제 Social Tourism 대회(1956년)

※ 제 2차 국제 Social tourism 대회(1959년) : 1차 대회의 결의 사항의 확인 강조

42. "국가가 국민대다수에게 휴식과 레크리에이션을 즐길 수 있는 권리를 부여함으로써 문화발전과 국민결속의 수단이 될 수 있다"고 한 선언은 무엇인가?

미주국가기구(OAS)의 리오데자네이로 선언

43. 매슬로우(A.Maslow)의 인간 욕구 5단계를 말하라.

제1단계 : 생리적 욕구(의식주, 수면, 휴식, 생리작용)
제2단계 : 안정의 욕구
제3단계 : 소속과 애정의 욕구
제4단계 : 자기존중의 욕구
제5단계 : 자기실현의 욕구

※ Alderfer의 욕구구조
  제1단계 : 생존의 욕구(생리적 욕구, 안정과 안전의 욕구)
  제2단계 : 대인관계 유지욕구(사회적 욕구)
  제3단계 : 성장욕구(지위, 존경, 자기실현욕구)

44. 인간행동의 3단계란?

생리 → 의무 → 여가

45. 관광욕구와 관광동기를 구분하라.

① 관광욕구 : 관광행동을 유발하는 심리적 원동력
② 관광동기 : 관광욕구를 관광행동으로 나타나게 하는 원인, 이유, 목적

※ ① R.Glucksmann의 관광욕구 분류
  • 관념적-심리적 요인 : 조용한 곳, 교유심, 신앙심
           정신적 요인 : 견문의 확대, 지식욕구, 환락욕구
  • 물질적-신체적 요인 : 건강, 요양욕구
           경제적 요인 : 구매, 판매, 쇼핑, 사업욕구
② 다나카 키이찌(田中喜一)의 관광욕구와 동기의 분류
  • 심정적 동기 : 사향심, 교유심, 신앙심
  • 신체적 동기 : 치료욕구, 보양욕구, 운동욕구
  • 정신적 동기 : 지식욕구, 견문욕구, 환락욕구
  • 경제적 동기 ; 매물목적, 사업목적
③ 토마스(J.A. Thomas)의 관광동기 분류
  • 교육·문화적 동기
  • 휴양·오락 동기
  • 망향적 동기
  • 기타 동기 : 기후적 동기, 건강유지 동기, 운동목적 동기, 경제적 동기, 모험적 동기, 종교적 동기, 역사적 동기, 사회적 동기
④ 관광수요 : 관광욕구와 동기를 지닌 관광객 또는 관광객의 소비를 의미한다.

46. 인간의 행동 동기를 X이론과 Y이론으로 구분하여 설명한 학자는?

맥그리거(Mcgregor)

※ Mcgregor의 XY이론적 인간모형
  ① X이론적 인간모형 : 인간은 근본적으로 일을 싫어하고 게으르며 이기적이고, 조직의 목적에 무관심하며 책임을 회피하고 통제받기를 원하고 안정과 경제적 만족을 추구한다.
  ② Y이론적 인간모형 : 인간은 일을 즐길 수 있고, 조직의 목적에 적극 참여하여 자아실현을 추구하며, 책임과 자율성 그리고 창의성을 발휘하기를 원하고 자기 자신을 통제 할 수 있는 능력을 갖고 있다.

47. 미국의 동기조사연구소소장으로 1967년 10월 스리랑카의 국제관광세미나에서 구체적 관광동기를 분류·체계화한 학자는 누구인가?

Ernest Dichter박사

※ Ernest Dichter박사의 관광동기 분류
① Encouragement for adventure
② The discovery of new self
③ The after effect of travel
④ The new traveler is a cultural adventure
⑤ Break down prejudices
⑥ How to see a country
⑦ Travel is a dialogue
⑧ A search for new phylosophy
⑨ Uniqueness

48. Mcintosh의 관광(심리)의 동기를 말하라.

① 신체적 동기 ② 문화적 동기 ③ 사회적 동기 ④ 지위향상적 동기

49. 관광행동의 분류에 있어서 정치적 관광을 포함시킨 학자는?

베르네커(Bernecker)

※ ① 베르네커(Bernecker)의 분류
  • 요양적 관광
  • 문화적 관광 : 수학여행, 종교행사 참가, 성지순례, 견학
  • 사회적 관광 : 친목여행, 신혼여행
  • 정치적 관광 : 정치적 행사 참여
  • 경제적 관광 : 쇼핑, 박람회, 전시회
② 글뤽스만(Glücksmann)의 분류
  • 심정적 관광 : 사향심, 교유심, 신앙심
  • 신체적 관광 : 치료욕구, 요양욕구, 운동욕구
  • 정신적 관광 : 지식욕구, 견문확대욕구, 환락욕구
  • 경제적 관광 : 구매욕구, 판매욕구, 상용욕구
③ 마리오티(Mariotti)의 분류
  • 견학관광 : 명승, 고적
  • 스포츠관광 : 스포츠관람
  • 교화적 관광 : 수학여행, 고고학적 여행
  • 종교적 여행
  • 예술적 관광 : 연극여행, 음악여행
  • 상업적 관광 : 상품품평회, 박람회, 시장조사
  • 보건적 관광 : 온천, 요양

50. 관광행동이 성립되기 위한 결정요인은 무엇인가?

비용, 시간, 정보

51.	Leisure(여가)와 Recreation (위락)의 차이점은?	① 여가 : 일과 상반되는 개념으로 인간생활시간 중에서 사회적, 생리적 행위를 위해 필요되는 구속시간을 뺀 자유시간을 말한다. 즉, 여가시간 = 24시간－(노동시간＋노동부속시간＋생리적 필수시간) ② 위락 : 여가 속에서 행해지는 자발적 활동 또는 경험이다(관광, 스포츠, 놀이, 취미활동, 봉사활동 등). ※ ① 위락(Recreation)의 어원 : Re-Create(재창조). Indoor Recreation : 실내위락. Outdoor Recreation : 야외위락(관광은 여기에 해당) ② 반여가(Anti Leisure) : 여가 사회학자 가드비(Godbey)가 제기한 개념으로 여가활동 중에서도 근심하는 시간으로, 지나치게 여가를 의식하거나 자율성의 상실 등으로 그 본래의 여가적 특성을 상실해가는 상태를 말한다. ③ 유효시간대 : 관광, 여가나 레크리에이션의 충분한 기능을 지닌 기간을 의미한다.
52.	여가의 형태로는 어떠한 것이 있는가?	① 통상적여가(square leisure)　② 준여가(semi leisure) ③ 수동적여가(passive leisure)　④ 능동적여가(active leisure)
53.	여가계층론을 주장한 학자는?	베블린(T. Veblin) ※ 토스타인 베블린은 "여가계층론"이란 저서를 통해 여가를 다른 사람들의 노고를 도구화하여 사는 특권계층을 위한 생활의 방법으로 간주하고 이를 "이색적인 소비"로 묘사하였다.
54.	여가 공포증(Leisure Phobia) 이란 무엇을 의미하는가?	휴가 중이나 휴무 중에도 자신을 즐길 수 없는 무감증 상태로서, 시간의 소비에 대한 적응 부족이나 불안감이 관광자체를 부담으로 느끼게 하는 심리거부 반응을 지칭한다.
55.	여가는 휴식, 기분전환, 자기개발의 세 가지 기능(여가의 3대 기능)을 가진 활동의 총칭이라고 주장한 학자는?	듀마즈디에(J.Dumazedier) : 프랑스의 여가학자
56.	인간의 존재와 행동양식의 본질을 새로이 규명하면서 '신이 인간을 창조한 중요한 목적의 하나는 놀이하는 인간, 축제하는 인간이다'라고 주장한 학자는 누구인가?	Huizinga(1938년, 네델란드 사회학자)

57. 관광행정과 관광정책을 구분하라.

① 관광행정 : 국가 또는 지방자치단체가 관광발전을 위해 관광행동과 관광사업을 조성, 촉진하고 혹은 지도, 단속, 감독하는 활동
② 관광정책 : 한 나라의 관광행정 활동을 통합적으로 조정하고 추진시키기 위한 범위와 방향을 나타내는 시책

58. 관광정책의 기본방향(기본목적)을 말하시오.

관광정책은 직접적 관광사업의 이익뿐만 아니라 국민복지 등 공익적 목적도 지녀야 하며 다음 세 가지를 들 수 있다.
① 국제관광에 의한 수지개선(선진국보다 중진국 또는 후진국을 위해서) ② 국민후생의 목적(국민건강, 관광자연보호, Social Tourism) ③ 관광사업의 진흥

59. '관광재'란 무엇인가?

관광객의 욕구, 욕망의 대상이 될 수 있는 것을 말한다. 관광자원, 관광대상과 유사한 말이다.

60. '시간심화현상'이란 무엇을 의미하는가?

제한된 시간의 범위 속에서 가능한 많은 활동을 하여 생산성을 극대화시키고자 하는 행위 및 제 현상을 말한다.

61. 관광윤리란 무엇을 일컫는 말인가?

관광객이 지켜야 할 윤리 즉, 관광지를 비롯한 공공장소에서 타인에게 혐오감을 주거나 피해를 주는 행동을 피하고 절제 있는 태도를 유지하는 것을 말한다.

62. 관광승수란?

관광객의 소비가 관광대상국가 또는 그 지역에서 소득 또는 고용을 몇 배로 창출하는가 하는 것이며 그 효과를 관광소비의 승수효과라고 하고, 관광소비로 인하여 지출된 화폐는 이후 1년간에 3.2~4.3회에 달하는 회전을 하는 것으로 미국 상무성과 PATA가 공동으로 가맹국을 대상으로 실시한 조사보고서에서 분석되고 있다. 이것을 Checkey Report라고 한다.

※ 관광소비의 승수효과란 어떤 지역에 관광객이 찾아와 소비활동을 했을 때 그 소비된 금액이 1년 동안에 몇 배의 경제적 효과로 늘어날 수 있는가를 말한다.

63. '멩게스(Menges) 이론'이란?

국민소득이 증가할수록 관광소비도 함께 증가한다는 이론

64. Marketing을 '교환과정을 통하여 욕구와 욕망을 충족시키는 사회적 또는 관리적 과정이다'고 정의를 내린 학자는 누구인가?

P. Kotler(미국의 경영학자)

65. Marketing 개념의 발전과정을 말하라.

① 생산지향시기(Production-Orientation Stage)
② 판매지향시기(Sales-Orientation Stage)
③ 마케팅지향시기(Marketing-Orientation Stage)
④ 사회적마케팅지향시기(Social Marketing Concept Stage)

66. Marketing의 기능이란 무엇인가?

재화가 생산자에서 소비자로, 공급자에서 수요자로 이전되어 가는 과정에서 수행되는 활동(4P)을 말한다.

※ 4P : product(제품창안), price(가격책정), place(유통경로결정), promotion(촉진활동)

67. 시장세분화(Market Segmentation)와 표적시장(Target Market)의 의미는 무엇인가?

① 시장세분화(Market Segmentation) : 표적시장(목표시장)을 선정하기 위하여 전체시장을 여러 개의 동질시장(동질소비자군)으로 나누는 것
② 표적시장(Target Market) : 세분화된 시장중 기업이 집중적으로 전략을 세워서 공략할 시장

68. 4P를 중심으로 'Marketing Mix'이론을 전개한 학자는?

맥카디(McCarthy)(미국의 경영학자)

※ ① Marketing Mix의 구성요소는 McCarthy의 4P의 개념으로 알려져 있다.
  • 제품(Product) : 소비자의 요구를 총족시키는 어떤 물질적 상품 또는 서비스의 혼성물
  • 가격(Price) : 상품에 대한 최대한의 구매력을 갖게 하는 적정가격
  • 장소(Place) : 상품과 서비스를 팔기 위한 사람, 시간, 장소, 방법 등
  • 촉진(Promotion) : 상품에 관한 모든 정보를 목표시장에 연결하는 제반 수단(광고, 홍보, 판매촉진, 인적판매)
② Marketing Mix : 마케팅 목표를 합리적으로 달성하기 위해 경영자가 전략적 의사결정을 거쳐 선정한 여러 마케팅수단(4P)이 최적으로 결합되어 있는 상태
③ 환대산업에서는 기존의 4P에 3P(People, Physical evidence, Process of service)를 추가하여 7P를 제시하기도 한다.

69. 마케팅전략(Marketing Strategy)의 핵심은 무엇인가?

① 마케팅표적(Marketing Target)의 명확화
② 마케팅믹스(Marketing Mix)의 선택
③ 마케팅프로그램(Marketing Program)의 책정
④ 마케팅코스트(Marketing Cost)의 결정

70. 마케팅의 전개과정(Marketing Process)을 설명하라.

① 가능성검토 → ② 목표설정 → ③ 마케팅믹스의 구축 → ④ 조직화 → ⑤ 평가와 조정(분석)

71. 관광마케팅의 본격적인 등장은 어느 시대부터인가?

대중관광(Mass Tourism)시대 이후부터

※ ① '마케팅'은 1920년경 미국에서 사용, 제2차 세계대전이후 유럽으로 보급되어 1950년대 중반 우리나라에 소개되었다.
　② 마케팅의 3요소
　　• 정보수집 활동(Marketing Research)
　　• 상품화 활동(Product Planning)
　　• 판매 활동(Sales Promotion)

72. 관광마케팅(Tourism Marketing)의 정의는 무엇인가?

관광마케팅은 관광객의 욕구를 충족시키고 관광기업(조직)의 목표를 달성하기 위해서 관광상품과 서비스를 제품기획, 가격책정, 유통경로결정, 촉진하는 과정이다.

73. 'Jost Krippendorf'의 관광마케팅에 대한 정의를 말하라.

관광마케팅이란 예정된 이익을 목표로 하여 고객의 욕구를 최대로 만족시키기 위해서 국가적 또는 국제적 차원의 관광정책 및 관광기업정책을 체계적으로 정비하고 지향하는 것이다.

74. 저서 'Tourism Marketing'에서 Total Marketing(관광마케팅발전을 위한 종합적 접근방식)을 제시한 학자는 누구인가?

Wahap과 Crampton(영국의 경영학자)

75. 관광선전의 방법으로는 어떠한 것이 있는가?

광고, 홍보, PR

※ ① 광고(Advertising) : 광고주가 광고료를 주고 매스메디아(방송, 신문, 잡지 등)를 통하여 정보나 메시지를 전달하는 하나의 형식을 말하며 상품이나 서비스 등을 고객이나 일반대중 또는 여행알선기관에게 주지시켜 판매증진의 효과를 얻는 것을 말한다.
　② 홍보(Publicity) : 상품, 서비스 등에 관한 수요를 간접적으로 자극하는 활동이다. 다시 말해 신문, 라디오, 잡지, TV 등의 매스 미디어에게 상품, 서비스에 관한 정보를 제공하여 이를 기사 또는 뉴스로 보도하는 것을 말한다.
　③ P.R(Public Relation) : PR은 일반적으로 매체를 사용하지 않는 것이 특징이다. 예를 들어 선전용의 영화나 슬라이드를 해외에서 개최되는 대규모 국제행사장에서 상연하거나 또는 해외에서 자국의 관광에 관한 강연회를 개최하거나 해외의 여행대리점 등의 여행업자 및 관련업자를 자국에 초대하여 관광에 관한 우호적인 인식을 주지시키는 것 등을 말한다.

76.	해외선전의 기능으로서는 어떠한 것이 있는가?	① 고지기능(Information Function) ② 설득기능(Persuading Func- tion) ③ 반복기능(Repeating Function) ④ 창조기능(Creating Function)
77.	해외선전의 목적은 무엇인가?	① 개척기능(Pioneer Function) ② 확대기능(Extending Function) ③ 유지기능(Maintenance Function)
78.	광고의 AIDC(M)A란 무엇인가?	① Attention(주의를 집중하게 한다) ② Interest(흥미, 관심을 유도한다) ③ Desire(구매의욕을 자극한다) ④ Confidence(구매에 대한 확신을 갖게 한다) ⑤ Action(구매행위를 유도한다) ※ Memory(기억에 남게 한다)
79.	'교통기관'과 '관광교통'의 차이점을 설명하라.	① 교통기관 : 공간적 거리를 확보함으로써 사람, 재화, 정보를 장소적으로 옮겨 놓거나 전달하는 수단 또는 기술 ② 관광교통 : 교통수단 자체가 관광자원화 된 것. 증기기관차의 운행, 모노레일, 케이블카 등이 있다.
80.	교통업의 기본적 성격은 무엇인가?	① 무형재 ② 수요의 편재성 ③ 자본의 유휴성 ④ 독점성 ⑤ 외부경제의 내부화 ※ 교통수단의 3요소 : ① 도로 ② 운반용구 ③ 동력
81.	'관광소비' 가운데 제일 많은 비중을 차지하는 부분은 무엇인가?	교통비
82.	최초의 영업용 증기기선의 출현은 어느 나라에서인가?	영국 : 쿠나드사(1840년)
83.	항공수송사업의 3요소는 무엇인가?	① 항공기 ② 공항 ③ 항공노선
84.	항공운송사업의 특성을 말하라.	① 안전성 ② 고속성 ③ 정시성 ④ 쾌적성 ⑤ 편의성 ⑥ 경제성 ⑦ 서비스성 ⑧ 공공성 ⑨ 자본집약성 ⑩ 국제성 ⑪ 소멸성

85. 세계에 널리 이용되고 있는 유명 'Rent a Car'로는 어떠한 것이 있는가?

Avis, Hertz, ABC, National 등

86. 세계 최초의 여행사인 영국의 'Thomas Cook & Son, Ltd'의 설립자와 설립년도는?

Thomas Cook, 1845년

※ Thomas Cook은 1841년 '금주동맹'에 참석하기 위한 회원을 모집하여 최초로 단체여행을 시작하였으며 오늘날 '근대관광사업의 아버지', '여행업의 아버지'로 불리운다.

87. 여행업이 필요한 이유는 무엇인가?

여행자에게 안전한 여행을 제공할 뿐만 아니라 다양한 정보와 함께 각종 편의를 제공할 수 있기 때문이다.

※ 여행사 이용의 이점 : ① 정보 판단 ② 시간 및 비용절약 ③ 편리성

88. 여행상품의 판매에 있어서 Counter Sales(창구판매)의 역할은 무엇인가?

① 고객에 대한 상담(각종 여행정보의 직접전달)
② Walk in Guest 확보 ③ 회사의 홍보 및 이미지 제고

89. 여행업의 주요업무내용을 간략하게 설명하라.

① Principal의 판매 대리점 ② 기획여행상품의 판매 및 여행보험의 대행 ③ 국제회의의 알선 및 대행 ④ 여권, 비자 수속, 환영, 환송, 동행안내 등 여행 편의제공

90. 여행비용은 어떻게 구성되는가?(3대 구성요소)

① 운임(항공, 선박운임) ② 지상경비(여행현지의 숙박, 음식, 관람, 교통비 등) ③ 기타경비(Passport, Visa수수료, 안내원경비, 보험료 등)

※ 여행업의 수입
① Principal로부터의 판매 수수료 ② 여행자로부터의 대행 수수료 ③ Wholesaler 또는 Retailor로서의 판매 수수료

91. 여행상품의 구성요소는 무엇인가?

교통, 숙박, 음식, 오락, 관람, 안내 등

92. 관광상품(여행상품)의 특성을 말하시오.

① 무형상품이다. ② 비저장성 상품(재고 불가능)이다. ③ 생산, 소비가 동시 발생한다. ④ 수요가 불균형하다. ⑤ 모방이 용이(상품의 차별화 곤란)하다. ⑥ 개인적 효용의 차이가 크다. ⑦ 조성에 필요한 설비투자가 적다. ⑧ 정보에 의한 수송이 빠르다.
⑨ After Service가 안된다.

93. 여행의 4대 요소란?

① 산다 ② 본다 ③ 먹는다 ④ 행동한다(논다)

94. 관광상품이란 무엇을 의미하는가?

관광산업이 생산하는 일체의 재화와 서비스이며, 소비자인 관광객들을 만족시킬 수 있는 유형, 무형의 상품으로서 관광객들이 구입하는 기념품과 각종 음식 그리고 특산물들과 같은 유형적인 상품과 관람, 온천욕, 관광안내, 여객운송, 게임 등과 같은 무형적인 서비스 상품이 있다.

95. 우리나라 기념품판매의 특징(문제점)을 말하시오.

① 판매단가가 소액이다. ② 실용적이기 보다 식품, 장식품 위주이다. ③ 지역 특산품보다 전국 동일상품위주의 판매.

※ 관광기념품의 효과
  ① 관광선전 ② 외화획득 ③ 관련산업 발전

※ 관광기념품의 '상품화'에 대한 요건
  ① 국민적 색채가 풍부해야 한다. ② 휴대하기 간편하고 안전해야 한다. ③ 관광지의 이미지를 담고 있어야 한다. ④ 견고하여 영구적으로 보존할 수 있어야 한다. ⑤ 합리적 가격과 실용성이 있어야 한다.

96. U.N의 6개 공용어는?

영어, 불어, 러시아어, 중국어, 아랍어, 스페인어

97. 우리나라 최초의 관광보고서는?

한국 관광종합개발조사보고서(1974년)

※ 우리나라는 1954년 2월 17일 교통부에서 최초의 관광과가 설치되었음.

98. 2015년 관광객 유치목표는? (관광객수와 액수)

전년도 실적과 금년도 목표는 관광공사 또는 관광협회 통계부서에 전화하여 알아볼 것

99. 우리나라에서 여행자유화가 시작된 시기는 언제부터인가?

1983년 50세 이상

※ • 1987년 : 45세 이상   • 1988년 전반 : 40세 이상
  • 1988년 후반 : 30세 이상   • 1989년 : 완전 자유화

100. 우리나라를 찾는 외래방문객이 말하는 가장 큰 불편사항은 무엇인가?

① 언어소통의 어려움 ② 교통혼잡의 어려움 ③ 택시기사의 불친절 ④ 상품강매행위

101. 우리나라의 해외관광객 유치에 있어서 문제점 해결방안은?

① 출입국 절차의 간소화 ② 관광 부대시설의 확충 ③ 해외 선전의 강화 ④ 관광 전문인력 양성 ⑤ 관광행정의 일원화 ⑥ 관광자원의 개발

102. 한국 관광산업의 경향에 대해 설명하라.

과거에는 관광산업을 단순히 서비스산업으로만 간주, 국가경제에 도움이 되는 중요산업으로는 생각지 않았으나, 현대에 있어 관광산업은 중요 전략적 산업으로 각광받고 있다. 특히 우리나라와 같이 부존자원이 부족한 국가에서는 국가 경제 발전과 고용 증진을 위해 특별히 장려할 만한 산업이다. 오늘날 "굴뚝 없는 공장"으로 비유되는 관광산업은 공해를 배출하지 않고서도 외화가득율이 92~93%에 이르기 때문에 미래산업으로서 이상적이다.

103. 관광수요와 소득과의 관계를 설명하라.

① y = f(I,T,V), I는 소득, T는 여가, V는 관광욕구를 뜻한다.
② 관광수요는 소득과 여가와 욕구의 3대 요인에 의해 결정된다.
③ 소득과 관광수요의 상관관계는 소득탄력성이 높다.
④ 관광수요의 검토는 양적 면과 질적 측면에서 필요하고, 수요의 질적 측면이 관광량을 좌우한다.

104. 관광요원을 민간외교관이라고 부르는 이유는 무엇인가?

관광요원은 외국인 관광객을 대상으로 하여 역사, 문화 및 자연경관 등을 비롯한 자국의 국가적 현실을 긍정적으로 인식시킴으로서 국가홍보 및 이익을 도모하기 때문에 민간외교관이라 불리우고 있다.

※ 관광종사자를 민간외교관으로 칭할 때 이는 국제친선의 증진 및 국가홍보적 역할로 볼 수 있다.

105. Tourist Guide가 지녀야 할 자질은 무엇인가?

① 풍부한 관광관련 지식 및 일반상식 ② Service Mind ③ 능숙한 외국어 구사능력 ④ 응급조치 능력 ⑤ 건강한 신체 및 단정한 태도

106. 관광산업을 국가전략산업으로 육성하는 중요한 이유는 무엇인가?

무형산업으로서 외화를 획득, 국제수지를 개선하고 국민경제를 향상시키며 국제친선을 도모하여 국위를 선양함은 물론 세계평화에 기여할 수 있기 때문이다.

107. 국제관광산업에 대한 전망을 간단히 설명하라.

WTO에 의하면 세계관광량은 매년 4%정도의 성장을 지속할 것으로 전망하며 환경산업, 정보산업과 함께 21C의 3대 주요산업이 될 것으로 전망되고 있다.

※ Herman Kahn(미국) : '장래 50년후 관광업계의 미래학적 전망'이란 논문 발표(미국의 Travel Trade誌) - "21세기에는 관광이 최대의 단일산업이 될 것이다"고 하였음.

108. 내국인 해외관광을 출국목적별로 순위를 보면 어떻게 되는가?

관광＞상용＞방문시찰＞공용＞회의참가＞기타

※ 외국인 국내관광 입국 목적별 순위 : 관광＞상용＞공용＞기타

109. 내국인 해외관광을 목적지 국가별 순위로 보면 어떠한가?

일본＞중국＞미국＞태국＞홍콩＞기타

※ 외국인 국내관광 국가별 순위 : 일본＞미국＞중국＞기타

110. 관광을 성립하는 구성요소는 어떠한 것이 있는가?

장소의 이동, 소비, 즐거움 추구 등

111. 관광가치란 무엇인가?

관광가치는 관광대상이나 관광시설을 기본으로 하는 관광서비스가 관광객에게 주는 가치를 말한다. 즉, 관광자원이 주는 즐거움, 만족 등이라 할 수 있으며 절대적이 아닌 상대적 가치성을 갖는다.

112. 후불제를 최초로 실시한 항공사는 어디인가?

PAN AM(미국의 항공사, 현재는 타 항공사에 흡수되었음)

※ 후불제는 PLP(Pay Later Plan)라고 하며, 1954년 PAN American 항공사에 의하여 처음 실시되었다.

113. 관광장벽(Tourism Barrier)이란 무엇인가?

관광을 하지 못하게 하는 장애요인을 의미하며 ① 자금 및 시간(여가)의 부족 ② 신체 및 언어장벽 ③ 여행지식 부족 등의 요인이 있다.

114. 'WTO'에 대하여 간략하게 설명하라.

World Tourism Organization의 약자로 '세계관광기구'를 의미하며 UN산하의 기구이고 최초의 국제관광기구인 IUOTO(Inter- national Union of Travel Organization : 국제관설관광기구연맹)가 그 전신이다.

1975년에 WTO로 개칭, 스페인에서 제1차 총회를 개최하고 현재 스페인의 수도 마드리드에 그 본부를 두고 있다. WTO의 회원은 각국의 정부기관이 정회원으로 되어 있으며 우리나라는 1975년 교통부(현재, 문화체육관광부)가 정회원으로 "여행장애 제거위원"으로 가입되어 있으며 1977년에 한국관광공사가 참조회원으로 가입되어 있다.

※ ① WTO의 기본목적
   - 자유로운 국제관광 및 국제관광사업의 발전을 저해하는 장애제거
   - 관광관련 각종 정보와 자료교환을 통한 회원국간 긴밀한 협력유지
   - 국제관광의 발전을 위해 국제연합(U.N) 및 국제관광기관과의 긴밀한 협력유지

115. ICAO, IATA의 의미와 그 역할을 말하라.

- ICAO(International Civil Aviation Organization : 국제민간항공기구)는 국제항공의 안전성 확보와 질서의 감시를 목적으로 하는 UN산하의 전문기구이다. 각국의 정부(국토해양부)가 회원이고 본부는 캐나다의 몬트리올에 있으며 항공보안시설, 항공규칙, 공안시설, 통신조직, 기상정보, 세관출입국수속 등의 국제표준을 정하고 있다.
- IATA(International Air Transport Association : 국제항공운송협회)는 각국의 민간항공사가 회원이며 1945년 쿠바의 수도 아바나에서 설립, 그 목적으로는 ① 여객의 안전과 경제적 운송의 촉진, ② 항공운송사업의 제반문제 연구, ③ 국제 항공, 운수업자간의 협조 ④ 항공권 판매 대리점 규제 ⑤ ICAO를 비롯한 국제기구와의 협력 등이 있다. 특히 운송회의(Traffic Conference)는 IATA의 가장 중요한 법규사항(Rules & Re- gulations)을 결정하고 있다. 본부는 캐나다 몬트리올에 있다.

116. 동양항공회사협회(OAA)의 본부는 어디에 있는가?

필리핀, 동양지역에서의 항공사협력단체, 19개 항공사 가입

117. VISA를 설명하라.

일종의 외국인 입국허가증. 이것은 다른 나라로 입국하고자 할 때 현재 자신이 거주하고 있는 나라에 있는 목적 국가의 영사관, 대사관 등에 신청하면 여권을 확인하고 발급해 준다.

※ ① Working Holiday VISA : 해외여행 중인 젊은이가 방문국에서 특별히 일할 수 있도록 허가를 받는 제도로서, 연령은 18~25세로 6개월 체류를 원칙으로 한다. 1998년 현재 호주, 캐나다, 일본과 워킹홀리데이 비자협정을 체결하고 있다.
　② VISA의 종류
　　• 사용회수에 의한 분류
　　　a. 1회용 사증(Single Entry VISA)
　　　b. 다수회용 사증(Multiple Entry VISA)
　　• 목적, 체재기간에 따른 분류
　　　a. 입국사증(Entry VISA) : 관광, 상용
　　　b. 통과사증(Transit VISA) : 공항 내에서 항공편 환승 등

118. TWOV는 무엇을 의미하는가?

Transit Without VISA의 약자로서 입국하고자 하는 국가로부터 정식비자를 받지 않았더라도 승객이 일정한 조건을 갖추고 있으면 입국하여 일정기간동안 단기체제할 수 있는 제도를 말한다.

※ TWOV를 위한 조건
　① 다음 여행할 수 있는 예약 확인된 항공권 및 여행서류를 갖추고 있어야 한다. ② 통상적으로 외교관계가 수립되어 있는 국가에만 적용되며 출입공항이 동일해야 한다.

119. PASSPORT를 설명하라.

본국 정부가 자국민에게 교부하는 '외국여행허가증'이면서 동시에 상대국의 모든 기관에게 여행의 목적지에서 필요한 편의제공과 보호를 요청하는 국가의 공문서이다.

※ ① 여권의 종류
- 관용여권 : 공무원이나 정부투자기관 임직원 및 국외주재원과 그 가족이 공무로 국외에 여행할 때 관용여권을 받을 수 있다.
- 외교관여권 : 대통령, 국회의장, 대법원장과 외무부 소속 공무원 기타 외무부장관이 인정하는 자와 그 가족에게 발급하는 여권
- 일반여권 : 10년 복수여권, 1년 단수여권이 있으며, 여권의 구분은 다음과 같이 한다 : 상용(B), 문화(C), 동거(J), 방문(V), 유학(S), 취업(Employment), 기술훈련(T), 관광(Tourism), 상사주재(BL), 문화주재(CD), 단기학술연수(Cs)
- Laissezpasser(L.P) : UN에서 발급하는 여권
- International Red Cross Passport(I.R.C.P) : 국제 적십자에서 발급하는 여권

② 모든 우리나라의 국민은 자기 이름의 여권을 발급받을 수 있다.

120. WWOOF는 무엇을 의미하는가?

Willing Worker On Organic Farm의 약자로 '자발적으로 유기농장에서 일하는 사람'이라는 뜻이다.

※ 우프(WWOOF)는 Working Holiday와는 달리 정부간의 협정에 의하여 체결된 VISA가 아니고 순수한 민간주도의 프로그램으로서 직업, 성별, 연령에 상관없이 행해지는 농촌자원봉사 프로그램의 일종이다. 뉴질랜드, 호주, 영국, 캐나다 등 세계 60여 개국이 회원국으로 되어 있으며 목적은 농장가족의 일원으로서 생활과 일과를 통해 외국의 전원생활을 체험 할 수 있는 기회와 세계 여러 나라 사람들(WWOOF)과의 교류를 통하여 영어능력 향상의 기회를 제공받을 수도 있다.

121. PASSPORT의 발급과 관련된 주무부처는 어디인가?

외무부, 외국여행 중 여권 분실시에는 재외공관에서 임시여권을 발급

※ ① 여권의 발급 : 외무부의 위임을 받아 각 시·도청, 군청 또는 구청에서 발급한다.
② VISA의 발급기관 : 재외한국대사관, 영사관(외국인), 주한 외국대사관, 영사관(내국인)

122. 여권을 발급 받기 위해서는 어떠한 서류가 필요한가?

주민등록 등본 1통, 주민등록증, 사진(4×5cm 칼라) 4장

※ ① 만18세 미만인 경우 : 부모 인감증명서 및 부모 인감도장 추가
② 군미필자의 경우 : 병무청 발급 국외여행허가서 추가
③ 만28세 이상 병역미필자는 해외여행 불가

123. 국제학생증(ISE)의 용도는 무엇인가?

International Student & Youth Exchange Cards의 약자로 국제학생증은 학생 및 26세 미만의 젊은이들을 위한 신분증 및 할인쿠폰으로 세계 여러 나라의 극장, 놀이공원, 레스토랑, 미술관 등 가맹점에서 최고 50%까지 할인혜택을 받을 수 있다.

124. Yellow Card는 무엇인가?

국제예방접종증명서(International Certificate Of Vaccination), 콜레라, 두창, 황열병 등에 대한 예방접종증명으로 Vaccination Card 라고도 한다.

※ 안내하는 여행객이 Yellow Card를 분실했을 때는 공항내 검역소에서 접종을 받도록 해야 한다. 이것을 요구하는 국가에 입국할 경우에만 필요함.

125. CIQ는 무엇의 약자인가?

Customs(세관통관), Immigration(출입국심사), Quarantine(검역)의 약자로서 출입국수속 또는 출입국관계 감독관청을 의미하며 묶어서 'Government Formalities'라고 부른다.

※ 출입국심사 : 여권, VISA 등의 여행서류와 여행자의 신원에 대한 적법성을 확인하는 것(법무부 출입국관리사무소)

126. 항공여객 운송서비스의 절차는?

예약(Reservation) → 발권(Ticketing) → 공항수속(Passport, VISA, CIQ, 보안검색) → 탑승(Boarding)

※ ① 보안검색(Security Check) : Hijecking 등 항공사고를 방지하기 위하여 공항에서 탑승 전이나 출입국 수속전에 여객이나 여객의 수화물에 위험한 물건이 없는가를 검사하는 것을 말한다.
② 국내선 탑승시 필요한 여행서류 : 주민등록증, 항공권, 짐표

127. 출국절차를 말하라.

Passport, VISA의 취득 → 병무신고(병역미필자에 한함) → 항공권구입 → 예방접종(필요시에 한함) → 탑승수속(항공사의 카운터에서 승객의 항공권과 여행구비서류에 대한 확인 및 수하물의 위탁) → 보안검색 → 세관수속 → 출국심사 → GATE로 이동 → 탑승

※ 입국절차 : 검역(해당 국가에 한함) → 입국심사 → 위탁수화물회수 → 세관신고 → 출구(입국)

128. 항공사의 운송증표의 종류를 말하라.

① Passenger Ticket & Baggage Check(무료수하물이 포함된 좌석권) ② MCO(좌석권 이외의 영수증) ③ Excess Baggage Ticket(초과수하물영수증) ④ Trip Pass & Baggage Check(타교통이용영수증) ⑤ Group/Charter Collective Ticket for Passengers & Baggage(단체탑승객통합항공권)

129. MCO란 무엇인가?

Miscellaneous Charge Order의 약자로 좌석권이외의 항공여행과 관련하여 발생되는 제반경비의 지불에 사용할 수 있도록 항공사 또는 대리점이 발생하는 운송증표류의 일종

130. MCO의 활용범위를 말하라.

① 좌석을 제외한 여객의 제반 운송비용 ② 초과수화물 요금 ③ 세금 ④ Rent a Car 운임 ⑤ 환불 ⑥ 호텔시설 이용 비용 ⑦ 특정여객의 별도시설 사용료(구급차 등) 등의 제비용의 지불수단

131. 항공권의 구성(Coupon의 종류)은 어떻게 이루어져 있는가?

① 심사표(Audit Coupon) : 항공사 수입관리부 보고용이다. ② 발행자표(Agent Coupon) : 항공권을 발행한 장소에서 보관한다.
③ 탑승표(Flight Coupon) : 여객이 공항에서 탑승시 회수해서 수입관리부 보고용으로 사용한다. ④ 여객표(Passenger Cou-pon) : 여객이 여행 종료 후에도 지참하는 것을 말한다.

※ ① 항공권 : 항공기를 이용할 여객과 항공회사간의 운송계약서 이면서 무료수하물 운송에 대한 영수증이다.
② Ticketing Time Limit(항공권구입 시한) : 항공권을 구입해야하는 최후시각을 의미하며 이 시각을 넘기게 되면 항공회사는 좌석예약을 최소하도록 되어있다.
③ 항공권은 타인에게 양도할 수 없으며 여권상 영어 성명의 철자와 일치해야 한다(유효기간은 1년이다).
④ 탑승권(Boading Pass) : 항공권에서 떼어낸 Flight Coupon 과 교환하여 탑승자에게 교부하고 탑승시에 제시한다. 항공사명, 좌석번호, 행선지 등이 기재되어 있다.

132. Traveler's Check(T/C)를 최초로 발행한 기관은?

American Express Company로서 현재 세계최대의 여행사이다.(1850년 미국의 Henry Wells가 개발하였음)

※ ① T/C : 여행자 수표. AMEXCO를 비롯한 회사 및 은행에 의하여 발행되는 보험에 가입된 특수수표로서 이를 사용 시 또는 현금화 할 경우 Counter Sign이 필요하므로 분실, 도난의 위험을 방지할 수 있으며 전 세계에 걸쳐 미국 dollar 화와 마찬가지로 사용될 수 있다.
② Traveler's Check의 이점 : 유통성, 안전성, 간편성

133. E. D Card란 무엇인가?

Embarkation And Disembarkation Card의 약자로서 출입국신고서를 말함. 출국 또는 입국하는 모든 내외국인은 출입국관리소에 출입국신고서를 작성·신고하게 되며 출입국사열란에 확인사열을 받게 되어 있다. Entry/Exit Card라고도 함.

134. 대한항공에 Business Class에 대한 약자로 무엇을 사용하는가?

국내선 : C, 국제선 : B

※ ① 국내선 Economy Class : Y
　　　Business Class : C
　　　First Class : F
　② 국제선 Economy Class : W
　　　Business Class : B
　　　First Class : F

135. Accompanied Baggage란?

탑승하는 항공기와 함께 운송되는 여객의 수하물

※ ① 무료수하물허용량(Free Baggage Allowance)

• 북미주지역
  - 1등석 : 3면의 합이 158cm이내 2개(개당 32kg이내)
  - 2등석 : 3면의 합이 158cm이내 2개(개당 32kg이내)
  - 보통석 : 3면의 합이 158cm이내 2개(개당 23kg이내)

• 기타지역
  - 1등석 : 32kg
  - 2등석 : 32kg
  - 보통석 : 23kg

② Unaccompanied Baggage : 별송품, 승객이 탑승하지 않는 별도의 항공기나 선박으로 보내는 수하물

136. Bulk Fare System이란?

'단체포괄운임제'로 여행개시전에 대량의 좌석을 일괄계약하는 운임, 할인되지만 Commission이 없고 운임의 조기 납입, 인원변경이 어렵다.

137. 항공권 구입시 학생요금은 얼마나 할인되는가?

이등석 요금의 75%를 지불한다(25%할인).

138. Milage System이란?

항공운송사업에 있어서 운임을 계산할 때 mile이 사용되는 거리제도로서 마일당의 운임 또는 마일당의 여행경비를 뜻한다.

139. Agent Discount(AD)는 통상 정상운임의 몇 %를 할인하는가?

75%

※ AD는 여행대리점 할인을 의미하며 여행대리점 사원의 연수를 목적으로 여행할 때 각 항공사로부터 할인혜택을 받을 수 있으며 IATA 인가 대리점인 경우 1개 업소 당 연 2회 가능하며 유효기간은 3개월이다. 그러나 통상대리점의 실적에 따라 보통 틀리게 적용된다. 관광객이 10+1인 경우 1AD 또는 1T/C Fare(50%)가 적용되며 15+1인 경우 1F.O.C(Free Of Charge)가 적용된다.

140. Time Table에 포함되어야 할 내용은 무엇인가?

① 항공사의 운항 스케줄(Flight Schedule) ② 항공기의 편명(Flight Number) ③ 출발지(Departure) ④ 목적지(Destination) ⑤ 출발시간(Time of Departure) ⑥ 도착시간(Time of Arrival) ⑦ 좌석의 등급(Class) ⑧ 기종(Aircraft)

141. TIM이란?

Travel Information Manual의 약자로 각국의 출입국수속(C.I.Q)에 관한 최신의 규칙 등 정보를 수록한 월간 간행물의 일종.

142. Eurail Pass란?

관광객이 유럽 대륙 철도를 이용하는 경우에 이용되는 탑승권. 유럽 16개국의 유럽 횡단 특급열차(TEE)를 포함한 국철 및 사철의 일등칸에 자유롭게 승하차 할 수 있으며, 종류로는 15일간, 21일간, 1개월간, 2개월간, 3개월간의 5종이 있다.

※ ① TEE(Trans Europe Express) : 유럽에서 공동으로 운행하고 있는 특급 열차
② Swiss Holiday Card : 스위스의 국철과 사철 및 유람선을 이용할 수 있는 PASS로 4일간, 8일간, 15일간, 1개월간 등 4종류가 있다.

143. Ameripass란?

미국 및 캐나다 내의 장거리 버스(Greyhound 및 제휴회사의 버스)이용권으로 7일간 유효기간에서부터 2개월 유효기간에 이르기까지 5종류가 있다.

※ ① Britrail Bus : 영국의 버스와 철도 노선을 연계한 관광 운송 체계
② Europa Bus : 유럽 각국의 국철이 공동 운행하고 있는 버스 노선으로 유럽철도, 도로, 운송연맹이 경영하고 있다. 유럽대륙의 국제 루트에 대한 장거리 노선은 1951년부터 운행되고 있다.
③ Visit Pass : 미국 전역의 Trailways의 버스 노선 및 제휴회사 버스 이용권

144. Amtrack이란?

미국의 국유철도 여객공단으로 통칭되며 항공기와 고속도로의 발달에 따라 철도사업이 부진해지자 서비스의 통일화, 운임통일화를 기하여 경영의 합리화를 추진한 미국 철도시스템의 명칭으로 1971년에 시행되었다.

145. Economic Coupon이란?

출발시부터 귀착시까지 필요한 철도 승차권, 숙박권, 관람권이 Set로 되어 있고 비수기에는 대폭 할인된다.

146. 우리나라에 취항하는 항공사 중 콴타스(Quantas)라고 하는 항공사는 어느 나라 항공회사인가?

호주

※ 세계주요 항공사 약호(Carrier Codes)
   AA : 아메리칸항공(미국)
   AF : 에어프랑스(프랑스)
   BA : 브리티쉬항공(영국)
   BN : 브래니프항공(미국)
   BR : 브리티쉬 카레도니언항공(캐나다)
   CI : 중화항공(자유중국)
   CP : 캐나디언 퍼시픽항공(캐나다)
   CX : 캐세이 퍼시픽항공(홍콩)
   DL : 델타항공(미국)
   GA : 가루다 인도네시아항공(인도네시아)
   IB : 이베리아항공(스페인)
   JD : 일본동아국내항공(일본)
   JL : 일본항공(일본)
   KE : 대한항공(한국)
   KL : KLM화란항공(네덜란드)
   SQ : 싱가폴항공(싱가폴)
   NW : Northwest Airlines(미국)
   TG : 타이항공(태국)
   OZ : 아시아나항공(한국)
   UA : United Airlines(미국)
   CJ : 중국북방항공(중국)
   MU : 중국동방항공(중국)
   HY : 우즈베키스탄항공(우즈베키스탄)
   SU : Aeroflot Russian International(러시아)

147. Los Angeles의 'Three Letter Code'(City Code)는 무엇인가?

Lax

※ 도시기호(City Code)

NYC : 뉴욕(미국)	BER : 베르린(독일)
CAI : 카이로(이집트)	OSA : 오사카(일본)
FUK : 후쿠오카(일본)	PAR : 파리(프랑스)
HNL : 호놀룰루(미국)	KUL : 쿠알라 룸푸르(말레이)
LAX : 로스앤젤레스(미국)	MAD : 마드리드(스페인)
LON : 런던(영국)	SEL : 서울(한국)
PUS : 부산(한국)	TAE : 대구(한국)
ROM : 로마(이태리)	SFO : 샌프란시스코(미국)
YYZ : 토론토(캐나다)	

148. 중국의 화폐단위는 무엇인가?

Yuan

※ 각국의 화폐단위

일본 : Yen(Y)	프랑스 : Franc(F.Fr)
태국 : Bagt(B)	서독 : Mark(Dm)
필리핀 : Peso(P)	영국 : Pound(£)
이란 : Rial(Ri)	오스트리아 : Schilling(S.)
쿠웨이트 : Dinar	러시아 : Rouble
멕시코 : Peso(P or Mex. $)	오스트레일리아 : Dollar($A)
브라질 : Cruzeiro(Cr. $)	남아프리카공화국 : Rand(R)

149. 관광안내에 관한 컴퓨터 통신망에 관해 아는 대로 말해보라.

- 관광정보 DB(Kotour) : 천리안, 하이텔, 유니텔, 01410 ⇒ Kotour
- 관광정보 자동응답안내 전화(ARS) : (02)134 ⇒ 관광지 고유번호
- 관광정보 자동응답 Fax : 700－1000 ⇒ 5555 ⇒ 관광지 고유번호
- 인터넷 웹 (WWW) 서비스 : 인터넷 주소(http://www.knto.or.kr)
- 관광안내 전시판
  주소 : 우 100-180 ＞ 서울시 중구 다동 10
  Tel : (02) 757-0086
  Fax : (02) 318-5197
  E-Mail : kntotic@www.knto.or.kr
- 관광안내
  Tel : (02) 757-0086 ＜ 서울 ＞
  (051) 462-2256 ＜ 부산 ＞
- 외국인 여행자 무료통역안내 서비스
  Tel : 080-757-2000(수신자 부담 : 서울이외 지역에서만 이용가능)
  757-0086(이용자 부담 : 서울에서 이용)
  제공언어 : 영어, 일어
- 관광불편신고센터
  Tel : 부산 (051) 888-3512, 서울 (02) 735-0101

150. 우리나라에서 미국(뉴욕)으로 전화를 걸려고 한다. 그 순서는 어떻게 되는가?

01/002 ⇒ 1(국가번호) ⇒ 212(지역번호) ⇒ 000-0000(개인번호)

※ 미국뉴욕에서 한국(부산)으로 전활 할 때의 요령
  - 001 ⇒ 82(국가번호) ⇒ 51(0을 뺀 지역번호 : 통상 '0'은 뺀다)
    ⇒ 000-0000(개인번호)

151. KTO는 무엇을 나타내는 영문 이니셜인가?

Korea Tourism Organization(한국관광공사)

※ KTA : Korea Tourist Association(한국관광협회)

152. Vistor Center란 무엇인가?

국립공원 또는 자연공원 등의 이용기지나 전망지점에 설치된 휴게시설

153. 국제회의를 유치(개최)했을 때 얻게되는 효과를 관광적 측면에서 설명하라.

관광객을 대량으로 유치함으로서 참가자들에게 관광상품을 계획적, 조직적, 대량으로 판매할 수 있으며 국가홍보적 효과가 크다 할 수 있다.

154. 국제회의에 대한 KTO의 정의는 무엇인가?

국제기구가 주최하거나 국내단체가 주관하는 회의 중 참가국수가 3개국이상, 외국인 참가자수가 10명이상, 회의기간 2일이상이 회의를 말한다.

※ ① PCO : Professional Convention Organizer(국제회의기획업자)
  ② PEO : Professional Exhibition Organizer(국제전시기획업자)
  ③ 국제회의가 산업의 일종으로 최초로 정착된 지역 : 유럽지역

155. PCO의 기능(업무처리5단계)을 말하시오.

① 제1단계 : 초기의 회의준비단계 ② 제2단계 : 구체적 회의준비단계 ③ 제3단계 : 제반업무추진단계 ④ 제4단계 : 최종준비완료단계 ⑤ 제5단계 : 모든준비완료단계

156. 지중해클럽을 창시한 사람은 누구인가?

볼리츠

※ 지중해클럽(Club Mediterranean) : 지중해 연안을 중심으로 해서 90여개 이상의 회원제 휴가촌을 체인경영하고 있는 세계 최대의 여행클럽회사, 회원수가 300만명 이상으로 1950년 벨기에 사람 볼리츠가 창설하였다.

157. National Tourism Policy Acts의 실시연대와 실시국가는 어디인가?

1980년대 초, 미국

※ National Tourism Policy Acts : 연방관광정책법으로 1981년 10월 16일 미국 대통령이 서명, 크게 3부분으로 나누어져 있다.
① 연방관광정책에 관한 규정
② 관광에 관한 상무장관의 책무에 관한 규정
③ 연방관광기구에 관한 규정

158. 민간항공의 자유경쟁정책을 주장한 미국 대통령은 누구인가?

카터, 1978년 10월 8일 카터의 민간항공의 Deregulation(규제철폐)정책

※ Discover America 운동 : 미국인의 국내여행 장려정책(1965년 존슨대통령 실시)

159. 제4차 한국방문의해(Visit Korea Year)는 언제인가?

2010년

※ 제1차 : 1994년, 제2차 : 2001년, 제3차 : 2004년

160. Outbound Tour와 Inbound Tour를 설명하라.

① Inbound Tour : 외국인의 국내관광
② Outbound Tour : 내국인의 외국관광

※ ① Domestic Tour : 내국인의 국내여행을 의미한다.
② 국제관광의 공간적 범위 : 관광객이 국경을 넘어 이동하는 공간적 범위를 말하며 이는 ㉠ 외국인의 외국여행 ㉡ 외국인의 국내여행 ㉢ 내국인의 국외여행 형태의 행위에 의해 이루어진다.

161. 단체여행(Group Tour)은 통상 몇 명 이상의 여행을 말하는가?

10명이상

※ ① 개인(개별)여행 : 9명이하
② 단체여행의 이점 : ㉠ 여행자 : 시간의 효율적 사용, 할인혜택, 노력절약, 수배용이, 안내원의 도움 ㉡ 여행업자 : 수익률 증대, 업무의 용이성

162. 관광을 "목적에 의한 분류"와 "형태에 의한 분류"로 구분하라.

① 목적에 의한 분류 : 관광, 견학, 종교, 예술, 상업 등
② 형태에 의한 분류 : 개인, 가족, 단체 등

163. 주최여행, 청부여행, 공최여행을 각각 설명하라.

여행의 형태를 기획자(주최자)가 누구냐에 따라 분류한 것으로서

① 주최여행 : 여행사가 여정 및 여행조건, 금액 등을 기획하고 참가자들을 모집하는 단체관광으로 관광법규상 기획여행이 이에 속한다(Package Tour, Ready Made Tour).

② 청부여행 : 여행사가 여행자의 주문에 따라 여정을 작성한 후 여행조건 및 금액을 산정하여 실시하는 여행(Order Made Tour)

③ 공최여행 : 여행사가 특정단체(인솔자)와 협의하여 여정 및 여행조건, 금액 등을 정하여 실시하는 형태의 여행

※ Half Made Tour : 판매형태에 따라 분류한 것으로 여행에 필요한 최소한의 숙박과 교통편을 사전에 정해놓고 다른 내용은 상황에 따라 고객의 주문에 의해 행해지는 여행의 형태

164. FIT와 FCT의 차이점을 설명하라.

① FIT : Foreign Independent Tour, 여행사의 인솔자(T/C)가 없는 외국인 개별여행

② FCT : Foreign Conducted Tour, 여행사의 인솔자(T/C)가 여행의 처음부터 끝까지 동행하는 여행형태. 단체여행은 주로 여기에 속한다.

Conducted Tour = Escorted Tour, T/C(Tour Conductor) : 국외여행인솔자

※ ① IIT : Inclusive Independent Tour, 전체여행경비는 여행사에 포괄 지불되지만 수배만하고 여행자의 단독여행으로 이루어지는 여행형태, 필요하면 현지안내원을 사용하므로 Local guide System이라고도 한다.

② ICT : Inclusive Conducted Tour, 동일한 Tour Leader가 전 여행기간 동안 안내를 담당하는 여행의 형태. 단체여행은 주로 여기에 속한다.

165. 출입국수속에 따라 여행의 형태를 분류해 보라.

① Shore Excursion(SEX) : '기항지상륙여행', 선박 또는 항공기가 어떤 항에 도착했을 때 다시 떠날 때까지의 기간동안 '일시상륙허가'를 얻어 인근 도시 및 관광지를 여행하는 형태

② Over Land Tour(OLT) : '통과상륙여행', 관광선박이 기항지에서 다른 기항지로 이동하는 기간을 이용하여 '통과상륙허가'를 얻어 내륙을 관광하고 이동된 기항지에서 재승선하는 형태의 여행

③ 일반관광여행 : 출발지에서 한국의 관광비자를 받아서 입국하는 경우

※ 형태에 따른 여행의 종류

① Package Tour : 여행사가 여정, 여행조건 및 여행비용을 사전에 제시하여 관광객을 모집한 후 숙식, 교통, 안내 등의 서비스를 제공하는 단체여행

② Series Tour : 동일한 형태, 목적, 기간 코스로를 정해놓고 여행객이 모집이 될 때마다 실시되는 여행

③ Convention Tour : 국제회의여행

④ Interline Tour : 항공회사가 가맹 Agent를 초대하는 여행

⑤ Charter Tour : 전세관광

⑥ Fam Tour(Familiarization Tour) : 시찰초대여행. 관광사업자, 항공회사 등이 여행업자, 보도관계자 등을 초청해서 루트나 관광지, 관광시설, 관광대상 등을 시찰시키고 홍보하는 여행이다.

⑦ Cruise Tour : 유람선관광

⑧ Educational Tour : 일반적으로 대리점, 거래처 직원, 자사 사원의 연수를 위한 여행을 말한다.

⑨ Optional Tour : 임의관광 또는 선택관광, 여정에 미리 정하지 않고 현지에서 원하는 사람만 참여(선택)하는 관광이다.

⑩ S.I.T(Special Interest Tour) : 특별테마여행, 특수목적여행

⑪ Incentive Tour : 보상관광(특별한 업적이나 노고에 대한 보상을 위한 여행)

166. PNR이란?

Passenger Name Record의 약자로 예약기록을 의미하며 전산화된 예약시스템에서 CRT(컴퓨터전산장비)를 통하여 작성되며, 예약고객에 대한 각종 정보, 즉 성명, 여정, 전화번호, 항공권의 소지여부 및 기타사항이 종합적으로 컴퓨터에 기록된 것이다.

※ ① 전산예약시스템의 CRT를 이용할 수 없을 경우 여정작성은 OAG(Official Airline Guide)를 사용하며 OAG는 세계전항공사의 항공편 스케줄과 항공여행 관련 각종 정보를 수록한 책자이며 세계판과 북미판의 2권으로 구분. 북미판은 월 2회, 세계판은 월1회 발간된다.
② CRS(Computer Reservation System) : '컴퓨터를 통한 전산 예약시스템'으로서 단말기를 통하여 항공기 좌석의 예약 및 발권과 호텔을 비롯한 여행에 관한 종합서비스를 제공할 수 있는 통신시스템을 통칭한다.

167. 예약 Code의 종류로는 어떠한 것이 있는가?

① Action Code(요청코드) : NN(좌석요청), LL(대기자로 예약요청)
② Advice Code(응답코드) : KK(예약OK), UU(대기자에 있음)
③ Status Code(상태코드) : HK(예약된 상태), HL(대기자명단에 올려졌음)

168. B.S.P에 대하여 설명하라.

은행집중 결제방식

※ B.S.P : Bank Settlement Plan의 약자로 국제항공권 발행을 인정받은 여행대리점과 항공회사간의 업무에 관해서 항공권류의 배포, 발매보고, 청구에서 정산에 이르기까지의 작업을 결제은행에서 대행케 하여 사무처리를 합리화하고 항공료 결재를 안전하게 하는 제도이다.

169. Affinity Charter에 대한 제한 사항은 무엇인가?

① 그룹의 목적은 여행이외일 것 ② 회원수는 2만명을 넘지 않을 것 ③ 회원수가 하나의 행정단위 인구의 5%를 넘지 않을 것
④ 최소 6개월이상 회원자격을 유지할 것 ⑤ 여행의 권유는 그룹의 간사, 회원의 기관지, 편지, 전화로 행할 것 ⑥ 새마을운동회원, 라이온스클럽회원 등이 이에 해당함

170. IIRP와 AIRIMP를 구분하라.

① IIRP : IATA Interline Reservation Procedure의 약자로서 항공회사 상호간의 예약에 관한 약속 사항으로 어느 항공 회사에서 예약을 하더라도 다른 항공회사에 전부 통용된다는 것을 의미한다.
② AIRIMP : ATC/IATA Reservation Interline Message Pro- cedure의 약자로서 예약은 전 여정을 여객이 희망하는 최초의 항공회사에 맡기도록 되어 있는 약속을 의미한다.

※ ① ATC(The Air Traffic Conference of America) : 미국 항공 운송회의

171. 카보타지(Cabotage)란 무엇을 의미하는가?

연안운송금지, 즉 어떤 나라의 항공기가 타국의 영토내에서 상업운송 행위를 하지 못하게 하는 제한조건(시카고 조약)을 말한다. 국제운송의 일부분으로서 타국의 두 지점을 운송하는 것은 상관이 없다.

172. 여정의 종류로는 어떠한 것이 있는가?

① One Way Trip : 편도여행 ② Round Trip : 왕복여행
③ Circle Trip : 일주여행 ④ Around the World Trip : 세계일주여행
⑤ Open Jaw Trip : 입을 벌린 모양의 삼각편도여행

173. Open Jaw Trip이란 무엇인가?

여행 형태의 하나로 Round Trip과 비슷하지만 실제로는 편도여행이다. 왕복여행시에 출발지와 도착지가 상이한 여행을 뜻한다. 예컨대 서울을 출발하여 동경을 돌아서 부산에 도착하는 경우를 말한다.

※ Round Trip : 왕복여행, 즉 출발지와 목적지가 같고 왕복루트가 같은 여정 또는 왕복루트가 상이해도 왕복 동일한 운임이 사용될 수 있는 여정을 말한다.

174. CIP는 무엇인가?

Commercial Important Person의 약자. 사업거래상 상당한 영향력을 줄 수 있는 귀빈을 말한다.

※ MIP(Most Important Person) : 최고 귀빈(국가원수, 기업체 최고경영자 등)

175. 관광객의 요청에 의하여 공항 또는 터미널 등에 여행업자의 직원 또는 Guide가 출영하는 Service를 무엇이라 하는가?

Meeting Service

※ Sending Service : 관광객을 전송하는 Service

176. Home Visit System은 무엇인가?

해외여행 일정 중 현지의 가정을 방문하기도 하고 머물기도 하는 것을 말한다. 가정을 방문함으로서 그 나라 사람들의 생활습관을 보다 깊이 알려고 하는데 목적이 있다. 미국에서는 'Meet Americans at Home Drive'란 슬로건하에 활발히 진행하고 있으며 북유럽에서 현재 성행중이다.

177. Green Mark System은 무엇인가?

그린마크 제도는 최근 3년간 건전여행을 실행하고, 경고 이상의 행정처분을 받은 적이 없고, 전년도 외화수입실적이 좋은 업체를 대상으로 선정된 업체는 '그린여행사'라는 문구를 고객모집 등 사업적 판촉활동에 활용할 수 있다.

178. 문화관광카드에 대해서 설명하라.

외국인 관광객용으로서 박물관, 미술관, 공연장 등에서 이용시 30~50%를 할인 혜택을 받을 수 있으며 외국인 관광객 유치를 목적으로 발행하고 있다.

179. Scheduled Airline을 설명하라.

승객 및 항공화물 운송을 위해 정기적으로 운항하는 항공회사

180. 관광개발의 종류로는 무엇이 있는가?

① 자연관광자원 활용형 ② 교통편 활용형 ③ 관광대상 창조형 ④ 인문관광자원 활용형 ⑤ 지명도 활용형

181. 관광개발의 목적은 무엇인가?

① 자원의 가치감소를 복구하고 보호ㆍ육성한다. ② 개발을 통한 문화창달과 국민정서순화를 가져온다. ③ 여가선용을 이용한 레크레이션 장소를 제공한다.

182. Strecher에 의존하는 환자의 경우 항공기 이용은 어떻게 되는가?

① 의사나 간호사 또는 보호자가 동반되어야 한다. ② Strecher의 장착을 위해 출발 72시간 전에 항공사에 통보되어야 한다. ③ 동반자는 별도로 하고, Strecher 항공료는 성인 보통석요금의 6배이다.

183. 관광임대 농원이란 무엇을 말하는가?

농민들이 돈을 받고 도시민에게 농토를 빌려준 뒤 파종과 비료, 농약주기 등 농사는 농민이 하고 수확은 도시인이 거두는 농원을 말한다.

184. MCT가 의미하는 바를 간략하게 설명하라.

Minimum Connection Time의 약자로서 최소연결 소요시간을 말한다. 국내선에서 국제선으로, 국제선에서 국내선으로, 국제선에서 국제선으로 갈아타야 하는데 필요한 최소의 시간을 말한다. 각 공항에서의 MCT는 세계 유수의 정기항공 시간표(ABC, OAG)에 표시되어 있다.

185. Principal의 의미를 설명하라.

대리점으로서의 여행업자에 대한 '본인'의 뜻으로 항공회사, 철도, 관광지, 음식점, 호텔 등 여행사에 판매를 의뢰하는 관광소재(교통, 숙박, 음식, 오락, 관람 등)를 생산하는 사업자를 의미한다.

186. GTR이란?

Government Transportation Request의 약자로 공무원의 해외출장시 자국 항공기를 이용하도록 하는 제도, 즉 정부 항공운송 의뢰제도를 말한다.
※ Junket : 관비여행

187. 산업관광(Industrial tourism)을 최초로 추진한 나라는?

프랑스(1952년부터)

※ 산업관광 : 산업을 대상으로 한 관광이며, 산업관광의 주가 되는 대상이 기술이나 시설에 향하여 있기 때문에 산업시찰, 테크니컬 투어리즘(Technical Tourism, Technical Visit)과 동일하게 사용된다.

188. Kick Back란?

대금 일부 반환제도를 의미한다.

189. 국내 최초의 외국인 단체 관광단의 이름은 무엇인가?

라스투어

※ ① 우리나라 최초의 단체관광은 외국 공관 및 상사 직원, 미국 장교 등 주한 외국인으로 구성된 라스(RAS : Royal Asiatic Society)라는 단체가 1958년 단체원 및 그 가족이 참가하는 라스투어라는 관광단을 모집하여 전국의 관광 명소를 관광하였으며 이는 1966년까지 계속 되었다. 이 관광단의 모집 및 주선은 C. F Miller(한국명 : 민병갈)이었다.
② 우리나라 최초의 여행사는 일본 철도국이 세운 국제여행사인, Japan Tourist Bureau의 경성사무소로 일본인과 외국인을 위한 여행알선 및 편의 제공업무를 했다. 1933년 서울에 "경성관광협회"가 설립되었으나 이 조직은 관광 행정기관인 경성부청 관광과의 지원을 받는 일본인 민간단체였다. 해방후 한국인이 JTB를 인수하여 '조선여행사'로, 다시 '대한여행사(KTB)'로 개칭되었다.

190. Interline Point란?

비행기를 갈아타기로 예정된 지역을 말한다.

191. Trail Blazer란?

여러 가지 어려움을 경험하며 혼자 여행하는 사람을 말한다.

192. 외국인에 의한 최초의 우리나라 관광지 진단은?

Kauffman Report(1974년, 한국관광종합개발조사보고서)

193. 다음 용어를 설명하라.

- Protection Reservation : 만일의 경우를 고려하여 예약가능한 타편을 확보하여 예방 대책을 세워두는 일
- Ground Hostess(GH) : 공항내에서 여객의 유도를 돌보아주는 직원으로 지상의 Stewardess
- Pre-paid card : 선불카드, 미리 돈을 지불하고 액면가만큼 사용하는 카드
- Excursion Fare : 특별할인 왕복요금. 특정구간, 일정기간내 왕복에만 적용되는 요금으로 일반요금보다 싸다.
- Poket-to-Poket-Tour : 모험 여행
- Load Factor : 항공기의 좌석 이용율, 탑승률(LF = 탑승자수/좌석수)
- Extra Section(Extra Flight) : 임시 항공편, 부정기 항공편
- GSA(General Sales Agent) : 항공회사의 총대리점(일정지역을 책임판매하는 여행사 또는 타항공사)
- Monitor Tour : 개발기관 또는 개발주최회사가 특정의 관광지를 소비자에게 관람토록 하여 관광지 개발에 도움이 되는 의견을 구하기 위한 목적으로 만들어지는 여행계획을 말한다.
- REP(Representative) : 호텔 도매업자, 여행업 등의 주제원, 연락원 등을 말한다. 즉 특정업체를 대리 또는 대표한 자를 의미하며 보통 현금 수수행위 없이 예약접수, 수배, 선전, 판촉 등의 업무를 한다.
- 3V : VISA, VILLA, VISIT를 뜻하며 해외여행, 탈 도시(자연복귀), 인간 관계의 조화를 의미한다.
- 관광객공해(Tourist Pollution) : 관광행위에 의해서 유발되는 관광지 및 시설의 악화 현상으로 현시설의 능력보다 많은 사람이 이용함으로서 야기된다.
- Scole : 그리스어로 '레져'(여가 : Leisure)의 어원이다. 학문, 예술, 훈련의 뜻으로 레저가 원래 '문화 창조 활동'의 의미가 있음을 말해준다.
- Culture Shock : 어떤 개인 또는 사회가 이질의 문화에 부딪혔을 때에 발생하는 심리적 충격을 말한다.
- Plant Tour : 공장시찰 여행을 말한다.
- Safari : 가이드와 사냥꾼을 동반한 수렵여행, 최근에는 아프리카 중앙부의 동물관광을 목적으로 하는 여행을 지칭한다.
- Repeat Traveler : 해외여행의 경험자를 지칭하는 업계용어 Repeater라고도 하며 어느 한 나라를 반복적으로 방문하는 자
- Net Fare : 수수료(Commission)을 뺀 원가운임을 말한다.
- Duty Free Shop : 면세점
- Free Zone : 자유지대, 즉 항구, 공항내의 면세구역으로서 세금없이 물품매입과 저장이 되는 지대를 말한다.
- Handling Fee : 사용료, 일반적으로 물건이나 시설을 사용하는데 내는 요금으로 도서관, 미술관, 박물관 등의 입장료가 있다.
- Onestop Tour Charter : 도중 1회 기착조건 항공기전세 여행
- Change Booth : 불량품 교환소
- Lost & Found : 분실물 취급소
- P.V.S : Passport, Visa, Shot(검역)로 여행서류를 지칭한다.
- Carrier : 뜻은 운송기관 이지만 관광업계에서는 항공회사
- E.T.D(Estimated Time of Departure) : 출발 예정 시간
- E.T.A(Estimated Time of Arrival) : 도착 예정 시간
- E.T.O(Estimated Time of Over) : 통과 예정 시간
- A.T.D(Actual Time of Departure) : 실제 출발 시간

- A.T.A(Actual Time of Arrival) : 실제 도착 시간
- Dining Car : 열차의 식당용 객차
- Berth Ticket : 침대권. 기차, 기선 따위에 설치된 침대를 쓰는 경우에 요금을 치르고 사는 표이다.
- Staggering Holiday : 시차 휴가
- Guaranteed Tour : 보증(관광) 여행 구성원이 미달인 경우도 여행실시
- Budget Tour : 통상 여행보다 싼 여행
- Rooming List : 단체 여행시 손님용객실할당표
- PAX : Passenger의 약자로 항공사에서 승객을 말할 때 사용되며 PSGR 로도 사용된다.
- Flat Rate : 균일요금, 단체가 호텔에 숙박하는 경우 요금이 다른 객실을 사용하는 일도 있지만, 같은 요금을 적용한다.
- Dude Ranch : 관광목장
- OAG : Official Airline Guide의 약자로 미국에서 발행되고 있는 정기 항공시간표 및 항공여행 정보지
- ABC : ABC World Airways Guide의 약자로 영국에서 발행되고 있는 정기 항공시간표로 OAG와 함께 세계에서 널리 사용되고 있다.
- Post-Convention Tour : 회의 후 여행으로 회의의 주최자 등이 미리 계획을 세워놓고 실시하는 관광이다.
- Pre-Convention Tour : 회의 개최 전에 하는 관광을 말한다.
- Back To Back Charter : 왕복 연속 대절
- Block 예약 : 호텔의 객실, 항공기의 좌석 등 1구획을 한꺼번에 예약하는 것을 말한다.
- Block Off Charter : 정기편을 전세로 하는 것을 말한다.
- Independent Charter : 임시편을 전세로 하는 것을 말한다.
- Booking : 예약 또는 항공권 구입 및 예약
- Ticketing : 항공권 발권 업무
- Tour Operator : 여행상품 기획·판매업자
- Inflight Service : 비행기의 기내 서비스, 즉 기내 식사, 기내선물, 기내 영화 상영 등
- Gate Pass : 탑승권(Boarding Pass)
- Final Itinerary : 확정 여행 일정표, 여행자의 여행일정으로 출국일시, 비행편명 등 최종적으로 결정된 일정표
- International Date Line : 국제 날짜 변경선
- Local Time : 지방시간, 표준시에 대한 말로 현지시간을 의미한다.
- Overnight Bag : 여행용 소형 가방. 항공회사가 제공하고 있는 가방도 overnight bag이라고 한다.
- Day Excursion : 당일 돌아오는 여행(day trip)
- Claim Tag : 화물을 맡겼다가 다시 찾기 위한 짐표. Baggage check 또는 Baggage claim tag라고도 한다.
- Back Packing : '등에 짐을 지고 다닌다'는 뜻으로 강이나 계곡을 중심으로 한 오지를 문명의 이기 없이 도보 여행하는 것을 말한다.

194. 우리나라에서 국제공항이 있는 곳은 어디인가?

서울(인천), 부산(김해), 제주, 청주, 대구

※ 국내선공항 : 서울(김포), 부산(김해), 제주, 대구, 광주, 청주, 여수, 속초, 진주(사천)

195. 관광코스의 종류를 설명하라.

① 피스톤형 : 자기 집에서 출발하여 목적지에 도착한 다음 그곳에서 관광을 하고 곧 바로 동일 코스를 따라 귀가하는 반복식 여행 코스
② 스푼형 : 자기 집에서 목적지에 도착한 다음 주위 관광을 골고루 한 다음 오던 길과 같은 코스로 귀가하는 형태
③ 안전핀형 : 자기 집에서 목적지에 도착하여 일단 관광을 한 다음 그 주위의 관광을 하되 귀가 코스는 출발 당시의 코스와 다른 코스를 택하여 귀가하는 형태
④ 탬버린형 : 자기 집에서 여행을 떠나 여러 목적지를 들르면서 관광을 하면서 귀가를 하되 출발 당시와 다른 코스로 귀가하는 형태로 상당히 많은 시간과 경비가 소요되는 형태

※ ① 관광루트와 관광코스의 차이점
　　ⓣ 관광루트 : 관광지내 또는 관광지간의 연결을 중시하여 관광지내의 내용까지 포함하여 계획적으로 설정된 교통로이며, 방향성이 없다.
　　ⓛ 관광코스 : 관광객의 이동방향을 옮겨가며 나타낸 것으로 출발점으로 다시 돌아오는 동행궤적을 가리킨다.
② 자연 탐방로 : 야생지, 농산천벽지 등 일정한 길이 없는 지역을 관광할 수 있게 마련한 길

196. Theme Park(주제공원)이란 무엇인가?

가족 위주로 즐길 수 있도록 특정지역, 특정문화 등 여러 가지 주제별로 특별히 만들어진 환경과 분위기 속에서 운영되는 공원, 놀이시설, 박물관, 공연 등이 준비되어 있는 공원을 말한다.

197. HOTEL의 어원은 무엇인가?

Hospitale

※ Hospitale → Hostel → Inn → Hotel

198. HOTEL의 정의를 말하라.

호텔이란 여행자에게 각종 편의를 제공하는 시설(객실, 식음료, 연회장, 위락시설 등)을 갖추고 잘 훈련된 종사원으로 하여금 조직된 서비스를 제공하여 그 대가를 받는 (공공기업의 성격을 띠고 있는) 서비스 사업체이다.

※ 관광진흥법상 호텔의 정의 : "관광객의 숙박에 적합한 시설을 갖추어 이를 관광객에게 이용하게 하고 음식을 제공하거나 숙박에 부수되는 음식·운동·오락·휴양·공연·연수시설 등을 함께 갖추어 이를 이용하게 하는 업"

199. 체인호텔 시스템의 효시라고 볼 수 있는 프랑스의 호텔은 무엇인가?

Ritz Hotel

※ 1880년 파리에 건립. Ritz는 고급호텔의 창시자로 알려져 있다.

200. 최초로 프랑스에 세워진 현대식 호텔은 무엇인가?

Le Grand Hotel(1850년 파리에 건립)

201. 최초의 현대식 호텔이면서 미국호텔의 시초로 볼 수 있는 것은?

City Hotel(1794년 뉴욕에 건립)

202. 근대호텔 산업의 원조로 불리우는 미국의 호텔은?

Tremont House

※ Tremont House : 1829년 보스톤에 건립, 최초로 Lobby와 Single room, double room을 구비한 호텔이다.

203. 근대호텔의 혁명왕으로 불리는 사람은?

E.M Startler, 호텔이용을 대중화하였음.

※ Startler Hotel : "A Room And Bath For A Doller And Half"의 슬로건으로 1908년 미국의 버팔로에 건립.

204. 독일에서 호텔의 효시라 볼 수 있는 것은?

Der Badische Hof(1807년 Baden Baden에 건립)

205. 우리나라에서 호텔의 기원으로 볼 수 있는 것은?

여각(객주)

※ 여각(객주) : 조선후기 포구와 시장에 존재하면서 상품의 매매 중개, 운송, 보관, 금융 등의 업무를 담당했으며 숙박업도 병행하였다.

206. 우리나라에 최초의 서구식 호텔이 등장한 때는?

1888년(대불호텔, 인천, 일본인이 경영)

207. 1970년에 재 설립된 조선호텔은 누가 건립하였는가?

국제관광공사와 미국의 American Airlines의 합작

208. 건립당시 동양 최대의 Resort Hotel로서 명성을 떨쳤던 우리나라의 호텔은?

Walker Hill(1963년, 서울, 약300실)

209. 입지적 조건에 의하여 호텔을 분류하면 어떠한 종류가 있는가?

① Metropolitan Hotel ② City Hotel ③ Down Town Hotel ④ Suburban Hotel ⑤ Country Hotel ⑥ Airtel ⑦ Sea-Port Hotel ⑧ Terminal Hotel

210. 호텔을 규모에 의해 분류했을 때 Above Average Hotel의 객실 수는?

100실~300실

※ 규모에 의한 호텔의 분류
① Small Hotel : 30실 미만
② Average Hotel : 30실~100실
③ Above Average Hotel : 100실~300실
④ Large Hotel : 300실 이상

211. 회의유치를 위한 Conventional Hotel의 특징은?

초대형 호텔로서 객실의 대형화, 대회의장, 통역서비스 및 주차장, 그리고 연회실과 전시장 등이 대규모로 확보되어야 한다.

212. 휴양과 레크리에이션을 주된 목적으로 하는 호텔을 무엇이라 하는가?

Resort Hotel(제주, 해운대에 있는 호텔들은 주로 Resort Hotel임)

213. 세계 최초의 Youth Hostel은 무엇인가?

알테나 성 Youth Hostel(독일)

※ Youth Hostel은 일종의 청소년을 위한 사회복지시설로서 1909년 독일의 R.Shirman에 의해 최초로 제창되었으며, 1932년 IYHF(International Youth Hostel Federation)가 덴마크의 수도 암스텔담에서 탄생되었다.

214. 교통과 숙박시설을 겸한 버스 형태의 이동식 호텔로 불리워지는 것은?

Rotel(Rotating Hotel의 약자), Camping car

215. Floatel은 어떤 형태의 숙박시설인가?

Floating Hotel 즉 수상에 정지하거나 떠있는 호텔을 의미하며 관광진흥법상의 수상관광호텔이 이에 속한다.

216. 호텔경영의 유형을 설명하라.

① 소유 및 직영방식 ② 임차(Lease) 방식 ③ 경영위탁(Chain) 방식 ④ 프랜차이즈(Franchise)방식 ⑤ 업무제휴(Referal)방식

※ ① 소유직영(Independent)방식 : 소유자, 자본주가 직접경영 – 스타틀러
② 임차(Lease)방식 : Hotel의 토지, 건물을 계약에 의해서 임차하고 자금, 경영능력이 있는 자가 내부시설 및 경영을 담당, 영업이익을 분배하거나 임차료 지불 – 힐튼
③ 경영계약(Chain)방식 : 체인본사가 호텔 소유자로부터 이익의 일부를 royalty (management fee)로 받고 자기의 상표, 기술, 운영자본, 인사로 경영하는 것. 호텔소유자가 자본을 참여하는 경우와 참여하지 않는 경우가 있음 – 웨스틴, 프라자, 하얏트, 인터콘티넨탈
④ Franchise방식 : 프랜차이즈 본사가 소유, 자본, 경영, 인사는 관여하지 않고 상표, 기술, 정보를 제공하고 매상의 일부를 royalty로 받음 – 홀리데이인, 쉐라톤, 라마다
⑤ 제휴(Referral)방식 : 경영간섭 없이 상호 수평관계에서 기술, 구매, 자금, 예약 등을 협력하는 경우로서 협동조합과 유사함 – 베스트웨스턴모텔즈

217. 연쇄경영호텔(Chain Hotel)의 장점을 말하라.	① 대량구입으로 인한 원가절감 ② 광범위한 공동선전 ③ 예약망의 효율적 활용 ④ 계수관리의 편리성(통일성) ⑤ 전문경영인의 활용
218. 호텔의 종류를 요금지불방식에 의해 분류했을 때 우리나라의 호텔경영방식은 무엇에 해당하는가?	European Plan(EP) ※ European Plan : 객실요금과 식대를 별도로, 선택적으로 계산하는 방식
219. 열대지방 건축형태의 하나로 아래층은 없고 원두막처럼 생긴 목조 2층 구조의 숙박시설은 무엇인가?	Bungalow(방갈로)
220. 열대지방의 원두막형 숙박시설형태로서 원래 스위스 식의 농가에서 비롯된 것은 무엇인가?	Chalet(사레), 방갈로 보다 낮고 원두막형이다.
221. Holiday Home이란 무엇인가?	휴가 시즌 중 가족 여행자를 대상으로 하여 관계단체에 의하여 건설된 숙박업 가운데 하나. 상황에 따라 요금제도에 탄력성이 있다.
222. 호텔기업의 특성을 말하라.	① 인적자원의 의존성이 높다 ② teamwork의 중요성이 크다 ③ 연중무휴의 영업성이다 ④ 고정자산의 구성비율이 높다 ⑤ 고정경비 지출의 과다 ⑥ 일시적 최초의 투자가 크다 ⑦ 시설의 노후화가 빠르다 ⑧ 계절성 상품이다 ⑨ 자본의 회전율이 낮다 ⑩ 상품저장이 불가능하다 ⑪ 비전매성 상품이다 ⑫ 비신축성 상품이다 ⑬ 정치·경제에 민감하다 ⑭ 공공성이 높다 ⑮ Public Area 점유율이 높다 ※ 최근 호텔경영의 경향 : 원가절감을 위한 대규모화, 호텔경영의 전문화와 표준화, 호텔기업투자주최의 다양화, 호텔경영의 Chain화, 호텔객실의 고급화
223. Hospitality Industry란 무엇을 의미하는가?	환대산업(숙박, 음식, 오락, 관람 등), 즉 관광산업을 의미한다.
224. 관광서비스의 3요소(3S)는 무엇인가?	Speed, Smile, Sincerity(신속, 친절, 정성)

225. 관광호텔을 영어로 표기하면 어떻게 되는가?

Tourist Hotel

226. 호텔상품 원가의 3대요소는 무엇인가?

① 재료비 ② 인건비 ③ 기타 경비

227. 객실수입계산의 3요소는 무엇인가?

객실수, 객실료, 이용율

※ 객실수입(실료수입) = 객실수 × 이용율 × 평균객실료
   이용률 = 판매된 객실수 ÷ 전체객실수 × 100

228. 호텔사업계획의 기본요소는 무엇인가?

① 계획화 ② 조직화 ③ 통제화

229. 호텔시설 계획상 3S란 무엇을 의미하는가?

① Sanitation ② Safety ③ Speed

230. 경영관리의 기본요소로 불리는 4M이란 무엇을 말하는가?

① Men ② Materials ③ Money ④ Market

231. Hotel Marketing의 기본요소는 무엇인가?

시설, 위치, 서비스 등

232. 기업회계기준이란 무엇인가?

기업의 회계처리 지침

※ ① USAH : Uniform system of Accounts for Hotel의 약자로 미국의 '호텔통일회계기준'을 말하며 호텔기업의 특성에 맞게 제정되어 미국내 모든 호텔이 이 기준에 따라 회계처리를 한다.
   ② 한국 Hotel의 회계기준 : 통일된 회계처리 기준이 없다.
      ㉠ USAH채택 호텔 ㉡ USAH, 기업회계기준 혼용호텔
      ㉢ 기업회계기준 채택 호텔 ㉣ 세법상 규정 채택 호텔

233. 재무회계란 무엇을 의미하는가?

기업의 외부이해관계자에 대한 기업의 경영성과와 재무상태보고용 재무제표를 위한 회계

※ 관리회계 : 기업 내부이해관계자의 합리적 의사결정을 위한 회계정보의 산출 및 제공을 목적으로 하는 회계
※ 재무제표 : 대차대조표, 손익계산서, 연말정산서 등

234. 호텔의 영업수익내용(구성요소)을 말하라.

객실, 식음료, 주차장, 전화, 세탁, 기타 부대시설
※ 영업외 수익 : 수입임대료, 수입수수료, 수입이자 등

235. 호텔에서 발생하는 영업비용의 내용은 무엇인가?

급료 및 제 수당, 복리 후생비, 매출원가, 에너지비용 등
※ 영업외 비용 : 지급이자, 매출할인, 이연자산상각 등

236. 호텔에서 발생하는 주요 고정비용은 어떠한 것이 있는가?

직원급여, 보험료, 감가상각비 등
※ 변동비용 : 식재료비, 수도광열비 등

237. 호텔의 기본구조는 어떻게 이루어져 있는가?

① 객실부문(Front of The House) ② 식음료부문(Back of The House)
③ 관리부문(Management & Executive)
※ 세분화한 호텔조직
   ① 현관사무부문(Front Office Dept.)
   ② 현관서비스부문(Uniformed Service Dept.)
   ③ 객실관리부문(House Keeping Dept.)
   ④ 주방부문(Kitchen Dept.)   ⑤ 식당부문(Restaurant Dept.)
   ⑥ 회계부문(Accounting Dept.)
   ⑦ 기술부문(Engineering Dept.)
   ⑧ 관리부문(Management & Executive Dept.)
   ⑨ 오락연회부문(Entertainment & Banquet Dept.)
   ⑩ 판촉 및 광고부문(Sales Promotion & Advertizing Dept.)

238. 경영조직에 있어 Line Organization의 장점은 무엇인가?

① 권한과 책임의 명확 ② 업무수행이 능률적 ③ 의사결정이 쉽다.

239. Hotel Manager의 3대 기능은 무엇인가?

① 계획 ② 조직 ③ 통제

240. 호텔상품의 종류를 말하라.

① 객실상품 ② 식음료상품 ③ 부대시설 및 서비스상품

241. 공표요금(Tariff)은 무엇인가?

호텔 팜플릿(Pamphlet)이나 브로쇼(Brochure)에 기재되어 일반고객이 볼 수 있도록 공개되어 있는 요금.

242. Season off 시 호텔에서 주로 활용하고 있는 판매촉진 방법은?

① Discount ② Package상품판매 ③ Convention상품

243. Hotel Discount Rate의 종류를 말해보라.

① Single rate ② Season off Rate ③ Group Rate ④ Commercial Rate ⑤ Guide Rate

244. 호텔 추가요금의 일종으로 Hold room charge란 무슨 뜻인가?

객실을 예약해놓고 개인의 사정에 의하여 투숙하지 못했다 하더라도 지불해야 하는 요금

245. 객실의 종류를 말해보라.

① Single Room ② Double Room ③ Twin Room ④ Triple Room ⑤ Studio Room ⑥ Ondol Room ⑦ Suite Room

246. Front Desk의 기본업무의 내용은?

① 객실예약 ② 고객의 영접 ③ 객실판매 ④ 객실배정 및 숙박등록 ⑤ 현금출납 및 신용카드 취급 ⑥ 각종 정보 안내 ⑦ 우편물·전신 및 전언문(Message)의 전달 ⑧ 불평·불만상담, 귀중품 보관

247. 현관지배인(Front Office Manager)의 업무내용은?

① 현관 종사원의 채용 및 교육 ② 직무편성과 감독 ③ 예약업무의 통괄조정 ④ 고객의 불평·불만 처리 ⑤ Room Clerk의 업무 감독 ⑥ 일일 보고서 작성 및 검토 ⑦ 고객의 접대안내
⑧ 현관의 청소감독 ⑨ 타부문과의 업무현황 확인 및 협조

248. 프론트 캐샤(Front Cashier)의 주요직무사항은?

① Bill(Guest Folio)의 작성 ② 외환업무 ③ 귀중품 보관 ④ 현금출납

249. Room Rack Slip의 작성은 누가 하는가?

등록카드에 의해 Room Clerk이 작성한다.
※ Room Rack Slip의 색깔별 용도
• 백색 : 일반투숙객(Normal)
• 핑크색 : Conventioner
• 물색 : Day Rate
• 금색 : House Use
• 청색 : 선불(Paid-In-Advance)
• 황갈색 : Permanant Guest
• 녹색 : American Plan
• 보라색 : VIP
• 오렌지색 : Weekly Rate
• 황색 : Complimentary

250. Night clerk의 주된 업무내용은?

① 당일분 처리업무
- 객실 열쇠의 점검
- 야간손님의 입숙업무(Late Check-In)
- No Show의 처리
- 객실판매현황의 작성 및 보고준비(객실영업일보의 작성)
- Morning Call의 접수

② 명일분 업무준비
- Check-Out 현황작성
- Change Room 예정객실 체크
- 명일 숙박예정객실 확인 및 객실배정

③ 고객의 서비스 제공 및 불평 · 불만 처리

※ 객실판매현황보고서에 나오는 주요계산법
① 객실수입의 합계(Total Room Earning)
= 단기체제객(Transient)+장기체제객(Resident)+분할이용객
(Part Day Use)
② 금일의 객실 이용율 = 사용객실수/사용가능객실수×100
③ 객실 당 평균실료 = 매상액/사용객실수

251. 호텔예약카드의 기재사항은?

① 투숙객 이름 · 국적 및 인원수 ② 도착 · 출발 예정일 ③ 교통기관명
④ 숙박요금 ⑤ 지불방법 ⑥ 여권번호 ⑦ 예약일의 담당자 이름 ⑧ 희망객
실 ⑨ 고객의 주소 및 연락처 ⑩ 비고

252. 고객이력카드(Guest History Card)의 용도는?

한번 투숙된 손님을 재방문토록 판매촉진의 목적으로 기록 · 관리되는 참
고자료로 보통 발행 후 5년간 보관한다.

253. Night Auditor란 무엇을 의미하는가?

야간 회계감사자

254. 에이전트 예약(Agent Reservation)은 무엇을 뜻하는가?

여행업자에 의한 예약

255. Check Out Time이 지났을 경우 손님이 지불하는 추가요금을 시간별로 말해보라.

12:00~15:00 : 객실요금의 1/3
15:00~18:00 : 객실요금의 1/2
8:00 이후 : 객실요금 전액

256. 호텔에서 사용하는 Key의 종류에는 무엇이 있는가?

① Guest Key ② Pass Key
③ Master Key ④ Grand Master Key

※ ① Geust Key : 손님용 열쇠
　② Pass Key : 각 층별로 하나씩 주어지는 열쇠. 보통 객실청소시 Room Maid가 소지하며 반드시 House Keeper 또는 부지배인의 결재하에 행해진다.
　③ Master Key : Guest Key의 분실 또는 객실내 이상발생 시 사용할 수 있는 만능열쇠. 전 객실의 문을 열 수 있으며 객실 지배인급의 허가가 있어야 사용 가능하다.
　④ Grand Master Key : V.I.P 손님 또는 귀중품이 많은 손님을 보호하기 위한 특별 장치의 문(Double Locked Door)을 열 수 있는 특수 열쇠. 손님의 허락 없이는 열 수 없으며 Shut- Out Key라고도 한다.

257. Bell Man의 주요업무는 무엇인가?

① Check-In : 손님에게 객실 안내, baggage 운반
② Check-Out : baggage down, room change, door open, paging, delivery

258. Cloak Room의 용도는 무엇인가?

현관 입구를 비롯한 각 공공장소의 입구에 위치한 수하물, 소지품 보관소를 말하며 Check room이라고도 하며 담당자를 Checker라고 부른다.

※ Cloak Room에 맡겨지는 수하물 : 손가방, 외투, 모자, 우산 및 양산, 지팡이, 책, 트렁크, 골프 및 스키 등의 운동도구 등.

259. Door Man의 주요업무는 무엇인가?

고객의 영접 및 전송, 현관 앞 정리

260. 호텔에서 사용하는 Computer System에는 어떤 것이 있는가?

POS System, PBX System

※ ① POS System(Point Of Sales System) : 한 영업장에서 발생된 각종 Data가 Manager나 사용자가 원하는 시점에서 즉시 집계·분석이 가능한 Hotel Front, Restaurant용 시스템이다.
　② PBX System(Private Branch Exchange System) : 외선과 접속되어 있는 전화의 자동화를 말한다.

261. 객실 정비의 종류에는 어떠한 것이 있는가?

① 주간객실정비(Change room) ② 야간객실정비(Turn Down Service)
③ 대청소(Spring Cleaning)

262. House Keeping의 역할은 무엇인가?

객실의 청소·관리, 비품의 선택·관리, Linen류의 세탁·보급 등의 업무를 담당하는 '호텔 관리 및 정비부서'이며, 호텔상품의 생산부서이다.

263. 일반적으로 Room Maid가 관리할 수 있는 적정객실 수는 얼마인가?

14실(1일 8시간 기준)

264. 세탁물 취급시 문제가 발생하였을 경우 어떻게 변상하는가?

Laundry, Dry Cleaning, Pressing에 따라 각각 세탁요금의 15배 변상

265. Pressing Service의 의미는 무엇인가?

호텔이 고객에게 제공하는 다림질 서비스를 말한다.

266. Linen이란 무엇을 의미하는가?

면류나 화학섬유로 만들어진 타올·냅킨·시트·담요·유니폼·커튼·도일리 등을 일컫는 호텔용어.

267. 미끄럼 방지용으로 욕조의 바닥에 깔아두는 것은 무엇인가?

Rubber mat

268. Single Sheet의 규격을 말하라.

180×220cm

※ 프랑스 규격협회의 공인된 규격
　① Double Sheet : 220×240cm
　② King size Sheet : 240×260cm

269. 호텔 욕수의 적합한 온도는 얼마인가?

40~50℃

270. 다음 용어를 설명하라.

- Paging Service : 손님의 심부름을 하거나 Message 전달 또는 손님을 찾아주는 Service
- Walk-In Guest : 예약 없이 투숙하는 고객
- No Show : 예약후 예고없이 투숙하지 않는 손님
- Go Show : 객실이 빌때까지 기다리는 손님
- Late Show : 예약후 예정된 시간보다 늦게 도착하는 손님
- Skipper : Check Out 절차를 밟지 않고 도망가는 손님
- Deposits In Advance : 선불예약금
- City Ledger : 외상계정(원장)
- Connecting Room : 두 방이 벽에 있는 통로문으로 이어지는 객실
- Adjoining Room : 두 방이 벽에 문이 없이 연해진 객실
- Out Side Room : 전망이 외부로 좋은 방
- In Side Room : 전망은 없지만 조용한 객실
- Travel Agent Account : 여행사 회계
- Blocking Room : 예약된 객실
- In Order Room : 정리되어 팔 수 있는 객실
- Out Of Order Room : 고장 또는 수리 중 이어서 팔 수 없는 객실
- On Change Room : 정리 중 또는 정리를 요하는 객실
- Over Booking : 초과예약
- Do Not Disturb Card : '방해하지 마시오'란 의미의 출입금지표시 카드
- House Use : 호텔자체에서 사용하는 객실
- Part Day Use : 낮시간 동안 분할 시간제로 판매하는 객실, 대응하는 개념으로는 Over Night Stay가 있다.
- Turn Away service : 객실이 모두 팔리고 없을 경우 손님에게 다른 호텔로 안내하는 Service
- Turn Down Service : 야간객실 정비시 머리받이 담요를 시트로 접어 넣어 손님이 쉽게 들어가 취침할 수 있도록 정리해주는 Service
- Brunch : 아침과 점심식사 사이에 먹는 간이 식사
- Afternoon Tea : 점심과 저녁식사 사이에 먹는 간식
- Room Rack : 객실 현황표
- Full House : 호텔에 손님이 만원이 되어서 판매할 객실이 없는 상태
- Room Service : 객실손님의 요구에 의해서 식사나 음료를 객실로 운반해주는 Service
- Make Up : 손님이 객실에 등록되어 있는 동안 객실을 청소하고 정비 정돈 하는 것
- Guest Charge : 손님의 청구서에 기재된 모든 청구액
- Single Service : 단 한번 사용하고 버리는 서비스 종이나 냅킨 따위
- D.N.P : Do Not Post의 약자로 게시판에 부착하지 말라는 뜻이며 행사표(Events Sheet)에서 볼 수 있다.
- Refund : 손님에게 환불되는 요금의 전액 또는 일부액
- Ballroom : 대연회장 또는 무도장
- Single Use : 2인용 객실에 1인이 숙박하는 것. 보통 10% 정도의 할인을 받는다.
- TIPS : To Insure Prompt Service 또는 To Insure Particu- larness의 약자
- House Phone : 호텔 구내전화
- Occupancy Rate : 객실점유율
- Cut-off-Date : 예약의 마감일, 회계의 결산일
- Valet Service : 호텔의 세탁소(laundry)나 주차장(parking lot)에서 고객을 위해 서비스하는 것을 말한다.

271. 와휄교수의 식음료 영업의 중요 요소가 되는 5G란 무엇인가?

① Good Environment(훌륭한 환경) ② Good Friendly Service (친절한 서비스) ③ Good Food & Beverage(최상의 식사와 음료) ④ Good Value(훌륭한 가치, 고객의 기쁨) ⑤ Good Ma- nagement Control(훌륭한 경영관리)

272. Hotel 식음료 부서(Food & Beverage Dept)의 기본 조직은 어떻게 이루어져 있는가?

① 식당과(Restaurant Section) ② 음료과(Beverage Section) ③ 연회과(Banquet Section)

273. Service man이 갖추어야 할 기본정신인 '스키치(SCHEE-CH) 정신'을 말해보라.

① Service(봉사성) ② Cleanliness(청결성) ③ Honesty(정직성) ④ Efficiency(능률성) ⑤ Economy(경제성) ⑥ Courtesy(예절성) ⑦ Hospitality(환대성)

274. 식당을 경영함에 있어 고려해야 할 생산과 판매면의 특징은?

① 생산면 : ㉠ 생산과 판매가 동시발생한다 ㉡ 수요예측이 힘들다 ㉢ 주문에 따라 생산한다 ㉣ 이익의 폭이 크다
② 판매면 : ㉠ 장소와 시간의 제약이 많다 ㉡ 상품의 부패가 쉽다 ㉢ Menu에 의해 판매한다 ㉣ 인적 서비스의 의존성이 높다 ㉤ 건물을 비롯한 설비, 유행, 무드 등 환경의 영향이 크다

275. 서비스의 형식에 따라 식당을 분류하라.

① Table Service Restaurant(정식, full course) ② Counter Service Restaurant(일식당과 유사) ③ Self Service restaurant
④ Feeding Restaurant(단체급식) ⑤ Vending Machine Service Restaurant (자판기 식당)

276. Refreshment Stand는 어떤 형태의 식당인가?

일종의 간이음식점으로서 진열장에 미리 음식을 진열해 놓고 손님의 요구에 따라 판매하는 식당

277. French Service를 설명하라.

고객 앞에서 숙련된 종사원이 주문된 음식을 직접 요리해 1인분식 담아 서비스하는 최상급 Cart Service. 일명 Gueridon Service, Hot Plate Service 또는 Trolly Service라고도 한다.

278. French Servece와 Russian Service의 중간 형태로 일명 Plate Service로 불리는 것은 무엇인가?

American Service

※ ① American Service : 음식을 접시(Plate)에 담아서 각각의 손님에게 날라주는 방식으로 일반식당 뿐만 아니라 연회행사에도 많이 이용된다.
② Russian Service : 요리를 주방에서 큰 쟁반(platter)에 담아서 웨이터가 운반하여 고객에게 제시하면 고객은 원하는 만큼 덜어서 먹는다.
③ English Service : 요리를 주방에서 큰 쟁반에 담아서 웨이터가 운반하여 테이블에 올려놓는다.

279. 연회행사의 하나로 대표적 입식형태의 Party는 무엇인가?

Cocktail Party

※ ① Cocktail Party : 각종 알코올 음료와 주스류를 구비하고 오드레브르를 곁들인 입식형태의 연회
② 정찬파티(Lunch & Dinner Party) : 식음료의 Full Course를 제공하는 연회. 주최자의 요청에 따라 메뉴를 결정하고 좌석 배치 및 Name Card를 배치한다.
③ Buffet Party : 뷔페형식에 Cocktail이 곁들여지는 입식연회. 뷔페식당의 뷔페는 Open Buffet, 연회행사의 뷔페는 Closed Buffet라 한다.
④ Tea Party : 일반적으로 Break Time(3~5시) 사이에 간단하게 개최되는 파티를 말하며 주스나 커피 또는 차 종류와 함께 과일, 샌드위치 디저트류가 곁들여 제공되는 연회
⑤ 출장파티(Outside Catering) : 파티장소에 음식, 식재료를 운반하여 조리, 제공하는 연회

280. Station Waiter System이란 무엇인가?

계절식당에서 주로 이용하는 방법으로 Head waiter 밑에 한 명씩의 Waiter를 두어 자신의 담당 구역만을 serving하게 하는 제도.

281. Bus Boy의 역할은 무엇인가?

Restaurant에서 식사가 끝난 후 식탁을 치우거나 접시씻기를 하는 종업원으로 Waiter나 Waitress의 하위역을 의미한다. 여성의 경우 Bus Girl이라고도 한다.

282. American Breakfast와 Continental Breakfast의 차이점은 무엇인가?

① American Breakfast : 계란요리(Egg Dish)＋빵종류＋주스류＋커피 또는 홍차
② Continental Breakfast : 빵종류＋주스＋커피 또는 홍차
※ English Breakfast : American Breakfast + 간단한 생선요리

283. China Ware의 종류에는 어떠한 것이 있는가?

Service Plate, Soup Bowl, Entrée Plate, Bread Plate, Salad Plate

284. Doily란 무엇을 의미하는가? | 물컵, 주스, 맥주 등을 Serve할 때 밑받침으로 사용되는 것

285. 다음 조리방법에 관한 용어를 설명하라.

- Baked : 적당한 온도로 물기 없이 Oven에서 열로 구어내는 것
- Boiled : 삶기
- Stewed : 끓이기, 요리를 장시간 끓이는 방법
- Braised : 연한 육류나 야채 등이 갈색이 되도록 뚜껑을 덮고 물속에서 열을 가하여 찜찌는 방법
- Broiled : 불 위에 석쇠 등으로 고기를 구어내는 것과 같이 직열로 굽는 방식
- Sauted : 볶기, Stew Pan 또는 Fry Pan에 버터를 녹여 센불로 굽는 방법
- Meuniere : 버터구이, 생선에 밀가루를 발라 버터로 구어낸 것
- Brochette : 살코기, 간, Bacon, 야채 등을 쇠꼬챙이에 꿰어 볶은 것
- Steamed : 증기로 쪄내는 방법
- Escolopes : 밀가루, 푼달걀, 빵가루 등을 묻혀 볶은 것
- Fried : 기름에 튀김
- Somoked : 훈연조리방법
- Gratin : Broiling과 비슷하지만 생선에 버터 또는 Bechamel Sauce를 바른 후 치즈가루를 묻혀 굽는 방법
- Poached : 생선이나 계란을 요리하는 방법으로 생선스톡이나 백포도주를 사용하여 비등점(100℃)이하로 삶아 내는 조리방법

286. 서양식 메뉴를 내용상으로 분류했을 때 두 가지로 나누면?

Table D'hote와 A la Carte

※ ① Table D'hote : Full Course 메뉴로서 정해진 가격에 의해 정해진 순서대로 제공되는 요리
② A la Carte : 고객의 주문에 따라 제공되는 요리로서 일품요리라고도 하며 Course가 생략된다.

287. Full Course에서 전채요리와 함께 나오는 Aperitif의 종류에는 어떠한 것이 있는가?

① 포도주 : Sherry, Vermouth etc.
② 칵테일 : Martini, Manhatan etc.

288. 전채요리를 온도에 의한 분류를 하였을 경우 Hot Appetizer(Chaud)에 해당되는 예를 들어라.

달팽이 요리(Snail : Escarcot), 구운 굴요리(Baked Oyster), 튀긴 양송이 요리(Fried Mushroom), 살발린 넙치요리(Filet Sole), 새우튀김(Gambas), 구운 바다가재(Broiled Lobster)

※ 전채요리의 각국별 명칭
- 영어 : Appetizer
- 불어 : Hors D'oeuvre
- 이탈리아어 : Antipasti
- 러시아어 : Zakuski
- 독일어 : Vors Peiser
- 스페인어 : Antradas
- 북유럽 : Smögasbord

289. Soup를 크게 두 가지로 분류
해 보라.

① Clear Soup(Potage Clair) : Consommé
② Thick Soup(Potage Lie) : Potage

290. 모든 Soup의 기본이 되는
Stock의 종류에는 어떠한 것
이 있는가?

① Beef Stock : ㉠ White Stock ㉡ Brown Stock
② Fish Stock
③ Poultry Stock : ㉠ Chicken Stock ㉡ Game Stock

291. Entrée를 설명하고 예를 들어
보라.

① 의미 : 영어의 Entrance의 뜻으로 정찬의 중간코스(Middle)를 의미하
였으나 오늘날에 와서는 주요리로서 제공되는 모든 요리를 Entrée라 부른다.
② 종류
　㉠ Meat
　　a. Beef
　　　• 안심 : Chateaubriand, Fillet, Tournedos, Fillet Mignon, Fillet
　　　　Goulash
　　　• 허리등심 : Sirloin Steak, Porterhouse Steak
　　　• 갈비등심 : Rib Steak, T-Bone Steak, Club Steak
　　　• 허벅지부분 : Round Steak
　　　• 엉덩이부분 : Rump Steak
　　　• 배부분 : Flank Steak
　　b. Veal
　　c. Lamb
　　d. Pork
　㉡ Curry Rice
　㉢ 맥류 : Macaroni, Spagetti

292. Sauce의 종류에는 어떠한 것
이 있는가?

• Bechamel Sauce(백색소스)　　• Espagnõll Sauce(갈색소스)
• Veloute Sauce(백색소스)　　• Tomato Sauce(갈색소스)
• Hollandise Sauce　　　　　• Sauce Mayonaise
• Allemande Sauce(German Sauce)
• Americanno Sauce(American Sauce)
• Anglaisc Sauce(English Sauce)
• Heinz Saue, Hot Sauce, Tabasco Sauce : 병으로 제품화 된 Sauce

293. 굽는 정도에 따라 Steak의 분
류는 어떻게 되는가?

Rare, Medium, Well-done
※ Rare는 고기속이 핏빛, Medium은 핑크빛, Weldone은 커피빛

294. 조류요리(Poultry : Roast)의
종류를 말해보라.

• Roast Duck　　　　　　• Roast Goose
• Roast Turkey　　　　　• Roast Chicken

295. Dressing의 종류에는 어떠한 것이 있는가?

- French Dressing
- Thousand Island Dressing
- Roqueford Dressing
- Mayonnaise Dressing
- Acidulated Cream
- Mustard Cream Dressing

296. Pasta는 어느 나라의 요리인가?

Italy

297. Simple Salad의 종류에는 어떠한 것이 있는가?

- Green Salad
- Vegetable Salad
- Leaf Salad

298. Dessert의 3요소를 말하라.

① Sweet ② Savory ③ Fruit

299. MENU의 유래를 말하라

프랑스의 브랑위그 공작(1541년)이 향연을 베풀면서 초대자에게 제공되는 '음식의 이름을 작은 종이에(menu) 적어 놓았던'데서 유래되었다.

300. Tea(茶)와 Coffee의 원산지는 어디인가?

- Tea(茶) : 중국
- Coffee : 에티오피아

301. 카페인 성분이 없는 Coffee를 무엇이라 하는가?

Sanka

302. 알콜성 커피의 종류를 말해보라.

- Irish Coffee
- French coffee
- Coffee Royale
- Coffee Diable
- Spanish Coffee
- Turkish Coffee
- Coffee Delux

303. Coffee를 서빙할 때 적정량과 온도는?

100㎖의 량으로 적정온도는 약 80°이며 설탕과 크림을 첨가했을 때 60°~63°가 되어야 커피의 맛이 가장 좋다.

304. 맥주의 적정 Serving 온도는?

① Lager Beer : 3~4℃로 보관, 5℃ 정도에 제공
② Draft Beer : 2~3℃로 보관, 3~4℃에 제공

305. 포도주(Grape Wine)를 용도 별로 분류하라.

① 식전포도주(Aperitif Wine) ② 식사중포도주(Table Wine)
③ 후식포도주(Dessert Wine)

306. 포도주의 적정온도는 몇 도인가?

① Red Wine : 실내온도 ② White Wine : 5°~7°

※ ① Red Wine : Glass의 2/3를 따른다.
　② White Wine : Glass의 3/4을 따른다.

307. 증류주란 어떠한 종류의 술을 의미하는가?

곡류나 과실 등을 원료로 하여 발효, 양조한 양조주를 포트스틸 또는 파텐트스틸 방식에 의하여 증류한 강한 알코올이 함유되어 있는 술을 의미한다.(브랜디, 위스키 등)

308. Scotch Whisky의 종류를 들어보라.

- Johnnie Walker
- Ballantine
- Black & White
- Old Parr
- White Horse
- Vat 69
- John Heig
- Haig & Haig

309. Brandy의 숙성도 표시가운데 15~20년 된 것은 어떻게 표시 하는가?

V.S.O(Very Special Old)

※ Brandy의 숙성연도 표시

표 시	숙성기간
★	2 ~ 5년
★★	5 ~ 6년
★★★	7 ~ 10년
★★★★★	10년 이상
V.O	12 ~ 15년
V.S.O	15 ~ 25년
V.S.O.P	25 ~ 30년
NAPOLEON	30 ~ 40년
X.O	40년 이상

① V.O. : Very Old
② V.S.O. : Very Special Old
③ V.S.O.P. : Very Special Old Pale
④ X.O. : Extra Old

310. 혼성주(cocktail)의 종류를 아는 대로 열거해보라.

맨하턴, 키스오브파이어, 블러디메리, 핑크레이디, 마티니, 위스키샤워, 진토닉, 슬로우진, 엔젤스팁, 싱가폴슬링 등

311. 주정이 강한 술을 직접 스트레이트로 마실 때 함께 곁들여 마실 수 있는 청량음료를 무엇이라 하는가?

Chaser

312. Cocktail 가운데 Manhattan 의 Recipe를 말해보라.

Whisky 1과⅓온스 + Vermouth ⅓온스
전 재료를 Mixing Glass에 얼음과 함께 넣어 차게 한 후 Cherry로 장식하여 Cocktaill Glass에 따른다.

313. Cocktail을 제조할 때 용량을 재는 기구로서 일명 Zigger라고 불리는 것은 무엇인가?

Measure Cup
※ 30㎖, 45㎖의 양을 잴 수 있는 2개의 3각 컵이 붙어있다.

314. Coktail의 주조 방법으로는 어떠한 것이 있는가?

① Shake ② Stir ③ Chilling과 Frosting ④ Strainer ⑤ No Mixing

315. Corkage Charge란 무슨 뜻 인가?

호텔식당에서 술을 구매하지 않고 고객이 직접 가져온 술을 마시게 될 때 마개를 뽑아주는 서비스에 대한 봉사료를 말한다.

316. Dark Tourism이란 무엇인가?

역사적으로 치열한 전투가 있어 사람이 많이 희생된 전적지, 포로수용소, 독일 나치의 대학살장 등 어둡고 불행했던 유적을 관람하는 관광을 뜻한다.

317. 각 국의 무사증입국(비자면제 협정)이 가능한 기간은?

한국인의 무사증입국 기한(기한이 없는 국가는 30일)

아시아	동티모르(외교·관용), 마카오(90일), 라오스(15일), 몽골, 베트남(15일), 브루나이, 인도네시아(외교·관용/14일), 일본(90일), 타이완, 필리핀(21일), 홍콩(90일)
미주	미국(90일), 캐나다(6개월), 가이아나, 아르헨티나(90일), 에콰도르(90일), 온두라스(90일), 우루과이, 파라과이, 북마리아나연방(1개월)
유럽	사이프러스(90일), 산마리노(9일), 세르비아(90일), 모나코(90일), 몬테네그로(90일), 슬로베니아(90일, 쉥겐국), 크로아티아(90일), 안도라(90일), 보스니아·헤르체고비나(90일), 우크라이나(90일), 그루지아(90일), 코소보(90일), 마케도니아(1년중 누적 90일), 알바니아(90일), 영국(최대 6개월), 러시아(60일)
대양주	괌(15일/VWP 90일), 바누아투(1년내 120일), 사모아(60일), 솔로몬군도(1년내 90일), 통가, 팔라우, 피지(4개월), 마샬군도, 키리바시, 마이크로네시아, 투발루
아프리카·중동	남아프리카공화국, 모리셔스(16일), 세이쉘, 오만, 스와질랜드(60일), 보츠와나(90일)

318. 한국인이 외국여행 후 귀국시 면세반입한도는?

미화 600달러 상당 이내

집필자

문준호
관광학 전공
부산여자대학교 관광계열 교수

서성복
일어일문학 전공
부산여자대학교 관광계열 교수

정미령
영어영문학 전공
부산여자대학교 관광계열 겸임교수

김희경
중어중문학 전공
부산여자대학교 관광계열 강사

강정원
한국사학 전공
부산여자대학교 관광계열 강사

조진호
법학 전공
백산출판사 편집위원

감수: 최미정
롯데관광 관광통역안내사

관광통역안내사 – 영어·일어·중국어

2018년 1월 10일 초판 1쇄 인쇄
2018년 1월 15일 초판 1쇄 발행

지은이 문준호 외 5인
펴낸이 진욱상
펴낸곳 (주)백산출판사
교 정 편집부
본문디자인 오행복
표지디자인 오정은

저자와의
합의하에
인지첩부
생략

등 록 2017년 5월 29일 제406-2017-000058호
주 소 경기도 파주시 회동길 370(백산빌딩 3층)
전 화 02-914-1621(代)
팩 스 031-955-9911
이메일 edit@ibaeksan.kr
홈페이지 www.ibaeksan.kr

ISBN 979-11-961261-8-6
값 25,000원

＊ 파본은 구입하신 서점에서 교환해 드립니다.
＊ 저작권법에 의해 보호를 받는 저작물이므로 무단전재와 복제를 금합니다.
  이를 위반시 5년 이하의 징역 또는 5천만원 이하의 벌금에 처하거나 이를 병과할 수 있습니다.